国家示范性高职院校建设项目成果
高等职业教育"工学结合"课程改革教材
高等学校"十二五"规划教材

室内供暖工程施工

主　编　王宇清　王　盈
副主编　刘文玲　张福龙
参　编　朱娇颖　郑福珍
主　审　邢继春　苍　松

哈爾濱工業大學出版社

内容提要

本书是以项目或任务为载体，按照真实工程项目以“工作过程”为导向编写的。全书共有两个学习项目，六个学习任务。第一学习项目“室内热水供暖工程施工”，包括四个学习任务：识读室内热水供暖系统施工图；散热器施工安装；附属设备施工安装；室内供暖管道施工安装。第二学习项目“室内蒸汽供暖工程施工”，包括两个学习任务：识读室内蒸汽供暖系统施工图；室内蒸汽供暖管道安装。

本书主要作为建筑类高职高专学校供热通风与空调工程技术专业、建筑设备工程技术专业、通风空调与制冷技术专业、建筑水电技术专业的教学用书，也可作为从事本专业工作的工程技术人员掌握专业知识的自学与培训用书。

图书在版编目(CIP)数据

室内供暖工程施工/王宇清，王盈主编．—哈尔滨：哈尔滨工业大学出版社，2012.8

ISBN 978-7-5603-3645-9

Ⅰ．①室…　Ⅱ．①王…②王…　Ⅲ．①建筑－供热系统－工程施工　Ⅳ．①TU833

中国版本图书馆 CIP 数据核字(2012)第 149641 号

策划编辑　贾学斌
责任编辑　范业婷
出版发行　哈尔滨工业大学出版社
社　　址　哈尔滨市南岗区复华四道街 10 号　邮编 150006
传　　真　0451-86414749
网　　址　http://hitpress.hit.edu.cn
印　　刷　黑龙江省地质测绘印制中心印刷厂
开　　本　787mm×1092mm　1/16　印张 17.75　插页 6　字数 438 千字
版　　次　2012 年 8 月第 1 版　2012 年 8 月第 1 次印刷
书　　号　ISBN 978-7-5603-3645-9
定　　价　38.00 元

前　言

“室内供暖工程施工”课程是供热通风与空调工程技术专业、建筑设备工程技术专业、通风空调与制冷技术专业、建筑水电技术专业的一门主干专业课程。为了适应市场经济条件下工程建设工作的需要，满足高等职业技术教育教学和工程技术人员的需求，真正做到理论与实践结合、学校和企业结合，编者在总结多年的教学与工程实践经验的基础上，根据教育部高等职业教育、建筑类高职二年制“建筑设备技术”技能型紧缺人才教学培养、培训指导方案的指导思想编写了这本以“工作过程”为导向的工学结合型教材。

本书突破传统学科体系的教材模式，构建了以项目或任务为载体、以工作过程为导向的工学结合型的体系。为了突出高等职业教育的特色，专业知识以必须、够用为度，教材所述内容贴近工程实际的需要，尽量做到理论联系实际。本教材符合专业教育标准和专业培养方案的要求，书中介绍的新设备、新工艺、新材料、新技术力求能适应和满足供暖系统设计、施工的需求，具有一定的先进性。编写中遵循实用、全面、简明的原则，力求做到图文并茂，论述通俗易懂，内容符合专业需要，语言精练、准确、通畅，便于学习。所用名词、符号和计量单位符合现行国家和行业标准规定。

全书共有两个学习项目，六个学习任务。第一学习项目“室内热水供暖工程施工”，包括四个学习任务：任务一，识读室内热水供暖系统施工图；任务二，散热器施工安装；任务三，附属设备施工安装；任务四，室内供暖管道施工安装。第二学习项目“室内蒸汽供暖工程施工”，包括两个学习任务：任务五，识读室内蒸汽供暖系统施工图；任务六，室内蒸汽供暖管道安装。本书由黑龙江建筑职业技术学院王宇清、王盈任主编，哈尔滨技师学院刘文玲、黑龙江星辰热力发展股份有限公司张福龙任副主编，由黑龙江星辰热力发展股份有限公司苍松、哈尔滨市锅炉压力容器检验研究院邢继春主审。全书由黑龙江建筑职业技术学院王宇清统稿，插图由东北林业大学李昤阳绘制、修改。

编写分工：任务一由黑龙江建筑职业技术学院王宇清编写；任务二、任务三由黑龙江建筑职业技术学院王盈编写；任务四由哈尔滨技师学院刘文玲编写；任务五由黑龙江星辰热力发展股份有限公司张福龙编写；任务六由哈尔滨商业大学朱娇颖、黑龙江建筑职业技术学院郑福珍编写。

本书可作为高职高专热能工程技术专业的教学用书，也可作为有关工程技术人员的参考用书。

由于编者水平有限，难免存在疏漏与不妥之处，敬请广大读者批评指正。

编　者

2012 年 5 月

目　录

学习项目一　室内热水供暖工程施工

学习项目二　室内蒸汽供暖工程施工

学习项目一　室内热水供暖工程施工

任务一　识读室内热水供暖系统施工图

【教学目的】　通过该项目教学活动，培养学生识读、绘制室内热水供暖系统施工图的能力，进行热水供暖系统管路的布置和敷设的能力，进行热水供暖系统设计热负荷核算的能力以及校核围护结构的最小与经济传热阻的能力。培养学生良好的职业道德、自我学习能力、实践动手能力和耐心细致地分析与处理问题的能力，以及诚实、守信、善于沟通和合作的专业素养。

【知识目标】

1. 掌握识读供暖系统施工图的方法；
2. 掌握热水供暖系统的管路布置和敷设的方法；
3. 掌握绘制供暖系统施工图的方法；
4. 掌握供暖设计热负荷的核算方法；
5. 掌握校核围护结构的最小传热阻的方法。

【主要学习内容】

1.1　识读供暖系统施工图

1.1.1　识读热水供暖系统形式

1. 热水供暖系统的分类

热水供暖系统按热水参数的不同分为低温热水供暖系统（供水温度低于 100 ℃，供水一般为 95 ℃，回水一般为 70 ℃）和高温热水供暖系统（供水温度高于 100 ℃，国内一般供水为 110 ~150 ℃，回水为 70 ℃）。

热水供暖系统按循环动力的不同，可分为自然（重力）循环热水供暖系统和机械循环热水供暖系统。目前应用最广泛的是机械循环热水供暖系统。

2. 自然循环热水供暖系统的工作原理

图 1.1 为自然循环热水供暖系统的工作原理图。图中假设系统有一个加热中心（锅炉）和一个冷却中心（散热器），用供、回水管路把散热器和锅炉连接起来。在系统的最高处连接一个膨胀水箱，用来容纳水因受热膨胀而增加的体积。

运行前，先将系统内充满水，水在锅炉中被加热后，密度减小，向上浮升，经供水管道流入散热器。在散热器内，热水被冷却，密度增加，再沿回水管道返回锅炉。

在水的循环流动过程中，供水和回水由于温度差的存在，产生了密度差，系统就是靠供、回水的密度差作为循环动力的。这种系统称为自然（重力）循环热水供暖系统。

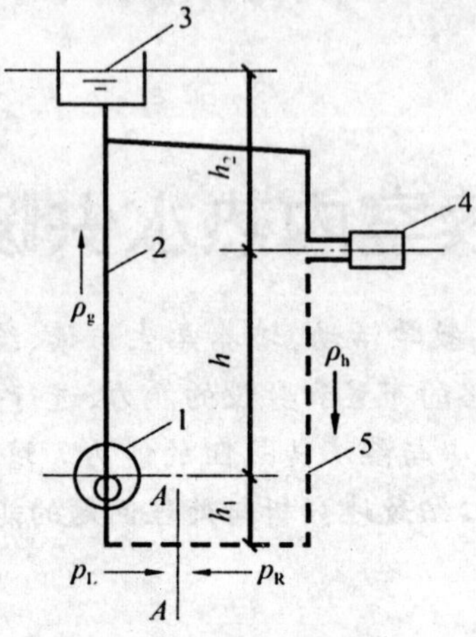

图 1.1　自然循环热水供暖系统工作原理图

1—热水锅炉；2—供水管路；3—膨胀水箱；4—散热器；5—回水管路

3. 自然循环热水供暖系统的形式特点

图 1.2 是自然循环热水供暖系统的两种主要形式：左侧立管为双管上供下回式系统；右侧立管为单管上供下回式（顺流式）系统。上供下回式系统的供水干管敷设在所有散热器之上，回水干管敷设在所有散热器之下。

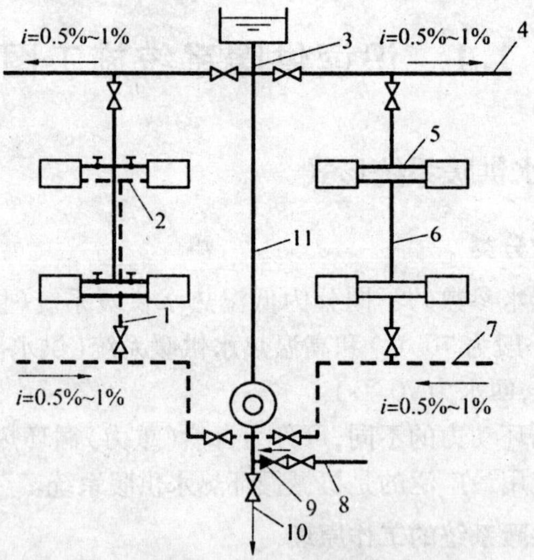

图 1.2　自然循环热水供暖系统

1—回水立管；2—散热器回水支管；3—膨胀水箱连接管；4—供水干管；5—散热器供水支管；6—供水立管；7—回水干管；8—充水管（接上水管）；9—止回阀；10—泄水管（接下水道）；11—总立管

(1)自然循环双管上供下回式系统，其特点是：各层散热器都并联在供、回水立管上，热水直接流经供水干管、立管进入各层散热器，冷却后的回水经回水立管、干管直接流回锅炉，如果不考虑水在管道中的冷却，则进入各层散热器的水温相同。分析该系统循环作用压力时，因假设锅炉是加热中心，散热器是冷却中心，可以忽略水在管路中流动时管壁散热产生的水冷却，认为水温只是在锅炉和散热器处发生变化。

(2)自然循环单管上供下回式系统，其特点是：热水进入立管后，由上向下顺次流过各层散热器，水温逐层降低，各组散热器串联在立管上。每根立管（包括立管上各组散热器）与锅炉、供回水干管形成一个循环环路，各立管环路之间是并联关系。

4. 计算自然循环上供下回式双管、单管热水供暖系统的循环作用压力

(1) 自然循环双管上供下回式系统。图1.3是双管上供下回式系统示意图，图中散热器 S_1 和 S_2 并联，热水在 a 点分配进入各层散热器，在散热器内冷却后，在 b 点汇合返回热源。该系统有两个冷却中心 S_1 和 S_2，它们与热源、供回水干管形成了两个并联的循环环路 aS_1b 和 aS_2b。

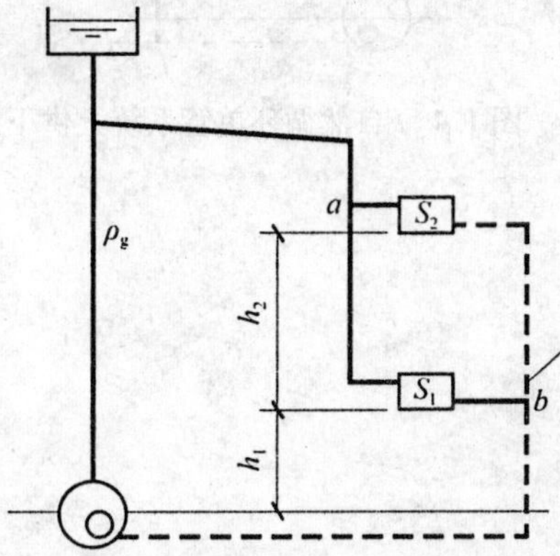

图 1.3　自然循环双管上供下回式系统

通过下层散热器 aS_1b 环路的作用压力为

$$\Delta p_1 = g\,h_1(\rho_h - \rho_g) \tag{1.1}$$

式中　Δp_1—— 自然循环系统的作用压力，Pa；

g—— 重力加速度，m^2/s；

h_1—— 加热中心至冷却中心 S_1 的垂直距离，m；

ρ_h—— 回水密度，kg/m^3；

ρ_g—— 供水密度，kg/m^3。

通过上层散热器 aS_2b 环路的作用压力为

$$\Delta p_2 = g(h_1 + h_2)(\rho_h - \rho_g) = \Delta p_1 + gh_2(\rho_h - \rho_g) \tag{1.2}$$

可以看出，通过上层散热器环路的作用压力比下层的大。

(2) 自然循环单管上供下回式系统。图1.4是单管上供下回式系统示意图，图中散热器 S_1 和 S_2 串联在立管上，该立管循环环路的作用压力为

$$\Delta p = g(h_1\rho_h + h_2\rho_1 - h_1\rho_g - h_2\rho_g) = gh_1(\rho_h - \rho_g) + gh_2(\rho_1 - \rho_g) \tag{1.3}$$

同理，当立管上串联几组散热器时，其循环作用压力的通式可写成

$$\Delta p = \sum gh_i(\rho_i - \rho_g) \tag{1.4}$$

式中　h_i—— 相邻两组散热器间的垂直距离，m；当 $i = 1$，也就是计算的是沿水流方向最后一组散热器时，h 表示最后一组散热器与锅炉之间的垂直距离；

ρ_i—— 水流出所计算散热器的密度，kg/m^3。

式中的 ρ_i 可根据各散热器之间管路内的水温 t_i 确定，如图1.5所示，其中

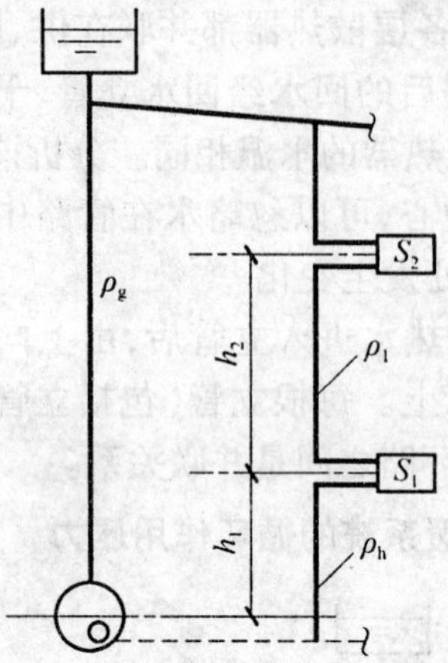

图 1.4　自然循环单管系统上供下回式

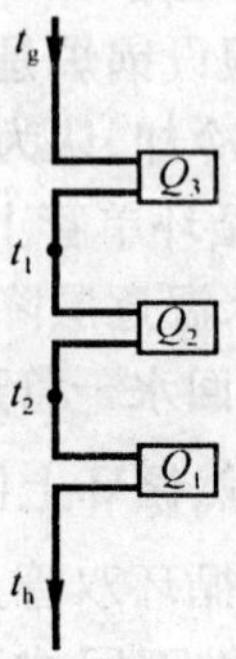

图 1.5　单管热水供暖系统

$$t_1 = t_g - \frac{Q_3(t_g - t_h)}{(Q_1 + Q_2 + Q_3)} \tag{1.5}$$

$$t_2 = t_g - \frac{(Q_2 + Q_3)(t_g - t_h)}{(Q_1 + Q_2 + Q_3)} \tag{1.6}$$

写成通式

$$t_i = t_g - \frac{\sum Q_{i-1}(t_g - t_h)}{\sum Q} \tag{1.7}$$

式中　t_i——计算管段的水温，℃；

$\sum Q_{i-1}$——沿水流方向计算管段前各层散热器的热负荷之和，W；

$\sum Q$——立管上所有散热器热负荷之和，W；

t_g——系统的供水温度，℃；

t_h——系统的回水温度，℃。

计算出各管段水温后，就可以确定散热器内水的密度，再利用公式(1.4)计算自然循环单管系统的作用压力。

5. 双管自然循环系统的垂直失调问题

在双管自然循环系统中，虽然各层散热器的进出水温相同(忽略水在管路中的沿途冷却)，但由于各层散热器到锅炉之间的垂直距离不同，就形成了上层散热器环路作用压力大于下层散热器环路的作用压力。如果选用不同管径仍不能使上下各层阻力平衡，流量就会分配不均匀，必然会出现上层过热、下层过冷的垂直失调问题。楼层越多，垂直失调问题就越严重。进行双管系统的水力计算时，必须考虑各层散热器的自然循环作用压力差，也就是考虑垂直失调产生的附加压力。

6. 热水供暖系统的排空气问题

无论是自然循环还是机械循环热水供暖系统，都应考虑系统充水时，如果未能将空气完全排净，随着水温的升高或水在流动中压力的降低，水中溶解的空气会逐渐析出，空气会在管道的某些高点处形成气塞，阻碍水的循环流动。空气如果积存于散热器中，散热器就会不热。另外，氧气还会加剧管路系统的腐蚀。所以，热水供暖系统应考虑排空气的问题。

7. 自然循环上供下回式热水供暖系统排空气及供回水干管的坡度设置

在自然循环系统中，水的循环作用压力较小，流速较低，水平干管中水的流速小于0.2 m/s，而干管中空气气泡的浮升速度为0.1 ~ 0.2 m/s，立管中约为0.25 m/s，一般超过了水的流动速度。此外，自然循环上供下回式热水供暖系统的供水干管应设沿水流方向下降的坡度，坡度值 i 为0.5% ~ 1.0%（参见图1.2）。散热器支管也应沿水流方向设下降坡度，坡度值为1%，因此空气能够逆着水流方向向高处聚集。自然循环上供下回式热水供暖系统可通过设在供水总立管最上部的膨胀水箱排空气。

回水干管应该有向锅炉方向下降的坡度，以便于系统停止运行或检修时，能通过回水干管顺利泄水。

8. 计算自然循环系统的综合作用压力

应注意前面计算自然循环系统的作用压力时，只考虑水温在锅炉和散热器中发生变化，忽略了水在管路中的沿途冷却。但实际上，水的温度和密度沿途是不断变化的，散热器的实际进水温度比上述假设的情况要低，这会增加系统的循环作用压力。

自然循环系统的作用压力一般不大，所以水在管路内产生的附加压力不应忽略，计算自然循环系统的综合作用压力时，应首先在假设条件下确定自然循环作用压力，再增加一个考虑水沿途冷却产生的附加压力，即

$$\Delta p_{zh} = \Delta p + \Delta p_f \tag{1.8}$$

式中　Δp_{zh}—— 自然循环系统的综合作用压力，Pa；

Δp—— 自然循环系统只考虑水在散热器内冷却产生的作用压力，Pa；

Δp_f—— 水在管路中冷却产生的附加压力，Pa。

附加压力 Δp_f 的大小可根据管道的布置情况、楼层高度、所计算的散热器与锅炉之间的水平距离查附录1确定。

9. 自然循环热水供暖系统的优缺点

自然循环热水供暖系统结构简单，操作方便，运行时无噪声，不需要消耗电能。但自然循环系统的作用压力一般都不大，作用半径较小，为了提高系统的循环作用压力，锅炉的位置应尽可能地降低，作用半径以不超过50 m为好。自然循环热水供暖系统所需管径大，初始投资较高。当循环系统作用半径较大时，应考虑采用机械循环热水供暖系统。

10. 机械循环热水供暖系统的循环动力

如图1.6所示，机械循环系统靠水泵提供动力，强制水在系统中循环流动。循环水泵一般设在锅炉入口前的回水干管上，该处水温最低，可避免水泵出现气蚀现象。

11. 机械循环系统膨胀水箱连接点和作用

机械循环系统膨胀水箱设在系统的最高处，水箱下部接出的膨胀管连接在循环水泵入口前的回水干管上。其作用除了容纳水受热膨胀而增加的体积外，还能恒定水泵入口

压力，保证水泵入口压力稳定。

12. 膨胀水箱连接点与系统压力分布的关系

图1.6所示的机械循环热水供暖系统中，膨胀水箱与系统的连接点为O。系统充满水后，水泵不工作系统静止时，环路中各点的测压管水头$Z+\frac{P}{\gamma}$均相等。因膨胀水箱是开式高位水箱，所以环路中各点的测压管水头线是过膨胀水箱水面的一条水平线，即静水压线$j-j$。

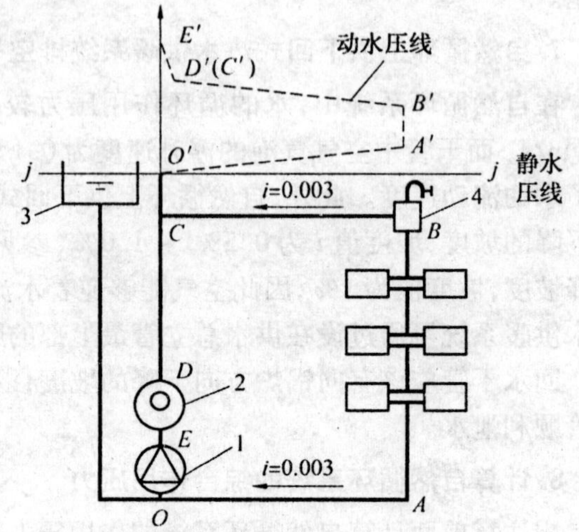

图1.6　机械循环热水供暖系统

1—循环水泵；2—热水锅炉；3—膨胀水箱；4—集气装置

水泵运行后，系统中各点的水头将发生变化，水泵出口处总水头H'_E最大。因克服沿途的流动阻力，水流到水泵入口处时水头H'_O最小。循环水泵的扬程$H'_E-H'_O$用来克服水在管路中流动时的流动阻力。图中虚线$E'D'(C')B'A'O'$是系统运行时的动水压线。

如果系统严密不漏水，且忽略水温的变化，则环路中水的总体积将保持不变。运行时，开式膨胀水箱与系统连接点O点的压力与静止时相同，即$H_O=H_j$，将O点称为定压点或恒压点。定压点O设在循环水泵入口处，既能限制水泵吸水管路的压力降，避免水泵出现气蚀现象，又能使循环水泵的扬程作用在循环管路和散热设备中，保证有足够的压力克服流动阻力使水在系统中循环流动。这可以保证系统中各点的压力稳定，使系统压力分布得更合理。膨胀水箱是一种最简单的定压设备。

13. 机械循环系统将水箱的膨胀管连接在供水总立管最高处的危害

机械循环系统如果像自然循环系统那样，将膨胀水箱接在供水总立管上，如图1.7所示。此时定压点在图中O点处，定压点O处的静水压力（即h_j段水柱高度）较小，h_j段水柱压力将用来克服管路系统中的流动阻力。因机械循环系统水流速度大，压力损失也较大，当供水干管较长，定压点压力h_j只够克服OF段阻力时，在FD段将产生负压，空气会从不严密处吸入。如果在D点装设集气罐或自动放气阀，此处不仅不能排除空气，反而会吸入空气。当该处压力低于水在供水温度下的饱和压力时，水就会汽化。这种错误

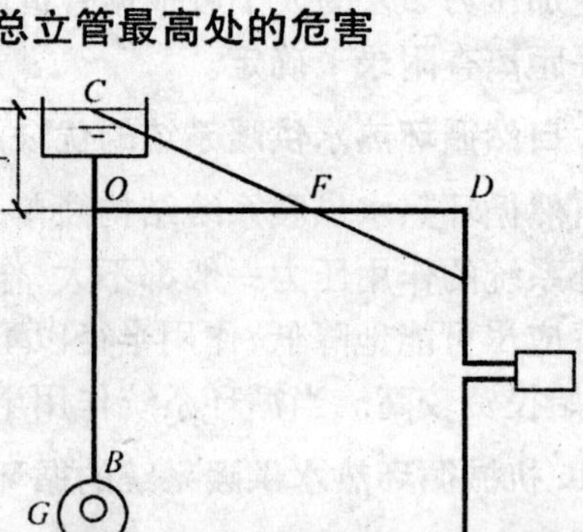

图1.7　机械循环系统膨胀水箱与系统的不正确接法

的连接方式在运行中还会造成膨胀水箱经常满水和溢流，甚至导致系统抽空排空，不能正常工作。因此，机械循环热水供暖系统不能把膨胀水箱连接在供水总立管上。

14. 机械循环上供下回式热水供暖系统的排空气及供回水干管的坡度设置

机械循环系统中水流速度较大，一般都超过水中分离出的空气泡的浮升速度，易将空气泡带入立管引起气塞。所以机械循环上供下回式系统水平敷设的供水干管应沿水流方向设上升坡度，坡度值不小于0.002，一般为0.003。在供水干管末端最高点处设置集气罐，以使空气能顺利地和水流同方向流动，集中到集气罐处排除。

回水干管应沿水流方向设下降的坡度，坡度值不小于0.002，一般为0.003，以便于集中泄水。

15. 机械循环热水供暖系统的形式及特点

(1) 垂直式系统。

① 上供下回式。如图1.8所示，上供下回式机械循环热水供暖系统也有单管和双管两种形式。

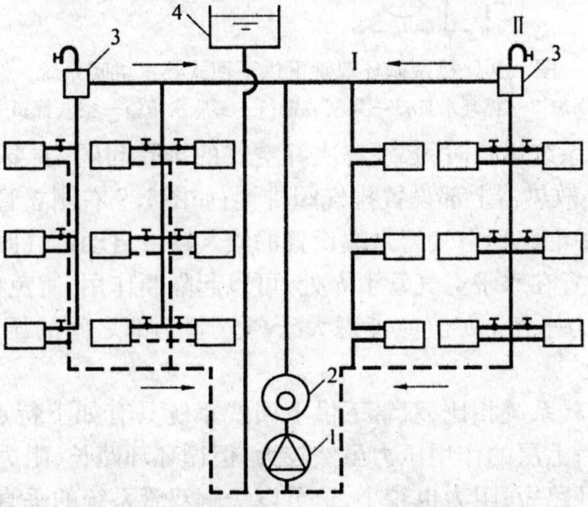

图1.8　机械循环上供下回式热水供暖系统

1—循环水泵；2—热水锅炉；3—集气装置；4—膨胀水箱

图1.8左侧为双管式系统，双管系统的垂直失调问题在机械循环热水供暖系统中仍然存在，设计计算时必须考虑各层散热器并联环路之间的作用压力差。

图1.8右侧为单管式系统，立管Ⅰ为单管顺流式，其特点是：热水顺次流过各层散热器，水温逐层降低。该系统散热器支管上不允许安装阀门，不能进行个体调节。立管Ⅱ为单管跨越式，立管中的水一部分流入散热器，另一部分直接通过跨越管与散热器的出水混合，进入下一层散热器。该系统可以在散热器支管或跨越管上安装阀门，可调节进入散热器的流量，适用于房间温度要求较严格、需要调节散热器散热量的系统。

机械循环单管上供下回式热水供暖系统，形式简单，施工方便，造价低，是一种被广泛采用的形式。

② 双管下供下回式。双管下供下回式系统的供水干管和回水干管均敷设在所有散

热器之下,如图1.9所示。当建筑物设有地下室或平屋顶建筑物顶棚下不允许布置供水干管时,可采用这种布置形式。

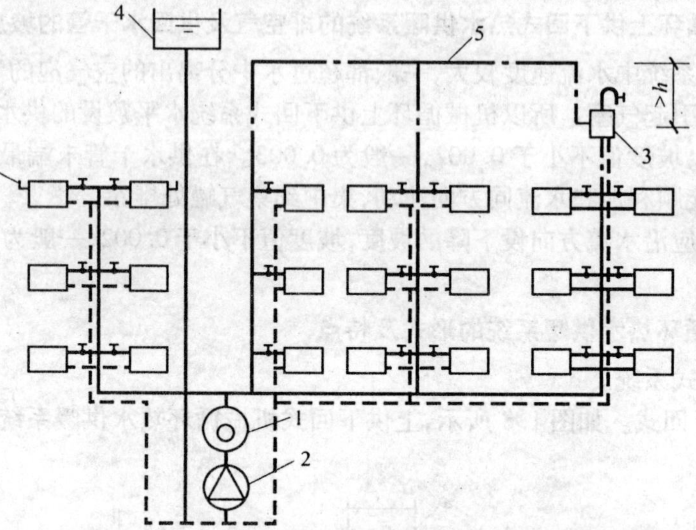

图1.9　机械循环双管下供下回式热水供暖系统

1—热水锅炉;2—循环水泵;3—集气装置;4—膨胀水箱;5—空气管;6—放气阀

双管下供下回式系统运行时,必须解决好空气的排除问题,主要的排气方式有:如图1.9左侧立管,在顶层散热器上部设置排气阀排气;如图1.9右侧立管,在供水立管上部接出空气管,将空气集中汇集到空气管末端设置的集气罐或自动排气阀排除。应注意,集气罐或自动排气阀应设置在水平空气管下 h 处,可以起隔断作用,避免各立管水通过空气管串流,破坏系统的压力平衡。h 值应考虑大于各立管上部之间的压力差,最小不应小于300 mm。

与双管上供下回式系统相比,双管下供下回式系统具有如下特点:主立管长度小,管路的无效热损失较小;上层的作用压力虽然较大,但循环环路长,阻力也较大,下层作用压力虽然较小,但循环环路短,阻力也较小,这可以缓解双管系统的垂直失调问题;可安装好一层使用一层,能适应冬季施工的需要;排气较复杂,阀件、管材用量增加,运行维护管理不方便。

③ 中供式。如图1.10所示,中供式系统将供水干管设在建筑物中间某层顶棚之下。中供式系统在顶层梁下和窗户之间的距离不能布置供水干管的情况下采用。上部的下供下回式系统应考虑解决好空气的排除问题;下部的上供下回式系统,由于层数减少,可以缓和垂直失调问题。

④ 下供上回(倒流)式。如图1.11所示,机械循环下供上回式系统供水干管设在所有散热设备之下,回水干管设在所有散热设备之上,膨胀水箱连接在回水干管上。回水经膨胀水箱流回锅炉房,再被循环水泵送入锅炉。

该系统的特点是:水与空气的流动方向均为自下向上流动,有利于通过膨胀水箱排空气,不需要增设集气罐等排气装置;供水总立管较短,无效热损失少;底层散热器供水温度最高,可以减少底层房间所需的散热面积,有利于布置散热器;该方式比较适合于高温水

供暖。由于温度低的回水干管在顶层,温度高的供水干管在底层,系统中的水不易汽化,

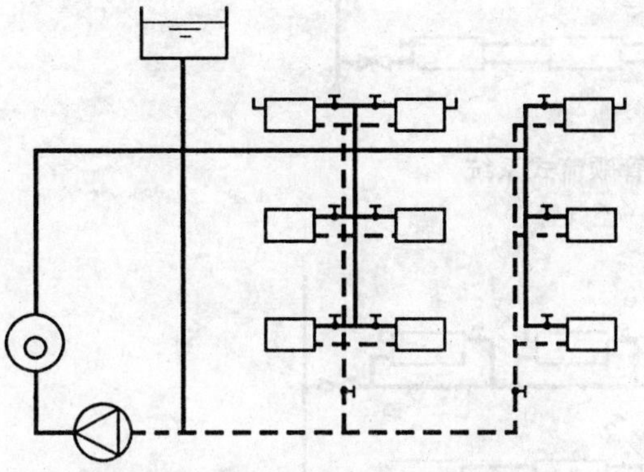

图 1.10　机械循环中供式热水供暖系统

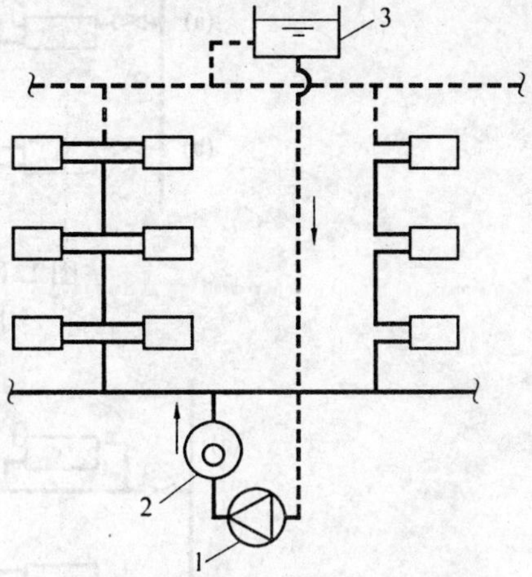

图 1.11　机械循环下供上回(倒流)式热水供暖系统

1— 循环水泵;2— 热水锅炉;3— 膨胀水箱

可降低防止水汽化所需的水箱标高,便于用膨胀水箱定压,减少高架水箱的困难;下供上回式系统散热器内热媒平均温度远低于上供下回式系统,在相同的立管供、回水温度下所需的散热面积会增加;该系统多采用单管顺流式,热水自下向上顺次流过各层散热器,水温逐层降低。

⑤ 混合式。如图 1.12 所示,该混合式系统中,Ⅰ 区系统直接引用外网高温水,采用下供上回(倒流)的系统形式。经散热器散热后,Ⅰ 区的回水温度应满足 Ⅱ 区的供水温度要求,再引入 Ⅱ 区,Ⅱ 区采用上供下回低温热水供暖形式,Ⅱ 区回水水温降至最低后,返回热源。该系统一般用在外网是高温水供暖,用户对卫生要求不是非常严格的民用建筑和生产厂房内。

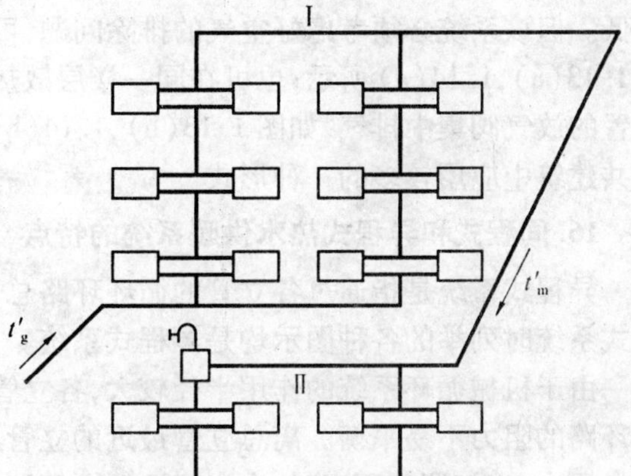

图 1.12　机械循环混合式热水供暖系统

(2) 水平式系统。

图 1.13 为水平单管顺流式系统。水平单管顺流式系统将同一楼层的各组散热器串联在一起,热水水平地顺序流过各组散热器,它同垂直顺流式系统一样,不能对散热器进行个体调节,只适用于对室温要求不高的建筑物或大的空间中。

图 1.14 为水平单管跨越式系统,该系统在散热器的支管间连接一跨越管,热水一部分流入散热器,一部分经跨越管直接流入下组散热器。这种形式允许在散热器支管上安阀门,能够调节散热器的进流量。

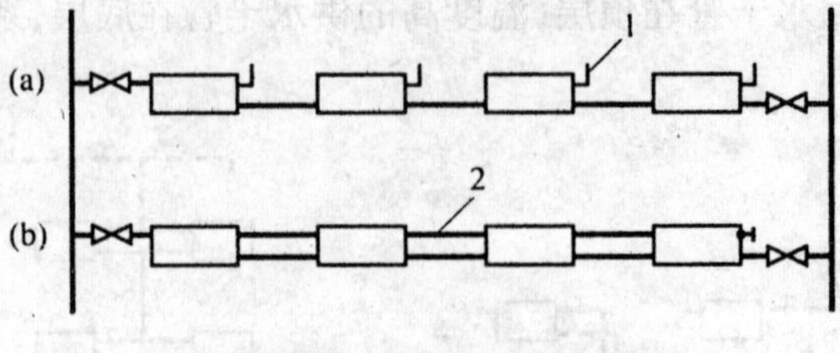

图 1.13　水平单管顺流式系统

1— 放气阀;2— 空气管

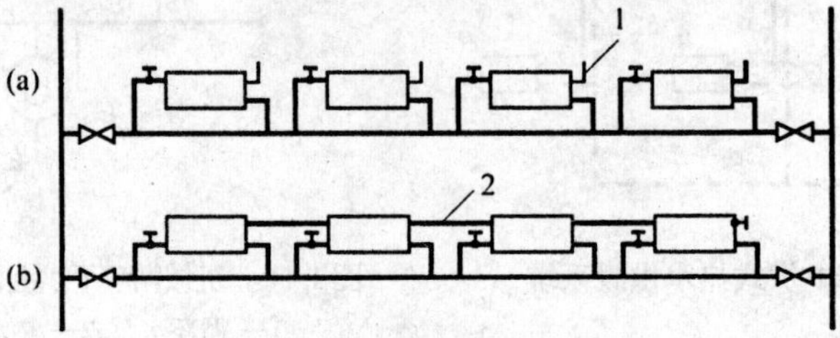

图 1.14　水平单管跨越式系统

1— 放气阀;2— 空气管

水平式系统结构形式简单,穿各层楼板的立管少,施工安装方便,顶层不必专设膨胀水箱间,可利用楼梯间、厕所等位置架设膨胀水箱,不影响建筑结构外形,且总造价比垂直式低。但该系统必须考虑好空气的排除问题,可通过在每组散热器上设放气阀排空气,如图1.13(a),1.14(a)所示;也可在同一楼层散热器上部串联水平空气管,通过空气管末端设置的放气阀集中排气,如图1.13(b),1.14(b)所示。水平式系统也是目前居住建筑和公共建筑中应用较多的一种形式。

16. 同程式和异程式热水供暖系统的特点

异程式系统是指通过各立管的循环环路总长度不相等,如图1.15所示。前面介绍垂直式系统时列举的各种图示均是异程式系统。

由于机械循环系统的作用半径较大,各立管循环环路的总长度就可能相差很大,各并联环路的阻力不易平衡。离总立管最近的立管虽采用了最小管径DN15,有时仍有过多的剩余压力,当初调节不当时,会出现远近立管流量的分配不均,造成近处立管分配的流量多、房间过热,远处立管分配的流量少、房间过冷的水平失调问题。

在大型的供暖系统中,为了减轻水平失调,使各并联环路的压力损失易于平衡,多采用同程式系统,同程式系统各立管的循环环路总长度相等,阻力易于平衡,如图1.16所示。但同程式系统会增加干管长度,需要精心考虑,布置得当。

17. 高层建筑热水供暖系统的形式及特点

(1) 竖向分区式供暖系统。

高层建筑热水供暖系统在垂直方向上分成两个或两个以上的独立系统,称为竖向分区式供暖系统。竖向分区供暖系统的低区通常直接与室外管网相连接,应考虑室外管网的压力和散热器的承压能力,决定其层数的多少。高区与外网的连接形式主要有以下几种:

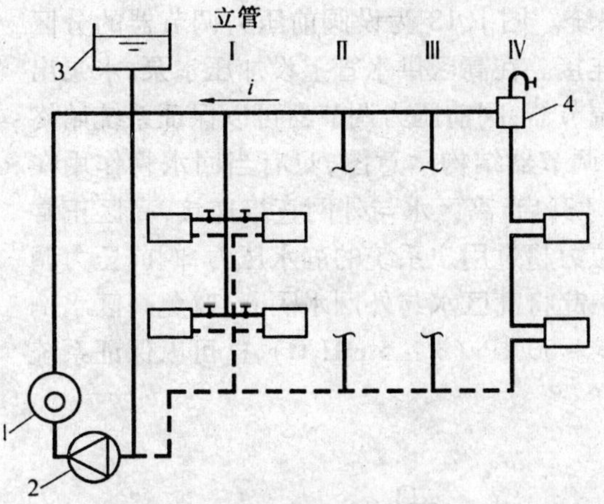

图 1.15　异程式系统

1— 热水锅炉;2— 循环水泵;3— 膨胀水箱;4— 集气罐

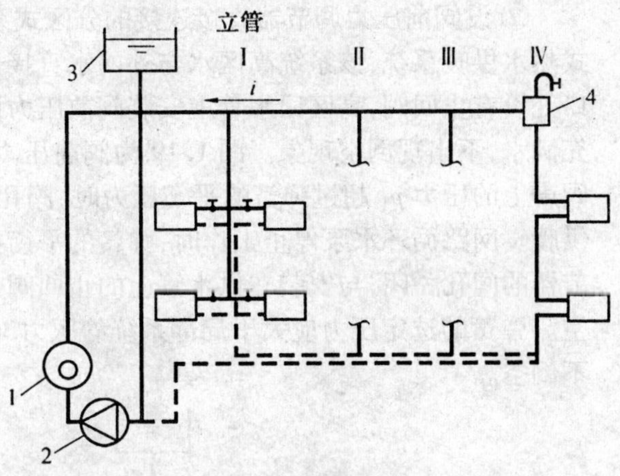

图 1.16　同程式系统

1— 热水锅炉;2— 循环水泵;3— 膨胀水箱;4— 集气罐

①设热交换器间接连接的分区式系统。图 1.17 中的高区水与外网水通过热交换器进行热量交换,热交换器作为高区热源,高区又设有循环水泵、膨胀水箱,使之成为一个与室外管网压力隔绝的、独立的完整系统。该方式是目前高层建筑供暖系统常用的一种形式,比较适用于外网水是高温水的供暖系统。

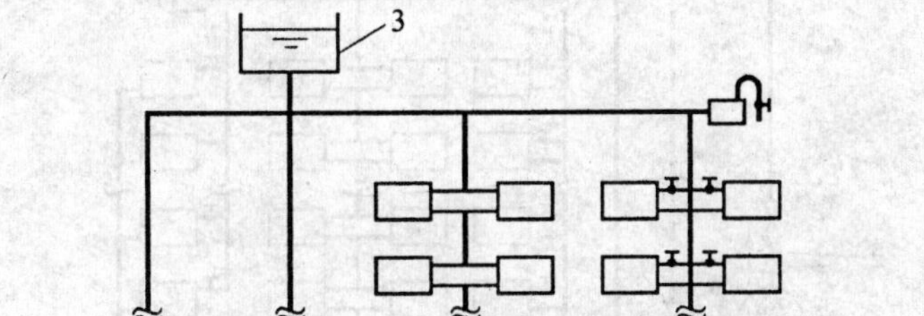

图 1.17　设热交换器的分区式热水供暖系统

1— 热交换器;2— 循环水泵;3— 膨胀水箱

② 设阀前压力调节器直接连接的分区式系统。图 1.18 为设阀前压力调节器的分区式热水供暖系统,该系统高区水与外网水直接连接。在高区供水管上设加压水泵,水泵出口处设有止回阀,高区回水管上安装阀前压力调节器,阀前压力调节器可以保证系统始终充满水,不出现倒空现象。图 1.19 为阀前压力调节器结构示意图,只有当回水管作用在阀瓣上的压力 p_1 超过弹簧的平衡压力时,阀孔才开启,高区水与外网直接连接,高区正常供暖。网路循环水泵停止工作时,弹簧的平衡拉力超过用户系统的静水压力,阀前压力调节器的阀孔关闭,与安装在供水管上的止回阀一起将高区水与外网水隔断,避免高区水倒空。弹簧的选定压力应大于局部系统静压力30 ~ 50 kPa(3 ~ 5 mH_2O),这可以保证系统不倒空。

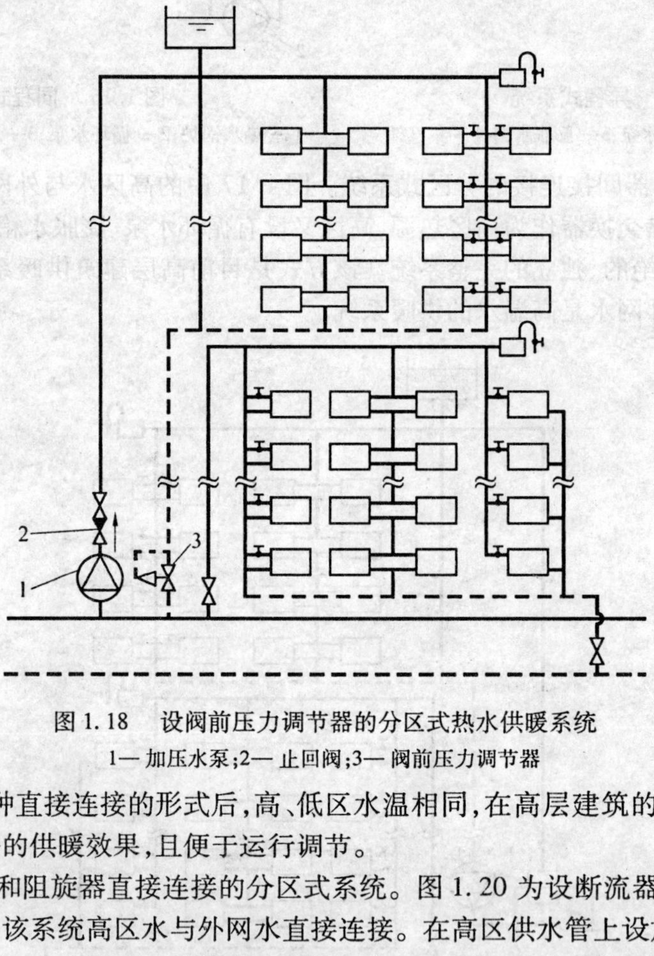

图 1.18　设阀前压力调节器的分区式热水供暖系统

1— 加压水泵;2— 止回阀;3— 阀前压力调节器

高区采用这种直接连接的形式后,高、低区水温相同,在高层建筑的低温水供暖用户中,可以取得较好的供暖效果,且便于运行调节。

③ 设断流器和阻旋器直接连接的分区式系统。图 1.20 为设断流器与阻旋器的分区式热水供暖系统,该系统高区水与外网水直接连接。在高区供水管上设加压水泵,以保证高区系统所需压力,在水泵出口处设有止回阀。高区采用倒流式系统形式,有利于排除系统内的空气;供水总立管短,无效热损失小,可减小高层建筑供暖系统上热下冷的垂直失调问题。

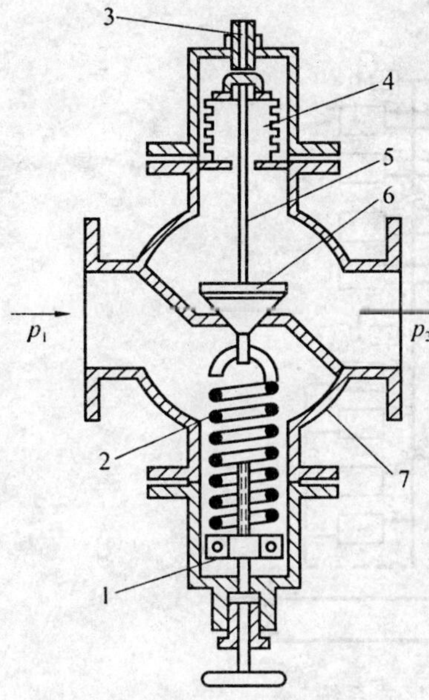

图 1.19　阀前压力调节器

1— 调紧器;2— 弹簧;3— 调节杆;4— 薄膜;5— 阀杆;6— 阀瓣;7— 阀体

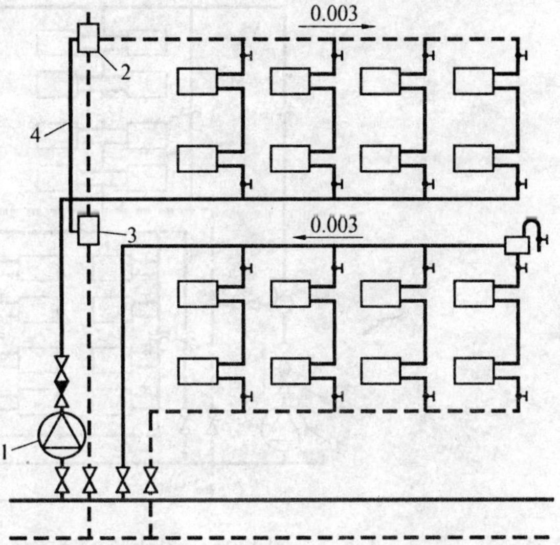

图 1.20　设断流器与阻旋器的分区式热水供暖系统

1— 加压水泵;2— 断流器;3— 阻旋器;4— 连通管

该系统断流器安装在回水管路的最高点处。系统运行时,高区回水流入断流器内,使水高速旋转,流速增加,压力降低,此时断流器可起减压作用。回水下落到阻旋器处,水流停止旋转,流速恢复正常,使该点压力维持室外管网的静水压力,以使阻旋器之后的回水压力能够与低区系统压力平衡。阻旋器串联设置在回水管路中,设置高度应为室外管网静水压线的高度,阻旋器必须垂直安装。断流器流出的高速旋转水流到阻旋器处停止旋转,流速降低会产生大量空气,断流器引出连通管与立管一道引至阻旋器,空气可通过连通管上升至断流器处,通过断流器上部的自动排气阀排空气。

高区水泵与外网循环水泵靠微机自动控制,同时启闭。当外部管网停止运行后,高区压力降低,流入断流器的水流量会逐渐减少,断流器处将断流,从而实现回水管在静止状态时高、低区隔断。同时,高区水泵出口处的止回阀可避免高区水从供水管倒流入外网系统,避免高区出现倒空现象。

该方式适用于不能设置热交换器的高层建筑低温水供暖用户,高、低区热媒温度相同,系统压力调控自如,运行平稳可靠,便于运行管理,有利于管网的平衡。该系统中的断流器和阻旋器需设在管道井和辅助房间(电梯间、水箱间、楼梯间、走廊等)内,以防噪声。

④ 设水喷射器直接连接的分区式系统。如图 1.21 所示,外网高温水进入喷射器,由喷嘴高速喷出后,喷嘴出口处压力低于用户回水管的压力,回水管的低温水被抽入水喷射器,与外网高温水混合,使用户入口处的供水温度低于外网温度,符合用户系统的要求。

水喷射器(又称混水器)无活动部件,构造简单,运行可靠,网路系统的水力稳定性好。但由于水喷射器抽引回水时需消耗能量,通常要求管网供、回水管在用户入口处留有

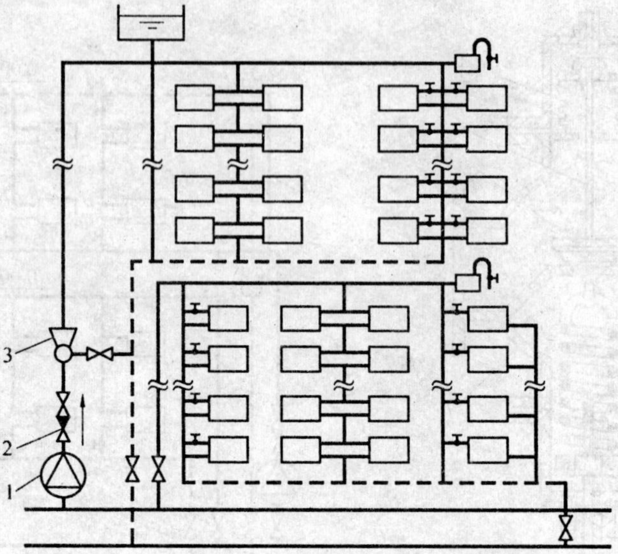

图 1.21　设水喷射器直接连接的分区式系统

1— 加压水泵;2— 止回阀;3— 水喷射器

0.08 ~ 0.12 MPa(8 ~ 12 mH_2O) 的压差,才能保证水喷射器正常工作。

⑤设混合水泵直接连接的分区式系统。如图 1.22 所示,当建筑物用户引入口处外网的供、回水压差较小,不能满足水喷射器正常工作所需压差,或设集中泵站将高温水转为低温水向建筑物供热时,可采用设混合水泵的直接连接方式。

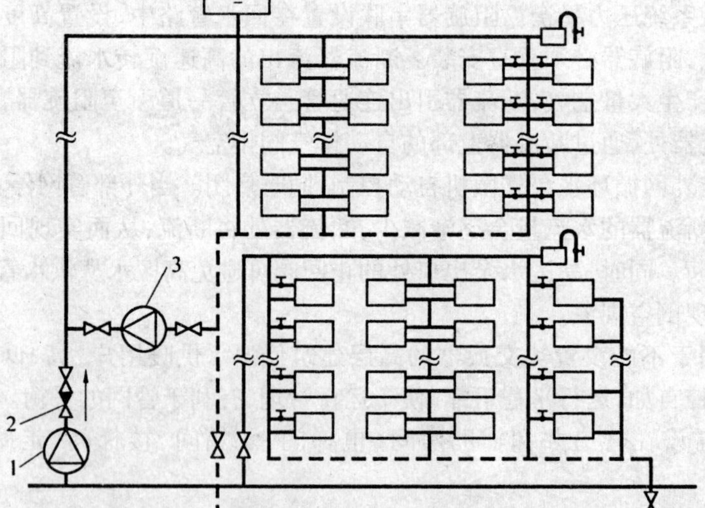

图 1.22　设混合水泵直接连接的分区式系统

1— 加压水泵;2— 止回阀;3— 混合水泵

混合水泵设在建筑物入口或专设的热力站处,外网高温水与水泵加压后的用户回水混合,降低温度后送入用户供热系统,混合水的温度和流量可通过调节混合水泵的阀门或外网供回水管进出口处阀门的开启度进行调节。为防止混合水泵扬程高于外网供、回水管的压差,将外网回水抽入外网供水管,在外网供水管入口处应装设止回阀。设混合水泵的连接方式是目前高温水供热系统中应用较多的一种直接连接方式,但其造价较设水喷射器的方式高,运行中需要经常维护并消耗电能。

(2) 双线式系统。

高层建筑的双线式供暖系统有垂直双线单管热水供暖系统(见图 1.23)和水平双线单管热水供暖系统(见图 1.24)两种形式。双线式单管系统由垂直或水平的"∩"形单管连接而成。散热设备通常采用承压能力较高的蛇行管或辐射板(单块或砌入墙内形成壁体式结构)。

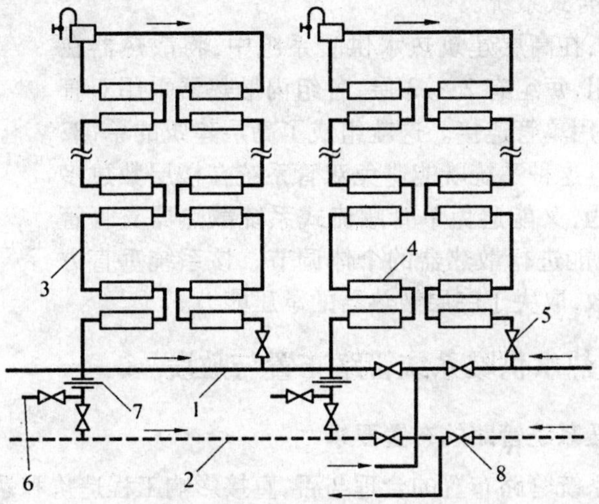

图 1.23　垂直双线式单管热水供暖系统

1— 供水干管;2— 回水干管;3— 双线立管;4— 散热设备;5— 截止阀;6— 排水管;7— 节流孔板;8— 调节阀

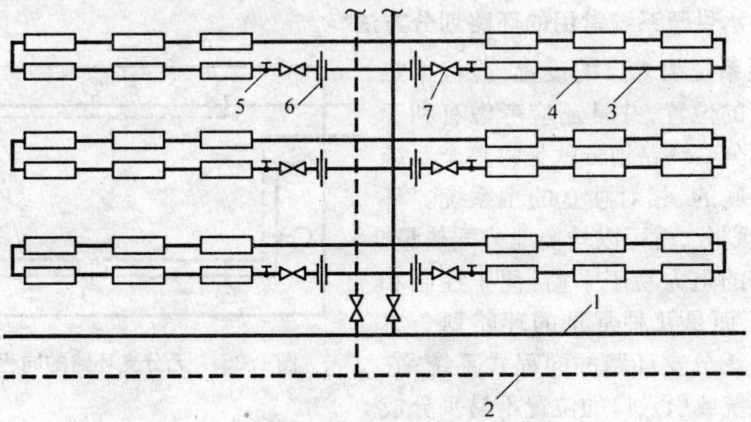

图 1.24　水平双线式单管热水供暖系统

1— 供水干管;2— 回水干管;3— 双线水平管;4— 散热设备;5— 截止阀;6— 节流孔板;7— 调节阀

垂直双线式系统中,散热设备立管由上升立管和下降立管组成,各层散热设备的热媒平均温度近似相同,这有利于避免垂直方向的热力失调。但由于各立管阻力较小,易引起水平方向的热力失调,可考虑在每根回水立管末端设置节流孔板,以增大立管阻力,或采用同程式系统减轻水平失调现象。

水平双线式系统,水平方向的各组散热设备内热媒平均温度近似相同,可避免水平失调问题,但容易出现垂直失调现象,可在每层供水管线上设置调节阀进行分层流量调节,或在每层的水平分支管线上设置节流孔板,增加各水平环路的阻力损失,减少垂直失调问题。

(3) 单、双管混合式系统。

如图 1.25 所示,在高层建筑热水供暖系统中,将散热器在垂直方向分成若干组,每组有 2 ~ 3 层,各组内散热器采用双管连接,组与组之间采用单管连接。这就组成了高层建筑的单、双管混合式供暖系统。这种系统既能避免双管系统在楼层数过多时产生垂直失调问题,又能避免单管顺流式系统散热器支管管径过大的缺点,而且能进行散热器的个体调节。该系统垂直方向串联散热器的组数,取决于底层散热器的承压能力。

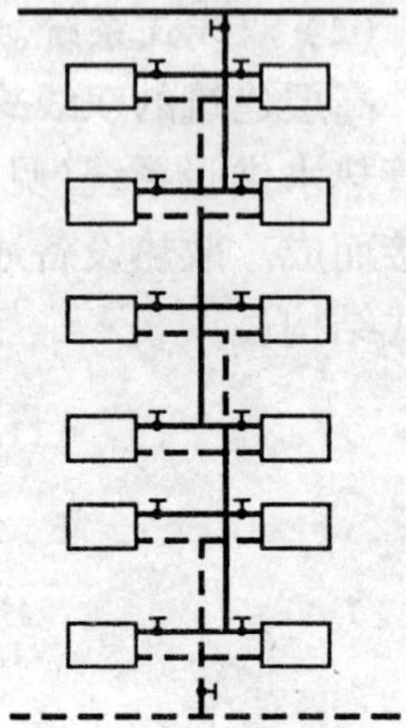

图 1.25　单、双管混合式热水供暖系统

1.1.2　室内热水供暖系统管路布置与敷设

1. 室内热水供暖系统管路的布置要求

室内热水供暖系统管路布置的合理与否,直接影响工程造价和系统的使用效果,应综合考虑建筑物的结构条件和室外热网的特点,力求系统结构简单,使空气能顺利排出。管路应在合理布置的条件下尽可能地短,节省管材和阀件,便于运行调节和维护管理。应尽可能做到各并联环路热负荷分配合理,使阻力易于平衡。

2. 室内热水供暖系统常用的环路划分方法

室内供暖系统引入口的设置,应根据热源和室外管道的位置,并且还应考虑有利于系统的环路划分。环路划分就是将整个系统划分成几个并联的、相对独立的小系统。环路如果能合理划分,就可以均衡地分配热量,使各并联环路的阻力易于平衡,便于控制和调节系统。下面是几种常见的环路划分方法:图 1.26 为无分支环路的同程式系统;它适用于小型系统或引入口的位置不易平分成对称热负荷的系统中;图 1.27 为两个分支环路的异程式系统;图 1.28 为两个分支环路的同程式系统。同程式与异程式相比,中间虽增设了一条回水管和地沟,但两大分支环路的阻力易于平衡,故多被采用。

图 1.26　无分支环路的同程式系统

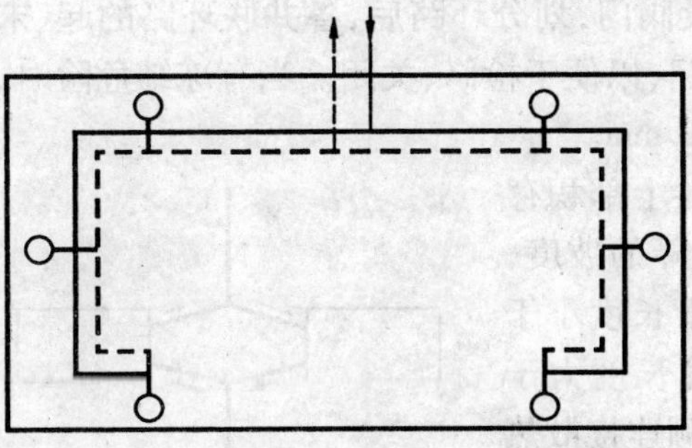

图 1.27　两个分支环路的异程式系统

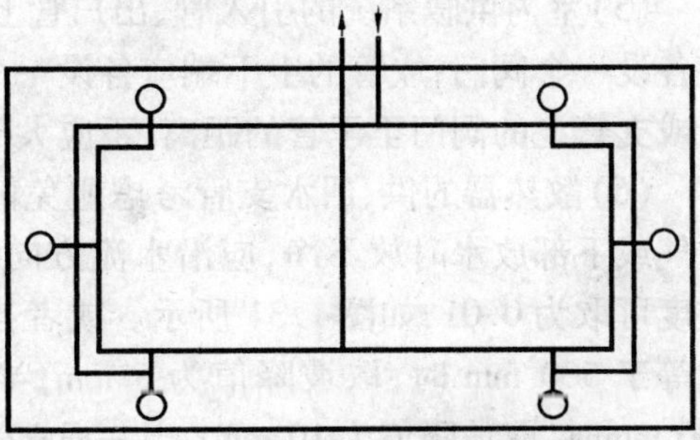

图 1.28　两个分支环路的同程式系统

3. 室内热水供暖系统管路的敷设要求

室内供暖系统管道应尽量明设，以便于维护管理和节省造价，有特殊要求或影响室内整洁美观时，才考虑暗设。敷设时应考虑以下几个方面：

（1）上供下回式系统的顶层梁下和窗顶之间的距离应满足供水干管的坡度和集气罐的设置要求。集气罐应尽量设在有排水设施的房间，以便于排气。

回水干管如果敷设在地面上，底层散热器下部和地面之间的距离也应满足回水干管敷设坡度的要求。如果地面上不允许敷设或净空高度不够时，应设在半通行地沟或不通行地沟内。

（2）管路敷设时应尽量避免出现局部向上凸起，以免形成气塞。在局部高点处，应考虑设置排气装置。

（3）回水干管过门时如果下部设置过门地沟或上部设空气管，应考虑好泄水和排空气的问题，具体做法如图 1.29 和图 1.30 所示。两种做法中均设置了一段反坡向的管道，目的是为了顺利排除系统中的空气。

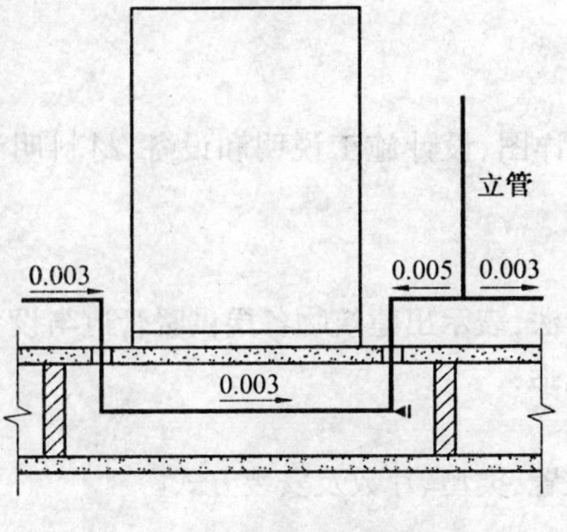

图 1.29　回水干管下部过门

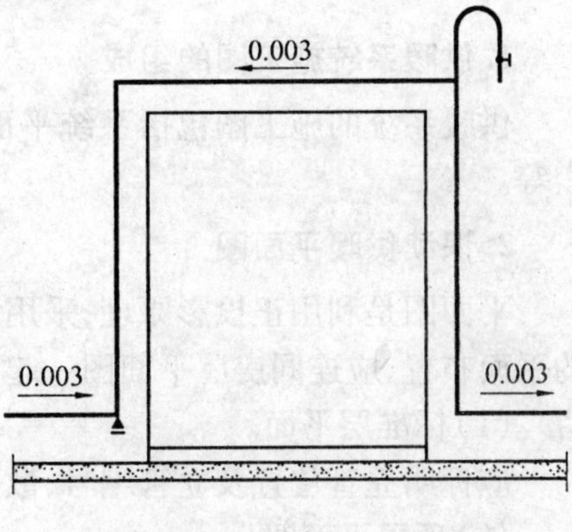

图 1.30　回水干管上部过门

（4）立管应尽量设置在外墙角处，以补偿该处过多的热量损失，防止该处结露。楼梯间或其他有冻结危险的场所应单独设置立管，该立管上各组散热器的支管均不允许安阀门。

双管系统的供水立管一般置于面向系统的右侧。如果立管与散热器支管相交，立管应煨弯绕过支管。

(5)室内供暖系统的引入管、出户管上应设阀门;划分环路后,各并联环路的起、末端应各设一个阀门;立管的上下端应各设一个阀门,以便于检修、关闭。当有冻结危险时,立管或支管上的阀门至干管的距离,不应大于 120 mm。

(6)散热器的供、回水支管考虑避免散热器上部积存空气或下部放水时放不净,应沿水流方向设下降的坡度,坡度可取为0.01,如图1.31所示。或者当支管长度小于或等于500 mm时,取坡降值为5 mm;当支管长度大于500 mm时,取坡降值为10 mm;当一根立管双侧连接散热器支管时,如果一端长度大于500 mm时,取坡降值均为10 mm。

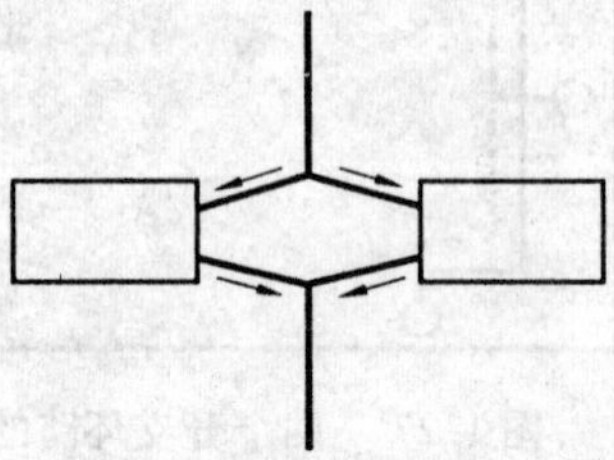

图1.31 散热器支管的坡向

(7)穿过建筑物基础、变形缝的供暖管道,以及镶嵌在建筑结构里的立管,应采取防止由于建筑物下沉而损坏管道的措施。当供暖管道必须穿过防火墙时,在管道穿过处应采取固定和密封措施,并使管道可向墙的两侧伸缩。供暖管道穿过隔墙和楼板时宜装设套管。供暖管道不得同输送蒸气燃点低于或等于120 ℃的可燃液体或可燃、腐蚀性气体的管道在同一条管沟内平行或交叉敷设。

(8)供暖管道在管沟或沿墙、柱、楼板敷设时,应根据设计、施工与验收规范的要求,每隔一定间距设置管卡或支、吊架。为了消除管道受热变形产生的热应力,应尽量利用管道上的自然转角进行热伸长的补偿,管线很长时,应设补偿器,适当位置设固定支架。

(9)供暖管道多采用水、煤气钢管,可采用螺纹连接、焊接和法兰连接。管道应按施工与验收规范要求作防腐处理。敷设在管沟、技术夹层、闷顶、管道竖井或易冻结地方的管道,应采取保温措施。

1.1.3 识读供暖系统施工图训练

1. 供暖系统施工图的组成

供暖系统的施工图包括系统平面图、轴测图、详图、设计施工说明和设备、材料明细表等。

2. 识读供暖平面图

平面图是利用正投影原理,采用水平全剖的方法,表示出建筑物各层供暖管道与设备的平面布置,应连同房屋平面图一起画出。内容包括:

(1)标准层平面。

应标明立管位置及立管编号,散热器的安装位置、类型、片数及安装方式。

(2)顶层平面图。

除了有与标准层平面图相同的内容外,还应标明总立管、水平干管的位置、走向、立管编号、干管坡度及干管上阀门、固定支架的安装位置与型号;膨胀水箱、集气罐等设备的位置、型号及其与管道的连接情况。

(3)底层平面图。

除了有与标准层平面图相同的内容外,还应标明引入口的位置,供、回水总管的走向、位置及采用的标准图号(或详图号),回水干管的位置,室内管沟(包括过门地沟)的位置和主要尺寸,活动盖板和管道支架的设置位置。

平面图常用的比例有 1：50,1：100,1：200 等。

3. 识读供暖系统图

供暖系统轴测图,又称系统图,是表示供暖系统的空间布置情况、散热器与管道的空间连接形式,设备、管道附件等空间关系的立体图。标有立管编号、管道标高、各管段管径,水平干管的坡度,散热器的片数及集气罐、膨胀水箱、阀件的位置、型号规格等。通过系统图,可了解供暖系统的全貌,其比例与平面图相同。

4. 供暖系统详图的内容

供暖系统详图表示供暖系统节点与设备的详细构造及安装尺寸要求。平面图和系统图中表达不清、又无法用文字说明的地方,如引入口装置、膨胀水箱的构造与配管、管沟断面、保温结构等可用详图表示。如果选用的是国家标准图集,可给出标准图号,不给详图。常用的比例是 1：10～1：50。

5. 设计、施工说明的内容

设计、施工说明的内容包括:说明设计图纸无法表达的问题,如热源情况、供暖设计热负荷、设计意图及系统形式,进出口压力差,散热器的种类、形式及安装要求,管道的敷设方式、防腐保温、水压试验要求,施工中需参照的有关专业施工图号或采用的标准图号等。

6. 常见供暖施工图例(表 1.1)

表 1.1　常见供暖施工图例

序号	名　称	图　例	序号	名　称	图　例
1	供暖供水(汽)管 回(凝结)水管		5	套管伸缩器	
2	保温管		6	波形伸缩器	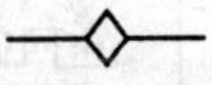
3	软管		7	弧形伸缩器	
4	方形伸缩器	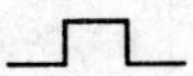	8	球形伸缩器	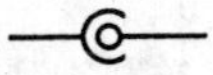

续表 1.1

序号	名 称	图 例	序号	名 称	图 例
9	流向		18	膨胀阀	
10	丝堵		19	散热器放风门	
11	滑动支架		20	手动排气阀	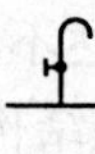
12	固定支架	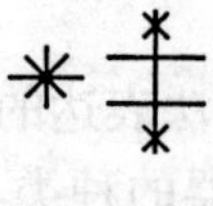	21	自动排气阀	
13	截止阀	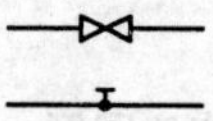	22	疏水器	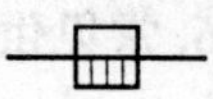
14	闸阀		23	散热器三通阀	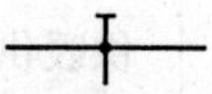
15	止回阀(通用)	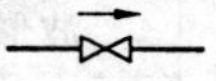	24	球阀	
16	安全阀	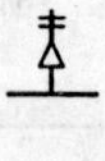	25	电磁阀	
17	减压阀		26	角阀	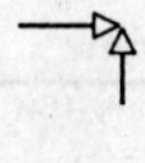

续表 1.1

序号	名　称	图　例	序号	名　称	图　例
27	三通阀		32	管道泵	
28	四通阀		33	过滤器	
29	节流孔板	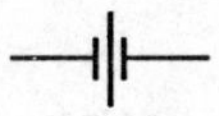	34	除污器	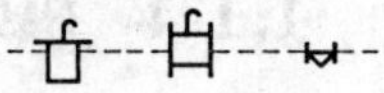
30	散热器	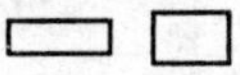	35	暖风机	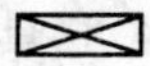
31	集气罐	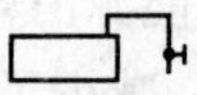			

7. 识读机械循环上供下回单管顺流式热水供暖系统供暖施工图训练

(1)能力及目标。

经过该项训练能够熟练掌握供暖施工图的绘制方法,并且具备绘制实际工程供暖施工图的能力。

(2)施工图绘制示例。

本设计为哈尔滨市某住宅楼供暖工程,系统采用机械循环上供下回单管顺流式热水供暖系统,供水温度为 95 ℃,回水温度为 70 ℃。

因小区锅炉房建在该住宅楼的北向,故供水引入管设在北向 7 号轴线左侧的管沟内,进入室内的供水总管沿外墙引至顶层天棚下,在室内分成两个并联支环路。两个环路供水干管末端的最高点处设有集气罐,集气罐分别设在顶层厨房内,集气罐的放气管引至厨房内的洗涤盆上。

系统采用同程式系统形式,两并联环路的回水干管分别以北向为起端,在地沟内沿外墙敷设,在南向中部 6 号、7 号轴线间汇合,再沿中部室内地沟引至北向 7 号轴线左侧的管沟内,下降后与引入管使用同一地沟出户。

在本设计中供暖系统的引入管、出户管上各安装一个阀门;各并联环路的起、末端各安装一个阀门;各立管的上下端各安装一个阀门。

本设计的施工图纸包括:一层平面图,标准层平面图,顶层平面图和系统图,比例为1∶100,施工图示例如图1.32~1.35所示。

8.绘制机械循环上供下回单管顺流式热水供暖系统供暖施工图训练

图1.36和1.37为某学校二层教学楼的建筑平面图,该建筑物层高3.9 m。采用机械循环上供下回单管顺流式系统,供水温度为95 ℃,回水温度为70 ℃。锅炉房建在该建筑物的北向。试绘制该建筑物的供暖系统一层、二层平面布置图和供暖系统图,平面图和系统图均采用1∶100的比例。

1.1.4 辐射供暖系统的布置与敷设

1.低温热水地板辐射供暖系统的特点

低温热水地板辐射供暖是一种卫生条件和舒适标准都比较高的供暖形式,和对流供暖相比,它具有以下特点:

(1)辐射供暖时,人或物体受到辐射照度和环境温度的综合作用,人体感受的实感温度可比室内实际环境温度高2~3 ℃,即在相同舒适感的前提下,辐射供暖的室内空气温度可比对流供暖时低2~3 ℃,室温降低可以减少能源消耗。

(2)辐射供暖时,人体和物体直接接受辐射热,减少了人体向外界的辐射散热量。并且室温由下向上逐渐降低,给人以脚暖头凉的良好感觉,改善血液循环,促进新陈代谢。因此辐射供暖时人体具有最佳的舒适感。

(3)辐射供暖时沿房间高度方向上温度分布均匀,温度梯度小,房间的无效损失减小了。热媒传送温度低,传送时无效热损失小。辐射供暖方式较对流供暖方式热效率高。

(4)辐射供暖系统由于地面层及混凝土层蓄热量大,间歇供暖时,室温波动小,热稳定性好。

(5)地板辐射供暖系统方便于分户热计量和控制。系统供回水多为双管系统,可在每户的分水器前安装热量表进行分户热计量。还可通过调节分、集水器上的环路控制阀门,调节室温。用户还可采用自动温控装置,自行控制室温。

(6)辐射供暖不需要在室内布置散热器,少占室内的有效空间,也便于布置家具。

(7)辐射供暖减少了对流散热量,室内空气的流动速度降低,避免了室内尘土的飞扬,有利于改善卫生条件。

(8)辐射供暖系统比对流供暖系统的初始投资高。

2. 地板辐射供暖系统常用的加热盘管布置形式及特点

地板辐射供暖系统比较常用的加热盘管布置形式有三种:直列式、旋转式、往复式,如图1.38所示。直列式最为简单,但其板面温度随着水的流动逐渐降低,首尾部温差较大,板面温度场不均匀。旋转式和往复式虽然铺设复杂,但板面温度场均匀,高、低温管间隔布置,供暖效果较好。应根据房间的具体情况选择适合的系统形式,也可混合使用,热损失明显不均匀的房间,宜采用将高温管段优先布置于房间热损失较大的外窗或外墙侧的方式。为了使每个分支环路的阻力损失易于平衡,较小房间可几个房间合用一个环路,较大房间可以一个房间布置几个环路,住宅的各主要房间,宜分别设置分支环路。

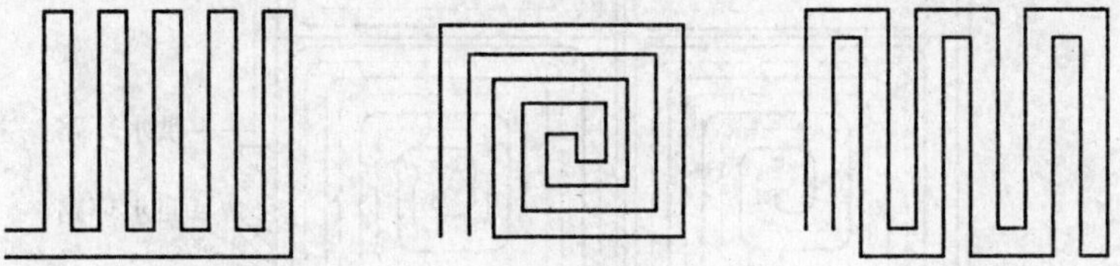

(a) 直列式　(b) 旋转式　(c) 往复式

图1.38　加热盘管常用布置形式

3. 低温热水地板辐射供暖系统的设计要求

图1.39为热水地板供暖系统结构示意图,低温热水地板辐射供暖系统的阻力应计算确定,加热管内的水流速度不应小于0.25 m/s,每个环路供回水阀门以后(含阀门、加热管和热媒集配装置等构件)的阻力不宜超过30 kPa。同一集配装置的每个环路加热管长度应尽量接近,一般应控制每个环路的长度在60~80 m,最长不超过120 m。低温热水地板敷设供暖系统的供回水温度应计算确定,民用建筑的供水温度不应超过60 ℃,供回水温差宜小于或等于10 ℃,同一热源输配系统的各房间,应按相同的水温进行计算。

低温热水地板辐射供暖系统每一集配装置的分支环路不宜多于8个,住宅每户至少应设置一套集配装置。分水器前应设阀门及过滤器,集水器后应设阀门,集水器、分水器上应设放气阀,系统配件应采用耐腐蚀材料。系统的工作压力不宜大于0.8 MPa,超过时应采取相应的措施。

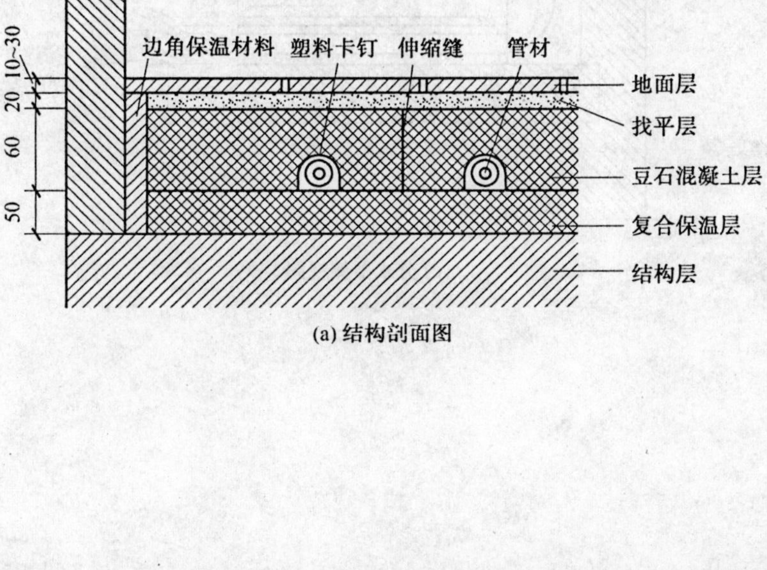

(a) 结构剖面图

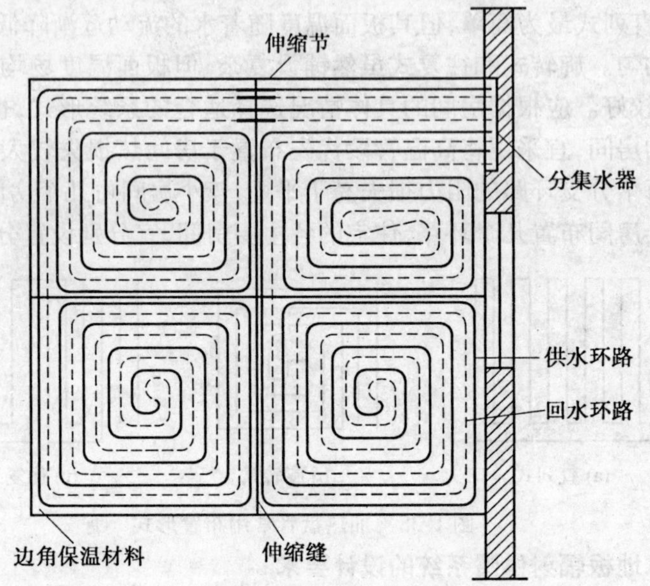

(b) 环路平面图

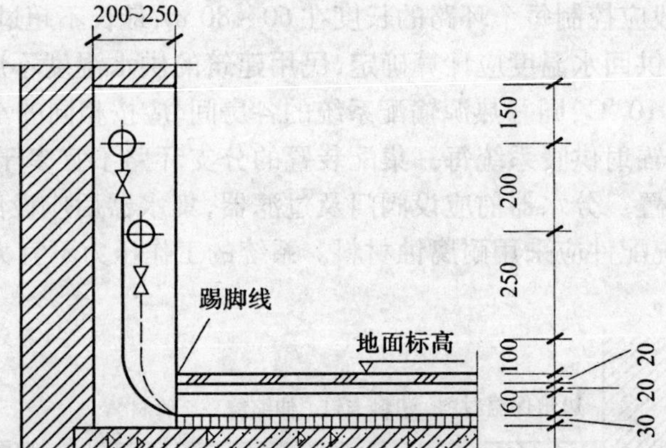

(c) 分水器侧视图

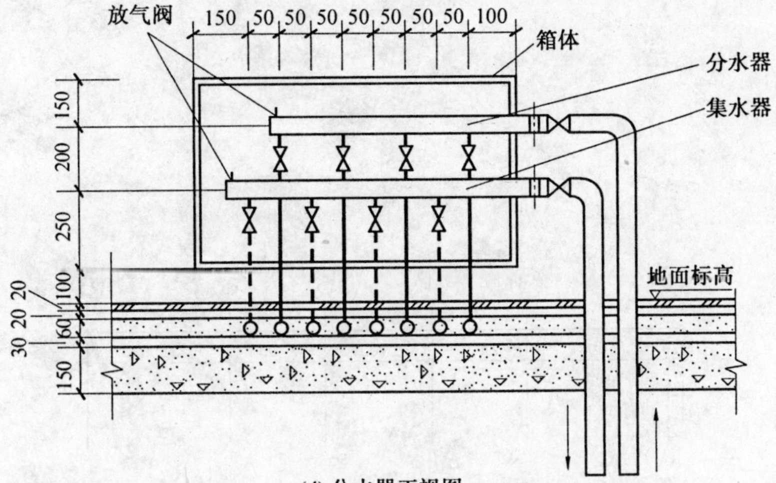

(d) 分水器正视图

图 1.39　热水地板供暖系统结构示意图

4. 低温地板辐射供暖系统的结构特点

在地面或楼板内埋管时地板结构层厚度为:公共建筑,大于等于 90 mm;住宅大于等于 70 mm(不含地面层及找平层)。必须将盘管完全埋设在混凝土层内,管间距为 100 ~ 300 mm,盘管上部应保持厚度不小于 30 mm 的覆盖层。覆盖层不宜过小,否则人站在上面会有颤感。覆盖层应设伸缩缝,伸缩缝的设置间距与宽度应由计算确定,一般在面积超过 30 m^2或长度超过 6 m 时,宜设置间距小于或等于 6 m、宽度大于或等于 5 mm 的伸缩缝,面积较大时,伸缩缝的间距可适当增大,但不宜超过 10 m。加热管穿过伸缩缝时,应设长度不小于100 mm的柔性套管。加热管及其覆盖层与外墙、楼板结构层间应设绝热层,绝热层一般采用聚苯乙烯泡沫板,厚度不宜小于 25 mm。供暖绝热层敷设在土壤上时,绝热层下应做防潮层,以保证绝热层不至于被水分侵蚀。在潮湿房间(如卫生间、厨房等)敷设盘管时,加热盘管覆盖层上应做防水层。

5. 识读低温地板辐射热水供暖系统施工图训练

(1)能力及目标。

经过该项训练能够熟练掌握低温地板辐射供暖系统施工图的绘制方法,并且具备绘制实际工程低温地板辐射供暖施工图的能力。

(2)施工图绘制示例。

该设计为某住宅楼供暖工程设计,系统采用低温地板辐射热水供暖系统。

本设计的施工图纸包括:标准层平面图、分水器正视图、分水器侧视图和结构剖面图,比例为 1∶100,施工图示例如图 1.40 ~ 1.43 所示。

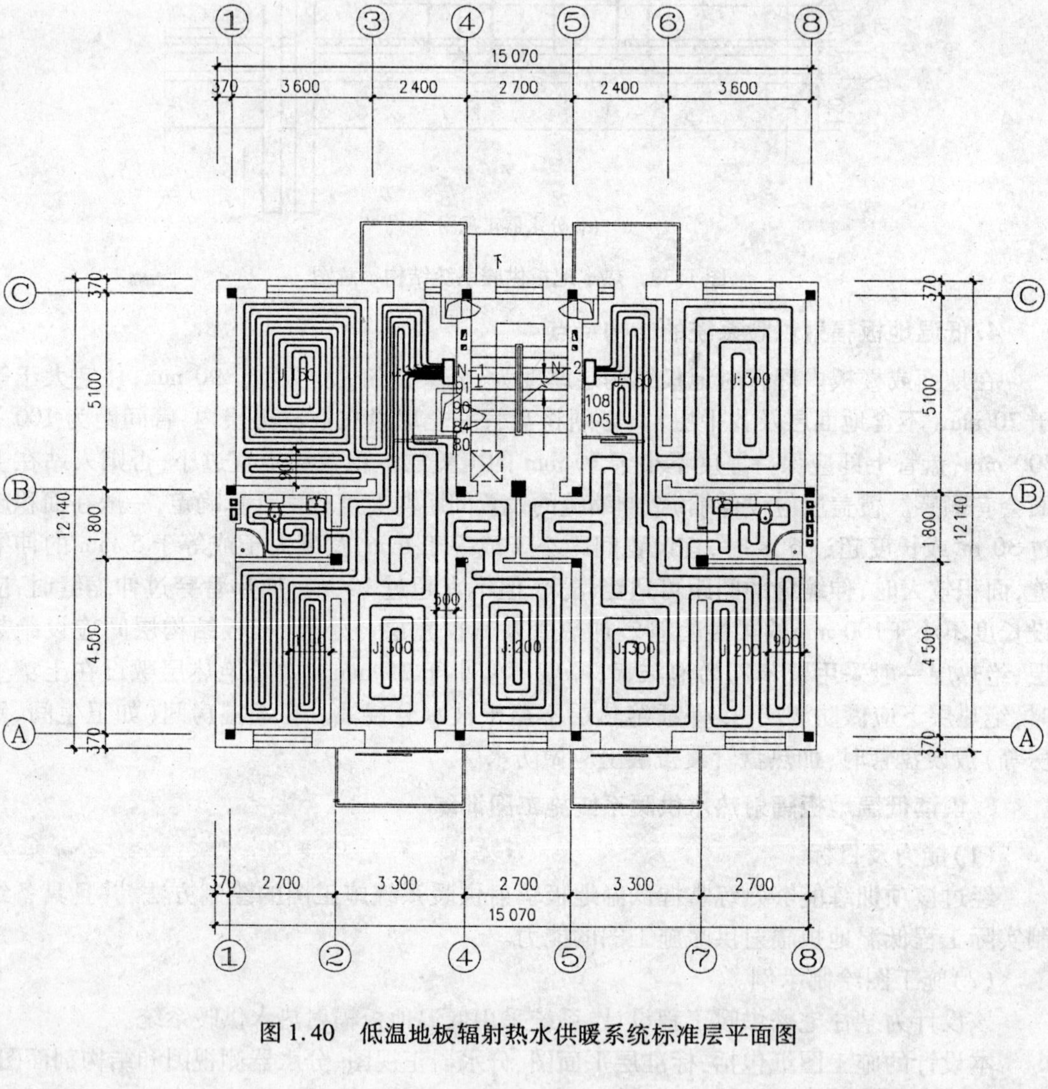

图 1.40　低温地板辐射热水供暖系统标准层平面图

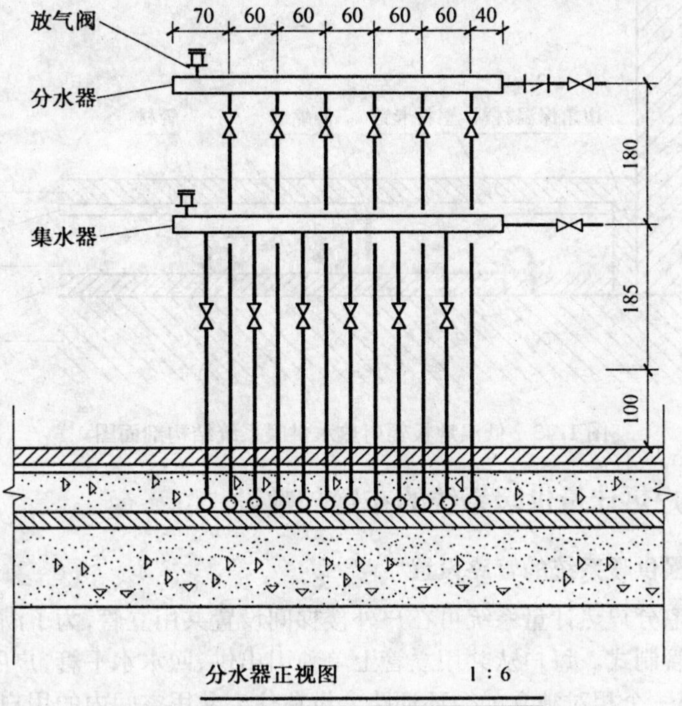

图 1.41　低温地板辐射热水供暖系统分水器正视图

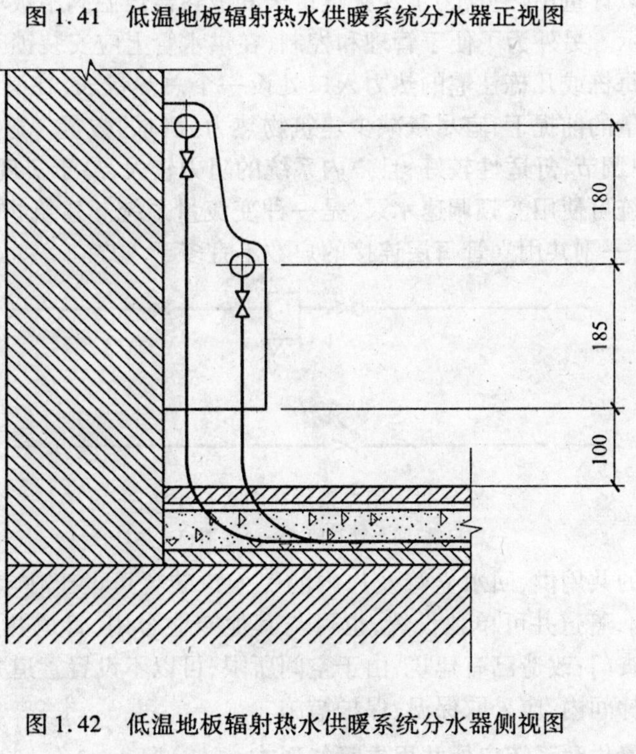

图 1.42　低温地板辐射热水供暖系统分水器侧视图

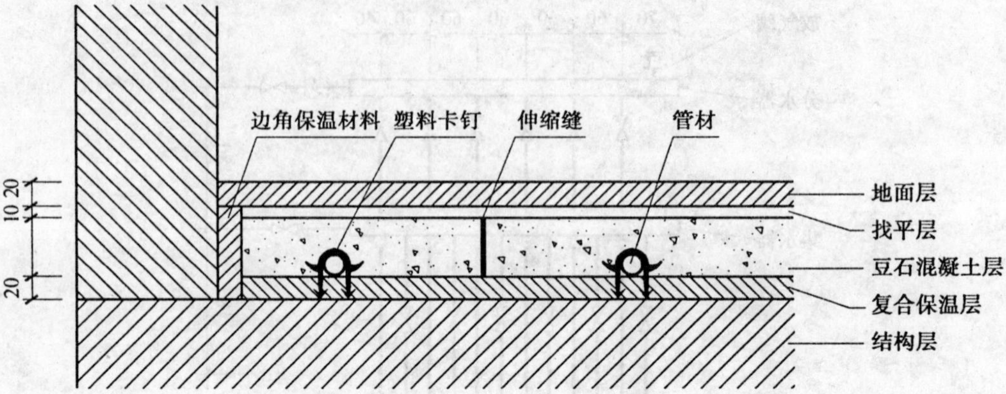

图 1.43 低温地板辐射热水供暖系统结构剖面图

1.1.5 分户热计量供暖系统的布置与敷设

1. 分户热计量供暖系统的管路设置

对于新建住宅分户热计量系统可在户外楼梯间设置共用立管，为了满足调节的需要，共用立管应为双管制式。每户从共用立管上单独引出供、回水水平管，户内采用水平式供暖系统，每户形成一个相对独立的循环环路。设在住宅共用空间内的用户引入口装置中，应设户用热量表以计量用热量，为了保护热量表和散热器恒温阀不被堵塞，表前需设过滤器，如图 1.44 所示。另外为了便于管理和控制，在供水管上应安装锁闭阀，以便需要时关闭用户系统。在每栋或几栋住宅的热力入口处设一个总热量表，在满足室内各环路水力平衡和进行热计量的前提下，宜尽量减少建筑物热力入口的数量。这种方式便于调控和计量，可实现分户调节，舒适性较好，且户内系统的阻力较大，易于实现供暖系统的水力平衡和稳定。该系统可使用变频调速水泵，是一种变流量系统。建筑物需每层设置分集水器连接多户系统，一副共用立管每层连接的户数不宜多于 3 户。

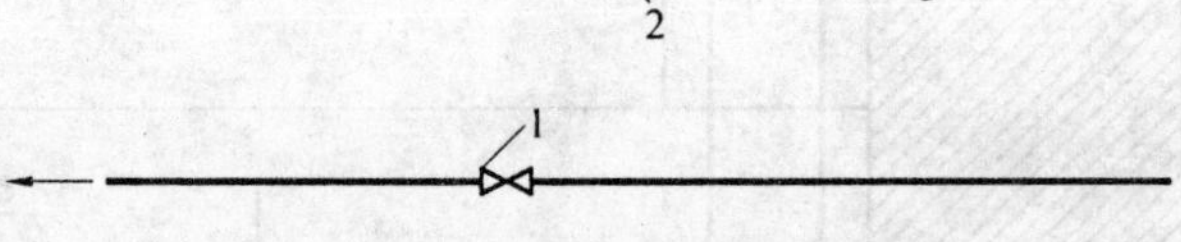

图 1.44 用户系统热力入口示意图

1—用户供、回水管阀门；2—过滤器；3—热量表

新建建筑物的共用供、回水立管及户内的引入口装置可设于住宅的共用空间（如楼梯间）的管道井内，管道井可单独设置，也可与其他专业合用，管道井上均应设置抄表及维修检修用的检查门；改造已有建筑，由于空间所限，可以不设置管道井，将立管和引入口装置直接置于楼梯间内，应采取保温、保护措施。

2. 分户热计量供暖系统户外共用立管的形式

分户热计量供暖系统户外共用立管的形式可以有：上供下回同程式、上供上回异程式、下供下回异程式、下供下回同程式,如图 1.45 所示。双管系统最大的问题是垂直失调问题,楼层越高重力作用的附加压力就越大,在不额外设置阻力平衡元件的情况下,应尽量减少垂直失调问题,实现较好的阻力平衡。在上供下回同程式系统和下供下回同程式系统中,各层循环环路在设计工况下阻力近似相同,上层作用压力大于下层的垂直失调问题无法解决。上供上回异程式系统,上层循环环路短阻力小,下层循环环路长阻力大,这会加剧垂直失调问题。只有下供下回异程式系统,上层循环环路长阻力大,刚好可以抵消上层较大的重力作用压力;而下层循环环路短阻力小,下层的重力作用压力也较小。因此对于高层住宅分户热计量系统,在同等条件下,下供下回异程式双管系统是首选的系统形式。

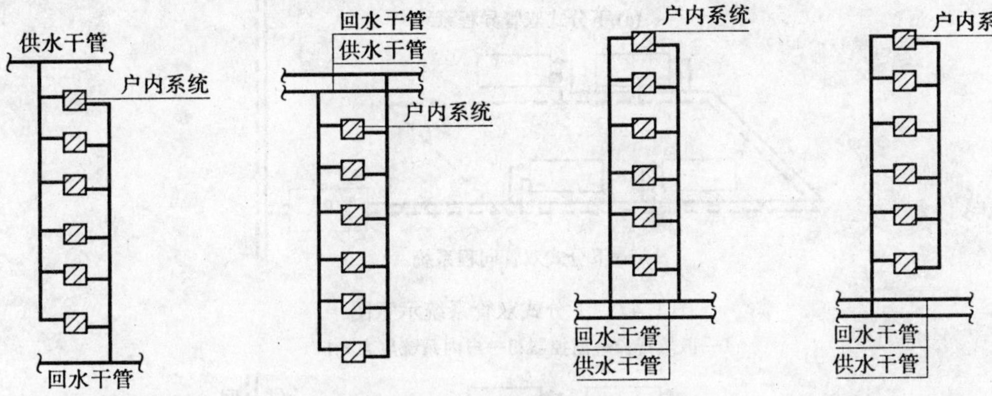

(a) 上供下回同程式　(b) 上供上回异程式　(c) 下供下回异程式　(d) 上供上回同程式

图 1.45　分户热计量系统共用立管型式

3. 分户热计量系统户内采用地板辐射供暖的优缺点

户内供暖系统可采用地板辐射供暖系统和散热器供暖系统。因地板辐射供暖系统室内的供回水管为双管制式,只需在每户的分水器前安装热量表,就可实现分户计量。如在每个房间的支环路上设置恒温阀,便可实现分室控温。但应注意地板辐射供暖构造层热惰性较大,分室调节流量后达到稳定所需时间会较长。

4. 分户热计量系统户内采用散热器供暖时的形式及特点

户内散热器供暖系统的形式主要有:

(1)章鱼式双管异程式系统,户内设小型分、集水器,散热器之间相互并联,布管方式成放射状,如图 1.46 所示。章鱼式系统全部支管均为埋地敷设,管材一般采用 PB 管或交联聚乙烯塑料管,一般均外加套管,造价相对较高。套管外径一般采用 25 mm,埋设在垫层内,其作用既可以保温,又可以保护管道,还可以解决管道的热膨胀问题。

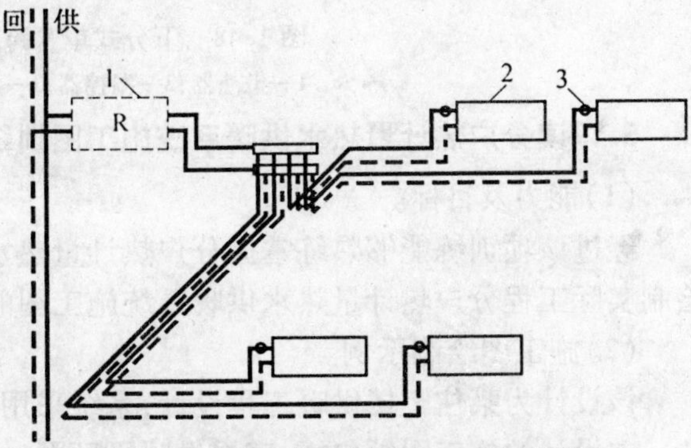

图 1.46　章鱼式双管异程式系统示意图

1—户内系统热力入口;2—散热器;3—温控器

(2)户内所有散热器串联或并联成环形布置。常用系统形式包括下分式双管系统(见图1.47)、下分式单管跨越式系统(见图1.48)、上分式双管系统(见图1.49)、上分式单管跨越式系统(见图1.50)。这几种形式均可在每组散热器上设置温控阀,可灵活调节室温,热舒适性较好,但住户室内水平管路数目较多。

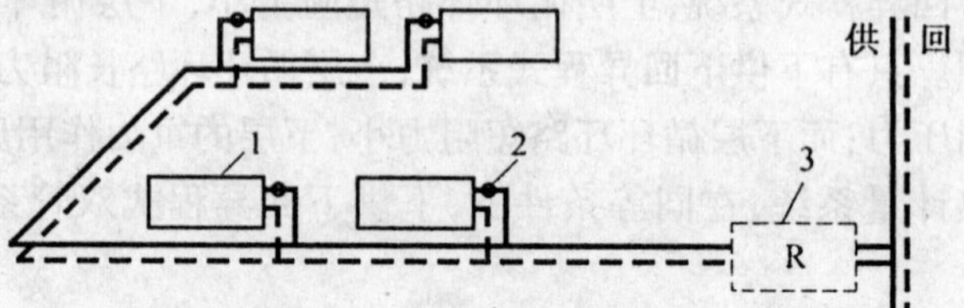

(a) 下分式双管异程系统

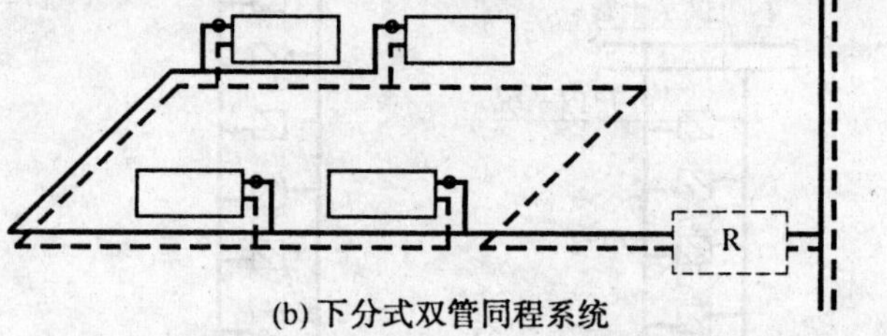

(b) 下分式双管同程系统

图1.47　下分式双管系统示意图

1—散热器;2—温控器;3—户内系统热力入口

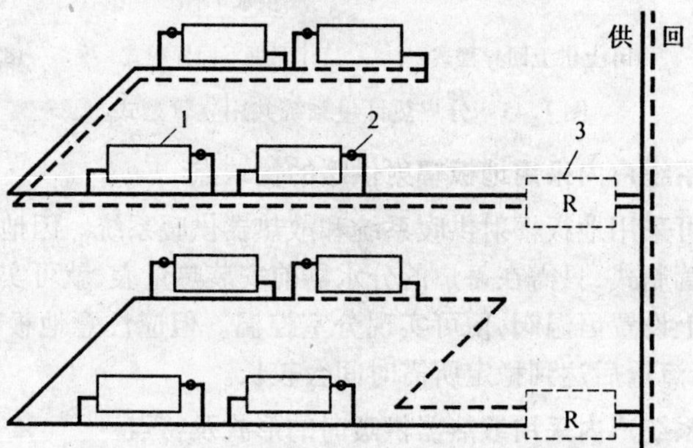

图1.48　下分式单管跨越式系统示意图

1—散热器;2—温控器;3—户内系统热力入口

5. 识读分户热计量热水供暖系统施工图训练

(1)能力及目标。

经过该项训练能够熟练掌握分户热计量热水供暖系统施工图的绘制方法,并且具备绘制实际工程分户热计量热水供暖系统施工图的能力。

(2)施工图绘制示例。

该设计为某住宅楼供暖工程设计,系统采用低温分户热计量热水供暖系统。

本设计的施工图纸包括:底层供暖平面图、标准层供暖平面图和供暖系统图,比例为1∶100,施工图示例如图1.51~1.53所示。

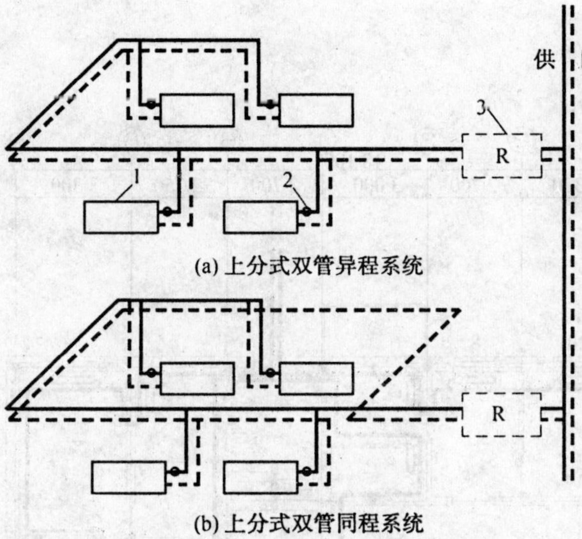

图 1.49　上分式双管系统示意图

1—散热器;2—温控器;3—户内系统热力入口

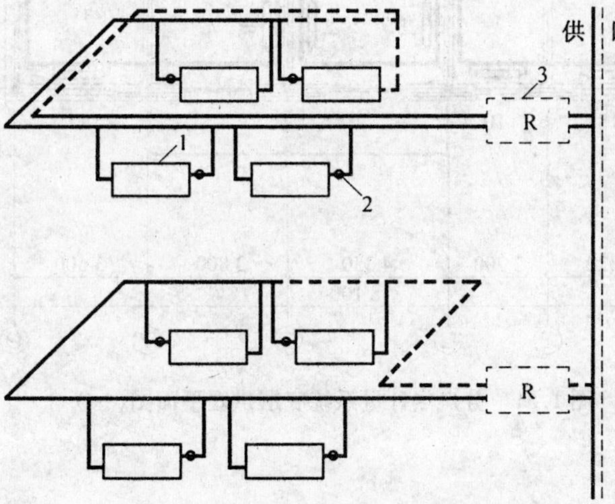

图 1.50　上分式单管跨越式系统示意图

1—散热器;2—温控器;3—户内系统热力入口

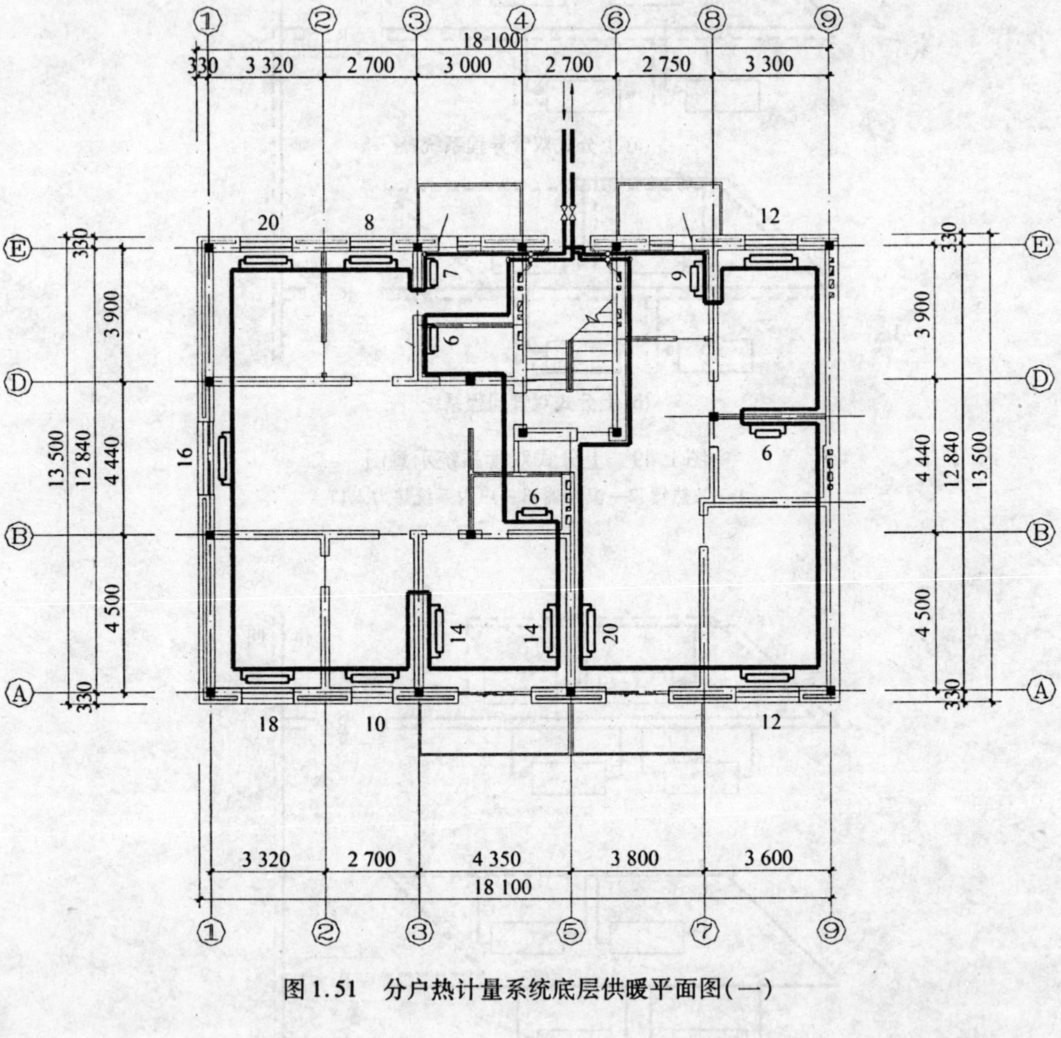

图 1.51　分户热计量系统底层供暖平面图(一)

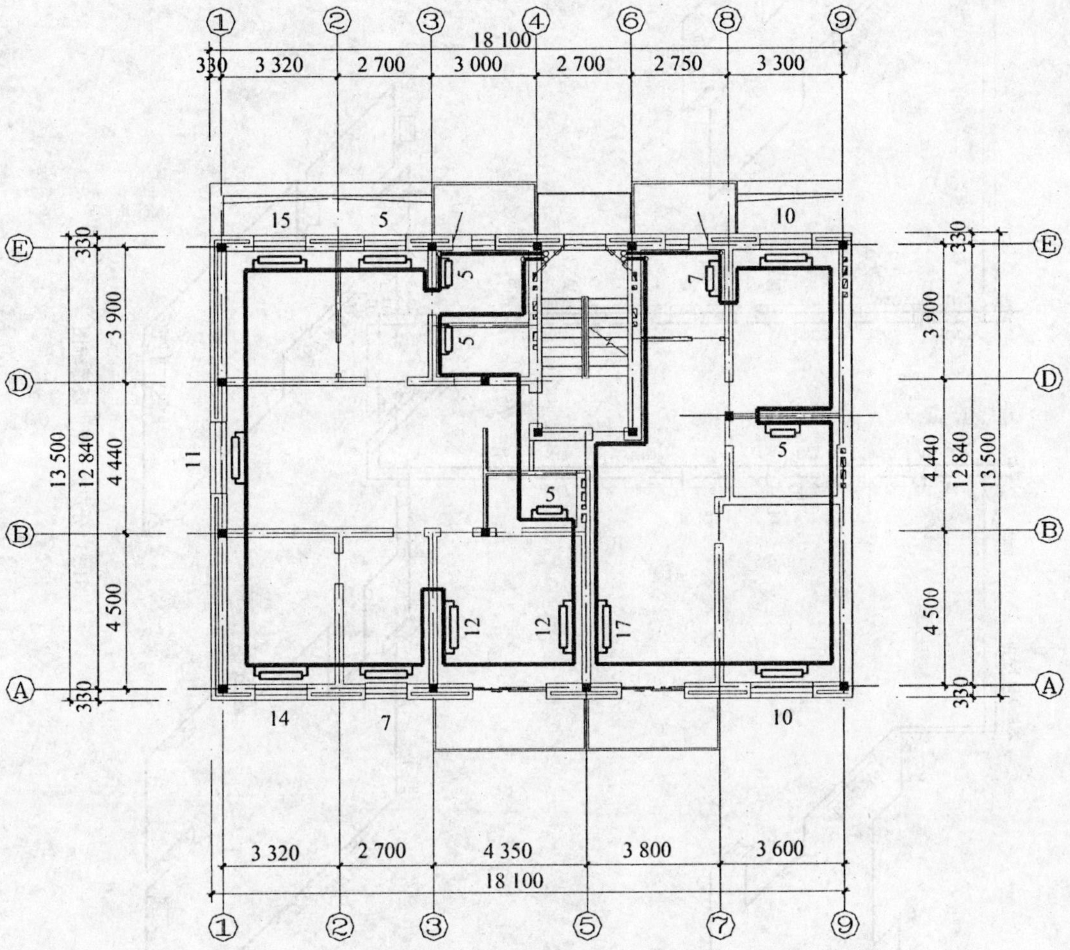

图 1.52　分户热计量系统标准层供暖平面图(二)

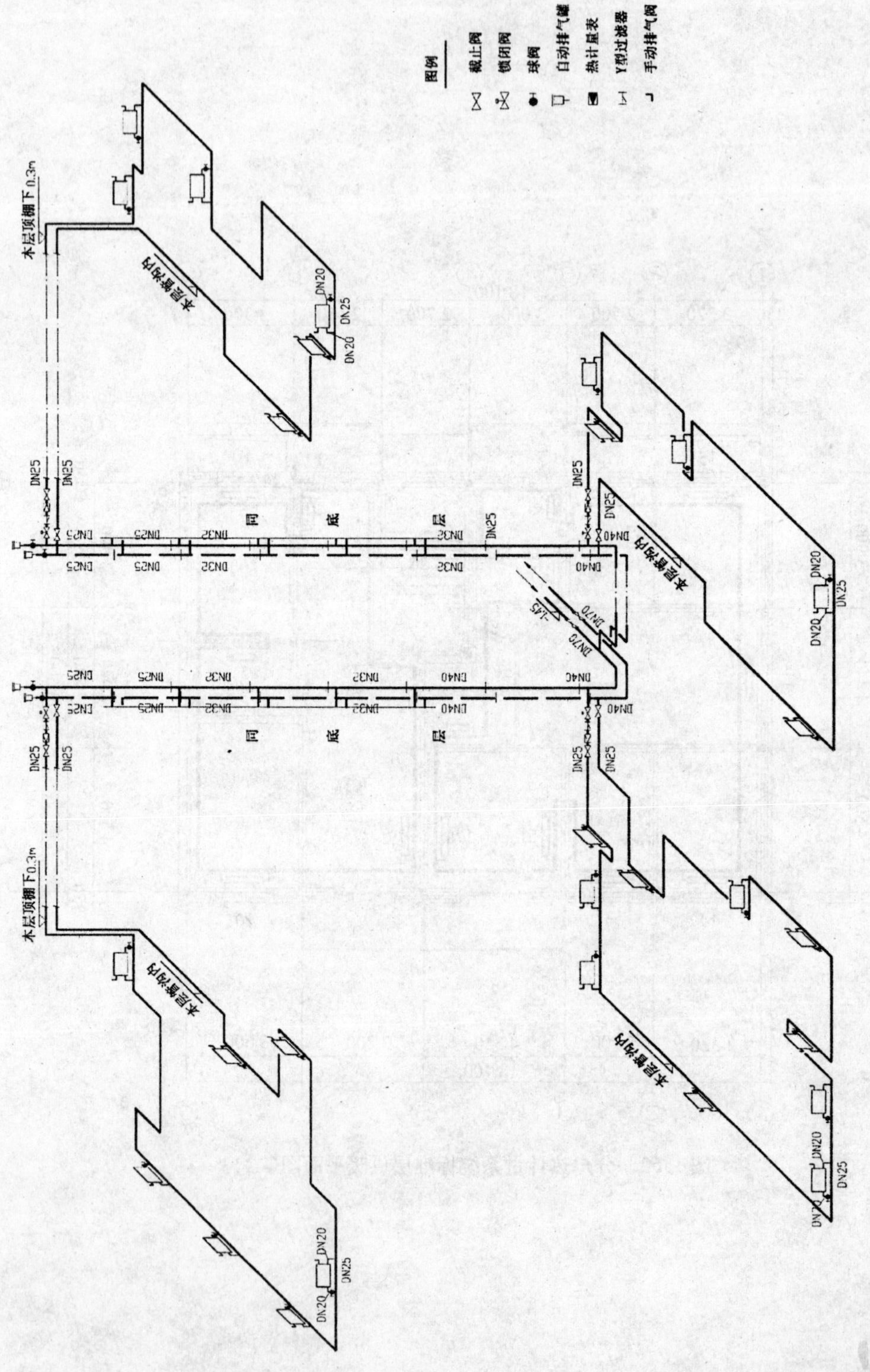

图1.53　分户热计量供暖系统图

1.2　供暖系统设计热负荷的核算

1.2.1　围护结构传热耗热量的计算

1. 确定供暖系统的设计热负荷

人们进行生产和生活时要求保持一定的室内温度。一个房间或建筑物会得到各种热量,也会产生各种热量损失,在冬季,当失热量大于得热量时,就需要通过室内设置的供暖系统以一定方式向室内补充热量,以维持所要求的室温,在该室温下达到得热量和失热量的平衡。

供暖系统的设计热负荷是指在供暖室外设计计算温度 t_{wn} 下,为保证所要求的室内温度 t_n,供暖系统在单位时间内向房间供应的热量 Q。供暖系统设计热负荷应根据房间得、失热量的平衡进行计算,即

房间设计热负荷 = 房间总失热量 - 房间总得热量

2. 供暖房间的得失热量

房间的失热量包括:①围护结构传热耗热量 Q_1;②加热由门、窗缝隙渗入室内的冷空气的耗热量 Q_2,简称冷风渗透耗热量;③ 加热由门、孔洞及相邻房间侵入室内的冷空气的耗热量 Q_3,简称冷风侵入耗热量;④ 水分蒸发耗热量 Q_4;⑤ 加热由外部运入的冷物料和运输工具的耗热量 Q_5;⑥ 通风耗热量 Q_6,即通风系统将空气从室内排到室外所带走的热量;⑦ 其他散热量 Q_7。

房间的得热量包括:① 生产车间最小负荷班工艺设备散热量 Q_8;② 非供暖系统的热管道和其他热表面的散热量 Q_9;③ 热物料的散热量 Q_{10};④ 太阳辐射进入室内的热量 Q_{11};⑤ 其他得热量 Q_{12}。

对于民用建筑或产生热量很少的工业建筑,计算供暖系统的设计热负荷时,失热量只考虑围护结构的传热耗热量、冷风渗透耗热量和冷风侵入耗热量;得热量只考虑太阳辐射进入室内的热量。其他得失热量不普遍存在,只有当其经常而稳定存在时,才能将其计入设计热负荷中,否则不予计入。

3. 围护结构传热耗热量

围护结构传热耗热量是指当室内温度高于室外温度时,通过房间的墙、门、窗、屋顶、地面等围护结构由室内向室外传递的热量。常分成两部分计算,即围护结构的基本耗热量和附加耗热量。

基本耗热量是指在设计的室内、外温度条件下通过房间各围护结构稳定传热量的总和。附加(修正)耗热量是指考虑气象条件和建筑结构特点的影响而对基本耗热量的修正,包括朝向修正、风力附加、外门附加和高度附加等耗热量。

4. 计算围护结构的基本耗热量

室内散热设备的散热量不稳定,而且室外空气温度随季节和昼夜不断变化,围护结构

的传热实际上是一个不稳定的过程。但不稳定传热的计算非常复杂，所以在工程设计中，对于室温允许有一定波动幅度的建筑物，围护结构的基本耗热量可以按一维稳定传热进行计算，即假设在计算时间内，室内外空气温度和其他传热过程参数都不随时间发生变化，这样可以简化计算，而且计算结果基本正确。

围护结构稳定传热时，基本传热量可按下式计算，即

$$Q = aKF(t_n - t_{wn}) \tag{1.9}$$

式中 K—— 围护结构的传热系数，W/(m^2·℃)；

F—— 围护结构的面积，m^2；

t_n—— 冬季室内计算温度，℃；

t_{wn}—— 供暖室外计算温度，℃；

a—— 围护结构的温差修正系数。

将房间围护结构按材料、结构类型、朝向及室内外温差的不同，划分成不同的部分，整个房间的基本耗热量等于各部分围护结构耗热量的总和。

此外，如果两个相邻房间的温差大于或等于 5 ℃ 时，应计算通过隔墙和楼板的传热量。

5. 确定供暖室内计算温度 t_n

供暖室内计算温度 t_n 通常指距地面 2 m 以内人们活动地区的平均空气温度。这个区域的温度对人的冷热感觉有直接影响，应根据建筑物的用途考虑满足人们生活和生产工艺要求而确定。依据我国国家标准《供暖通风与空气调节设计规范》(GB 50019—2003)(简称《暖通规范》)，设计集中供暖系统时，冬季室内计算温度 t_n 应根据建筑物的用途而定，按下列规定采用：

民用建筑的主要房间宜采用 16 ~ 20 ℃。根据国内有关部门的研究结果认为，当人体衣着适宜，保暖量充分且处于安静状态时，室内温度 20 ℃ 比较舒适，18 ℃ 无冷感，15 ℃ 是产生明显冷感的温度界限。

居住及公共建筑的室内计算温度 t_n 见附录 3。

生产厂房的工作地点温度：轻作业不应低于 15 ℃；中作业不应低于 12 ℃；重作业不应低于 10 ℃。

应注意，对于空间高度超过 4 m，室内设备散热量大于 23 W/m^3 的生产厂房，由于对流作用，热空气上升的影响，房间上部空气温度高于下部温度，使上部围护结构的散热量增加。因此，室内计算温度 t_n 有如下规定：

(1) 计算地面传热量时，采用工作地点温度 t_g，即 $t_n = t_g$。

(2) 计算屋顶、天窗传热量时采用屋顶下的温度 t_d，即 $t_n = t_d$。屋顶下的温度，可按已有的类似厂房进行实测，也可按温度梯度法确定，即

$$t_d = t_g + \Delta t(H - 2) \tag{1.10}$$

式中 H—— 屋顶距地面的高度，m；

Δt—— 温度梯度，℃/m，应根据车间散热设备的散热情况而定，通常取 Δt = 0.3 ~1.5 ℃/m。

(3) 计算墙、门和窗传热量时采用室内的平均温度 t_p，即

$$t_p = (t_g + t_d)/2$$

对于散热量小于 23 W/m³ 的生产厂房，当温度梯度不能确定时，可先用工作地点温度计算围护结构耗热量，再用高度附加的方法进行修正，增加其计算耗热量。

辅助建筑物及辅助用室的冬季室内计算温度 t_n 值见附录2。

6. 确定供暖室外计算温度 t_{wn}

按稳定传热计算围护结构基本传热耗热量时，室外温度应取一个定值，即供暖室外计算温度 t_{wn}。合理地确定供暖室外计算温度对供暖系统的设计有重要的影响，我国的《暖通规范》采用了不保证天数的方法确定北方城市的供暖室外计算温度 t_{wn}，即人为允许每年有几天的实际室外温度低于规定的供暖室外计算温度值，也就是这几天的实际室内温度可以稍低于室内计算温度值。《暖通规范》规定："供暖室外计算温度值，应采用历年平均不保证5天的日平均温度"。采用这种方法确定的 t_{wn} 值，降低了供暖系统的设计热负荷，节约了费用，只要供暖系统在室外温度低于或等于 t_{wn} 时能按设计工况正常、合理地连续运行，就会取得良好的供暖效果，这对人们的舒适感也不会有太大的影响。

我国主要城市的供暖室外计算温度 t_{wn} 值见附录4。

7. 供暖室内计算温度与供暖室外计算温度的温差修正

如果供暖房间的外围护结构不直接与室外空气接触，中间隔着不供暖的房间（见图1.54）或空间（如地下室），该围护结构传热量的计算公式为

$$Q = KF(t_n - t_h) \tag{1.11}$$

式中　t_h—— 传热达到平衡时，非供暖房间或空间的温度。

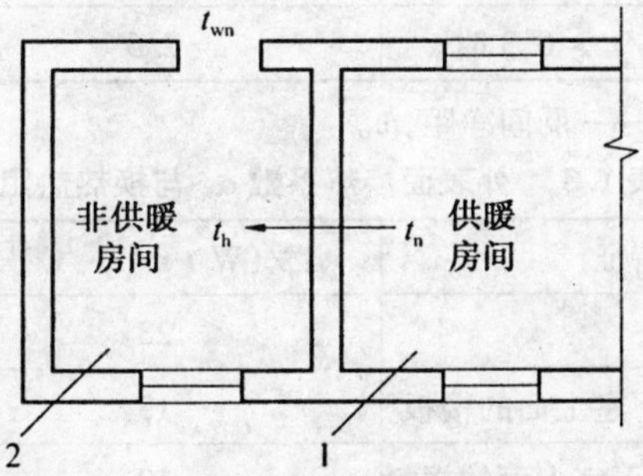

图1.54　计算温差修正系数示意图

1— 供暖房间；2— 非供暖房间

因 t_h 值不易确定，计算与大气不直接接触的外围护结构基本耗热量时，可采用下式，即

$$Q' = KF(t_n - t_h) = aKF(t_n - t_{wn})$$

$$a = \frac{t_n - t_h}{t_n - t_{wn}} \tag{1.12}$$

围护结构温差修正系数 a 值的大小取决于非供暖房间或空间的保温性能和透气状况，若其保温性能差，且容易与室外空气流通，则 t_h 值就接近于 t_{wn}，温差修正系数也就接

近于1。

各种条件下的温差修正系数见附录5。

8. 确定多层匀质材料平壁结构的传热系数

一般建筑物的外墙和屋顶属于多层匀质材料组成的平壁结构，其传热系数 K 可表示为

$$K=\frac{1}{R}=\frac{1}{R_{\mathrm{n}}+\sum R_i+R_{\mathrm{w}}}=\frac{1}{\dfrac{1}{\alpha_{\mathrm{n}}}+\sum\dfrac{\delta_i}{\lambda_i}+\dfrac{1}{\alpha_{\mathrm{w}}}} \tag{1.13}$$

式中 R—— 围护结构的传热热阻，$(\mathrm{m}^2\cdot℃)/\mathrm{W}$；

R_{n}、R_{w}—— 围护结构的内、外表面热阻，$(\mathrm{m}^2\cdot℃)/\mathrm{W}$；

R_i—— 由单层或多层材料组成的围护结构各材料层热阻，$(\mathrm{m}^2\cdot℃)/\mathrm{W}$；

α_{n}、α_{w}—— 围护结构的内、外表面换热系数，$\mathrm{W}/(\mathrm{m}^2\cdot℃)$；

δ_i—— 围护结构各层材料的厚度，m；

λ_i—— 围护结构各层材料的导热系数，$\mathrm{W}/(\mathrm{m}\cdot℃)$。

内表面换热系数 α_{n} 与换热热阻 R_{n} 值见表1.2，外表面换热系数 α_{w} 与换热热阻 R_{w} 值见表1.3，一些建筑材料的导热系数 λ 值见附录7。

常用围护结构的传热系数 K 值可从附录6中直接查用。

表1.2 内表面换热系数 α_{n} 与换热热阻 R_{n}

围护结构内表面特征	$\alpha_n/(\mathrm{W}\cdot\mathrm{m}^{-2}\cdot℃^{-1})$	$R_n/(\mathrm{m}^2\cdot℃\cdot\mathrm{W}^{-1})$
墙、地面、表面平整或有肋状突出物的顶棚，当 $h/s\leqslant 0.3$ 时	8.7	0.115
有肋状突出物的顶棚，当 $h/s>0.3$ 时	7.6	0.132

注：表中 h—— 肋高，m；s—— 肋间净距，m。

表1.3 外表面换热系数 α_{w} 与换热热阻 R_{w}

围护结构外表面特征	$\alpha_w/(\mathrm{W}\cdot\mathrm{m}^{-2}\cdot℃^{-1})$	$R_w/(\mathrm{m}^2\cdot℃\cdot\mathrm{W}^{-1})$
外墙与屋顶	23	0.04
与室外空气相通的非供暖地下室上面的楼板	17	0.06
闷顶和外墙上有窗的非供暖地下室上面的楼板	12	0.08
外墙上无窗的非供暖地下室上面的楼板	6	0.17

9. 围护结构中设置封闭的空气间层时，空气间层的传热系数

围护结构中如果设置封闭的空气间层，间层中空气的导热系数比围护结构其他材料的导热系数小，这可以增大围护结构的热阻，减少传热量，提高保温效果，如双层玻璃、复合墙体的空气间层等。空气间层热阻值难以用理论公式确定，在工程设计中，可按表1.4选用。

表 1.4 空气间层热阻值 R' $(m^2 \cdot ℃)/W$

位置、热流状况	间层厚度 δ/cm						
	0.5	1	2	3	4	5	6 以上
热流向下（水平、倾斜）	0.103	0.138	0.172	0.181	0.189	0.198	0.198
热流向上（水平、倾斜）	0.103	0.138	0.155	0.163	0.172	0.172	0.172
垂直空气间层	0.103	0.138	0.163	0.172	0.181	0.181	0.181

空气间层热阻值与间层厚度，间层设置的方向、形状和密封性等因素有关。空气间层厚度超过 5 cm 以后，由于传热空间增大，反而易于空气的对流换热，热阻的大小几乎不再随厚度的增加而增大，因此空气间层厚度不是越厚越好，应适当选择。

带空气间层围护结构的传热系数，仍可按式(1.13) 计算，只是计算时，在分母项中增加一项空气间层热阻。

10. 确定非匀质材料围护结构的传热系数

工程中有的围护结构在宽度和厚度方向上是由两种以上不同材料组成的非匀质围护结构，如各种空心砌块、保温材料的填充墙等。在这种结构中，热量传递时，不仅在平行热流方向上有传热，而且在垂直热流方向不同材料的接触面上也存在传热，如图 1.55 所示。

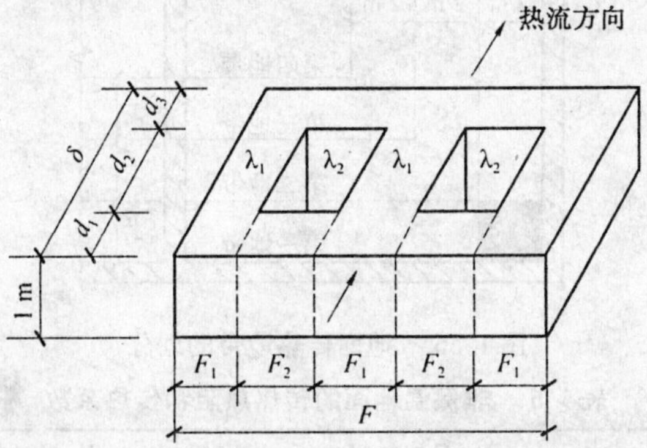

图 1.55 非匀质材料围护结构传热系数计算图示

非匀质围护结构的平均传热阻可表示为

$$R_{pj} = \left(\frac{F}{\sum \frac{F_i}{R_i}} - (R_n + R_w) \right) \varphi \tag{1.14}$$

式中 R_{pj}—— 平均传热阻，$(m^2 \cdot ℃)/W$；

F—— 垂直热流方向的总传热面积，m^2，如图 1.55 所示；

F_i—— 平行热流方向划分的各个传热面积，m^2，如图 1.55 所示；

R_i—— 传热面积 F_i 上的总热阻，$(m^2 \cdot ℃)/W$；

R_n，R_w—— 围护结构内、外表面换热阻，$(m^2 \cdot ℃)/W$；

φ—— 平均传热阻修正系数，见表 1.5。

表 1.5 平均传热阻修正系数 φ

序号	λ_2/λ_1 或$(\lambda_2+\lambda_3)/2\lambda_1$	φ	序号	λ_2/λ_1 或$(\lambda_2+\lambda_3)/2\lambda_1$	φ
1	0.09 ~ 0.19	0.86	3	0.40 ~ 0.69	0.96
2	0.20 ~ 0.39	0.93	4	0.70 ~ 0.99	0.98

注:1. 当围护结构由两种材料组成，λ_2 应取较小的导热系数，λ_1 为较大的导热系数，φ 由比值 λ_2/λ_1 确定；

2. 当围护结构由三种材料组成，φ 应由比值$(\lambda_2+\lambda_3)/2\lambda_1$ 确定。

3. 当围护结构中存在圆孔时，应先将圆孔折算成同面积的方孔，然后再进行计算。

11. 确定地面的传热系数

室内的热量通过地面传至室外，传热量的多少与地面距外墙的距离有关，距外墙近的地面向室外传递的热量多，热阻小而传热系数大；距外墙远的地面传热量少，热阻大而传热系数小。地面距外墙距离超过 8 m 后，传热量基本不变，工程上采用近似计算的方法，把距外墙 8 m 以内的地面沿与外墙平行的方向分成四个地带。具体计算方法为：直接铺在土壤上的非保温地面[组成地面各层材料的导热系数 λ 均大于 1.16 W/(m·℃)]。从外墙内表面起 2 m 为一个地带，第一地带靠近墙角处的面积(如图 1.56 中的阴影部分)需计算两次，以补偿外墙角处较多的热量损失。各地带的传热系数和传热热阻见表 1.6。

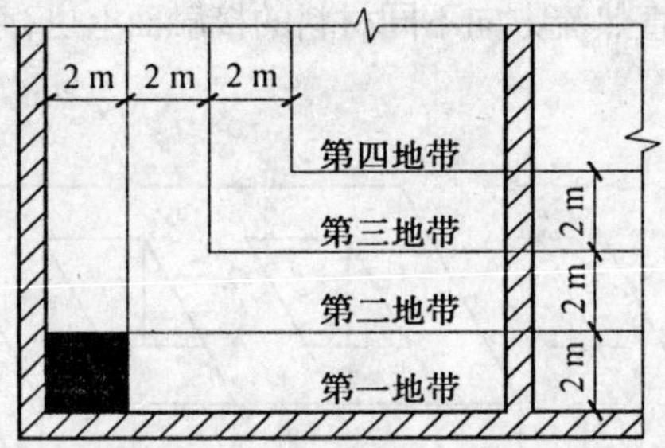

图 1.56 地面传热地带的划分

表 1.6 非保温地面的传热热阻和传热系数

地带	$R_o/(m^2\cdot ℃\cdot W^{-1})$	$K_o/(W\cdot m^{-2}\cdot ℃^{-1})$	地带	$R_o/(m^2\cdot ℃\cdot W^{-1})$	$K_o/(W\cdot m^{-2}\cdot ℃^{-1})$
第一地带	2.15	0.47	第三地带	8.60	0.12
第二地带	4.30	0.23	第四地带	14.20	0.07

工程计算中，也可直接查阅相关的设计手册，确定各房间地面的 $\sum K_{di}F_{di}$ 值，再计算其传热量。

直接铺在土壤上的保温地面[组成地面各层材料中，有一层或数层导热系数 λ 小于 1.16 W/(m·℃) 的保温层]，各地带热阻为

$$R'_o = R_o + \sum \frac{\delta_i}{\lambda_i} \tag{1.15}$$

式中 R'_o—— 保温地面的传热阻，$(m^2\cdot ℃)/W$；

R_o—— 非保温地面的传热阻，$(m^2 \cdot ℃)/W$；

δ_i—— 保温层的厚度，m；

λ_i—— 保温层的导热系数，$W/(m \cdot ℃)$。

设在地垄墙上的保温地面，各地带传热系数可表示为

$$K''_o = \frac{1}{R''_o} = \frac{1}{1.18R'_o} \tag{1.16}$$

12. 围护结构传热面积的丈量

不同围护结构传热面积的丈量方法如图 1.57 所示。

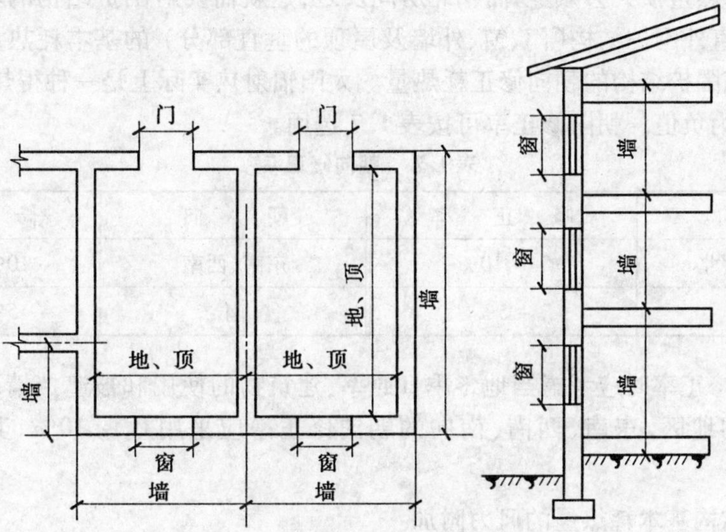

图 1.57　围护结构传热面积的丈量

门窗面积按外墙外表面上的净空尺寸计算。

外墙面积：高度从本层地面算到上层地面（底层除外，如图 1.57 所示）。平屋顶的建筑物，顶层的高度是从顶层地面算到平屋顶的上表面。有闷顶的斜屋面，应从顶层地面算到闷顶保温层的上表面。外墙的平面长度，拐角房间应从外墙外表面算到内墙中心线；非拐角房间应计算两内墙中心线间的距离。

闷顶和地面面积可从外墙内表面算至内墙中心线或按两内墙中心线丈量。平屋顶的顶棚面积按建筑物外廓尺寸计算。

地下室面积：把地下室外墙在室外地面以下的部分看做地下室地面的延伸，采用与地面相同的地带法进行计算。也就是从与室外地面齐平的墙面开始划分第一地带，顺延到地下室地面，共划分四个地带，如图 1.58 所示。

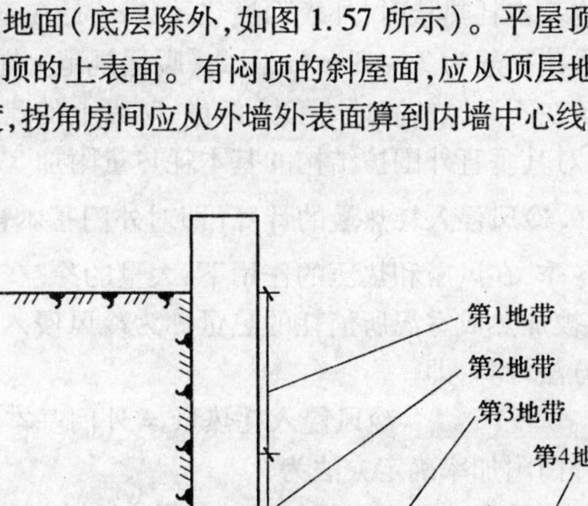

图 1.58　地下室面积的丈量

13. 围护结构基本耗热量的修正

围护结构的基本耗热量是指在稳定传热条件下,由于室内外温差的作用,通过围护结构产生的热量损失。实际传热时,气象条件和建筑物的结构特点都会影响基本耗热量使之增大或减小,这就需要对基本耗热量进行修正,包括朝向修正、风力附加、外门附加和高度附加等。

14. 围护结构基本耗热量的朝向修正

考虑太阳辐射的影响,朝南房间能够得到较多的太阳辐射热,而且围护结构比较干燥,围护结构的热量损失会减少,而朝北房间反之,这就需要对围护结构的基本耗热量进行修正。将垂直外围护结构(门、窗、外墙及屋顶的垂直部分)的基本耗热量乘以朝向修正率,可得到该围护结构的朝向修正耗热量。太阳辐射热实际上是一种得热量,因此朝向修正率一般取为负值。朝向修正率可按表1.7选用。

表1.7　朝向修正率

朝　向	修　正　率	朝　向	修　正　率
北、东北、西北	0 ~ 10%	东南、西南	-10% ~ -15%
东、西	-5%	南	-15% ~ -30%

选用朝向修正率时应考虑当地冬季日照率、建筑物的使用和被遮挡情况。对于日照率小于35%的地区,东南、西南、南向的朝向修正率应采用0 ~ 10%,其他朝向可不修正。

15. 围护结构基本耗热量的风力附加

考虑风速增大时,围护结构外表面的对流换热会增强,围护结构的基本耗热量也随之加大,需要对垂直的外围护结构的基本耗热量进行风力修正,修正系数应为正值。计算围护结构基本耗热量时,外表面换热系数α_w是在室外风速为4 m/s时得到的,我国冬季各地平均风速一般为2 ~ 3 m/s,因此《暖通规范》规定:在一般情况下不必考虑风力附加,只对建筑在不避风的高地、河边、海岸、旷野上的建筑物,以及城镇、厂区内特别突出的建筑物,才对其垂直外围护结构的基本耗热量附加5% ~ 10%。

16. 冷风侵入耗热量的计算(即对外门基本耗热量进行附加)

冬季,在风压和热压的作用下,大量的冷空气从室外或相邻房间通过外门、孔洞侵入室内,被加热成室温所消耗的热量称为冷风侵入耗热量。冷风侵入耗热量可采用外门附加的方法计算,即

冷风侵入耗热量 = 外门基本耗热量 × 外门附加率

外门附加率确定方法为:

对于民用建筑和工厂辅助建筑物短时间开启的外门(不包括阳台门、太平门和设有空气幕的外门):

一道门为65%n;二道门(有门斗)为80%n;三道门(有两个门斗)为60%n。其中n为楼层数。

公共建筑和工业建筑主要出入口的外门附加率为500%。

对于开启时间较长的外门,应根据工业通风原理首先计算冷风的侵入量,再计算其耗热量。

17. 围护结构基本耗热量的高度附加

由于室内空气对流作用的影响,房间上部空气温度高于室内计算温度,使围护结构上部实际传热量大于按室内计算温度计算的传热量,为此需要进行高度修正,修正系数应为正值。《暖通规范》规定:民用建筑和工业辅助建筑物(楼梯间除外)的高度附加率,当房间高度超过4 m时,每高出1 m附加围护结构基本耗热量和其他修正耗热量总和的2%,但总的附加率不应大于15%;房间高度小于4 m时,不考虑高度附加。

楼梯间不考虑高度附加,是因为散热器布置时已考虑了高度的影响,散热器已尽量布置在底层。另外,如果生产厂房选取室内计算温度时已考虑了高度的影响,则不必进行高度附加。

1.2.2　冷风渗透耗热量的计算

1. 冷风渗透耗热量常用的计算方法

在风压和热压共同作用下室内、外产生了压力差,室外冷空气从门窗缝隙渗入室内,被加热后逸出,使这部分冷空气被加热到室温所消耗的热量称为冷风渗透耗热量。

计算冷风渗透耗热量时,应考虑建筑物的高低、内部通道状况、室内外温差、室外风向、风速和门窗种类、构造、朝向等影响,凡暴露于室外的可开启的门窗均应计算这部分耗热量。

计算冷风渗透耗热量的常用方法有缝隙法、换气次数法和百分数法。

2. 用缝隙法计算冷风渗透耗热量

缝隙法是计算不同朝向门窗缝隙长度及每米缝隙渗入的空气量,进而确定其耗热量的一种方法,是常用的较精确的一种方法。

多层和高层民用建筑渗入冷空气所消耗的热量为

$$Q_2 = 0.28c_p\rho_{wn}L(t_n - t_{wn}) \tag{1.17}$$

式中　Q_2—— 冷风渗透耗热量,W;

c_p—— 冷空气的比定压热容,$c_p = 1$ kJ/(kg·℃);

ρ_{wn}—— 供暖室外计算温度下的空气密度,kg/m³;

L—— 冷空气的渗入量,m³/h;

0.28—— 单位换算系数,1 kJ/h = 0.28 W。

在工程设计中,多层(六层或六层以下)建筑物计算冷空气的渗入量L时主要考虑风压的作用,忽略热压的影响。而超过六层的多层建筑和高层建筑(层数10层及10层以上的住宅建筑,建筑高度超过24 m的其他民用建筑)则应综合考虑风压和热压的共同影响。

3. 计算冷空气的渗入量时,热压的作用

冬季建筑物的室内、外空气温度不同,室内、外空气间存在密度差,室外的冷空气从下部一些楼层的门窗缝隙渗入室内，通过建筑物内部的竖直贯通通道（如楼梯间、电梯井等）上升，从上部一些楼层的门窗缝隙排出，这种引起空气流动的压力称为热压。

热压主要由于室外空气与竖直贯通通道内空气之间的密度差造成。假设建筑物各层之间完全畅通，忽略流动时阻力的存在，建筑物内、外空气密度差和高度差作用下形成的理论热压差为

$$p_r = (h_z - h)(\rho_w - \rho'_n)g \tag{1.18}$$

式中　p_r——理论热压差，Pa；

ρ'_n——形成热压的室内竖直贯通通道内空气的密度，kg/m^3；

h——计算层门窗中心距室外地坪的高度，m；

h_z——房屋中和面距室外地坪的高度，m，中和面是指室内、外压差为零的界面，通常在纯热压作用下，可以近似取为建筑物高度的一半，即 $h_z = \frac{1}{2}H$（H 为建筑物高度）；

g——重力加速度，$g = 9.81\ m/s^2$。

从式(1.18)可以看出，当门窗中心处于中和面以下时，热压差为正值，室外空气压力高于室内空气压力，冷空气由室外渗入室内；当门窗处于中和面以上时，室内空气压力高于室外空气压力，热空气由室内渗出室外。图1.59为热压作用原理图。

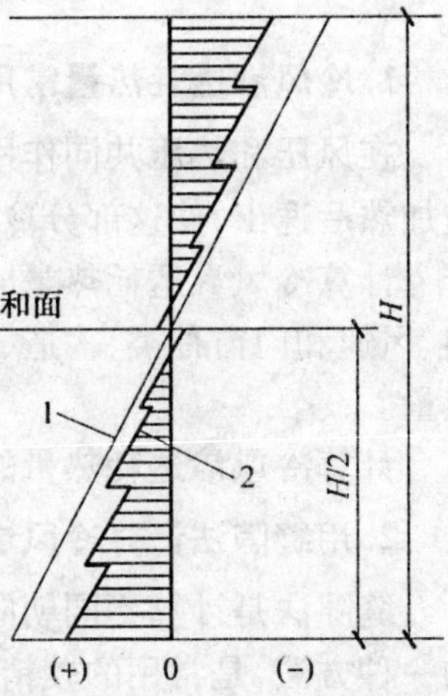

图 1.59　热压作用原理图

1—楼梯间及竖井热压分布线；2—各层外窗热压分布线

式(1.18)计算的只是理论热压差 p_r。建筑物门窗缝隙两侧的实际有效热压差 Δp_r 与建筑物门、窗、楼梯间、电梯井等的设置以及建筑物内部隔断和上下部通风等状况有关，也就是与空气从建筑物下部渗入、从上部渗出流通路径的阻力状况有关。

有效热压差 Δp_r 可按下式计算，即

$$\Delta p_r = C_r p_r = C_r(h_z - h)(\rho_w - \rho'_n)g \tag{1.19}$$

式中　Δp_r——热压作用下，门窗缝隙两侧产生的实际有效作用压差，简称有效热压差，Pa；

C_r——热压系数，表示在纯热压作用下，缝隙内外空气的理论热压差与有效热压差的比值。热压系数 C_r 的取值，当无法精确计算时，按表1.8采用。

表 1.8　热压系数 C_r

内部隔断情况	开敞空间	有内门或房门		有前室门、楼梯间门或走廊两端设门	
		密闭性差	密闭性好	密闭性差	密闭性好
C_r	1.0	1.0 ~ 0.8	0.8 ~ 0.6	0.6 ~ 0.4	0.4 ~ 0.2

3. 计算冷空气的渗入量时，风压的作用

当风吹过建筑物时，空气从迎风面门窗缝隙渗入，被室内空气加热后，从背风面门窗

缝隙渗出，冷空气的渗入量取决于门窗两侧的风压差，室外风速会随着高度的增加而增大，冷风渗透耗热量也会随之增加。

我国气象部门规定，风速观测的基准高度是 10 m，《暖通规范》给出各城市气象参数中的冬季风速 v_o 是对应基准高度 $h_o = 10$ m 的数据。

考虑风速随高度的变化，任意高度 h 处的室外风速为

$$v_h = v_o\left(\frac{h}{h_o}\right)^{a'} \tag{1.20}$$

式中　v_h——高度 h 处的风速，m/s；

v_o——基准高度冬季室外最多风向的平均风速，m/s；

a'——幂指数，与地面的粗糙度有关，可取 $a' = 0.2$。

式(1.20) 又可写成

$$v_h = v_o\left(\frac{h}{10}\right)^{0.2} = 0.631\ v_o\ h^{0.2}$$

门窗两侧产生的理论风压差就是空气具有恒定风速 v_h 时的动压，即

$$p_f = \frac{1}{2}\rho_w v_h^2 \tag{1.21}$$

式中　p_f——理论风压差，Pa。

式(1.21) 计算的只是理论风压差 p_f，门、窗两侧的实际风压差 Δp_f 还与空气从迎风面渗入、从背风面渗出、穿过该楼层流通途径的阻力分布状况有关，也就是与该层建筑物内部的隔断情况有关。

有效风压差 Δp_f 可表示为

$$\Delta p_f = C_f\, p_f = C_f \rho_w\, v_h^2 = C_f\, \frac{\rho_w}{2}(0.631\ v_o\ h^{0.2})^2 \tag{1.22}$$

式中　Δp_f——风压作用下，门窗缝隙两侧产生的有效作用压差，简称有效风压差，Pa；

C_f——风压差有效作用系数，简称风压差系数，表示在纯风压作用下，门窗缝隙内外空气的有效风压差与理论风压差的比值，当风垂直吹到墙面上，且建筑物内部气流流通阻力很小的情况下，风压差系数的最大值，可取 $C_f = 0.7$；当建筑物内部气流流通阻力很大时，风压差系数 C_f 值降低，约为 0.3 ~0.5。

计算门窗中心线标高为 h 时，风压单独作用下每米缝隙每小时渗入的空气量为

$$L_h = a\Delta p_f^b = a\left[C_f\, \frac{\rho_w}{2}(0.631\ h^{0.2} v_o)^2\right]^b =$$

$$a\left(\frac{\rho_w}{2}\ v_o^2\right)^b (0.631^2\ C_f\ h^{0.4})^b \tag{1.23}$$

设　　$L_o = a\left(\frac{\rho_w}{2}\ v_o^2\right)^b$　　$C_h = 0.631^2 C_f h^{0.4} \approx 0.3h^{0.4}$

则

$$L_h = C_h^b L_o \tag{1.24}$$

式中　L_h——计算门窗中心线标高为 h 时，风压单独作用下，每米缝隙每小时渗入的空

气量，$m^3/(h·m)$；

L_o——在基准高度 $h_o = 10$ m，单纯风压作用下，不考虑朝向修正和建筑物内部隔断情况时，通过每米门窗缝隙进入室内的理论渗透冷空气量，$m^3/(h·m)$；

C_h——高度修正系数，计算门窗中心线标高为 h 时单位渗透空气量，相对于 $h_o = 10$ m 时基准渗透空气量 L_o 的高度修正系数（因为 10 m 以下时，风速均为 v_o，渗入的空气量均为 L_o，所以 $h \leqslant 10$ m 时应按 $h = 10$ m 计算 C_h 值）；

a——外门窗缝隙渗风系数，$m^3/(m·h·Pa^b)$，当无实测数据时，可根据建筑外窗空气渗透性能分级的相关标准，按表 1.9 采用；

b——门窗缝隙渗风指数，$b = 0.56 \sim 0.78$，当无实测数据时，可取 $b = 0.67$。

表 1.9　外门窗缝隙渗风系数下限值 a

建筑外窗空气渗透性能分级	Ⅰ	Ⅱ	Ⅲ	Ⅳ	Ⅴ
$a/(m^3·m^{-1}·h^{-1}·Pa^{-b})$	0.1	0.3	0.5	0.8	1.2

在风压单独作用下，计算建筑物各层不同朝向门窗单位缝长渗入量时，应考虑由于各地主导风向的作用，不同朝向门窗渗入的空气量是不相等的，应对式(1.24)中的 L_h 值进行朝向修正。

L_h 值表示在主导风向 $n = 1$ 时，门窗中心线标高为 h 时单位缝长渗透的空气量。同一标高，其他朝向($n < 1$)门窗单位缝长渗透的空气量应为

$$L'_{h(n<1)} = nL_h \tag{1.25}$$

式中　n——单纯风压作用下，渗透空气量的朝向修正系数。

渗透空气量的朝向修正系数 n 是考虑门窗缝隙处于不同朝向时，由于室外风速、风温、风频的差异，造成不同朝向缝隙实际渗入的空气量不同而引入的修正系数，我国主要集中供暖城市的 n 值见附录 8。

在工程设计中，多层（六层或六层以下）的建筑物计算冷空气的渗入量 L 时主要考虑风压的作用，忽略热压的影响，多层建筑任意朝向门窗冷空气的渗入量为

$$L = L'_h l = nC_h^b L_o l \tag{1.26}$$

式中　L——多层建筑任意朝向门窗冷空气的渗入量，m^3/h；

l——门窗缝隙长度，m，建筑物门窗缝隙长度按各朝向所有可开启的外门窗缝隙丈量。

将式(1.26)代入式(1.17)中，可计算多层建筑冷风渗透耗热量 Q。

4. 计算超过六层的多层建筑和高层建筑的冷风渗透耗热量

计算超过六层的多层建筑和高层建筑（层数 10 层及 10 层以上的住宅建筑，建筑高度超过 24 m 的其他民用建筑）门窗缝隙的实际渗透空气量时，应综合考虑风压与热压的共同作用。

任意朝向门窗由于风压与热压共同作用产生的冷空气渗入量为

$$L = m^b L_o l \tag{1.27}$$

式中　m——风压与热压共同作用下，考虑建筑体型、内部隔断和空气流通等因素后，不

同朝向、不同高度的门窗冷风渗透压差综合修正系数,可表示为

$$m = C_r C_f (n^{1/b} + C) C_h \tag{1.28}$$

式中　C——热压作用下在计算门窗两侧产生的有效热压差与风压作用下在计算门窗两侧产生的有效风压差之比,简称压差比,可表示为

$$C = 70 \frac{h_z - h}{C_f v_o^2 h^{0.4}} \cdot \frac{t'_n - t_{wn}}{273 + t'_n} \tag{1.29}$$

式中　t'_n——建筑物内部形成热压的空气温度,简称竖井温度,℃;

式中的 h_z 表示计算门窗的中心线标高,分母中的 h 是计算风压差时的取值,当 $h \leqslant 10$ m 时,仍应按基准高度取 $h = 10$ m。

式中各符号的意义同前所述。

计算 m 值和 C 值时,应注意:

(1)如果计算得出 $C \leqslant -1$,即 $(1 + C) \leqslant 0$,表示在该计算楼层的所有各朝向门窗,即使处于主导风向 $n = 1$ 时,也已无冷空气渗入或已有室内空气渗出,此时该楼层所有朝向门窗的冷风渗透耗热量均取零值。

(2)如果计算得出 $C > -1$,即 $(1 + C) > 0$,在此条件下再计算 m 值时,若:$m \leqslant 0$,表示所计算的给定朝向的这个门窗已无冷空气的渗入或已有室内空气渗出,此时该层该朝向门窗的冷风渗透耗热量取零值;$m > 0$,该朝向门窗应采用前述各计算公式计算其冷风渗透耗热量。

5. 估算多层民用建筑的冷风渗透耗热量

多层民用建筑的渗透空气量 $L(\mathrm{m^3/h})$,当无相关数据时,可估算为

$$L = kV \tag{1.30}$$

式中　V——房间体积,$\mathrm{m^3}$;

k——换气次数,次/h,当无实测数据时,可按表 1.10 采用。

渗入冷空气所消耗的热量 Q_2 可按式(1.17)计算。

表 1.10　换气次数

房间类型	一面有外窗房间	两面有外窗房间	三面有外窗房间	门　厅
$K/(\text{次}\cdot \mathrm{h^{-1}})$	0.5	0.5 ~ 1.0	1.0 ~ 1.5	2

6. 估算工业建筑的冷风渗透耗热量

百分数法是工业建筑计算冷风渗透耗热量的一种估算方法,可根据建筑物高度及玻璃窗层数按表 1.11 进行估算。

表 1.11　冷风渗透耗热量占总耗热量的百分率　%

建筑物高度/m		< 4.5	4.5 ~ 10.0	> 10
玻璃窗层数	单层	25	35	40
	单、双层均有	20	30	35
	双层	15	25	30

7. 哈尔滨市某 15 层办公楼南向底层、10 层东北向、15 层北向窗户的冷风渗透耗热量的计算训练

已知条件：哈尔滨市某 15 层办公楼层高 3 m，冬季室内计算温度各房间均为 t_n = 18 ℃，楼梯间和走廊内的平均温度为 t'_n = 10 ℃，每间办公室都有一双层木窗，缝隙长度均为 l = 12 m。

解　15 层办公楼，应综合考虑风压与热压的共同作用。查附录4，哈尔滨供暖室外计算温度 t_{wn} = -26 ℃，供暖室外计算温度下的空气密度为 ρ = 1.4 kg/m³；基准高度冬季室外最多风向的平均风速 v_o = 4.7 m/s。取风压差系数 C_f = 0.7，热压差系数 C_r = 0.5。

$$\text{该建筑物中和面位置 } h_z/\text{m} = \frac{H}{2} = \frac{3 \times 15}{2} = 22.5$$

(1) 南向底层。

设该层窗的中心线在层高的一半处，计算热压时取 h = 1.5 m；计算风压时取 h' = 10 m(因 h < 10 m)。哈尔滨南向的朝向修正系数 n = 1.0。

求压差比 C，根据式(1.29)得

$$C = 70\frac{h_z - h}{C_f v_o^2 h^{0.4}} \cdot \frac{t'_n - t_{wn}}{273 + t'_n} = 70 \times \frac{(22.5 - 1.5) \times (10 + 26)}{0.7 \times 4.7^2 \times 10^{0.4} \times (273 + 10)} = 4.81 > -1$$

高度修正系数

$$C_h = 0.3h^{0.4} = 0.3 \times 10^{0.4} = 0.75$$

风压与热压共同作用下，冷风渗透压差综合修正系数

$$m = C_r C_f (n^{1/b} + C) C_h = 0.5 \times 0.7 \times (1 + 4.81) \times 0.75 = 1.53 > 0$$

基准高度单纯风压作用下每米门窗缝隙进入室内的理论渗透冷空气量

$$L_o = a\left(\frac{\rho_w}{2} v_o^2\right)^b$$

查表 1.9，a = 0.5，取 b = 0.67。

$$L_o/(\text{m}^{-3} \cdot \text{h}^{-1} \cdot \text{m}^{-1}) = 0.5 \times (1.4/2 \times 4.7^2)^{0.67} = 3.13$$

冷空气的渗入量

$$L/(\text{m}^{-3} \cdot \text{h}^{-1}) = L_o l m^b = 3.13 \times 12 \times 1.53^{0.67} = 49.94$$

渗入冷空气所消耗的热量

$$Q_2/\text{W} = 0.28 c_p \rho_{wn} L (t_n - t_{wn}) = 0.28 \times 1 \times 1.4 \times 49.94 \times (18 + 26) = 861.37$$

(2) 10 层东北向。

设该层窗的中心线在 10 层层高的一半处，计算热压时取 h = (3 × 9 + 3/2) m = 28.5 m；计算风压时取 h' = 28.5 m(因 h > 10 m)。哈尔滨东北向的朝向修正系数 n = 0.15。

求压差比 C，根据公式(1.29)

$$C = 70\frac{h_z - h}{C_f v_o^2 h^{0.4}} \cdot \frac{t'_n - t_{wn}}{273 + t'_n} = 70 \times \frac{(22.5 - 28.5) \times (10 + 26)}{0.7 \times 4.7^2 \times 28.5^{0.4} \times (273 + 10)} = -0.9 > -1$$

高度修正系数

$$C_h = 0.3h^{0.4} = 0.3 \times 28.5^{0.4} = 1.15$$

风压与热压共同作用下,冷风渗透压差综合修正系数

$$m = C_r C_f (n^{1/b} + C) C_h = 0.5 \times 0.7 \times [0.15^{1/0.67} + (-0.9)] \times 1.15 = -0.34 < 0$$

10 层东北向冷风渗透耗热量均为零。

(3)15 层北向。

该层窗的中心线标高,计算热压时取 $h = (3 \times 14 + 3/2)\ \text{m} = 43.5\ \text{m}$;计算风压时取 $h' = 43.5\ \text{m}$(因 $h > 10\ \text{m}$)。

求压差比 C,根据公式(1.29)

$$C = 70 \frac{h_z - h}{C_f v_o^2 h^{0.4}} \cdot \frac{t'_n - t_{wn}}{273 + t'_n} = 70 \times \frac{(22.5 - 43.5) \times (10 + 26)}{0.7 \times 4.7^2 \times 43.5^{0.4} \times (273 + 10)} = -2.67 < -1$$

15 层各朝向所有门窗冷风渗透耗热量均为零。

8. 建筑物采用全面辐射供暖时,供暖热负荷常用的计算方法

全面辐射供暖热负荷常用的计算方法有两种。

(1) 修正系数法。

$$Q_f = \varphi Q_d \tag{1.31}$$

式中　Q_f—— 辐射供暖热负荷,W;

Q_d—— 对流供暖热负荷,W,参见前述计算方法;

φ—— 修正系数,低温辐射供暖系统 $\varphi = 0.9 \sim 0.95$(寒冷地区取 0.9,严寒地区取 0.95)。

(2) 降低室内温度法。

该方法将室内计算温度取值降低 2 ℃ 后,按前述对流供暖热负荷的计算方法进行计算。

计算局部辐射供暖的热负荷时,可用整个房间全面辐射供暖的热负荷乘以该区域面积与所在房间面积的比值,再乘以表 1.12 中所规定的附加系数(局部供暖的面积与房间总面积的比值大于 0.75 时,按全面供暖热负荷的计算方法进行计算)。

表 1.12　局部辐射供暖热负荷附加系数

供暖区面积与房间总面积比值	0.55	0.4	0.25
附加系数	1.30	1.35	1.5

9. 全面辐射供暖热负荷计算时应注意的问题

(1) 低温辐射供暖热负荷计算中不计算地面的热损失。

(2) 低温辐射供暖的各项热损失应计算确定,应考虑室内设备、家具及地面覆盖物等对有效散热量的折减。当人均居住面积较小、家具所占面积相对较大时,目前有以下两种可行方法:室内均匀布置加热管,但在计算有效散热量时,应对面积乘以小于 1.0 的系数;加热管尽量布置在通道及有门的墙面等处,即通常不布置在有设备、家具的地方,其他地方少设或不设加热管。

10. 建筑物采用分户热计量供暖系统时,供暖热负荷计算应注意的问题

设置分户热计量系统的建筑物,其热负荷的计算方法与前已叙述的对流供暖热负荷

的计算方法基本相同。热计量系统用户的室内设计计算温度,宜比常规供暖系统有所提高,这是考虑到分户热计量系统允许用户可以根据自己的生活习惯、经济能力及其对舒适性的要求对室温进行自主调节。目前比较认可的看法是:分户热计量系统的室内设计计算温度宜比国家现行标准的规定值提高2 ℃。如现行标准中规定,普通住宅的卧室、起居室和卫生间的室内设计计算温度不应低于18 ℃,则分户热计量系统应按20 ℃计算。《大连市住宅供暖(分户计量)工程技术暂行规定》中规定住宅室内设计计算温度:居室、客厅、餐厅为20 ~ 22 ℃,厨房为16 ℃,洗浴间为25 ℃,按此规定进行计算的设计热负荷将会增加7% ~ 10%。

另外,用户自主调节在运行过程中,可能由于人为节能造成邻户、邻室温差过大,由于热量传递,引起某些用户室内设计温度得不到保证。计算房间热负荷时,必须考虑由于邻户调温而向邻户传递的热量,即户间热负荷。

因此分户热计量系统房间的热负荷应为常规供暖房间热负荷与户间热负荷(或邻室传热附加值)之和。

对于户间热负荷的计算,目前规范尚未给出统一的计算方法,某些地方规程对此做了一些规定。主要有两种计算方法:第一种方法按邻户间实际可能出现的温差计算传热量,再乘以可能同时出现的概率;第二种方法按常规方法计算围护结构的传热耗热量,再乘以一个附加系数。第二种方法附加系数确定较困难,目前使用第一种计算方法的较多。邻户间的传热温差,从理论角度考虑,是假设某一房间不供暖,而周围房间正常供暖,按稳定传热经热平衡计算确定的值。不供暖房间的温度既受周围房间温度的影响,又受室外温度的影响,不同城市的户间传热温差会有所不同。即使室外温度相同,各建筑物的围护情况和节能情况不同时,户间传热温差也不会相同。而户间热负荷的大小直接取决于户间温差,因此必须选定合理的户间温差。这需要经过较多工程的设计计算及工程实践的验证,方可提出相对可靠的简化计算方法。

11. 不同城市进行分户热计量系统供暖热负荷计算时的规定

北京市《新建集中供暖住宅分户热计量设计技术规程》提出,对于集中供暖用户,不采用地板供暖时,暂按6 ℃ 温差计算户间楼板和隔墙的传热量,采用地板供暖时,暂按8 ℃ 温差计算户间楼板和隔墙的传热量;采用分户独立热源的用户,因间歇供暖的可能性更大,户间传热负荷温差宜按10 ℃ 计算;以各户间传热量总和的适当比例作为户间总传热负荷,即考虑各户间出现传热温差的概率,一般可取50%,而顶层或底层垂直方向因只向上或向下传热,故考虑较大概率,可取70% ~ 80%;房间传热量不宜大于房间基本热负荷的80%。

《大连市住宅供暖(分户计量)工程技术暂行规定》提出,对于一般住宅,可按计算房间通过内围护结构(楼板、隔墙等)向各邻户房间传递热量中的较大者考虑,计算温差可确定为14 ℃。

天津市《集中供热住宅计量供热设计规程》提出,户间热负荷只计算通过不同户之间的楼板和隔墙的传热量,而同一户内不计算该项热传递,典型房间与周围房间的计算温差宜取5 ~ 8 ℃,另外考虑到户间各方向的热传递并不是同时发生,因此计算房间各方向热负荷之和后,应乘以一个概率系数。户间热负荷不应超过供暖计算热负荷的50%。天津市《集中供热住宅计量供热设计规程》附录中还给出了以下计算户间热负荷的公式。

(1) 面积传热计算方法的基本计算公式

$$Q = N\sum K_i F_i \Delta t \tag{1.32}$$

式中　Q——户间总热负荷，W；

K_i——户间楼板及隔墙传热系数，W/(m^2·℃)；

F_i——户间楼板及隔墙面积，m^2；

Δt——户间热负荷计算温差，℃，按面积计算时宜为5 ℃；

N——户间楼板及隔墙同时发生传热的概率系数。当有一面可能发生传热的楼板和隔墙时，N取0.8；当有两面可能发生传热的楼板或隔墙，或一面楼板与一面隔墙时，N取0.7；当有两面可能发生传热的楼板及一面隔墙时，或两面隔墙与一面楼板时，N取0.6；当有两面可能发生传热的楼板及两面隔墙时，N取0.5。

(2) 体积热指标计算方法的计算公式

$$Q = aq_n V\Delta t NM \tag{1.33}$$

式中　Q——户间总热负荷，W；

a——房间温度修正系数，一般为3.3；

q_n——房间供暖体积热指标系数，W/(m^3·℃)，一般为0.5 W/(m^3·℃)；

V——房间轴线体积，m^3；

Δt——房间热负荷计算温差，℃，按体积传热计算时宜为8 ℃；

N——户间楼板及隔墙同时发生传热的概率系数，取值同式(1.32)；

M——房间楼板及隔墙数量修正率系数。当有一面可能发生传热的楼板和隔墙时，M取0.25；当有两面可能发生传热的楼板或隔墙时，或一面楼板与一面隔墙时，M取0.5；当有两面可能发生传热的楼板及一面隔墙，或两面隔墙与一面楼板时，M取0.75；当有两面可能发生传热的楼板及两面隔墙时，M取1。

1.2.3　校核围护结构的最小与经济传热阻

1. 围护结构的保温要求

在设置集中供暖的建筑物中要求围护结构具有一定的保温性能，这就要求围护结构的热阻足够大，以使围护结构的内表面温度满足使用要求和卫生要求。

围护结构的内表面温度τ_n应能保证：

(1) 内表面不结露(相对湿度过大的房间除外)。结露会导致围护结构耗热量增大，使围护结构容易损坏。

(2) 室内空气温度t_n与围护结构内表面温度τ_n的差值不能过大。内表面温度过低，温差过大时，人体辐射热过多会产生寒冷不舒适的感觉。

2. 围护结构的最小传热阻与经济传热阻

能满足内表面温度要求的围护结构传热阻就是围护结构的最小传热阻。虽然加大围护结构热阻，可以使供热系统建造费用和运行管理费用下降，但却会增加结构建设的费用。因此,又需确定一个建设费用和使用费用之和最小的经济热阻,这个经济热阻应大于最小热阻。

3. 计算围护结构的最小传热阻

在稳定传热条件下,围护结构最小热阻的计算公式为

$$R_{\text{omin}} = \frac{a(t_n - t_w)}{\Delta t_y \alpha_n} \tag{1.34}$$

式中　R_{omin}——围护结构的最小传热阻,$(m^2 \cdot ℃)/W$;

Δt_y——供暖室内计算温度 t_n 与围护结构内表面温度 τ_n 的允许温差,℃,见表1.13;

t_w——冬季围护结构的室外计算温度,℃;

α_n——围护结构的内表面换热系数,$W/(m^2 \cdot ℃)$;

a——围护结构的温差修正系数。

表1.13　允许温差 Δt_y 值　　　　℃

建筑物及房间类别	外墙	屋顶
居住建筑、医院和幼儿园等	6.0	4.0
办公建筑、学校和门诊部等	6.0	4.5
公共建筑(上述指明者除外)和工业企业辅助建筑物(潮湿的房间除外)	7.0	5.5
室内空气干燥的生产厂房	10.0	8.0
室内空气湿度正常的生产厂房	8.0	7.0
室内空气潮湿的公共建筑、生产厂房及辅助建筑物		
当不允许墙和顶棚内表面结露时	$t_n - t_1$	$0.8(t_n - t_1)$
当仅不允许顶棚内表面结算时	7.0	$0.9(t_n - t_1)$
室内空气潮湿且具有腐蚀性介质的生产厂房	$t_n - t_1$	$t_n - t_1$
室内散热量大于23 W/m^3,且计算相对湿度不大于50%的生产厂房	12.0	12.0

注:1. 室内空气干湿程度的区分按《暖通规范》有关规定确定。

2. 与室外空气相通的楼板和非供暖地下室上面的楼板,其允许温差值,可采用2.5 ℃。

3. t_1 为室内计算温度和相对湿度状况下的露点温度(℃)。

计算围护结构的最小传热阻时应注意:

(1) 式(1.34)不适合于计算窗、阳台门和天窗的最小传热阻。

(2) 砖石墙体的传热阻可比计算结果小5%。

(3) 外门(阳台门除外)的最小传热阻,不应小于按供暖室外计算温度所确定的外墙最小传热阻的60%。

(4) 当相邻房间的温差大于10 ℃时,内围护结构的最小传热阻亦应通过计算确定。

(5) 当居住建筑、医院及幼儿园等建筑物采用轻型结构时,其外墙最小传热阻,尚应符合国家现行《民用建筑热工设计规范》及《民用建筑节能设计标准》(供暖居住建筑部分)的要求。

在实际传热过程中如果供暖室内计算温度不变,围护结构的内表面温度 τ_n 会随室外空气温度的变化而变化,围护结构的室外计算温度 t_w 的取值也应随之改变。影响围护结构内外表面温度的主要因素,就是围护结构的热惰性指标,热惰性指标 D 大的围护结构,

在相同的室外温度变化条件下,内表面温度波动较小。

因此,按式(1.34)计算实际传热条件下围护结构的最小热阻时,供暖室内计算温度 t_n 与围护结构内表面温度 τ_n 的温差,如果取表1.13规定的允许值 Δt_y,即没有考虑热惰性指标 D 不同的围护结构内表面温度 τ_n 的变化情况,那么围护结构的室外计算温度 t_w 就应考虑热惰性指标 D 的不同而有不同的取值。

表1.14给出了围护结构冬季室外计算温度按围护结构热惰性指标 D 的不同分成的四个等级。当 $D \geqslant 6$ 时,采用供暖室外计算温度 t_{wn} 作为围护结构的室外计算温度 t_w。当 $D < 6$ 时,如果内表面温度 τ_n 不变,围护结构传热量会增加,热阻应增大,围护结构的冬季室外计算温度 t_w 就应如表中所列取比 t_{wn} 更小的值,这样会得到更大一些的围护结构最小传热阻。

表1.14　冬季围护结构室外计算温度 t_w

围护结构的类型	热惰性指标 D 值	t_w 的取值/℃
Ⅰ	>6.0	$t_w = t_{wn}$
Ⅱ	$4.1 \sim 6.0$	$t_w = 0.6t_{wn} + 0.4t_{p,min}$
Ⅲ	$1.6 \sim 4.0$	$t_w = 0.3t_{wn} + 0.7t_{p,min}$
Ⅳ	$\leqslant 1.5$	$t_w = t_{p,min}$

注:1. 表中 t_{wn}、$t_{p,min}$ 分别为供暖室外计算温度和累年最低日平均温度(℃);

2. $D \leqslant 4.0$ 的实心砖墙,计算温度 t_{wn} 应按Ⅱ型围护结构取值。

各主要城市的围护结构冬季室外计算温度见表1.15。

表1.15　主要城市围护结构冬季室外计算温度 t_w　℃

序号	地名	类型			
		Ⅰ	Ⅱ	Ⅲ	Ⅳ
1	2	3	4	5	6
1	哈尔滨	-26	-29	-31	-33
2	齐齐哈尔	-25	-28	-30	-32
3	长春	-23	-26	-28	-30
4	吉林	-25	-29	-31	-34
5	沈阳	-19	-21	-23	-25
6	大连	-11	-14	-17	-19
7	乌鲁木齐	-22	-26	-30	-33
8	西宁	-13	-16	-18	-20
9	兰州	-11	-13	-15	-16
10	银川	-15	-18	-21	-23
11	西安	-5	-8	-10	-12
12	呼和浩特	-19	-21	-23	-25
13	太原	-12	-14	-16	-18
14	北京	-9	-12	-14	-16
15	天津	-9	-11	-12	-13
16	石家庄	-8	-12	-14	-17

多层匀质材料平壁结构的热惰性指标 D 可用下式计算，即

$$D = \sum D_i = \sum R_i S_i \tag{1.35}$$

式中 R_i—— 各层材料的传热阻，$(m^2 \cdot ℃)/W$；

S_i—— 各层材料的蓄热系数，$W/(m^2 \cdot ℃)$，可根据附录 7 确定。

4. 能力训练：计算长春市某住宅外墙的传热系数 K，校核其最小热阻是否满足保温要求

已知条件：长春市某住宅外墙为490 mm 厚砖墙，内表面水泥砂浆抹面厚20 mm，室内计算温度 $t_n = 18$ ℃。

解 计算步骤如下：

(1) 确定外墙传热系数。

查表 1.2，外墙内表面换热系数 $\alpha_n = 8.7\ W/(m^2 \cdot ℃)$；查表 1.3，外墙外表面换热系数 $\alpha_w = 23\ W/(m^2 \cdot ℃)$；查附录4，长春市供暖室外计算温度 $t_{wn} = -23$ ℃；查附录7，红砖墙的导热系数 $\lambda_1 = 0.81\ W/(m \cdot ℃)$，水泥砂浆的导热系数 $\lambda_2 = 0.87\ W/(m \cdot ℃)$。

根据式(1.3) 计算该外墙的传热系数

$$K/(W^{-1} \cdot m^{-2} \cdot ℃^{-1}) = \frac{1}{\frac{1}{\alpha_n} + \sum \frac{\delta_i}{\lambda_i} + \frac{1}{\alpha_w}} = \frac{1}{\frac{1}{8.7} + \frac{0.49}{0.81} + \frac{0.02}{0.87} + \frac{1}{23}} = 1.27$$

该外墙的实际热阻

$$R_o/(m^{-2} \cdot ℃^{-1} \cdot W^{-1}) = \frac{1}{K} = \frac{1}{1.27} = 0.787$$

(2) 确定外墙的最小传热阻 R_{omin}。首先计算该外墙的热惰性指标 D。查附录7，建筑材料的热物理特性表：红砖墙的蓄热系数 $S_1 = 10.53\ W/(m^2 \cdot ℃)$；内表面水泥砂浆的蓄热系数 $S_2 = 10.79\ W/(m^2 \cdot ℃)$。

热惰性指标为

$$D = \sum R_i S_i = \frac{0.49}{0.81} \times 10.53 + \frac{0.02}{0.87} \times 10.79 = 6.37 + 0.248 = 6.618 > 6$$

查表 1.14，该外墙属于 Ⅰ 类围护结构，围护结构的冬季室外计算温度 $t_w = t_{wn} = -23$ ℃；查表 1.13，供暖室内计算温度与围护结构内表面温度的允许差值 $\Delta t_y = 6$ ℃；

该外墙的最小传热阻

$$R_{omin}/(m^{-2} \cdot ℃^{-1} \cdot W^{-1}) = \frac{a(t_n - t_w)}{\Delta t_y \alpha_n} = \frac{1 \times (18 + 23)}{8.7 \times 6} = 0.785$$

可见 $R_o > R_{omin}$，该外墙满足保温要求。

1.2.4 供暖设计热负荷实训练习

哈尔滨市某公司综合楼 101 办公室、201 办公室、401 办公室、104 门厅的供暖设计热负荷计算实际训练。

图 1.60 ~ 图 1.63 为哈尔滨市某公司综合楼平面图。其围护结构的已知条件为：

外墙：二砖墙，外表面水泥砂浆抹面；内表面水泥砂浆抹面，白灰粉刷，厚度均为20 mm。

外窗：双层木框玻璃窗 C－1，尺寸为 1 800 mm × 2 100 mm。

楼层高度：各层均为3.6 m。

外门：双层木框玻璃门M－1，尺寸为4 500 mm×3 300 mm。

地面：不保温地面。

屋面：构造如图1.64所示。

计算步骤如下：

1. 确定围护结构的传热系数

(1) 外墙。

查表1.2、表1.3和附录7得到：围护结构内表面换热系数$\alpha_n = 8.7\ \mathrm{W/(m^2 \cdot ℃)}$；外表面换热系数$\alpha_w = 23\ \mathrm{W/(m^2 \cdot ℃)}$；外表面水泥砂浆抹面导热系数$\lambda_1 = 0.87\ \mathrm{W/(m \cdot ℃)}$；内表面水泥砂浆抹面、白灰粉刷导热系数$\lambda_2 = 0.87\ \mathrm{W/(m \cdot ℃)}$；红砖墙导热系数$\lambda_3 = 0.81\ \mathrm{W/(m \cdot ℃)}$。

用公式(1.13)计算外墙传热系数

$$K/(\mathrm{W \cdot m^{-2} \cdot ℃^{-1}}) = \frac{1}{\dfrac{1}{\alpha_n} + \sum \dfrac{\delta_i}{\lambda_i} + \dfrac{1}{\alpha_w}} = \frac{1}{\dfrac{1}{8.7} + \dfrac{0.49}{0.81} + \dfrac{0.02}{0.87} + \dfrac{0.02}{0.87} + \dfrac{1}{23}} = 1.24$$

(2) 屋面。

其构造如图1.64所示，查表1.2、表1.3和附录7得到：内表面换热系数$\alpha_n = 8.7\ \mathrm{W/(m^2 \cdot ℃)}$；板下抹混合砂浆$\lambda_1 = 0.87\ \mathrm{W/(m \cdot ℃)}$，$\delta_1 = 20$ mm；屋面预制空心板$\lambda_2 = 1.74\ \mathrm{W/(m \cdot ℃)}$，$\delta_2 = 120$ mm；1∶3水泥砂浆$\lambda_3 = 0.87\ \mathrm{W/(m \cdot ℃)}$，$\delta_3 = 20$ mm；一毡二油$\lambda_4 = 0.17\ \mathrm{W/(m \cdot ℃)}$，$\delta_4 = 5$ mm；膨胀珍珠岩$\lambda_5 = 0.07\ \mathrm{W/(m \cdot ℃)}$，$\delta_5 = 100$ mm；1∶3水泥砂浆$\lambda_6 = 0.87\ \mathrm{W/(m \cdot ℃)}$，$\delta_6 = 20$ mm；三毡四油卷材防水层$\lambda_7 = 0.17\ \mathrm{W/(m \cdot ℃)}$，$\delta_7 = 10$ mm；外表面换热系数$\alpha_w = 23\ \mathrm{W/(m^2 \cdot ℃)}$。

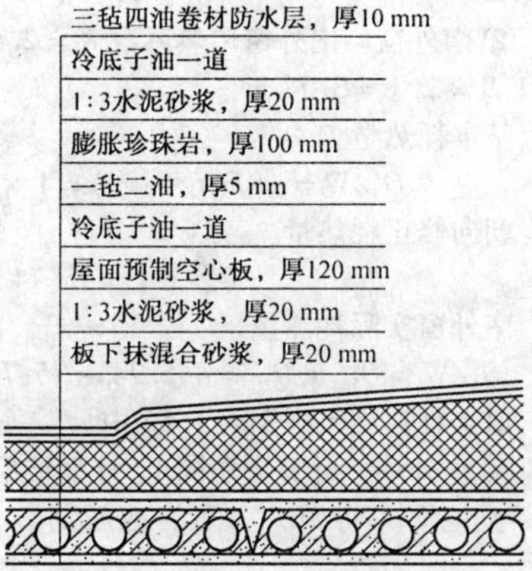

图1.64　屋面构造

屋面传热系数为

$$K/(\mathrm{W \cdot m^{-2} \cdot ℃^{-1}}) = \frac{1}{\dfrac{1}{\alpha_n} + \sum \dfrac{\delta_i}{\lambda_i} + \dfrac{1}{\alpha_w}} =$$

$$\frac{1}{\dfrac{1}{8.7} + \dfrac{0.02}{0.87} + \dfrac{0.12}{1.74} + \dfrac{0.02}{0.87} + \dfrac{0.005}{0.17} + \dfrac{0.1}{0.07} + \dfrac{0.02}{0.87} + \dfrac{0.01}{0.17} + \dfrac{1}{23}} = 0.55$$

(3) 外门、外窗。

查附录6可知，双层木框玻璃门$K = 2.68\ \mathrm{W/(m^2 \cdot ℃)}$；双层木框玻璃窗$K = 2.68\ \mathrm{W/(m^2 \cdot ℃)}$。

(4) 地面。

可采用地带法进行地面传热耗热量的计算，也可以查阅相关设计手册确定各房间地面的平均传热系数,再计算地面的传热耗热量。

2.101 办公室供暖设计热负荷的计算

101 房间为办公室,查附录3,冬季室内计算温度 $t_n = 18$ ℃。查附录4,哈尔滨供暖室外计算温度 $t_{wn} = -26$ ℃。

(1) 计算围护结构的传热耗热量 Q_1。

① 南外墙。传热系数 $K = 1.24$ W/(m^2·℃),温差修正系数 $a = 1$,传热面积 $F = (3.6 + 0.37) \times 3.6 - 1.8 \times 2.1 = 10.51$ m^2。

南外墙基本耗热量

$$Q_1'/\mathrm{W} = aKF(t_n - t_{wn}) = 1 \times 1.24 \times 10.51 \times (18 + 26) = 573.43$$

查表1.7,哈尔滨南向的朝向修正率取 $\sigma_1 = -17\%$。

朝向修正耗热量为

$$Q_1''/\mathrm{W} = 573.43 \times (-0.17) = -97.48$$

本综合楼建设在市区内不需要进行风力修正;层高未超过4 m,不需要进行高度修正。

南外墙实际耗热量

$$Q_1/\mathrm{W} = Q_1' + Q_1'' = 573.43 - 97.48 = 475.95$$

② 南外窗。南外窗传热系数 $K = 2.68$ W/(m^2·℃),温差修正系数 $a = 1$,传热面积 $F = 1.8 \times 2.1 = 3.78$ m^2。

基本耗热量

$$Q_1'/\mathrm{W} = aKF(t_n - t_{wn}) = 1 \times 2.68 \times 3.78 \times (18 + 26) = 445.74$$

朝向修正耗热量

$$Q_1''/\mathrm{W} = 445.74 \times (-0.17) = -75.78$$

南外窗实际耗热量

$$Q_1/\mathrm{W} = Q_1' + Q_1'' = 445.74 - 75.78 = 369.96$$

以上计算结果列于表1.16中。

③ 东外墙。计算方法同上,计算结果见表1.16。

④ 地面。将101房间的地面划分地带,如图1.65所示。

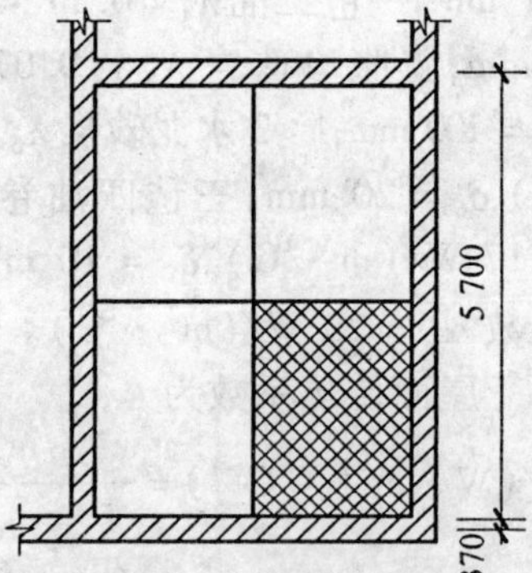

图1.65　划分地带

第一地带:

传热系数

$$K_1 = 0.47 \text{ W/(m}^2\cdot℃)$$

传热面积

$$F_1/\mathrm{m}^2 = (3.6 - 0.12) \times 2 + (5.7 - 0.12) \times 2 = 18.12$$

传热耗热量

$$Q_1/\mathrm{W} = KF(t_n - t_{wn}) = 0.47 \times 18.12 \times (18 + 26) = 374.72$$

第二地带:

传热系数

$$K_2 = 0.23 \text{ W/(m}^2\cdot℃)$$

表 1.16 房间热负荷计算表

房间编号	房间名称	围护结构			室内计算温度/℃	室外计算温度/℃	计算温度差/℃	温差修正系数a	围护结构传热系数K/(W·m^{-2}·℃$^{-1}$)	基本耗热量Q/W	附加				修正后耗热量Q/W	冷风渗透耗热量Q/W	实际耗热量Q/W
		名称及朝向	尺寸/(m×m)长×宽	面积F/m^2							朝向	风力	高度	外门			
101	办公室	南外墙	(3.6+0.37)×3.6 - 1.8×2.1	10.51	18	-26	44	1	1.24	573.43	-17%				475.95		
		南外窗	1.8×2.1	3.78					2.68	445.74	-17%				369.96		
		东外墙	(5.7+0.37)×3.6	21.85					1.24	1 192.25	-5%				1 132.64		
		地面一	(3.6-0.12)×2+(5.7-0.12)×2	18.12					0.47	374.72					374.72		
		地面二	(3.6-0.12-2)×(5.7-0.12-2)	5.30					0.23	53.62					53.62		
															2 405.89	480.84	2 887.73
201	办公室	南外墙	(3.6+0.37)×3.6 - 1.8×2.1	10.51	18	-26	44	1	1.24	573.43	-17%				475.95		
		南外窗	1.8×2.1	3.78					2.68	445.74	-17%				369.96		
		东外墙	(5.7+0.37)×3.6	21.85					1.24	1 192.25	-5%				1 132.64		
															1978.55	480.84	2 459.39
401	办公室	南外墙	(3.6+0.37)×3.9 - 1.8×2.1	11.70	18	-26	44	1	1.24	638.52	-17%				529.97		
		南外窗	1.8×2.1	3.78					2.68	445.74	-17%				369.96		
		东外墙	(5.7+0.37)×3.9	23.67					1.24	1 291.60	-5%				1 227.02		
		屋面	(5.7-0.12)×(3.6-0.12)	19.42					0.55	469.93					469.93		
															2 596.88	514.62	3 111.50
104	门厅	南外墙	6.6×3.6-4.5×3.3	8.91	15	-26	41	0.7	1.24	317.09	-17%				263.18		
		南外门	4.5×3.3	14.85				1	2.68	1 142.20	-17%			500%	6 659.03		
		地面一	6.6×2	13.2					0.47	254.36					254.36		
		地面二	6.6×2	13.2					0.23	124.48					124.48		
		地面三	6.6×(6.9-2.1-0.12-2×2)	4.49					0.12	25.76					25.76		
															7 326.81	1 150.89	8 477.7

传热面积

$$F_2/\mathrm{m}^2=(3.6-0.12-2)\times(5.7-0.12-2)=5.30$$

传热耗热量

$$Q_2/\mathrm{W}=KF(t_n-t_{wn})=0.23\times5.30\times(18+26)=53.62$$

因此,101 房间地面的传热耗热量为

$$Q/\mathrm{W}=Q_1+Q_2=374.72+53.62=428.34$$

101 房间围护结构的总耗热量为

$$Q/\mathrm{W}=475.95+369.96+1132.64+428.34=2\ 406.89$$

(2) 计算 101 房间的冷风渗透耗热量(按缝隙法计算)。

南外窗,如图 1.66 所示,外窗为三扇,带上亮,两侧扇可开启,中间扇固定。

南外窗缝隙长度为

$$l/\mathrm{m}=1.5\times4+0.6\times8=10.8\ (\text{包括气窗})$$

查附录8,哈尔滨的朝向修正系数南向 $n=1$,高度修正系数

$$C_h=0.3h^{0.4}=0.3\times10^{0.4}=0.75$$

$(h<10\ \mathrm{m}$,取 $h=10\ \mathrm{m})$

基准高度单纯风压作用下每米门窗缝隙进入室内的理论渗透空气量

$$L_o=a\left(\frac{\rho_w}{2}v_o^2\right)^b$$

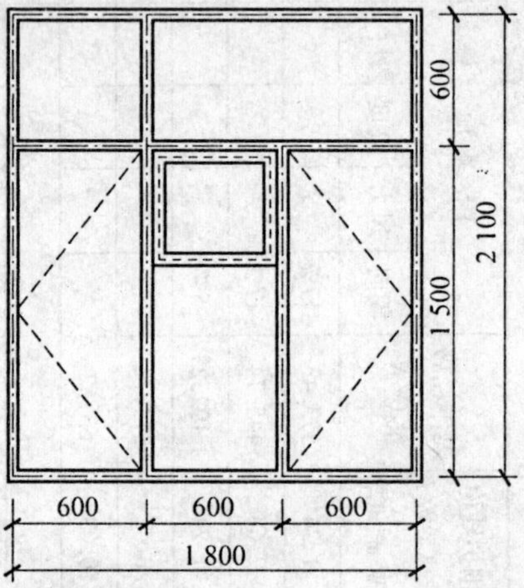

图 1.66

查表1.9,取 $a=0.5$,又取 $b=0.67$;根据 $t_{wn}=-26$ ℃,查得 $\rho_w=1.4\ \mathrm{kg/m^3}$;查附录4,哈尔滨基准高度冬季室外最多风向的平均风速 $v_o=4.7\ \mathrm{m/s}$。因此

$$L_o/(\mathrm{m^{-3}\cdot h^{-1}\cdot m^{-1}})=0.5\times(1.4/2\times4.7^2)^{0.67}=3.13$$

南外窗的冷空气渗入量

$$L/(\mathrm{m^3\cdot h^{-1}})=nC_h^bL_ol=1\times0.75^{0.67}\times3.13\times10.8=27.88$$

南外窗的冷风渗透耗热量

$$Q_1/\mathrm{W}=0.28L\rho_wc_p(t_n-t_{wn})=0.28\times27.88\times1.4\times1\times(18+26)=480.84$$

因此,101 办公室的总耗热量为

$$Q/\mathrm{W}=2\ 406.89+480.84=2\ 887.73$$

3. 201 办公室供暖设计热负荷的计算

201 办公室的室内计算温度 $t_n=18$ ℃,计算结果见表 1.16。

201 办公室的总耗热量为 $Q=2\ 459.39$ W。

4. 401 办公室供暖设计热负荷的计算

401 办公室的室内计算温度 $t_n=18$ ℃;外墙高度从本层地面算到保温结构上表面,$h=3.9$ m;计算冷风渗透耗热量时,高度修正系数 $C_h=0.3h^{0.4}=0.3\times12.75^{0.4}=0.83$($h>10$ m,取 $h=12.75$ m)。计算结果见表 1.16。

401 办公室的总耗热量为 $Q = 3\ 111.50$ W。

5. 104 门厅供暖设计热负荷的计算

该空间从中间分成南、北两部分。北向部分按楼梯间进行计算；南向部分按门厅进行计算。

104 房间为门厅，查附录 3，冬季室内计算温度 $t_n = 15$ ℃。查附录 4，哈尔滨供暖室外计算温度 $t_{wn} = -26$ ℃。

(1) 计算围护结构的传热耗热量 Q_1。

① 南外墙。传热系数 $K = 1.24$ W/(m²·℃)，温差修正系数 $a = 0.7$，传热面积

$$F/\text{m}^2 = 6.6 \times 3.6 - 4.5 \times 3.3 = 8.91$$

南外墙基本耗热量

$$Q_1'/\text{W} = KF(t_n - t_{wn})a = 1.24 \times 8.91 \times (15 + 26) \times 0.7 = 317.09$$

查表 1.7，哈尔滨南向的朝向修正率取 $\sigma_1 = -17\%$。

朝向修正耗热量为

$$Q_1''/\text{W} = 317.09 \times (-0.17) = -53.91$$

本综合楼建设在市区内不需要进行风力修正；层高未超过 4 m，不需要进行高度修正。

南外墙实际耗热量

$$Q_1/\text{W} = Q_1' + Q_1'' = 317.09 - 53.91 = 263.18$$

② 南外门。传热系数 $K = 2.68$ W/(m²·℃)，温差修正系数 $a = 0.7$，传热面积

$$F/\text{m}^2 = 4.5 \times 3.3 = 14.85$$

基本耗热量

$$Q_1'/\text{W} = KF(t_n - t_{wn})a = 2.68 \times 14.85 \times (15 + 26) \times 0.7 = 1\ 142.20$$

朝向修正耗热量

$$Q_1''/\text{W} = 1\ 142.20 \times (-0.17) = -194.17$$

南外门的外门附加率为 500%。

南外门的冷风侵入耗热量

$$Q/\text{W} = 5 \times 1\ 142.20 = 5\ 711$$

南外门实际耗热量

$$Q_1/\text{W} = Q_1' + Q_1'' = 1\ 142.20 - 194.17 + 5\ 711 = 6\ 659.03$$

③ 地面。将 104 房间的地面划分地带

第一地带：

传热系数

$$K_1 = 0.47\ \text{W/(m}^2 \cdot ℃)$$

传热面积

$$F_1/\text{m}^2 = 6.6 \times 2 = 13.2$$

传热耗热量

$$Q_1/\text{W} = KF(t_n - t_{wn}) = 0.47 \times 13.2 \times (15 + 26) = 254.36$$

第二地带：

传热系数

$$K_2 = 0.23\ \text{W/(m}^2 \cdot ℃)$$

传热面积

$$F_2/\text{m}^2 = 6.6 \times 2 = 13.2$$

传热耗热量

$$Q_2/\text{W} = KF(t_n - t'_w) = 0.23 \times 13.2 \times (15 + 26) = 124.48$$

第三地带：

传热系数

$$K_3 = 0.12\ \text{W/(m}^2 \cdot ℃)$$

传热面积

$$F_3/\text{m}^2 = 6.6 \times (6.9 - 2.1 - 0.12 - 2 \times 2) = 4.49$$

传热耗热量

$$Q_3/\text{W} = KF(t_n - t_{wn}) = 0.12 \times 4.49 \times (15 + 26) = 25.76$$

因此,104 房间地面的传热耗热量为

$$Q/\text{W} = Q_1 + Q_2 + Q_3 = 254.36 + 124.48 + 25.76 = 404.6$$

104 房间围护结构的总耗热量为

$$Q/\text{W} = 263.18 + 6\,659.03 + 404.6 = 7\,326.81$$

(2) 计算 104 房间的冷风渗透耗热量(按缝隙法计算)。

南外门,如图 1.67 所示,外门为六扇,带上亮,每两扇可对开。

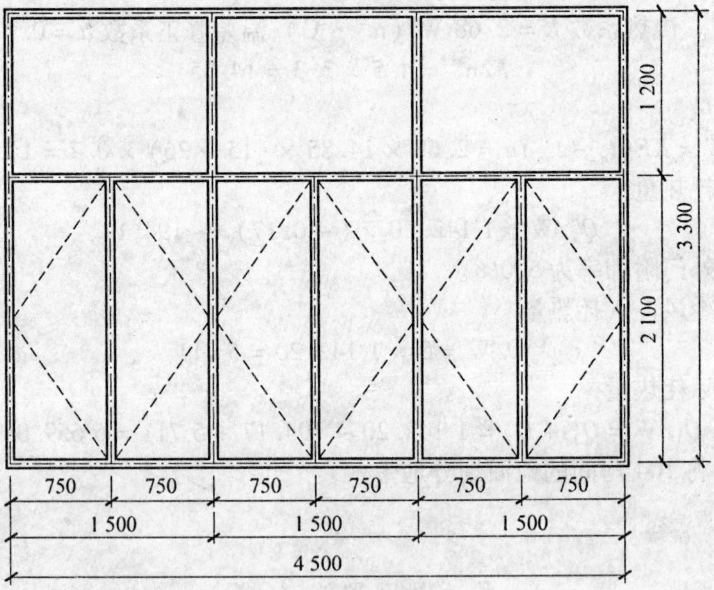

图 1.67　外门构造

南外门缝隙长度为

$$l/\text{m} = 2.1 \times 9 + 4.5 \times 2 = 27.9$$

南外门的冷空气渗入量

$$L/(\text{m}^3 \cdot \text{h}^{-1}) = nL_h l = n\,C_h{}^b L_o l$$

查附录 8,哈尔滨的朝向修正系数,南向 $n = 1$。

高度修正系数 $C_h = 0.3h^{0.4} = 0.3 \times 10^{0.4} = 0.75$

基准高度单纯风压作用下每米门窗缝隙进入室内的理论渗透空气量

$$L_o = a\left(\frac{\rho_w}{2} v_o^2\right)^b$$

查表1.9，取$a = 0.5$，又取$b = 0.67$，根据$t_{wn} = -26$ ℃，查得$\rho_w = 1.4$ kg/m^3；查附录4，哈尔滨基准高度冬季室外最多风向的平均风速$v_o = 4.7$ m/s。因此

$$L_o/(\mathrm{m^3 \cdot h^{-1} \cdot m^{-1}}) = 0.5 \times \left(\frac{1.4}{2} \times 4.7^2\right)^{0.67} = 3.13$$

南外门的冷空气渗入量

$$L/(\mathrm{m^3 \cdot h^{-1}}) = nC_h^b L_o l = 1 \times 0.75^{0.67} \times 3.13 \times 27.9 = 71.61$$

南外门的冷风渗透耗热量

$$Q_1/\mathrm{W} = 0.28L\rho_w c_p(t_n - t_{wn}) = 0.28 \times 71.61 \times 1.4 \times 1 \times (15 + 26) = 1\ 150.89$$

因此，104门厅的总耗热量为

$$Q/\mathrm{W} = 7\ 326.81 + 1\ 150.89 = 8\ 477.70$$

任务二　散热器施工安装

【教学目标】　通过演示、讲解与实际训练，使学生具备进行散热器选择、计算的能力，具有提出组对散热器消耗材料的能力，具有进行散热器组对、安装、试压和质量验收的能力。培养学生良好的职业道德、自我学习能力、实践动手能力和耐心细致分析和处理问题的能力，以及诚实、守信、善于沟通和合作的专业素养。学生通过计划、实施、检查工作过程，培养学生的专业能力、方法能力和团队合作能力。

【知识目标】

1. 掌握散热器的选择、计算方法；

2. 提出组对散热器的消耗材料；

3. 掌握散热器组对、安装、试压和质量验收的方法及要求。

【主要学习内容】

2.1　散热器的选择方法和布置原则

1. 散热器的散热原理及分类

供暖系统通过管路将热媒送入供暖散热器中，散热器的内表面一侧是热媒（热水或蒸汽），外表面一侧是室内空气，由散热器向房间供应热量，以补偿房间的失热量，从而维持房间所需温度，达到供暖要求。

散热器按制造材质的不同，分为铸铁、钢制和其他材质散热器。按结构形式的不同，分为柱型、翼型、管型和板型散热器。按传热方式的不同，分为对流型（对流散热量占总散热量的60%以上）和辐射型（辐射散热量占总散热量的50%以上）散热器。

2. 常用铸铁散热器的类型特点

常用的铸铁散热器有翼型和柱型两种。

（1）翼型散热器。翼型散热器又分为长翼型和圆翼型两种。

长翼型散热器如图2.1所示，其外表面上有许多竖向肋片，内部为扁盒状空间。高度通常为60 cm，常称为60型散热器。每片的标准长度 L 有280 mm（大60）和200 mm（小60）两种规格，宽度为115 mm。

圆翼型散热器是一根内径为DN75 mm的管子，如图2.2所示，其外表面带有许多圆形肋片。圆翼型散热器的长度有750 mm和1 000 mm两种，两端带有法兰盘，可将数根并联成散热器组。

翼型散热器制造工艺简单，造价较低，但金属耗量大，传热性能不如柱型散热器，外形不美观，不易恰好组成所需面积。翼型散热器现已逐渐被柱型散热器取代。

（2）柱型散热器。柱型散热器是单片的柱状连通体，每片各有几个中空的立柱相互

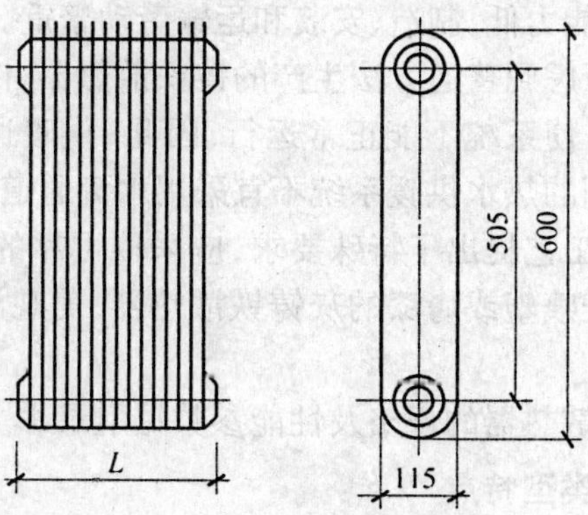

图 2.1　长翼型铸铁散热器

图 2.2　圆翼型铸铁散热器

连通,可根据散热面积的需要,把各个单片组对成一组。柱型散热器常用的有二柱 M—132 型、二柱 700 型、四柱 813 型和四柱 640 型等,如图 2.3 所示。

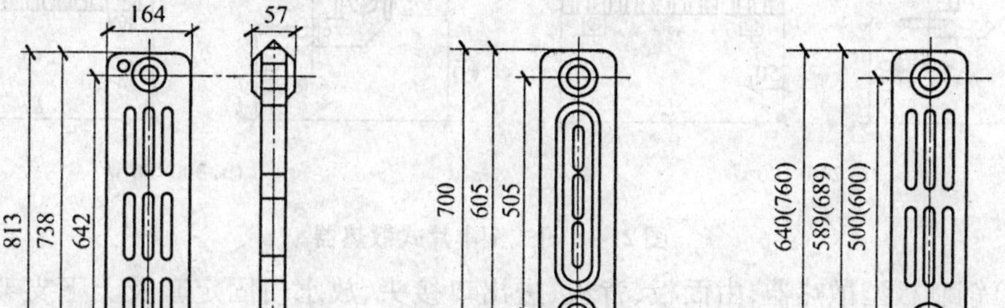

(a) 四柱813型　(b) 二柱700型　(c) 四柱640(760)

图 2.3　柱型铸铁散热器

M—132 型散热器的宽度是 132 mm,两边为柱状,中间有波浪形的纵向肋片。

四柱散热器的规格以高度表示,如四柱 813 型,其高度为 813 mm。四柱散热器有带足片和不带足片两种片型,可将带足片作为端片,不带足片作为中间片,组对成一组,直接落地安装。

柱型散热器与翼型散热器相比,传热系数高,散出同样热量时金属耗量少,易消除积灰,外形也比较美观,每片散热面积少,易组成所需散热面积。

铸铁散热器是现阶段应用最广泛的散热器,它结构简单,耐腐蚀,使用寿命长,造价低,但其金属耗量大,承压能力低,制造、安装和运输劳动繁重。在有些安装了热量表和恒温阀的热水供暖系统中,考虑到普通方法生产的铸铁散热器,内壁常有"黏砂"现象,易造成热量表和恒温阀的堵塞,使系统不能正常运行,因此《供暖通风与空气调节设计规范》规定:安装热量表和恒温阀的热水供暖系统不宜采用水流通道内含有黏砂的散热器,这就对铸铁散热器内腔的清砂工艺提出了特殊要求,应采取可靠的质量控制措施。目前我国已有了内腔干净无砂、外表喷塑或烤漆的灰铸铁散热器,美观漂亮,完全适用于分户热计量系统。

我国常用的几种铸铁散热器的规格及性能参数见附录9。

3. 常用钢制散热器的类型特点

(1)闭式钢串片式。闭式钢串片式散热器由钢管、钢片、联箱及管接头组成,如图2.4所示。钢片串在钢管外面,两端折边90°形成封闭的竖直空气通道,具有较强的对流散热能力。但使用时间较长会出现串片与钢管连接不紧或松动,影响传热效果。其规格常用高×宽表示,如图2.4中的240×100型和300×80型。

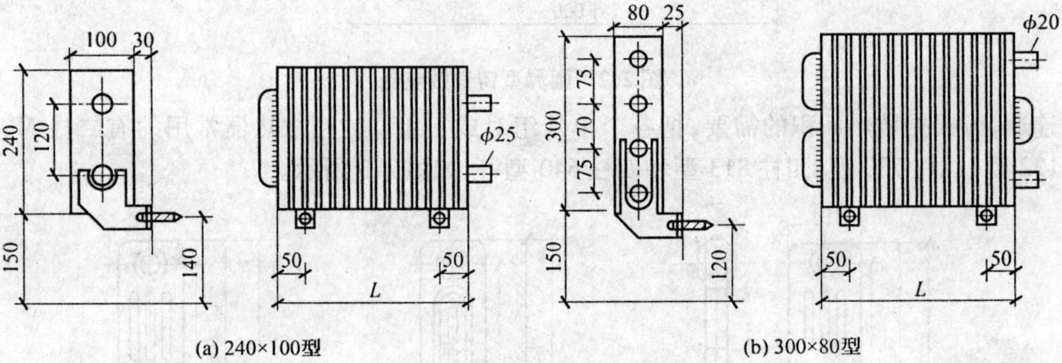

图2.4　闭式钢串片式散热器

(2)钢制板型散热器,由面板、背板、进出口接头、放水门固定套及上下支架组成,如图2.5所示。面板、背板多用1.2~1.5 mm厚的冷轧钢板冲压成型,其流通断面呈圆弧形或梯形。背板有带对流片的和不带对流片的两种规格。

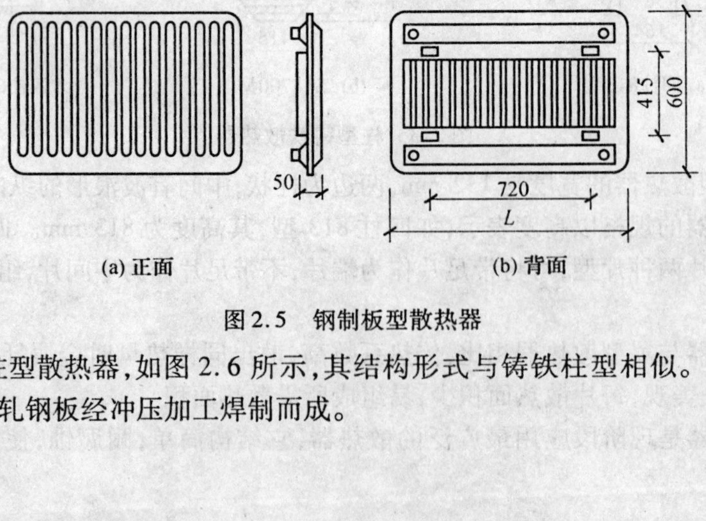

图2.5　钢制板型散热器

(3)钢制柱型散热器,如图2.6所示,其结构形式与铸铁柱型相似。它是用1.25~1.5 mm厚的冷轧钢板经冲压加工焊制而成。

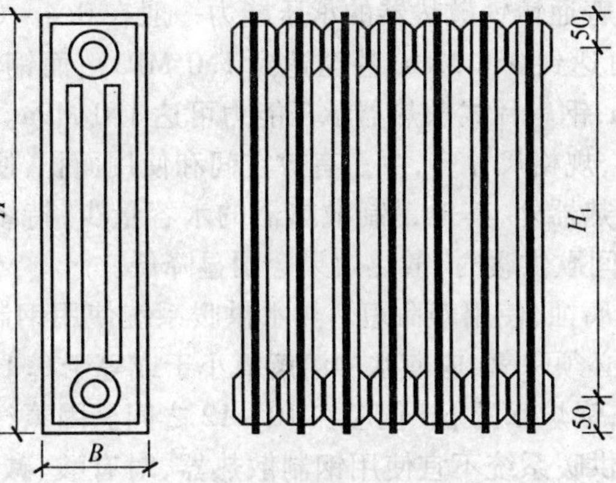

图 2.6　钢制柱型散热器

(4)扁管式散热器,这种散热器是由数根 50 mm×11 mm×1.5 mm(宽×高×厚)的矩形扁管叠加焊接在一起,两端加上联箱制成的,如图 2.7 所示。

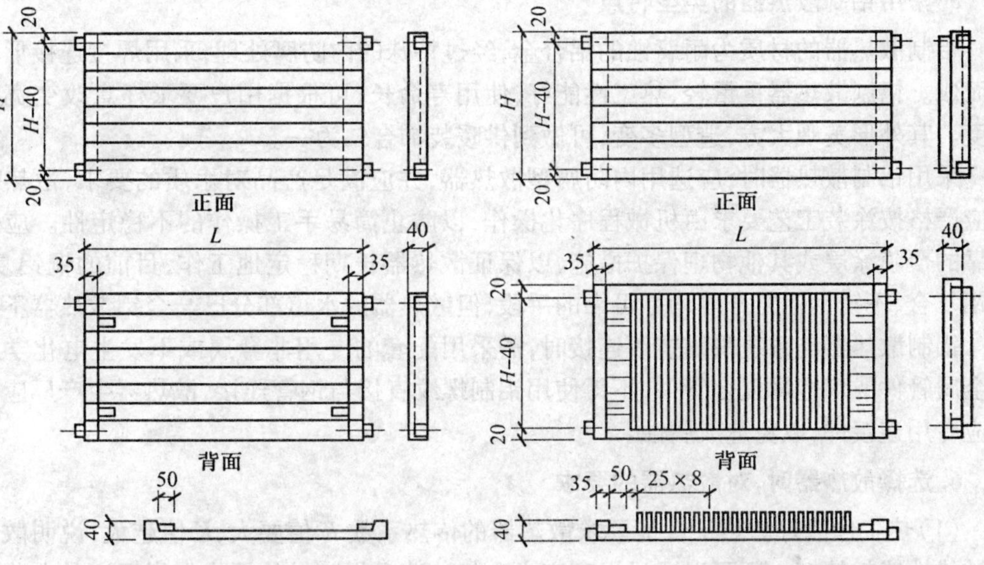

图 2.7　钢制扁管式散热器

扁管散热器的板型有单板、双板、单板带对流片、双板带对流片四种形式。单、双板扁管散热器两面均为光板,板面温度较高,有较多的辐射热。带对流片的单、双板扁管散热器在对流片内形成空气流通通道,除辐射散热量外,还有大量的对流散热量。

(5)钢制光面管散热器,又称光排管散热器,是在现场或工厂用钢管焊接而成的。因其耗钢量大,造价高,外形尺寸大,不美观,一般只用在工业厂房内。

4. 钢制散热器与铸铁散热器比较

(1)金属耗量少。钢制散热器多由薄钢板压制焊接而成,散出同样热量时,金属耗量少而且重量轻。

（2）承压能力高。普通铸铁散热器的承压能力一般在0.4～0.5 MPa（其中带稀土的灰口散热器工作压力可达到0.8 MPa，甚至达到1.0 MPa）；而钢制板型和柱型散热器的工作压力可达0.8 MPa，钢串片式散热器承压能力可达1.0 MPa。

（3）外形美观整洁，规格尺寸多，少占有效空间和使用面积，便于布置。

（4）除钢制柱型散热器外，其他钢制散热器的水容量少，持续散热能力低，热稳定性差，供水温度偏低而又间歇供暖时，散热效果会明显降低。

（5）钢制散热器易腐蚀，使用寿命短。热水供暖系统使用钢制散热器时，应控制系统水质及补水水质，给水必须除氧，应使水中溶解氧小于或等于0.1 mg/L；水温25 ℃时，给水的pH值应不小于7，锅炉水的pH值应在10～12之间。因蒸汽供暖系统的含氧量、pH值不易控制，所以蒸汽供暖系统不宜使用钢制散热器，对有酸、碱腐蚀性气体的生产厂房或相对湿度较大的房间不宜设置钢制散热器。使用钢制散热器的系统非工作时间宜满水养护。使用钢制散热器的系统应尽量采用封闭的循环系统，必要时可采用胶囊式密闭定压膨胀罐来解决系统的定压膨胀问题。

5. 常用铝制散热器的类型特点

铝制散热器的材质为耐腐蚀的铝合金，经过特殊的内防腐处理，采用焊接连接形式加工而成。铝制散热器重量轻，热工性能好，使用寿命长，可根据用户要求任意改变宽度和长度。其外形美观大方，造型多变，可做到供暖装饰合二为一。

采用铝制散热器时，应选用内防腐型散热器，并应满足产品对水质的要求，散热器内腔应严格按涂装工艺要求由机械程序化操作，以防止简易手工操作的不稳定性。应采用可靠的覆膜涂层或其他物理保护措施，以保证散热器长期稳定地工作，目前的铜铝复合、钢铝复合、不锈钢铝复合等均是可靠的手段，但散热器的水道部分已与全铝散热器不同。

铝制散热器与系统采用螺纹连接时，需采用配套的专用非金属或不发生电化学腐蚀的金属管件或双金属复合管件，不得使用铝制螺纹直接与钢管连接，散热器生产厂应配套供应专用连接件，以免造成腐蚀。

6. 选择散热器时，对散热器的要求

（1）热工性能好。热工性能要求散热器的传热系数K值要大，K值越大，说明散热器的散热性能就越好。还可以通过提高室内空气流速和提高散热器内热媒温度的办法加大散热器的传热系数。

散热器还应以最好的散热方式向室内传递热量，散热器的主要散热方式有对流散热和辐射散热两种，其中以辐射散热方式为最好。靠辐射方式散热的散热器，由于辐射热的直接作用，可以提高室内物体和围护结构内表面的温度，使生活区和工作区温度适宜，增加了人体的舒适感。以对流方式散热，会造成室温不均匀，温差过大，而且灰尘随空气对流，卫生条件也不好。

（2）金属热强度大。金属热强度q是指散热器内热媒平均温度与室内空气温度差为1 ℃时，1 kg质量的散热器金属单位时间所放出的热量，即

$$q=\frac{K}{G} \tag{2.1}$$

式中　q——散热器的金属热强度，W/(kg·℃)；

K——散热器的传热系数，W/(m^2·℃)；

G——散热器 1 m^2面积的金属质量，kg/m^2。

金属热强度 q 是衡量同一材质散热器的金属耗量、成本高低的重要指标。q 越大，说明散出同样热量时消耗的金属量越少、成本越低、经济性越好。

(3)要求散热器具有一定的机械强度，承压能力高，价格低，经久耐用，使用寿命长。

(4)要求散热器规格尺寸多样化，结构尺寸小，少占有效空间和使用面积。结构形式便于组对出所需面积，且生产工艺能满足大批量生产的要求。

(5)外表面光滑，不易积灰，积灰易清扫，外形美观，易于与室内装饰相协调。

7. 散热器的选用原则

应根据实际情况，选择经济、适用、耐久、美观的散热器。选用散热器时，应考虑系统的工作压力，选用承压能力符合要求的散热器；有腐蚀性气体的生产厂房或相对湿度大的房间，应选用铸铁散热器；热水供暖系统选用钢制散热器时，应采取防腐措施；热水供暖系统选用散热器时，应注意采用等电位连接，即钢制散热器与铝制散热器不宜在同一热水供暖系统中使用；蒸汽供暖系统不得选用钢制柱型、板型、扁管型散热器；散发粉尘或防尘要求较高的生产厂房，应选用表面光滑，积灰易清扫的散热器；热计量系统不宜采用水道有黏砂的铸铁散热器；民用建筑选用的散热器尺寸应符合要求，且外表面光滑、美观，不易积灰。

8. 布置散热器的要求

散热器一般布置在外墙窗台下，这样能迅速加热室外渗入的冷空气，阻挡沿外墙下降的冷气流，改善外窗、外墙对人体冷辐射的影响，使室温均匀。

为防止散热器冻裂，两道外门之间、门斗及开启频繁的外门附近不宜设置散热器。设在楼梯间或其他有冻结危险地方的散热器，立、支管宜单独设置，其上不允许安阀门。楼梯间布置散热器时，考虑热气流上升的影响应尽量布置在底层或按一定比例分布在下部各层。散热器一般明装或装在深度不超过 130 mm 的墙槽内。托儿所、幼儿园以及装修卫生要求较高的房间可考虑在散热器外加网罩、格栅、挡板等。

散热器的安装尺寸应保证，底部距地面不小于 60 mm，通常取为 150 mm；顶部距窗台板不小于 50 mm；背部与墙面净距不小于 25 mm。

2.2　散热器散热面积的计算方法

1. 计算散热器的散热面积

供暖房间的散热器向房间供应热量以补偿房间的热损失。根据热平衡原理，散热器的散热量应等于房间的供暖设计热负荷。

散热器散热面积的计算公式为

$$F=\frac{Q}{K(t_{pj}-t_n)}\beta_1\beta_2\beta_3 \tag{2.2}$$

式中 F—— 散热器的散热面积,m^2;

Q—— 散热器的散热量,W;

K—— 散热器的传热系数,W/(m^2·℃);

t_{pj}—— 散热器内热媒平均温度,℃;

t_n—— 供暖室内计算温度,℃;

β_1—— 散热器组装片数修正系数;

β_2—— 散热器连接形式修正系数;

β_3—— 散热器安装形式修正系数。

2. 确定散热器的传热系数 *K*

散热器的传热系数 K 是表示当散热器内热媒平均温度 t_{pj} 与室内空气温度 t_n 的差为 1 ℃ 时,每 1 m^2 散热面积单位时间放出的热量。选用散热器时希望散热器的传热系数越大越好。

影响散热器传热系数的最主要因素是散热器内热媒平均温度与室内空气温度的差值 Δt_{pj}。另外散热器的材质、几何尺寸、结构形式、表面喷涂、热媒种类、温度、流量、室内空气温度、散热器的安装方式、片数等条件都将影响传热系数的大小。因而无法用理论推导求出各种散热器的传热系数值,只能通过实验方法确定。

国际化标准组织(ISO)规定:确定散热器的传热系数 K 值的实验,应在一个长×宽×高为(4 ±0.2)m×(4 ±0.2)m×(2.8 ±0.2)m 的封闭小室内,保证室温恒定下进行,散热器应无遮挡,敞开设置。

通过实验方法可得到散热器传热系数公式

$$K=a(\Delta t_{pj})^b=a(t_{pj}-t_n)^b \tag{2.3}$$

式中 K—— 在实验条件下,散热器的传热系数,W/(m^2·℃);

a、b—— 由实验确定的系数,取决于散热器的类型和安装方式;

Δt_{pj}—— 散热器内热媒与室内空气的平均温差,$\Delta t_{pj}=t_{pj}-t_n$。

从式(2.3)可以看出散热器内热媒平均温度与室内空气温差 Δt_{pj} 越大,散热器的传热系数 K 值就越大,传热量就越多。

附录 9 给出了各种不同类型铸铁散热器传热系数的公式。应用这些公式时,需要确定散热器内的热媒平均温度 t_{pj}。

3. 确定散热器内热媒平均温度

散热器内热媒平均温度 t_{pj} 应根据热媒种类(热水或蒸汽)和系统形式确定。

热水供暖系统

$$t_{pj}=\frac{(t_j+t_c)}{2} \tag{2.4}$$

式中 t_{pj}—— 散热器内热媒平均温度,℃;

t_j—— 散热器的进水温度,℃;

t_c—— 散热器的出水温度,℃。

对于双管热水供暖系统,各组散热器是并联关系,散热器的进出口水温可分别按系统的供、回水温度确定,例如,低温热水供暖系统,供水温度为 95 ℃ ,回水温度为 70 ℃,热媒平均温度为

$$t_{pj} = \frac{(95 + 70)}{2} ℃ = 82.5 ℃$$

对于单管热水供暖系统,各组散热器是串联关系,因水温沿流向逐层降低,需确定各管段的混合水温之后逐一确定各组散热器的进、出口温度[见式(1.7)],进而求出散热器内热媒平均温度。式(1.7) 也适用于水平单管系统各管段水温的计算。计算出各管段水温后,就可以计算散热器内热媒的平均温度。

蒸汽供暖系统,当蒸汽压力 $p \leqslant 30$ kPa(表压) 时,t_{pj} 取 100 ℃;当蒸汽压力 $p >$ 30 kPa(表压) 时,t_{pj} 取与散热器进口蒸汽压力相对应的饱和温度。

4. 确定散热器传热系数的修正系数

散热器传热系数的计算公式是在特定条件下通过实验确定的,如果实际使用条件与测定条件不相符,就需要对传热系数 K 进行修正。

(1) 组装片数修正系数 β_1。实验测定散热器的传热系数时,柱型散热器是以 10 片为一组进行实验的,在实际使用过程中单片散热器是组对成组的,各相邻片之间彼此吸收辐射热,热量不能全部散出去,只有两端散热器的外侧表面才能把绝大部分辐射热量传给室内,这减少了向房间的辐射热量。因此组装片数超过 10 片后,相互吸收辐射热的面积占总面积的比例会增加,散热器单位面积的平均散热量会减少,传热系数 K 值也会随之减少,需要修正 K 值,增加散热面积。反之,片数少于 6 片后,散热器单位面积的平均散热量会增加,K 值也会增加,需要减少散热面积。

散热器组装片数修正系数 β_1 见表 2.1。

表 2.1 散热器组装片数修正系数 β_1

每组片数	< 6	6 ~ 10	11 ~ 20	> 20
β_1	0.95	1.00	1.05	1.10

注:本表仅适用于各种柱型散热器。长翼型和圆翼型不修正。其他散热器需要修正时,见产品说明。

(2) 连接形式修正系数 β_2。实验测定散热器传热系数时,散热器与支管的连接形式为同侧上进下出,这种连接形式散热器外表面的平均温度最高,散热器散热量最多。如果采用表 2.2 所列的其他连接形式,散热器外表面平均温度会明显降低,t_{pj} 也远比同侧上进下出连接形式低,传热系数 K 也会减小,因此需要对传热系数进行修正,取 $\beta_2 > 1$,增加其散热面积。

表 2.2 列出了不同连接形式时,散热器传热系数的修正系数 β_2。

表 2.2　散热器连接形式修正系数 β_2

连接形式	同侧上进下出	异侧上进下出	异侧下进下出	异侧下进上出	同侧下进上出
M—132 型	1.0	1.009	1.251	1.386	1.396
长翼型(大 60)	1.0	1.009	1.225	1.331	1.369

注:本表是在标准状态下测定的。其他散热器可近似套用本表数据。

(3) 安装形式修正系数 β_3。实验确定传热系数 K 时,是在散热器完全敞开,没有任何遮挡的情况下测定的。如果实际安装形式发生变化,有时会增加散热器的散热量(如散热器外加对流罩);有时会减少散热量(如加装遮挡罩板)。因此需要考虑对散热器传热系数 K 进行修正。

表 2.3 列出了散热器安装形式修正系数 β_3。其实质是在不同安装形式下对散热器散热面积进行修正。

另外,实验表明:在一定的连接方式和安装形式下,通过散热器的流量对某些形式散热器的 K 值和 Q 值有一定的影响;散热器表面采用不同的涂料时,对 K 值和 Q 值有影响;蒸汽供暖系统中,蒸汽散热器的传热系数 K 值要高于热水散热器的 K 值。可根据具体条件,查阅有关资料确定散热器的传热系数 K 值。

表 2.3　散热器安装形式修正系数 β_3

装置示意	装置说明	系数 β_3
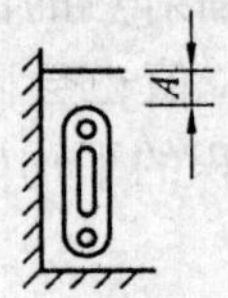	散热器安装在墙面上加盖板	A = 40 mm 时,β_3 = 1.05 A = 80 mm 时,β_3 = 1.03 A = 100 mm 时,β_3 = 1.02
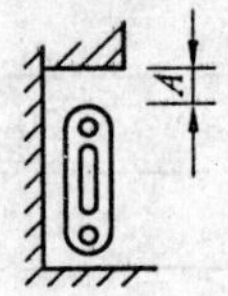	散热器装在墙龛内	A = 40 mm 时,β_3 = 1.11 A = 80 mm 时,β_3 = 1.07 A = 100 mm 时,β_3 = 1.06
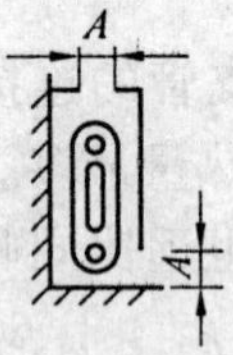	散热器安装在墙面,外面有罩,罩子上面及前面下端有空气流通孔	A = 260 mm 时,β_3 = 1.12 A = 220 mm 时,β_3 = 1.13 A = 180 mm 时,β_3 = 1.19 A = 150 mm 时,β_3 = 1.25
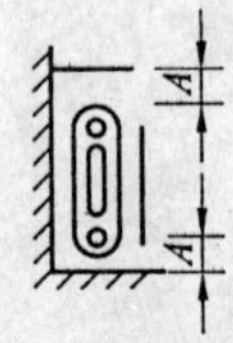	散热器安装形式同前,但空气流通孔开在罩子前面上下两端	A = 130 mm、孔口敞开时,β_3 = 1.2 孔口有格栅式网状物盖着时,β_3 = 1.4

续表 2.3

装置示意	装置说明	系数 β_3
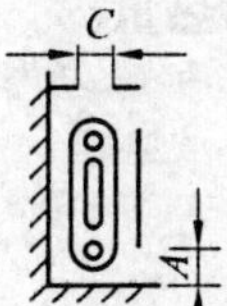	安装形式同前，但罩子上面空气流通孔宽度 C 不小于散热器的宽度，罩子前面下端的孔口高度不小于 100 mm，其他部分为格栅	$A=100$ mm 时，$\beta_3=1.15$
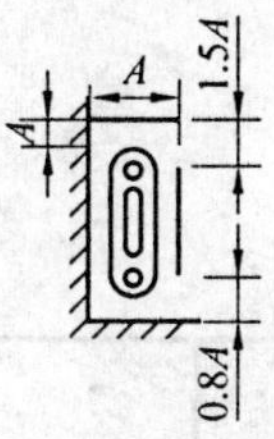	安装形式同前，空气流通口开在罩子前面上下两端，其宽度如图所示	$\beta_3=1.0$
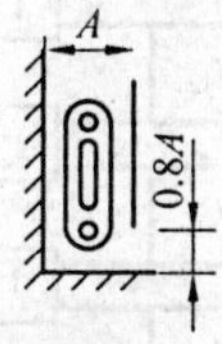	散热器用挡板挡住，挡板下端留有空气流通口，其高度为 0.8A	$\beta_3=0.9$

注：散热器明装，敞开布置，$\beta_3=1.0$。

5. 计算散热器的片数或长度

散热器的片数或长度

$$n=\frac{F}{f} \tag{2.5}$$

式中　n—— 散热器的片数或长度，片或 m；

F—— 所需散热器的散热面积，m^2；

f—— 每片或每米散热器的散热面积，m^2/ 片或 m^2/m，可查附录 9 确定。

实际设置时，散热器每组片数或长度只能取整数。《供暖通风与空气调节设计规范》规定，柱型散热器面积可比计算值小 0.1 m^2，翼型或其他散热器的散热面积可比计算值小 5%。

另外，铸铁散热器的组装片数，粗柱型（M—132）不宜超过 20 片；细柱型不宜超过 25 片；长翼型不宜超过 7 片。

6. 计算明装供暖管道散入房间的热量

对于明装于供暖房间内的管道，虽然热水沿途流动时散失的热量使散热器进水温度降低，但考虑到全部或部分散热量会散入供暖房间，影响会相互抵消，一般可以不计算供暖管道散入供暖房间的热量。民用建筑和室内温度要求较严格的工业建筑中的非保温管道，明设时，非保温管道的散热量有提高室温的作用，可补偿一部分耗热量，应考虑管道的散热量对散热器数量的折减，同时也应注意到热媒在管道中的温降，需求出进入散热器的实际水温以此确定各组散热器的传热系数 K，再扣除相应管道的散热量后，确定散热器的面积;暗设时,由于管道散热量没有进入房间,导致热媒温度降低,为了保持必要的室温,应计算管道中水的冷却对散热器数量的增加。

如果需要精确计算散热面积,就应考虑明装供暖管道散入供暖房间的热量。

明装供暖管道散入房间的热量可用下式计算

$$Q_g = K_g f l \Delta t \eta \tag{2.6}$$

式中　Q_g—— 供暖管道的散热量,W;

K_g—— 管道的传热系数,W/(m²·℃),可查阅设计手册确定,估算时 K_g 值可取 10 W/(m²·℃);

f—— 每米长管道的表面积,m²/m;

l—— 明装供暖管道的长度,m;

Δt—— 管道内热媒温度与室内计算温度的差值,℃;

η—— 管道敷设位置修正系数,顶棚下水平管道 η = 0.5,地面上水平管道 η = 1.0,立管 η = 0.75,散热器支管 η = 1.0。

7. 能力训练

试计算图 2.8 所示立管各组散热器的面积及片数。

已知条件:每组散热器的热负荷已标于图中,单位为 W。系统供水温度为 95 ℃,回水温度为 70 ℃。选用二柱 M—132 型散热器,装在墙龛内,上部距窗台板 100 mm。供暖室内计算温度 t_h = 18 ℃。

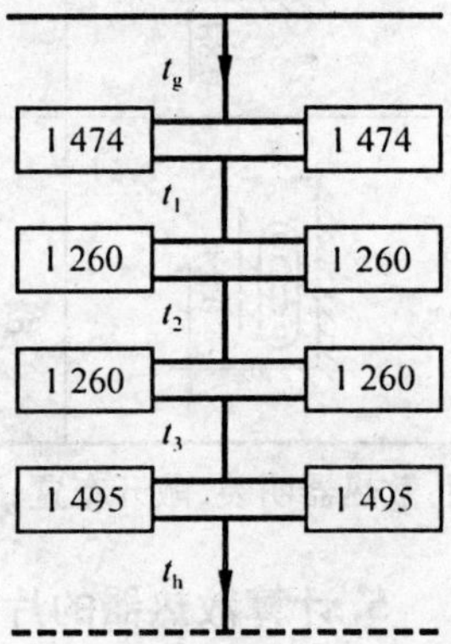

图 2.8

解　计算步骤如下:

(1) 计算各立管管段的水温。

由式(1.7) 得

$$t_1/℃ = t_g - \frac{\sum Q_{i-1}(t_g - t_h)}{\sum Q} = 95 - \frac{1\,495 \times 2 \times (95 - 70)}{(1\,495 + 1\,260 + 1\,260 + 1\,474) \times 2} = 88.19$$

$$t_2/℃ = 95 - \frac{(1\,495 + 1\,260) \times 2 \times (95 - 70)}{(1\,495 + 1\,260 + 1\,260 + 1\,474) \times 2} = 82.45$$

$$t_3/℃ = 95 - \frac{(1\,495 + 1\,260 + 1\,260) \times 2 \times (95 - 70)}{(1\,495 + 1\,260 + 1\,260 + 1\,474) \times 2} = 76.71$$

(2) 计算各组散热器的热媒平均温度 t_{pj}。

$$t_{pj4}/℃ = \frac{95 + 88.19}{2} = 92$$

$$t_{pj3}/℃ = \frac{88.19 + 82.45}{2} = 85$$

$$t_{pj2}/℃ = \frac{82.45 + 76.71}{2} = 80$$

$$t_{pj1}/℃ = \frac{76.71 + 70}{2} = 73$$

(3) 计算散热器的传热系数 K。

查附录 9，M—132 型散热器传热系数的计算公式为 $K = 2.426\Delta t_{pj}^{0.286}$，所以

$$K_4/(\mathrm{W\cdot m^{-2}\cdot ℃^{-1}}) = 2.426\times(92-18)^{0.286} = 8.31$$

$$K_3/(\mathrm{W\cdot m^{-2}\cdot ℃^{-1}}) = 2.426\times(85-18)^{0.286} = 8.08$$

$$K_2/(\mathrm{W\cdot m^{-2}\cdot ℃^{-1}}) = 2.426\times(80-18)^{0.286} = 7.90$$

$$K_1/(\mathrm{W\cdot m^{-2}\cdot ℃^{-1}}) = 2.426\times(73-18)^{0.286} = 7.65$$

(4) 计算散热器面积 F。

用式(2.2)计算。

四层：先假设片数修正系数 $\beta_1 = 1.0$，查表 2.2，同侧上进下出连接形式修正系数 $\beta_2 = 1.0$；查表 2.3，该散热器安装形式修正系数 $\beta_3 = 1.06$，则

$$F_4/\mathrm{m^2} = \frac{Q_4}{K_4(t_{pj4}-t_n)}\beta_1\beta_2\beta_3 = \frac{1\,495}{8.31\times(92-18)}\times1\times1\times1.06 = 2.58$$

$$F_3/\mathrm{m^2} = \frac{Q_3}{K_3(t_{pj3}-t_n)}\beta_1\beta_2\beta_3 = \frac{1\,260}{8.08\times(85-18)}\times1\times1\times1.06 = 2.47$$

$$F_2/\mathrm{m^2} = \frac{Q_2}{K_2(t_{pj2}-t_n)}\beta_1\beta_2\beta_3 = \frac{1\,260}{7.90\times(80-18)}\times1\times1\times1.06 = 2.73$$

$$F_1/\mathrm{m^2} = \frac{Q_1}{K_1(t_{pj1}-t_n)}\beta_1\beta_2\beta_3 = \frac{1\,474}{7.63\times(73-18)}\times1\times1\times1.06 = 3.72$$

(5) 计算散热器的片数 n。

查附录 9，M—132 型散热器每片面积 $f = 0.24\ \mathrm{m^2}/$片，由式(2.5)得

$$n_4/片 = \frac{2.58}{0.24} = 10.75$$

查表 2.1，片数修正系数 $\beta_1 = 1.05$

10.75 片 $\times 1.05 = 12.29$ 片　0.29 片 $\times 0.24\ \mathrm{m^2}/$片 $= 0.07\ \mathrm{m^2} < 0.1\ \mathrm{m^2}$

因此　$n_4 = 12$ 片

同理　$n_3 = 2.47/0.24 = 10.29$ 片　10.29 片 $\times 1.05 = 10.8$ 片

0.8 片 $\times 0.24\ \mathrm{m^2}/$片 $= 0.192\ \mathrm{m^2} > 0.1\ \mathrm{m^2}$

因此　$n_3 = 11$ 片

$n_2 = 2.73/0.24 = 11.38$ 片　11.38 片 $\times 1.05 = 11.95$ 片

0.95 片 $\times 0.24\ \mathrm{m^2}/$片 $= 0.228\ \mathrm{m^2} > 0.1\ \mathrm{m^2}$

因此　$n_2 = 12$ 片

$n_1 = 3.72/0.24 = 15.5$ 片　15.5 片 $\times 1.05 = 16.28$ 片

0.28 片 $\times 0.24\ \mathrm{m^2}/$片 $= 0.07\ \mathrm{m^2} < 0.1\ \mathrm{m^2}$

因此　$n_1 = 16$ 片

2.3　散热器的施工安装

1. 不同种类的散热器应采用的安装方法

光面管散热器多在现场用无缝钢管焊制而成；铝制散热器是整组出厂；铸铁散热器可

分为对丝连接式和法兰连接式,柱型、长翼型铸铁散热器属于对丝连接,圆翼型铸铁散热器属于法兰连接。

2. 组对铸铁散热器方法

不同房间因其热负荷不同,布置散热器的数量也不同,所以铸铁散热器安装时,首先要根据设计片数进行组对。

组对散热器要用的主要材料是散热器对丝、垫片、散热器补芯和丝堵。对丝是两片散热器之间的连接件,它是一个全长上都有外螺纹的短管,它的一端为左螺纹,另一端为右螺纹,如图 2.9 所示。散热器补芯是散热器管口和散热器支管之间的连接件,并起变径的作用。散热器丝堵用于散热器不接支管的管口堵口。由于每片或每组散热器两侧接口一侧为左螺纹,一侧为右螺纹,因此,散热器补芯和丝堵也都有左螺纹和右螺纹之分以便对应使用。散热器组对用的工具称为散热器钥匙。

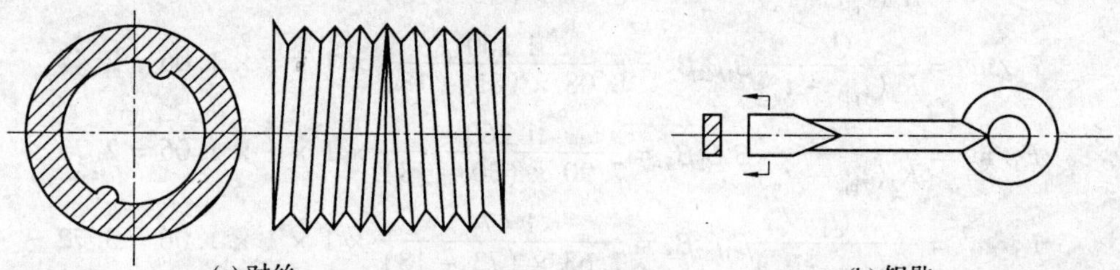

(a) 对丝　　(b) 钥匙

图 2.9　散热器的对丝及钥匙

散热器组对前,应把每片散热器片内部和管口清理干净,散热器片表面要除锈,刷一遍防锈漆。组对时,先将一片散热器放到组对平台上,把对丝套上垫片放入散热器接口中,再将第二片散热器(散热器相对接口的螺纹方向必须是相反的)的接口对准第一片散热器接口中的对丝,用两把散热器钥匙同时插入对丝孔内,同时、同向、同速度转动,使对丝同时在两片散热器接口入扣,利用对丝将两片散热器拉紧。每组散热器的片数按设计规定事先应统计好,然后组对。

3. 铸铁散热器组对的要求

(1) 散热器组对前检查。长翼型散热器的顶部掉翼数,只允许一个,其长度不得大于 50 mm。侧面掉翼数,不得超过两个,累计长度不得大于 200 mm,且掉翼面应朝墙安装。

(2) 组对散热器的垫片应使用成品,组对后垫片外露不应大于 1 mm。

(3) 散热器组对应平直紧密,组对后平直度应符合表 2.4 的规定。

表 2.4　组对后散热器平直度允许偏差

散热器类型	片数	允许偏差 /mm
长翼型	2 ~ 4	4
	5 ~ 7	6
铸铁片式 钢制片式	3 ~ 15	4
	16 ~ 25	6

(4) 为了搬运和安装方便,每组散热器片数不宜超过下列数值,使其组对后长度不大于1.7 m。长翼型(大60)7片;细柱型(四柱等)25片;粗柱型(M—132)20片。

(5) 组对好的散热器一般不应平堆放,若受条件限制必须平堆放时,堆放高度不应超过10层,且每层间应用木片隔开。

4. 铸铁散热器的试压

散热器组对后,必须进行水压试验,合格后才能安装。试验压力如设计无要求时应为工作压力的1.5倍,但不得小于0.6 MPa。水压试验的持续时间为2～3 min,在持续时间内不得有压力降,不渗不漏为合格。散热器水压试验连接装置如图2.10所示。

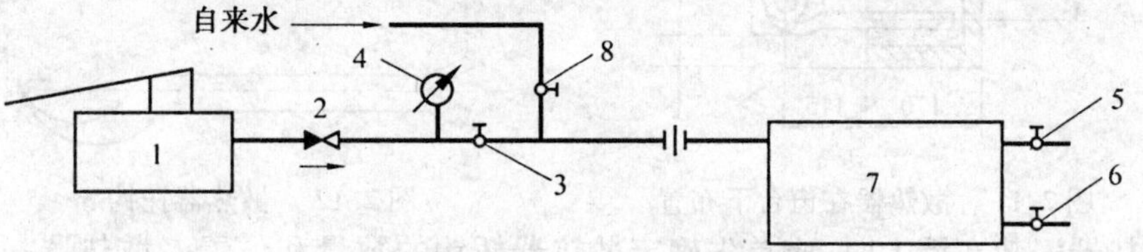

图2.10　散热器水压试验装置

1—手压泵;2—止回阀;3—截止阀;4—压力表;5—放气阀;6—泄水阀;7—散热器组;8—截止阀

5. 铸铁散热器的安装

散热器安装一般在内墙抹灰完成后进行。其安装形式有明装、暗装和半暗装三种。

(1) 散热器位置确定。散热器一般布置在外窗下面,其中心线应与外窗中心线重合。散热器背面距墙面净距应符合设计或产品说明书的要求,如设计未注明,应为25 mm。其中心距墙面的尺寸应符合表2.5的规定。散热器在窗台下布置的具体要求如图2.11所示,散热器安装时,窗台至地面的距离应满足散热器安装所需的尺寸以及下部布置回水管道所需的尺寸。

表2.5　散热器中心至墙表面距离

散热器型号	60型	M—132型	四柱型	圆翼型	扁管、板式(外沿)	串片型	
						平放	竖放
中心至墙面距离/mm	115	115	130	115	30	95	60

(2) 埋栽散热器托钩。散热器安装有两种方式:一种是安装在墙上的托钩上,另一种是安装在地上的支座上。散热器托钩可用圆钢或扁钢制作,如图2.12所示,散热器托钩的长度见表2.6。

表2.6　散热器托钩长度

散热器名称	托钩长度 L/mm	散热器名称	托钩长度 L/mm
长翼型	≥235	四柱	≥262
圆翼型	≥225	五柱	≥284
M—132	≥246		

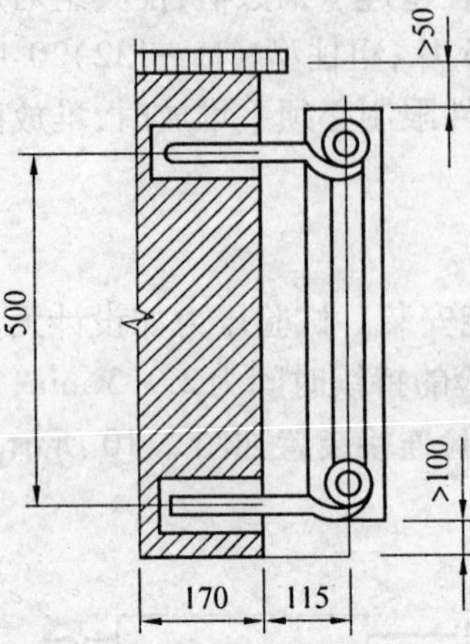

图 2.11　散热器在窗台下布置

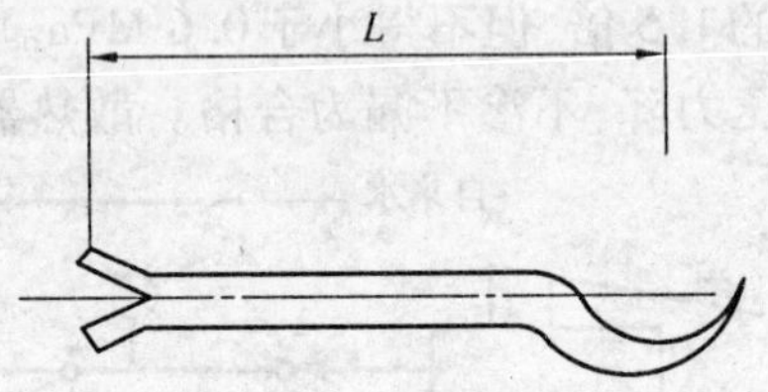

图 2.12　散热器托钩

当散热器安装在墙上时,应首先确定散热器托钩的数量和位置。散热器托钩的数量因散热器的型号、组装片数不同而异,而且每组散热器上下托钩的数量也不相同,上托钩主要是保证散热器的垂直度,数量少;下托钩主要承重,数量多。表 2.7 给出了铸铁散热器的托钩数量。散热器托钩位置取决于散热器的安装位置,在墙上画线时,应注意上下托钩中心即是散热器的上下接口中心,还要考虑散热器接口的间隙,一般每个接口间隙以2 mm 计。

表 2.7　散热器卡架、托钩数量表

散热器型式	安装方式	每组片数	上部托钩或卡架数	下部托钩或卡架数	总计
长翼型	挂墙	2 ~ 4	1	2	3
		5	2	2	4
		6	2	3	5
		7	2	4	6
柱型 柱翼型	挂墙	3 ~ 8	1	2	3
		9 ~ 12	1	3	4
		13 ~ 16	2	4	6
		17 ~ 20	2	5	7
		21 ~ 25	2	6	8
柱型 柱翼型	带足 落地	3 ~ 8	1		1
		9 ~ 12	1		1
		13 ~ 16	2		2
		17 ~ 20	2		2
		21 ~ 25	2		2

注:1. 轻质墙结构,散热器底部可用特制金属卡架支撑。

2. 安装带足的柱型散热器,每组所需带足片数为:14 片以下为 2 片;15 ~ 25 片为 3 片。

3. M—132 型及柱型散热器下部为托钩,上部为卡架;长翼型散热器上下均为托钩。

栽托钩前需打墙洞,可使用电动工具,打洞深度一般不小于 120 mm,直径宜在 25 mm

左右。栽托钩时,先用水将墙洞浸湿,将托钩放入墙洞内,对正位置后,灌入水泥砂浆,并用碎石挤紧,最后用水泥砂浆填满墙洞并抹平。

(3) 安装散热器。待墙洞中的水泥砂浆达到强度后,即可安装散热器。安装时,要轻抬轻放,避免碰坏散热器托钩。安装后的散热器应满足表 2.8 的要求。

表 2.8　散热器安装允许偏差的检验方法

项目					允许偏差/mm	检验方法
散热器	坐标	背面至墙面距离/mm			3	用水准仪(水平尺)、直尺、拉线和尺量检查
		与窗口中心线/mm			20	
	标高	底部距地面/mm			15	
	中心线垂直度/mm				3	吊线和尺量检查
	侧面倾斜度/mm				3	
	全长内的弯曲/mm	灰铸铁	长翼型(60)	2～4 片	4	用水准仪(水平尺)、直尺、拉线和尺量检查
				5～7 片	6	
			圆翼型	2 m 以内	3	
				3～4 m	4	
			M—132 柱型	3～15 片	4	
				16～24 片	6	
		钢制	串片型	2 节以内	3	
				3～4 节	4	
			扁管(板式)	$L \leq 1$ m	4(3)	
				$L > 1$ m	6(5)	
			柱型	3～15 片	4	
				16～25 片	6	

6. 实训练习题 1:进行散热器的组对

(1) 材料准备:

①6 片 M—132 型散热器。

②10 个 $\phi 40$ 对丝。

③2 个 40 × 20 正扣散热器补心。

④2 个 40 mm 反扣散热器堵头。

⑤14 个 $\delta = 2$ mm 垫片(胶垫)。

⑥ 白铅油。

(2) 工具准备:

①1 个低架的组对架。

②1 个 $L = 400$ mm 的钥匙。

③$L = 400$ mm 用 $\phi 25$ 钢筋制成的加力杆。

④1 把钢丝刷。

⑤1 把 $\phi 18$ 管钳子。

(3) 操作要求及方法:

① 将单片散热器除锈,清理接口。

② 散热器片上架,将端片平放在组对架上,使散热器片正丝面朝上。

③ 上对丝:将对丝套上刷白厚铅油的垫片,用对称扣度拧入散热器片内,如用手拧入感觉轻松,则可退回,只带入1 ~ 2丝扣。

④ 合片:将第二片的反丝面端正对放在上下接口的对丝上,应注意散热器片上面和底面要和边片一致。

⑤ 组对:从散热器接口上方插入钥匙,拧动对丝加力组对。注意试拧对丝时,先反向拧,听到入扣声后,再正向拧。加力拧紧时,应上下口均匀加力,直至上下接口严密。

⑥ 当6片散热器均组对完毕后,应上堵头和补心。堵头和补心应加垫片后,拧入散热器边片中,再用管钳子加力,夹紧垫片,注意不准用双垫片。

7. 实训练习题2:进行散热器的水压试验

(1) 材料准备:

①1组8片M—132型散热器组。

②1卷丝麻(或生料带)。

③0.01 kg白铅油。

(2) 工具准备:

①1套手压泵(压力表、止回阀、阀门、管、活节管件)。

②1把$\phi 18$管钳子。

③1个40 × 20正扣散热器补心,2个40 × 20反扣散热器补心。

④1个40 mm正扣散热器堵头。

⑤4个$\delta = 2$ mm垫片(胶垫)。

⑥3个DN20锁紧螺母。

⑦3个DN20长丝。

(3) 操作要求及方法:

① 将组对好的散热器与手压泵如图2.10所示连接好。

②关闭阀门3,打开阀门5、8对散热器进行充水,待阀门5有水流出后关闭阀门5、8。

③ 打开阀门3,用手压泵对散热器加压,当压力表的读数达到0.75 MPa时停止加压。

④ 对散热器外观检查2 ~ 3 min,看是否有渗漏之处,不渗漏为合格。

⑤ 检查完毕后,打开截止阀5、6,将水放掉,拆下散热器组。

任务三　附属设备施工安装

【教学目标】　通过演示、讲解与实际训练，使学生具备进行膨胀水箱设计和安装的能力，具有进行集气罐、除污器选择安装的能力，具有选择安装自动和手动排气阀、散热器温控阀和调压板的能力，具有选择安装温控计量装置的能力。培养学生良好的职业道德、自我学习能力、实践动手能力和耐心细致地分析和处理问题的能力，以及诚实、守信、善于沟通和合作的专业素养。学生通过计划、实施、检查工作过程，培养学生的专业能力、方法能力和团队合作能力。

【知识目标】

1. 掌握膨胀水箱的设计计算方法；

2. 了解选择集气罐、自动和手动排气阀、除污器、散热器温控阀、调压板的方法；

3. 掌握选择安装温控计量装置的方法。

【主要学习内容】

3.1　膨胀水箱的设计及安装

1. 膨胀水箱的作用及连接

膨胀水箱的作用是容纳水受热膨胀而增加的体积。在自然循环上供下回式热水供暖系统中，膨胀水箱连接在供水总立管的最高处，具有排除系统内空气的作用；在机械循环热水供暖系统中，膨胀水箱连接在回水干管循环水泵入口前，可以恒定循环水泵入口压力，保证供暖系统压力稳定。

2. 膨胀水箱的构造

膨胀水箱有圆形和矩形两种形式，一般由薄钢板焊接而成。膨胀水箱上接有膨胀管、循环管、信号管（检查管）、溢流管和排水管。图 3.1 是方形膨胀水箱的构造与配管图，图 3.2 是膨胀水箱与机械循环系统的连接方式图。

(1)膨胀管。膨胀水箱设在系统的最高处，系统的膨胀水量通过膨胀管进入膨胀水箱。自然循环系统膨胀管接在供水总立管的上部；机械循环系统膨胀管接在回水干管循环水泵入口前，如图 3.2 所示。膨胀管上不允许设置阀门，以免偶然关断使系统内压力增高，以致发生事故。

(2)循环管。当膨胀水箱设在不供暖的房间内时，为了防止水箱内的水冻结，膨胀水箱需设置循环管。机械循环系统循环管接至定压点前的水平回水干管上，如图 3.2 所示。连接点与定压点之间应保持 1.5 ~ 3 m 的距离，使热水能缓慢地在循环管、膨胀管和水箱之间流动。自然循环系统，循环管接到供水干管上，与膨胀管也应有一段距离，以维持水的缓慢流动。

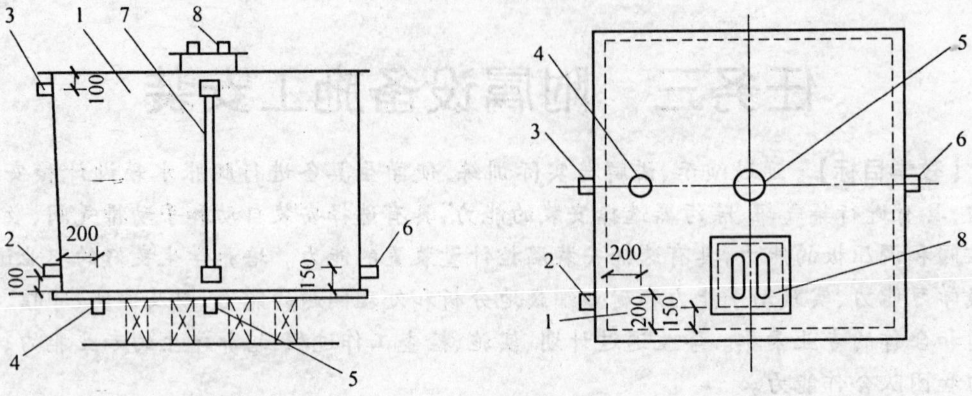

图 3.1　方形膨胀水箱

1—箱体;2—循环管;3—溢流管;4—排水管;5—膨胀管;6—信号管;7—水位计;8—人孔

循环管上也不允许设置阀门,以免水箱内的水冻结。如果膨胀水箱设在非供暖房间,水箱及膨胀管、循环管、信号管均应做保温处理。

(3)溢流管。控制系统的最高水位。当水的膨胀体积超过溢流管口时,水溢出就近排入排水设施中。溢流管上也不允许设置阀门,以免偶然关断,水从人孔处溢出。溢流管也可用来排空气。

(4)信号管(检查管)。检查膨胀水箱水位,决定系统是否需要补水。信号管控制系统的最低水位,应接至锅炉房内或人们容易观察的地方,信号管末端应设置阀门。

(5)排水管。清洗、检修时放空水箱用。可与溢流管一起就近接入排水设施中,其上应安装阀门。

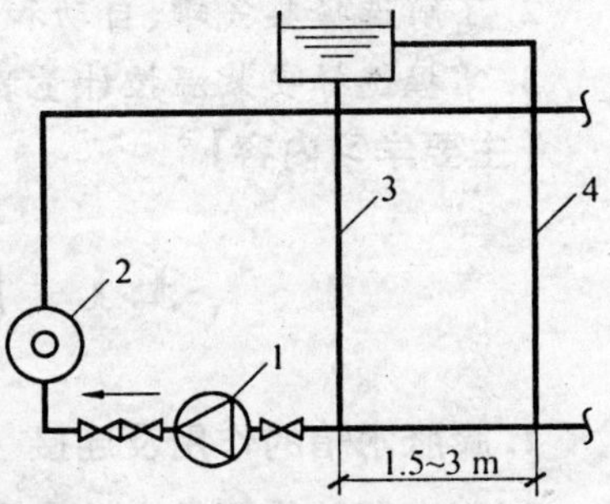

图 3.2　膨胀水箱与机械循环系统的连接方式

1—循环水泵;2—热水锅炉;3—膨胀管;4—循环管

如需要通过膨胀水箱补充系统的漏水,可同时设置装有浮球阀的补给水箱与膨胀水箱连通,并应在连接管上安装止回阀。也可以通过装在膨胀水箱内的电阻式水位传示装置的一次仪表传出信号,在锅炉房内部启动补给泵补水,或使膨胀水箱与补给水泵连锁,自动补水。

水箱按图纸加工后,应做防腐处理,箱内壁刷防锈漆两遍,箱外壁刷防锈漆一遍,银粉两遍。

水箱间的高度应为 2.2~2.6 m,应有良好的采光和通风条件。水箱与墙面的最小距离无配管侧为 0.3 m,有配管侧为 0.7~1.0 m,水箱外表面间净距为 0.7 m,水箱距建筑结构最低点的距离应不小于 0.6 m。

3. 选择计算膨胀水箱的方法

膨胀水箱的型号和规格尺寸,可根据膨胀水箱的有效容积按《全国通用建筑标准图集》选择。

膨胀水箱的有效容积(即检查管至溢流管之间的容积)的计算公式为

$$V = \alpha \Delta t_{max} V_c Q \tag{3.1}$$

式中　V——膨胀水箱的有效容积,L;

α——水的体积膨胀系数(℃$^{-1}$),一般取 $\alpha = 0.0006$ ℃$^{-1}$;

V_c——每供给 1 kW 热量所需设备的水容量(L/kW),见表 3.1;

Q——供暖系统的设计热负荷,kW;

Δt_{max}——系统内水温的最大波动值,对于低温热水供暖系统,系统给水水温最小值取 $t_{min} = 20$ ℃,系统水温最大值取 $t_{max} = 95$ ℃,因此 $\Delta t_{max} = 75$ ℃。

式(3.1)又可写成

$$V = 0.045 V_c Q$$

表 3.1　供暖系统各种设备供给 1 kW 热量的水容量 V_c　　L/kW

供暖系统设备和附件	V_c	供暖系统设备和附件	V_c
锅炉设备		KZG1.5—8	4.3
KZG1—8	4.7	KZFH2—8—1	4.0
SHZ2—13A	4.0	KZZ4—13	3.0
KZL4—13	3.0	SZP6.5—13	2.0
散热器		四柱 760 型	8.3
长翼型(大 60)	16.6	钢串片式	3.6
长翼型(小 60)	17.2	钢制板式	4.1
四柱 813 型	8.8	钢制柱型	14.5
M—132 型	9.49		
管道系统		室内自然循环管路	15.6
室内机械循环管路	7.8	室外机械循环管路	5.9

注:1. 本表部分摘自《实用供热空调设计手册》,建筑工业出版社,1995 年。

2. 该表按低温水热水供暖系统估算。

3. 室外管网与锅炉的水容量最好按实际设计情况确定。

4. 膨胀水箱的安装

膨胀水箱的基础或支架的位置、标高、几何尺寸和强度均应满足设计要求,水箱基础表面应平整,水箱安装后应与基础接触紧密,膨胀水箱顶部的人孔盖应用螺栓紧固。膨胀水箱的接管及管径,设计若无特殊要求,可按表 3.2 的要求设置。开式水箱应做满水试验,静置 24 h 观察,不渗、不漏为合格;闭式水箱应进行水压试验,在试验压力下 10 min 压力不降、不渗、不漏为合格。膨胀水箱安装在非供暖房间时,应进行保温,满水试验或水压试验合格后方可做保温,保温材料及方法应满足设计要求。

表 3.2　膨胀水箱的接管及管径

编号	名称	方形		圆形		阀门
		1 ~ 8 号	9 ~ 12 号	1 ~ 4 号	5 ~ 16 号	
1	溢水管	DN40	DN50	DN40	DN50	不设
2	泄水管	DN32	DN32	DN32	DN32	设置
3	循环管	DN20	DN25	DN20	DN25	不设
4	膨胀管	DN25	DN32	DN25	DN32	不设
5	信号管	DN20	DN20	DN20	DN20	设置

3.2　其他附属设备的选择与安装

1. 热水供暖系统排空气的方法

自然循环和机械循环系统必须及时迅速地排除系统内的空气。只有自然循环系统、机械循环的双管下供下回式及倒流式系统可以通过膨胀水箱排空气，其他系统都应在供水干管末端设置集气罐或手动、自动排气阀排空气。

2. 集气罐的设置要求

集气罐一般是用直径为 100 ~ 200 mm 的钢管焊制而成，分为立式和卧式两种，如图 3.3 所示，集气罐的规格尺寸见表 3.3。集气罐顶部连接直径 DN15 mm 的排气管，排气管应引至附近的排水设施处，排气管另一端装有阀门，排气阀应设在便于操作的地方。

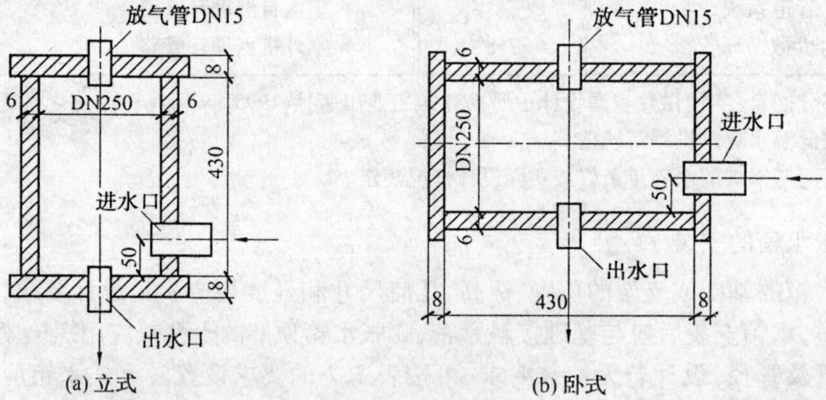

图 3.3　集气罐

表 3.3　集气罐的规格尺寸

规格	型号				备注
	1	2	3	4	
D/mm	100	150	200	250	国标图
$H(L)$/mm	300	300	320	430	

集气罐一般设于系统供水干管末端的最高点处,供水干管应向集气罐方向设上升坡度以使管中水流方向与空气气泡的浮升方向一致,有利于空气汇集到集气罐的上部,定期排除。当系统充水时,应打开集气罐上的排气阀,直至有水从管中流出,方可关闭排气阀;系统运行期间,应定期打开排气阀排除空气。集气罐与干管和立管连接时应采用正确的连接位置,以防止转弯处形成气塞,其后的散热器不热;集气罐的进水口应开在罐体偏下,约为罐高的1/3处(图3.4);手动集气罐要设排气阀和排气管,排气管应接至邻近水池处。自动排气阀前应设置截止阀,以便检修或更换自动排气阀。

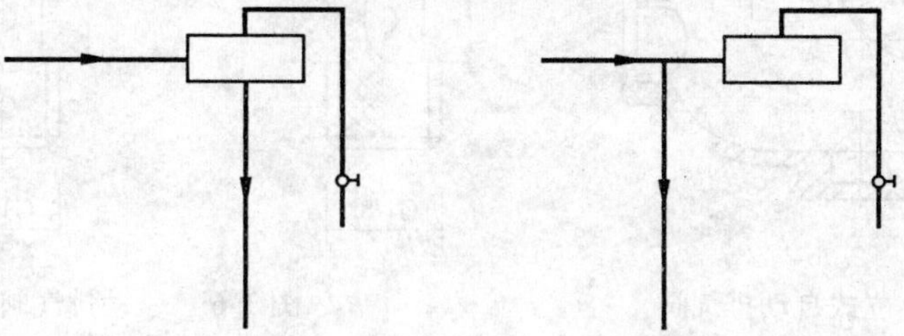

图3.4　集气罐的连接方法

可根据如下要求选择集气罐的规格尺寸:

(1) 集气罐有效容积应为膨胀水箱有效容积的1%。

(2) 集气罐的直径应大于或等于干管直径的1.5 ~ 2倍。

(3) 应使水在集气罐中的流速不超过0.05 m/s。

3. 自动排气阀的设置要求

自动排气阀大多是依靠水对浮体的浮力,通过自动阻气和排水机构,使排气孔自动打开或关闭,达到排气的目的。

自动排气阀的种类很多,图3.5所示是一种自动排气阀。当阀内无空气时,阀体中的水将浮子浮起,通过杠杆机构将排气孔关闭,阻止水流通过。当系统内的空气经管道汇集到阀体上部空间时,空气将水面压下去,浮子随之下落,排气孔打开,自动排除系统内空气。空气排除后,水又将浮子浮起,排气孔重新关闭。

设计时应注意:排气口可接管也可不接管,一般情况下不接管。接管可用钢管也可用橡胶管。在排气管道上,不应装设阀门。为了便于检修,自动排气阀与系统连接处应设闸阀,系统运行时应开启。为了确保排气阀正常工作,建议在排气阀前加设过滤器。自动排气阀应设于系统的最高处,对于热水供暖系统最好设于末端最高处。

4. 手动排气阀的设置要求

手动排气阀适用于公称压力 $p < 600$ kPa,工作温度 $t < 100$ ℃ 的水或蒸汽供暖系统的散热器上。图3.6为手动排气阀,它多用在水平式和下供下回式系统中,旋紧在散热器上部专设的丝孔上,以手动方式排除空气。

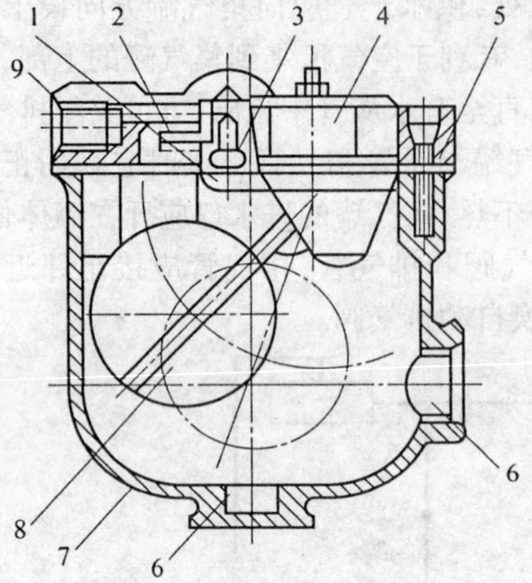

图 3.5　立式自动排气阀

1— 杠杆机械;2— 垫片;3— 阀堵;4— 阀盖;
5— 垫片;6— 接管;7— 阀体;8— 浮子;9— 排气孔

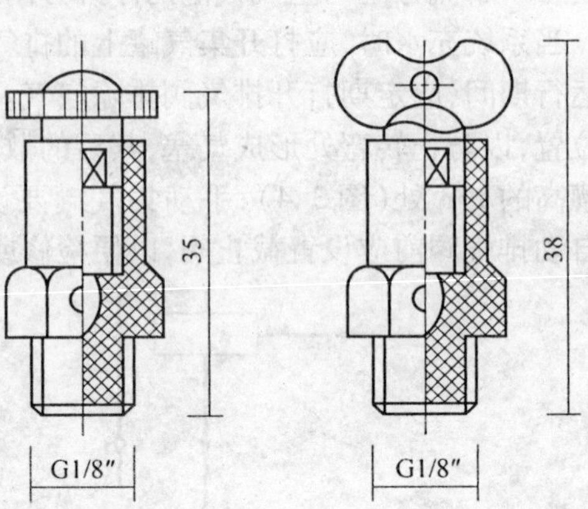

图 3.6　手动排气阀

5. 除污器的设置要求

除污器可用来截流、过滤管路中的杂质和污物,保证系统内水质洁净,减少阻力,防止堵塞调压板及管路。除污器一般应设置于供暖系统入口调压装置前、锅炉房循环水泵的吸入口前和热交换设备前。另外在一些小孔口的阀前(如自动排气阀)宜设置除污器或过滤器。

除污器的形式有立式直通、卧式直通和卧式角通三种,图 3.7 是供暖系统常用的立式直通除污器。除污器是一种钢制筒体,当水从进水管进入除污器时,因流速突然降低使水中污物沉淀到筒底,较洁净的水经带有大量过滤小孔的出水管流出。除污器前后应装设阀门,并设旁通管供定期排污和检修使用,除污器不允许装反。除污器的型号可根据接管直径选择。

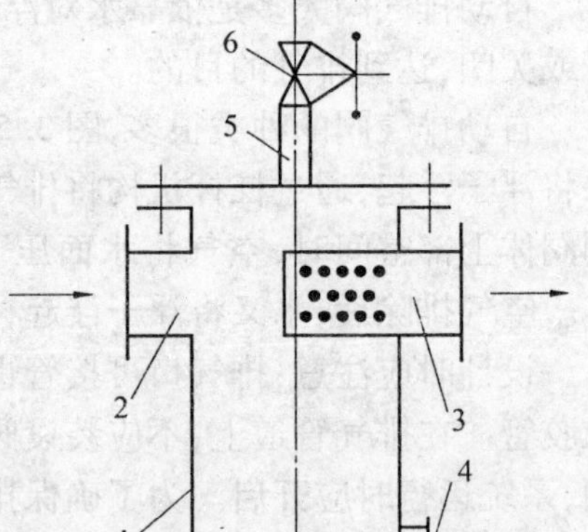

图 3.7　立式直通除污器

1— 外壳;2— 进水管;3— 出水管;4— 排污管;
5— 放气管;6— 截止阀

除污器可根据标准图自制,安装时应注意进出口方向。除污器的上部设排气阀,下部设排污丝堵。除污器一般用法兰与管路连接,前后应安装阀门。除污器应设旁通管。除污器支架的设置位置应避开排污口,以免妨碍正常操作。除污器中过滤网的材质、规格应符合设计规定。除污器应定期清理内部污物。

6. 调压板的设置要求

当外网压力超过用户的允许压力时,可设置调压板来减少建筑物入口供水干管上的压力。调压板的材质,蒸汽供暖系统只能用不锈钢的,热水供暖系统可以用铝合金和不锈钢的。调压板用于压力 $p < 1\ 000$ kPa 的系统中。选择调压板时孔口直径不应小于3 mm，且调压板前应设置除污器或过滤器，以免杂质堵塞调压板孔口。调压板的厚度一般为 2 ~3 mm，安装在两个法兰之间，如图 3.8 所示。

调压板的孔径可按下式计算

$$d = 20.1 \times \sqrt[4]{\frac{G^2}{\Delta p}} \tag{3.2}$$

式中　d—— 调压板的孔径，mm；

G—— 热媒流量，m^3/h；

Δp—— 调压板前后的压差，kPa。

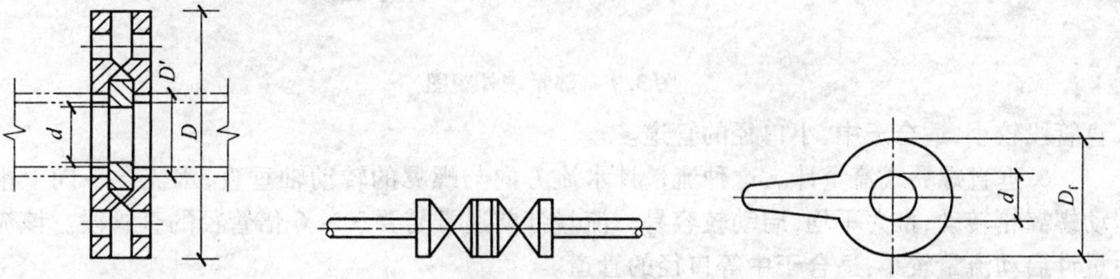

(a) 调压板装配图　(b) 调压板安装图　(c) 调压板制作图

图 3.8　调压板制作安装图

调压板孔径较小，易堵塞，且调压板孔径不能随意调节，因此调节管中压力时，也可采用手动式调节阀门，调节阀门阀杆的启升程度，就能调节消除剩余压头，并对流量进行控制。此外，也可装置自控型的流量调节器，消除剩余压头，保证用户流量。

3.3　温控计量装置安装

1. 热量表的类型与构造

现阶段使用比较多的热量表是根据管路中的供回水温度及热水流量，确定仪表的采样时间，进而得出管道供给建筑物的热量，热量表由热水流量计、一对温度传感器和积算仪三部分组成，如图 3.9 所示。

(1) 热水流量计，用来测量流经散热设备的热水流量。应用于热量表的流量计根据测量方式的不同可分为机械式、电磁和超声波式、压差式三大类。

① 机械式流量计。机械式流量计中叶轮的转动速度与流量呈线性关系，旋转的叶轮产生了电磁脉冲信号，向积分仪提供流量信息来测量水流量。按叶轮形式的不同可分为以下五种流量计：

a. 单束旋翼式流量计。这种流量计只有一束水流推动内部的旋翼叶轮旋转。能以任何方式安装于管道上，适合于小口径的管道。

b. 多束旋翼式流量计。在流量计内部，水流通过分布于流量计外壳上的小孔均匀以切线方向推动内部的旋翼叶轮旋转。这种流量计能承受较大的水流紊乱，流量计前所需

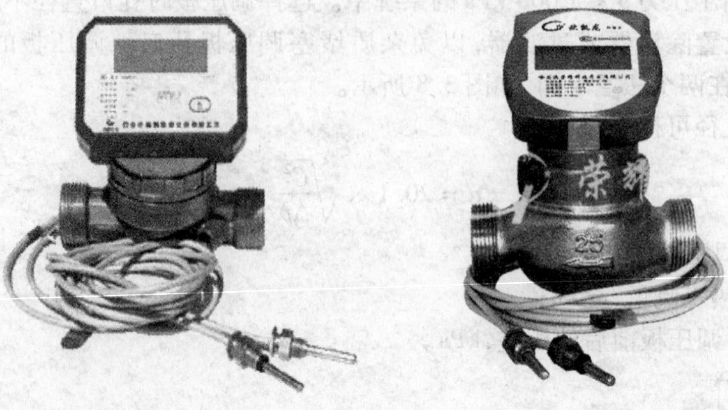

图 3.9　热量表外观图

直管段较小,适合于中、小口径的管道。

c. 垂直螺翼式流量计。这种流量计水流方向与螺翼的转动轴垂直,水流自下向上推动螺翼轮转动,推力平均,启动较容易。流量计前通常需要 3 ~ 6 倍管径的直管段。该流量计启动流量较小,适合于中等口径的管道。

d. 水平螺翼式流量计。这种流量计水流方向与螺翼的转动轴方向平行,压力损失较小,由于流量计内部对水流的影响较小,流量计前所需直管段也较小。该流量计能以任何位置(水平、垂直或倾斜)安装,适用于较大直径的管道。

e. 涡轮流量计。当流体流过这种流量计时,推动涡轮在电磁转换器上感应出电脉冲信号,这一信号的变化频率与涡轮的转速成正比,流体的流量越大(流速越高),涡轮的转速也越高,电信号的频率可反映流体流量的大小。这种流量计准确度较高,量程比较大,惯性较小。该流量计要求水平安装,而且流体应清洁以减少轴承摩擦,防止涡轮卡死,增加其使用寿命,因此该流量计前应安装过滤器。

② 电磁和超声波流量计:

a. 电磁式流量计。电磁式流量计是根据法拉第电磁感应原理制成的,当导体在磁场中运动时,在导体两端会产生可测量的电信号,如果水流的导电性足够强,就可以根据测得的电压计算出水流的速度。

这种流量计具有较高的量程比,特别适用于变流量系统。该流量计具有较高的测量精度,压力损失较小,但价格较机械式高,工作中还需要外部电源,这影响了它的可靠性。而且电磁式流量计要求必须水平安装,流量计前还要求有较长的直管段,这给安装、拆卸和维护带来了不便。

b. 超声波流量计。由于声波在水中的传播速度直接受到水流速度的影响,通过测量高频声波在水流中的穿行时间,就可测定管道中水的流速。

这种流量计具有较高的量程比,特别适用于变流量系统。该流量计具有较高的测量精度,压力损失较小,但容易受到管壁锈蚀程度、水中泡沫和杂质含量以及管道振动的影响,其价格也较机械式高。

③ 压差式流量计。压差式流量计是通过测量流体流经一段特定的收缩管段前和收

缩管段处的测压管压差来计算流量的装置。压差式流量计主要有文丘里式、孔板式、弯管式、平衡阀式和喷嘴式等形式，其测量方法基本相同，只是流量系数不同。尤其是孔板流量计，流量系数较小，压力损失较大。利用文丘里管原理制成的压差流量计，使用方便可靠，测量精度高，能量消耗少，压力损失较低，由于表内没有转动部件，其使用寿命长，价格也较低。

目前，世界上 80% 以上的热量计量装置采用机械式流量计，机械式流量计与其他流量计相比耗电少，压力损失小，量程比大，测量精度高，抗干扰性好，安装维护方便，价格低廉。在没有特殊要求的场合下，机械式流量计是目前热网管道计量装置的首选。当管道口径很大(400 mm 以上)时，可以考虑选用超声波和电磁式流量计。

(2) 一对温度传感器，分别测量供水温度和回水温度，进而确定供回水温差。目前常用的有铂电阻温度计和半导体热敏电阻温度计两种形式。铂电阻温度计性质稳定，在 -259.346 7 ~961.78 ℃ 的温度范围内被规定为基准温度计。其测温准确，阻值漂移小，一般热量表常采用成对的铂电阻做温度传感器。

半导体热敏电阻温度计通常用来测量 -100 ~ 300 ℃ 之间的温度，其测温范围较窄，温度和电阻变化呈非线性，必须进行线性化处理，制造时性能不稳定，给互换、调节、使用和维修带来困难。

(3) 积算仪(也称积分仪)，根据与其相连的流量计和温度传感器提供的流量及温度数据，计算得出用户从热交换设备中获得的热量，并确定其他统计参数，将其显示记录输出。

2. 热量表的选择

热量表由热水流量计、一对温度传感器和积算仪三部分组成。

(1) 流量计的选型需考虑：

① 工作水温，流量计上一般注明工作温度(即最大持续温度)和峰值温度，通常住宅热水供暖系统的温度范围为 20 ~ 90 ℃，温差范围为 0 ~ 70 ℃。

② 管道压力。

③ 设计工作流量和最小流量，选择流量计口径时，首先应考虑管道中的工作流量和最小流量(而不是管道口径)，一般应使设计工作流量稍小于流量计的公称流量，并使设计最小流量大于流量计的最小流量。

④ 管道口径，选择的流量计口径可能与管道口径不符，往往流量计口径要小，需要缩径，这就需要考虑变径带来压力损失的影响，一般缩径不要过大。也要考虑流量计的量程比，如果量程比较大，可以缩径较小或不缩径。

⑤ 水质情况。

⑥ 安装要求，选择流量计时应考虑流量计是水平安装还是垂直安装；流量计前直管段是否满足要求。

(2) 温度传感器的选型应根据管道口径选取，热量表采用的温度传感器一定要配对使用。

(3) 积算仪的选型要考虑流量计的安装位置，为了读表和维修的方便，可选择流量计与积算仪一体的紧凑型或分体型式。还要注意积算仪的通信功能。

3. 热量表的安装

图 3.10 ~ 图 3.12 是热量表的安装示意图。

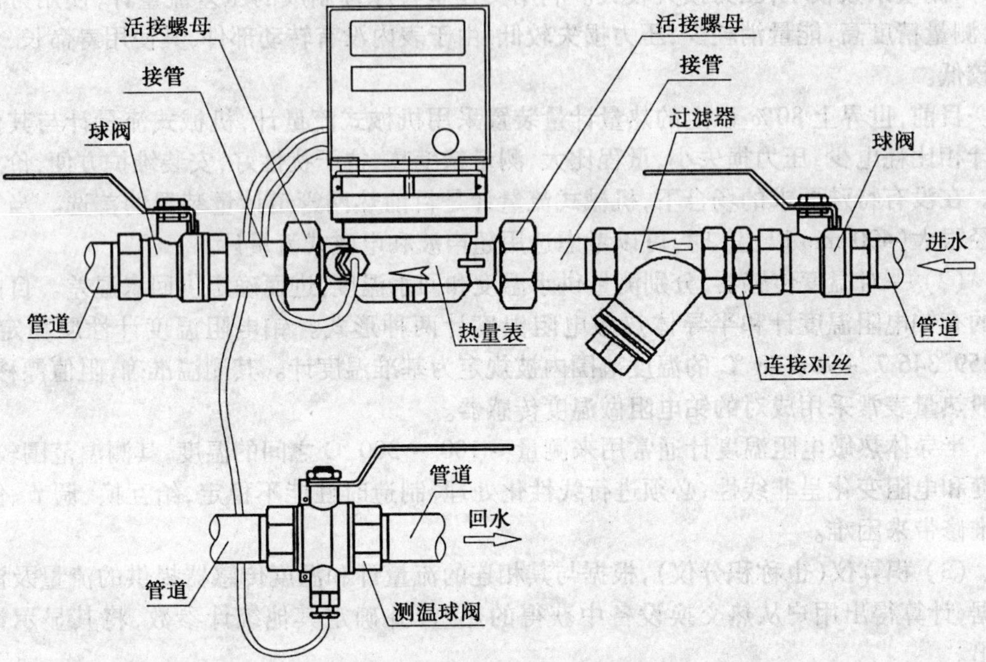

图 3.10　热能表安装示意图(户用 DN15、20、25)

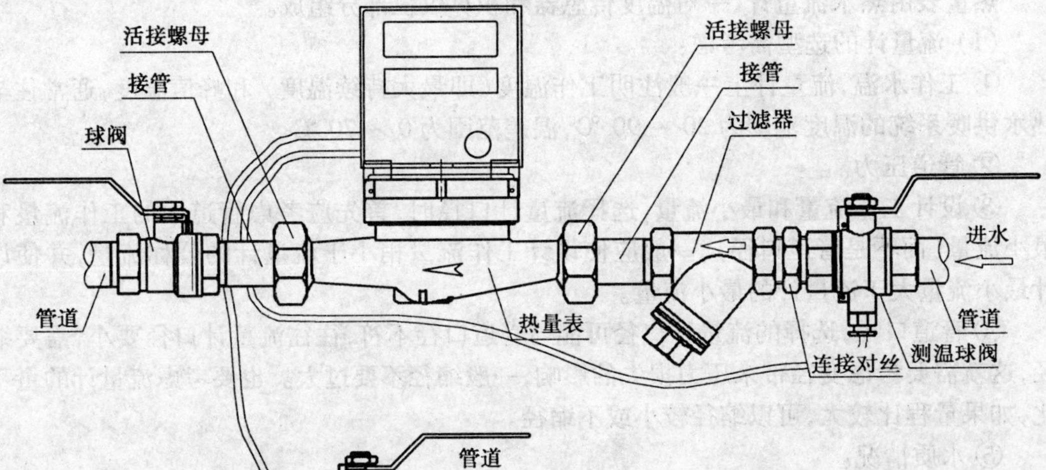

图 3.11　热能表安装示意图(户用 DN32、40)

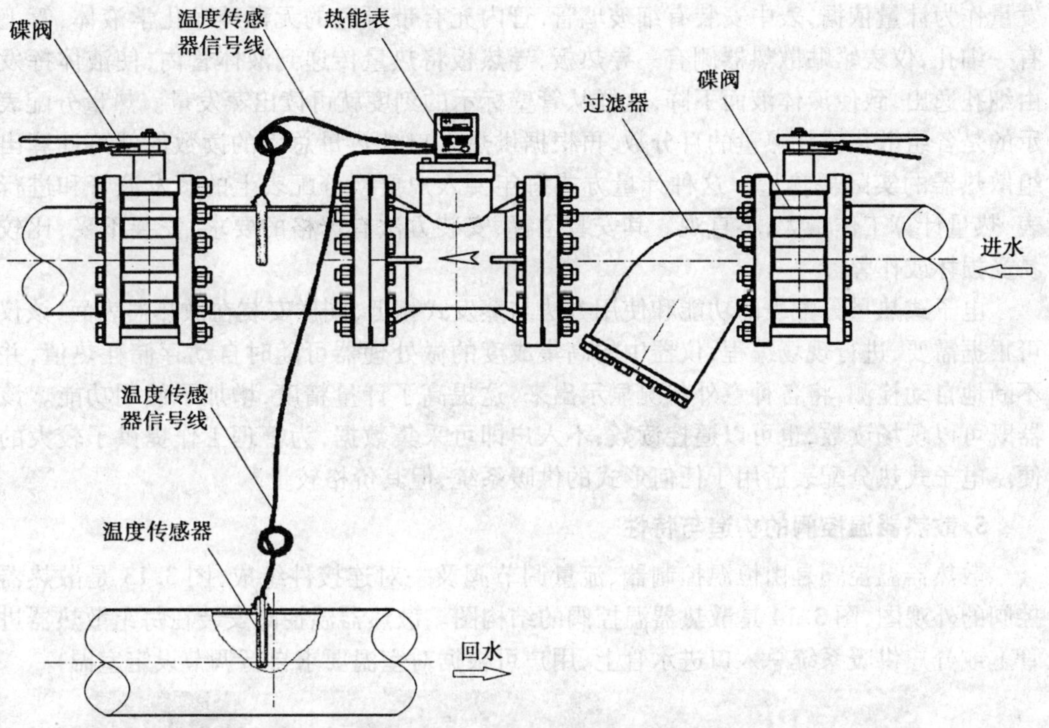

图 3.12　热能表安装示意图(管网用 DN50 ~ 300)

热量表的安装要求是:

(1) 安装在用户供暖系统的进水或回水管道上,安装前必须彻底清洗系统管路,清除杂质污物。

(2) 整体式热量表显示部分不可拆卸,可任意旋转至便于读数的位置。

(3) 热量表必须保证方向指示标志和管道中的水流方向相同。

(4) 热量表表前应留 10*D*、表后应留 6*D* 的直管段(*D* 为热量表公称直径)。

(5) 热量表表前、后端要加装截止阀以方便表具拆装。

(6) 热量表的前端与截止阀的后端之间,要求加装过滤器。

(7) 安装前应检查两端连接管的对口情况,避免流量传感器受到扭曲或剪切应力的作用,并清洁表两个接头的密封面和垫片。

(8) 拆装时,不可用力硬扳,以免损坏热量表。

4. 热量分配表的原理与形式

对于传统的垂直单管顺流式供暖系统,每户都会有几根立管分别通过各房间,如果为了分户热计量,在各房间的散热器与立管连接处设置热量表,这会使系统过于复杂,而且费用昂贵。为了对这类传统的供暖系统进行热计量,仅在各组散热器前增加跨越管或温控阀,在各组散热器上设置热量分配表,测量计算每组散热器的用热比例,再结合设于建筑物引入口热量总表的总用热量数据,就可以计算得出各组散热器的散热分配量。设置热量分配表的热计量方式对于新建的分户热计量系统不宜采用。

热量分配表有蒸发式和电子式两种形式。蒸发式热量分配表依靠表内化学液体的蒸发量作为计量依据，表中安装有细玻璃管，管内充有带颜色的无毒纯净化学液体，管上口有一细孔，仪表紧贴散热器侧有一导热板，导热板将热量传递到液体管内，使液体挥发并由细孔逸出，致使液体液面下降，这样从管壁标示的刻度就可读出蒸发量。热量分配表显示的是各组散热器耗热量的百分数，再根据供热入口处热量总表的读数值就可计算出各组散热器的实际耗热量。这种计量方式每年要入户更换分配表上的蒸发液管和进行读表，热量计算工作量大，不直观。其安装位置、安装方法有严格的要求，安装不妥，比较容易受损坏或作弊。

电子式热量分配表的功能和使用方法与蒸发式相近，同样安装在散热器表面，该仪器可根据需要，进行现场编程，仪器中的高集成度的微处理器可随时自动存储耗热值，并可不断地自动检测，将各种意外状况显示出来，这提高了计量精度，增加了使用功能。该仪器既可以现场读数，也可以遥控读数，不入户即可采集数据，为管理工作提供了较大的方便。电子式热分配表适用于任何形式的供暖系统，但其价格较贵。

5. 散热器温控阀的构造与特性

散热器温控阀是由恒温控制器、流量调节阀及一对连接件组成，图 3. 13 是散热器温控阀的外观图，图 3. 14 是散热器温控阀的结构图。散热器温控阀安装在每组散热器进水管上或分户供暖系统总入口进水管上，用户可根据对室温要求自行调节设定室温 。

(a) 直通式

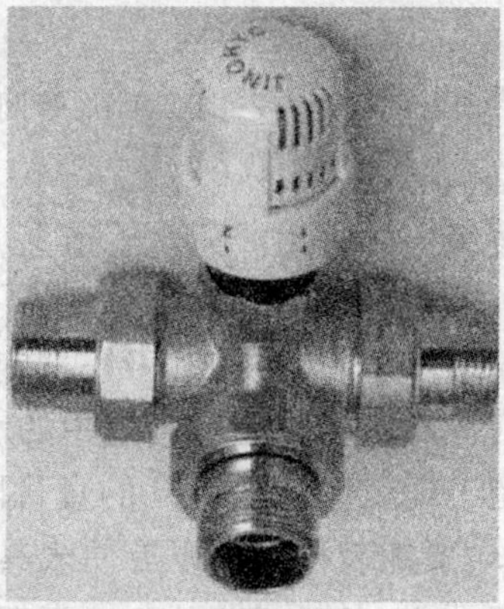

(b) 三通式

(c) 内置式

图 3. 13 散热器温控阀外观图

（1）恒温控制器。恒温控制器的核心部件是传感器单元，即温包。恒温控制器的温度设定装置有内置式和远程式两种形式，它可以按照其窗口显示值来设定所要求的控制温度，并加以自动控制。温包内充有感温介质，能够感应环境温度，当室温升高时，感温介质吸热膨胀，关小阀门开度，减少了流入散热器的水量，降低散热量以控制室温；当室温降低时，感温介质放热收缩，阀芯被弹簧推回而使阀门开度变大，增加流经散热器的水量，恢复室温。

（2）流量调节阀。散热器温控阀的流量调节阀应具有较佳的流量调节性能，调节阀阀杆采用密封活塞形式，在恒温控制器的作用下做直线运动，带动阀芯运动以改变阀门开度。流量调节阀应具有良好的调节性能和密封性能，长期使用可靠性高。

流量调节阀按照连接方式分为两通型(角型、直通型)和三通型,如图 3.15 所示。其中两通型流量调节阀根据流通阻力是否具备预设定功能可分为预设定型和非预设定型两种。

预设定调节阀的阀值可以调节,即可以根据需要在阀体上设定某一特定的最大流通能力值(最小阻力系数)。两通非预设定型调节阀与三通型调节阀主要应用于单管跨越式系统,其流通能力较大。两通预设定型调节阀主要应用于双管系统。双管系统由于自然作用压力的影响,会出现上层作用压力大于下层作用压力,上层过热下层过冷的垂直失调现象,这种垂直失调问题在高层住宅中尤为严重。应用调节阀的预设定功能,可以对不同楼层的散热器设定不同的阀值,用调节阀来承担上层的部分剩余压力,从而减少垂直失调的影响。

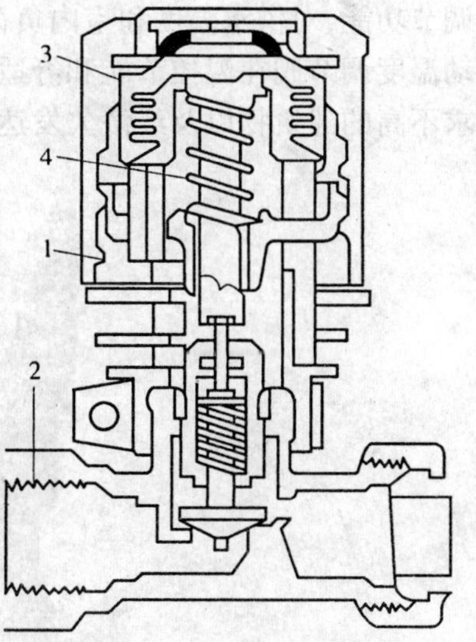

图 3.14　散热器温控阀结构图

1—感温元件;2—阀体;3—囊箱;4—弹簧

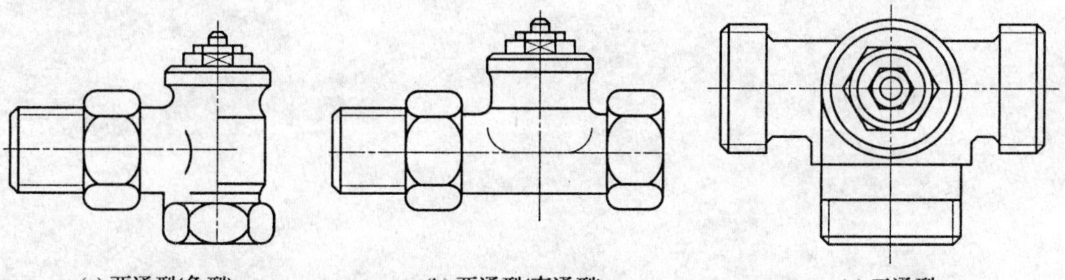

(a) 两通型(角型)　(b) 两通型(直通型)　(c) 三通型

图 3.15　流量调节阀

6. 散热器温控阀的安装要求

散热器温控阀应正确安装在供暖系统中,用户可根据对室温的要求自行调节并设定室温,这既可以满足舒适度要求,又可以实现节能。散热器温控阀应安装在每组散热器的进水管上或分户供暖系统的总入口进水管上。散热器温控阀安装时,应在其前端安装过滤器。安装前应将手柄设置最大开启位置(数字 5 位置)。冬天不要将刻度调到“0”,以免冻裂水管和散热器,应最低调到“ * ”以进行防冻保护。应注意水流箭头所指方向,建议水平安装。如果安装空间受到限制,只允许向上垂直安装,绝不允许向下垂直安装。内置式传感器不主张垂直安装,因为阀体和表面管道的热效应也许会导致恒温控制器的错误动作,应确保传感器能感应到室内环流空气的温度,传感器不得被窗帘盒、暖气罩等覆盖,应远离热源和太阳直射部位。

7. 散热器手动温度调节阀的构造与特性

图 3.16 所示为散热器手动温度调节阀外观图,其工作原理为在球型阀的阀芯上开一小孔,使其在调节流量的同时不能完全关断。它主要靠人的主观感受进行调节,不具备自

动调节功能，对供水温度和室内负荷的变化不能自动改变流量，控制上有明显的滞后性。手动温度调节阀在温控节能和舒适性方面远不如散热器恒温阀，但其价格较低，对于一些要求不高的建筑物以及经济欠发达地区的工程项目有较大的使用空间。

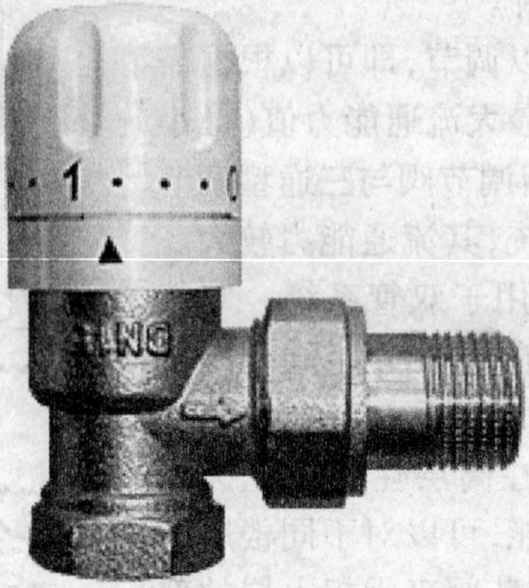

图 3.16　散热器手动温度调节阀外观图

任务四　室内供暖管道施工安装

【教学目标】 通过演示、讲解与实际训练，使学生具有进行热水供暖系统水力计算的能力；具有选择室内供暖管道常用管材的能力；具有进行室内供暖管道的加工及连接的能力；具有进行室内供暖管道安装的能力；具有进行室内供暖管道阀门与支架安装的能力；具有进行室内供暖管道的除锈与防腐的能力；具有进行地板辐射供暖系统安装的能力；具有进行分户热计量供暖系统施工安装的能力；具有进行室内供暖管道试验与验收的能力。培养学生良好的职业道德、自我学习能力、实践动手能力和耐心细致地分析和处理问题的能力，以及诚实、守信、善于沟通和合作的专业素养。学生通过计划、实施、检查工作过程，培养学生的专业能力、方法能力和团队合作能力。

【知识目标】

1. 掌握流动阻力与能量损失计算的知识；
2. 掌握机械循环热水供暖系统水力计算步骤；
3. 了解不等温降的水力计算方法和步骤；
4. 选择室内供暖管道常用管材；
5. 进行室内供暖管道的加工及连接；
6. 进行室内供暖管道安装；
7. 进行室内供暖管道阀门与支架安装；
8. 进行室内供暖管道的除锈与防腐；
9. 进行地板辐射供暖管道的施工安装；
10. 进行分户热计量供暖系统的施工安装；
11. 进行室内供暖管道试验与验收。

【主要学习内容】

4.1　室内热水供暖系统的水力计算

4.1.1　热水供暖系统管路水力计算的原理及方法

1. 热水供暖系统管路水力计算的基本原理

流体在管路中流动时，要克服流动阻力产生沿程水头损失和局部水头损失，沿程水头损失和局部水头损失以“mH_2O”做单位。在实际供暖工程水力计算中，能量损失以“Pa”做单位，称为沿程压力损失和局部压力损失。

(1) 沿程压力损失可用下式计算：

$$p_y = \lambda \frac{L}{d} \times \frac{\rho v^2}{2} \tag{4.1}$$

单位长度的沿程压力损失,也就是比摩阻 R 的计算公式为

$$R=\frac{p_y}{L}=\frac{\lambda}{d}\times\frac{\rho v^2}{2} \tag{4.2}$$

式中　p_y—— 沿程压力损失,Pa;

R—— 单位长度的沿程压力损失,即比摩阻,Pa/m;

λ—— 沿程阻力系数;

d—— 管径,m;

ρ—— 流体的密度,kg/m^3;

v—— 管中流体的速度,m/s;

L—— 管段的长度,m。

实际工程计算中,往往已知流量,则式(4.2) 中的流速 v 可以用质量流量 G 表示

$$v=\frac{G}{3\,600\times\frac{\pi}{4}d^2\rho}=\frac{G}{900\pi d^2\rho} \tag{4.3}$$

式中　G—— 管道中水的质量流量,kg/h。

将式(4.3) 代入式(4.2) 中,经整理后可得

$$R=6.25\times10^{-8}\frac{\lambda}{\rho}\frac{G^2}{d^5} \tag{4.4}$$

应用式(4.4) 时应首先确定沿程阻力系数 λ。计算沿程阻力系数 λ 值时,如果水温和流动状态一定,可以确定各流动区域的沿程阻力系数 λ。λ 与热媒的流动状态和管壁的粗糙度有关,即

$$\lambda=f(R_e,K/d)$$

管壁的绝对粗糙度 K 与管子的使用状况(流体对管壁的腐蚀和沉积水垢等状况) 和管子的使用时间等因素有关。对于热水供暖系统,推荐采用下列数值:

室内热水供暖管路,$K=0.2$ mm;室外热水网路,$K=0.5$ mm。

对于目前热计量系统常用的塑料管材,内壁比较光滑,一般可采用 $K=0.05$ mm。

将 λ 值代入式(4.4) 中,式(4.4) 确定的就是 $R=f(G,d)$ 的函数关系式,只要已知三个参数中的任意两个就可以求出第三个参数。

附录10 就是按式(4.4) 编制的热水供暖系统管道水力计算表。

查表确定比摩阻 R 后,该管段的沿程压力损失 $p_y=RL$(L 为管段长度)。

(2) 局部压力损失可按下式计算:

$$p_j=\sum\xi\frac{\rho v^2}{2} \tag{4.5}$$

式中　p_j—— 局部压力损失,Pa;

$\sum\xi$—— 管段的局部阻力系数之和,见附录11;

$\frac{\rho v^2}{2}$ —— $\sum\xi=1$ 时的局部压力损失,又称为动压头 Δp_d(Pa),见附录12。

(3) 总损失。

任何一个热水供暖系统都是由很多串联、并联的管段组成,通常将流量和管径不变的

一段管路称为一个计算管段。各个计算管段的总压力损失 Δp 应等于沿程压力损失 p_y 与局部压力损失 p_j 之和,即

$$\Delta p = p_y + p_j = RL + \sum \xi \frac{\rho v^2}{2}$$

2. 当量阻力法进行热水供暖系统管路的简化水力计算

当量阻力法是在实际工程中为了简化计算,将管段的沿程压力损失折算成相当的局部压力损失的一种方法。也就是假设某一管段的沿程损失恰好相当于某一局部构件处的局部损失,即

$$\lambda \frac{L}{d} \times \frac{\rho v^2}{2} = \xi_d \times \frac{\rho v^2}{2}$$

$$\xi_d = \frac{\lambda}{d} L \tag{4.6}$$

式中　ξ_d——当量局部阻力系数。

计算管段的总压力损失 Δp 可写成

$$\Delta p = p_y + p_j = \xi_d \frac{\rho v^2}{2} + \sum \xi \frac{\rho v^2}{2} = (\xi_d + \sum \xi) \frac{\rho v^2}{2} \tag{4.7}$$

令

$$\xi_{zh} = \xi_d + \sum \xi \tag{4.8}$$

式中　ξ_{zh}——管段的折算阻力系数。

则

$$\Delta p = \xi_{zh} \frac{\rho v^2}{2} \tag{4.9}$$

将式(4.3)代入式(4.9)中,则有

$$\Delta p = \xi_{zh} \frac{G^2}{900^2 \pi^2 d^4 2\rho} \tag{4.10}$$

设

$$A = \frac{1}{900^2 \pi^2 d^4 2\rho} \tag{4.11}$$

管段的总压力损失为

$$\Delta p = A \xi_{zh} G^2 \tag{4.12}$$

附录13给出了各种不同管径管段的 A 值和 λ/d 值。附录16给出了按式(4.12)编制的水力计算表。

垂直单管顺流式系统,立管与干管、支管,支管与散热器的连接方式,已规定出了标准连接图式,为了简化立管的水力计算,可以将由许多管段组成的立管看做一个计算管段。附录17给出了单管顺流式热水供暖系统立管组合部件的 ξ_{zh} 值。附录18给出了单管顺流式热水供暖系统立管的 ξ_{zh} 值。

3. 当量长度法进行热水供暖系统管路的简化水力计算

当量长度法是将局部压力损失折算成沿程压力损失的一种简化计算方法,也就是假设某一管段的局部压力损失恰好等于长度为 L_d 的某管段的沿程压力损失,即

$$\sum \xi \times \frac{\rho v^2}{2} = \frac{\lambda}{d} L_d \frac{\rho v^2}{2} \tag{4.13}$$

$$L_d = \sum \xi \frac{d}{\lambda} \tag{4.14}$$

式中　L_d—— 管段中局部阻力的当量长度，m。

管段的总压力损失 Δp 可写成

$$\Delta p = p_y + p_j = RL + RL_d = RL_{zh} \tag{4.15}$$

式中　L_{zh}—— 管段的折算长度，m。

当量长度法一般多用于室外热力网路的水力计算上。

4. 室内热水供暖系统水力计算的任务

(1) 已知各管段的流量和系统的循环作用压力，确定各管段管径。这是实际工程设计的主要内容。

(2) 已知各管段流量和管径，确定系统所需循环作用压力。常用于校核计算，校核循环水泵扬程是否满足要求。

(3) 已知各管段管径和该管段的允许压降，确定该管段的流量。常用于校核已有的热水供暖系统各管段的流量是否满足需要。

5. 供暖系统的等温降水力计算方法

等温降法就是采用相同的设计温降进行水力计算的一种方法。它认为双管系统每组散热器的水温降相同，例如低温双管热水供暖系统，每组散热器的水温降都为(95 − 70) ℃ =25 ℃；单管系统每根立管的供回水温降相同，例如低温单管热水供暖系统，每根立管的水温降都为(95 − 70) ℃ = 25 ℃。在这个前提下计算各管段流量，进而确定各管段管径。等温降法简便、易于计算，但不易使各并联环路阻力达到平衡，运行时易出现近热远冷的水平失调问题。

(1) 等温降法的计算步骤如下：

① 根据已知温降，计算各管段流量

$$G = \frac{3\,600Q}{4.187 \times 10^3 \times (t'_g - t'_h)} = \frac{0.86Q}{(t'_g - t'_h)} \tag{4.16}$$

式中　G—— 各计算管段流量，kg/h；

Q—— 各计算管段的热负荷，W；

t'_g—— 系统的设计供水温度，℃；

t'_h—— 系统的设计回水温度，℃。

② 根据系统的循环作用压力，确定最不利环路的平均比摩阻 R_{pj}

$$R_{pj} = \frac{\alpha \Delta p}{\sum L} \tag{4.17}$$

式中　R_{pj}—— 最不利循环环路的平均比摩阻，Pa/m；

Δp—— 最不利循环环路的作用压力，Pa；

α—— 沿程压力损失占总压力损失的估计百分数，可查附录 16 确定；

$\sum L$—— 环路的总长度，m。

如果系统的循环作用压力暂时无法确定，平均比摩阻 R_{pj} 也就无法计算，这时可选用一个比较合适的平均比摩阻 R_{pj} 来确定管径。选用的比摩阻 R_{pj} 值越大，需要的管径越小，这虽然会降低系统的基建投资和热损失，但系统循环水泵的投资和运行电耗会随之增加，这就需要确定一个经济的比摩阻，使得在规定的计算年限内总费用最小。机械循环热水供暖系统推荐选用的经济平均比摩阻 R_{pj} 一般为 60 ~ 120 Pa/m。

③ 根据经济平均比摩阻 R_{pj} 和各管段流量 G，查附录 10 选出最接近的管径 d，确定该管径下管段的实际比摩阻 R_{sh} 和实际流速 v_{sh}。

④ 计算确定各管段的沿程压力损失 p_y。

⑤ 确定各管段的局部阻力系数 $\sum \xi$，计算确定各管段的局部压力损失 p_j。

⑥ 确定系统总的压力损失 Δp。

⑦ 流速的要求。根据比摩阻确定管径时，应注意管中的流速不能超过规定的最大允许流速，流速过大流体在管中流动时会产生噪声。《暖通规范》规定的最大允许流速为：民用建筑为 1.2 m/s；生产厂房的辅助建筑为 2 m/s；生产厂房为 3 m/s。

(2) 应用等温降法计算时应注意：

① 如果系统未知循环作用压力，可在计算出的总压力损失之上附加 10%，确定必需的循环作用压力。

② 各并联循环环路应尽量做到阻力平衡，以保证各环路分配的流量符合设计要求，各种系统形式要求的并联环路允许不平衡率将在能力训练中介绍。

③ 散热器的进流系数，在单管顺流式热水供暖系统中，如图 4.1 所示，两组散热器并联在立管上，立管流量经三通分配至各组散热器。流进散热器的流量 G_i 与立管流量 G_l 的比值，称为该组散热器的进流系数，即

$$\alpha = \frac{G_i}{G_l} \tag{4.18}$$

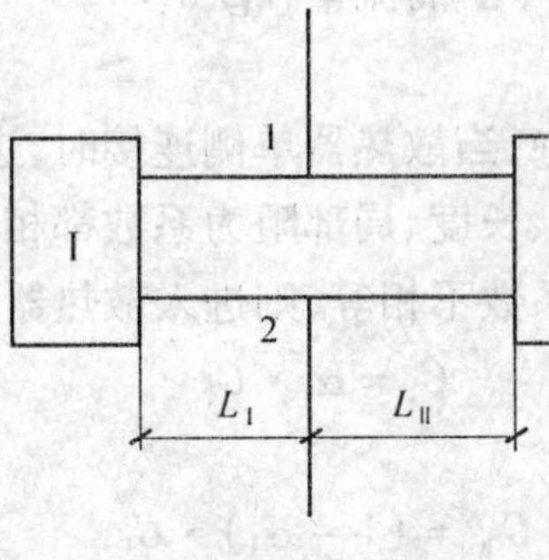

图 4.1 顺流式系统散热器节点

1,2— 散热器并联节点；I,II— 散热器

(3) 散热器进流系数的影响因素有：

① 并联环路在节点压力平衡状况下的流量分配规律，它取决于两侧散热器的支管管径、长度和局部阻力系数。

② 由于并联散热器的热负荷不同，致使散热器内热媒平均温度不同，将会产生自然循环附加压力。

在机械循环热水供暖系统中，由于各散热器并联环路的压力损失较大，比摩阻 R 值较高，可以忽略自然循环附加压力的影响，按照节点压力平衡的规律，近似地认为顺流式立管两侧散热器小环路的压力损失相等，从而确定散热器的进流系数 α。

如图 4.1 中

$$R_{\mathrm{I}}L_{\mathrm{I}} + p_{\mathrm{jI}} = R_{\mathrm{II}}L_{\mathrm{II}} + p_{\mathrm{jII}} \tag{4.19}$$

如果将局部损失用当量长度法折算成沿程损失，则

$$R_{\mathrm{I}}(L_{\mathrm{I}} + L_{\mathrm{dI}}) = R_{\mathrm{II}}(L_{\mathrm{II}} + L_{\mathrm{dII}}) \tag{4.20}$$

由式(4.4) 可知

$$R = 6.25 \times 10^{-8} \times \frac{\lambda}{\rho} \times \frac{G^2}{d^5}$$

设两侧支管管径 $d_{\mathrm{I}} = d_{\mathrm{II}}$，而且认为流动时沿程阻力系数 λ 近似相等，则 R 与 G^2 成正比。

式(4.20) 可写成

$$G_{\mathrm{I}}^2(L_{\mathrm{I}} + L_{\mathrm{dI}}) = G_{\mathrm{II}}^2(L_{\mathrm{II}} + L_{\mathrm{dII}}) \tag{4.21}$$

$$\frac{(L_{\mathrm{I}} + L_{\mathrm{dI}})}{(L_{\mathrm{II}} + L_{\mathrm{dII}})} = \frac{G_{\mathrm{II}}^2}{G_{\mathrm{I}}^2} = \frac{(G_{\mathrm{l}} - G_{\mathrm{I}})^2}{G_{\mathrm{I}}^2}$$

则散热器 I 的进流系数

$$\alpha_{\mathrm{I}} = \frac{G_{\mathrm{I}}}{G_{\mathrm{l}}} = \frac{1}{1 + \sqrt{\dfrac{L_{\mathrm{I}} + L_{\mathrm{dI}}}{L_{\mathrm{II}} + L_{\mathrm{dII}}}}} \tag{4.22}$$

式中 L_{I}、L_{II}—— 散热器 Ⅰ、Ⅱ 的支管长度，m；

L_{dI}、L_{dII}—— 散热器 Ⅰ、Ⅱ 局部阻力的当量长度，m；

G_{I}、G_{II}—— 流入散热器 Ⅰ、Ⅱ 的流量，kg/h；

G_{l}—— 立管流量，kg/h。

在垂直顺流式热水供暖系统中，当散热器单侧连接时，进流系数 $\alpha = 1$；当散热器双侧连接时，如果两侧散热器支管管径、长度、局部阻力系数都相等，则进流系数 $\alpha = 0.5$；如果散热器支管管径、长度、局部阻力系数不相等，则进入散热器 Ⅰ 的流量为

$$G_{\mathrm{I}} = \alpha_{\mathrm{I}} \cdot G_{\mathrm{l}} \tag{4.23}$$

进入散热器 Ⅱ 的流量为

$$G_{\mathrm{II}} = (1 - \alpha_{\mathrm{I}}) \cdot G_{\mathrm{l}} \tag{4.24}$$

通过实验和用式(4.22) 计算可知，当 $1 < \dfrac{L_{\mathrm{I}} + L_{\mathrm{dI}}}{L_{\mathrm{II}} + L_{\mathrm{dII}}} < 1.4$ 时，散热器 Ⅰ 的进流系数 $0.46 < \alpha_{\mathrm{I}} < 0.5$，近似可取 $\alpha_{\mathrm{I}} = 0.5$，否则应通过式(4.22) 计算散热器的进流系数 α。

为了简化计算，单管顺流式系统在不同组合情况下的进流系数，可查图 4.2 确定。

跨越式热水供暖系统中，由于一部分流体直接经跨越管流入下层散热器，散热器的进流系数 α 取决于散热器支管、立管、跨越管管径的组合情况和立管中的流量、流速情况，可通过实验方法确定。图 4.3 是跨越式系统中散热器进流系数的曲线图。

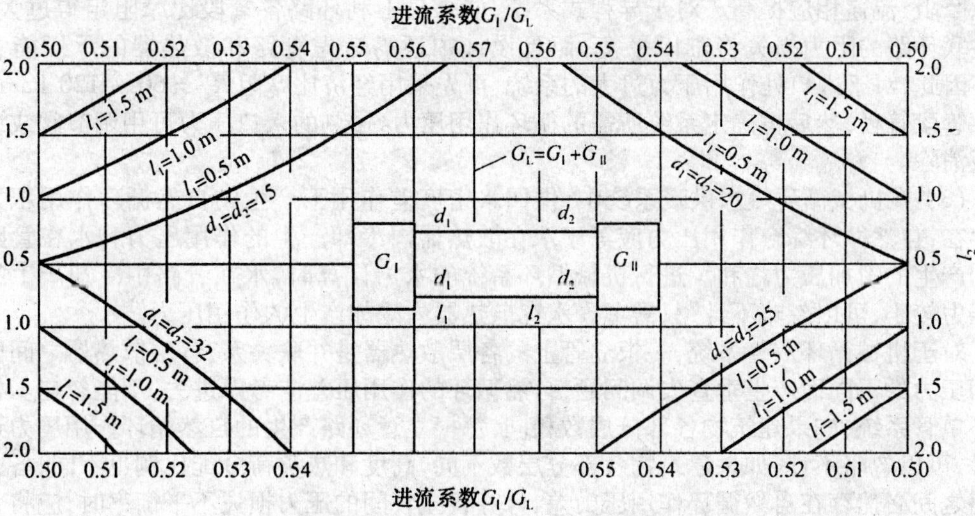

图 4.2　单管顺流式散热器的进流系数

6. 供暖系统的不等温降水力计算方法

不等温降法就是在垂直的单管系统中，各立管采用不同的温降进行水力计算。它不同于等温降法，等温降法各立管温降相同，根据温降确定各管段流量和管径。不等温降法先选定立管温降和管径，确定立管流量，根据流量计算立管的实际温降，再用当量阻力法确定立管的总压力损失，最后确定所需散热器的面积和数量。

这种计算方法对于异程式系统优点较为突出，各环路间的压力损失容易平衡，流量分配完全满足了压力平衡的要求，计算结果和实际情况基本一致。不等温降法有可能在设计角度上解决系统的水平失调问题，但计算过程比较复杂。

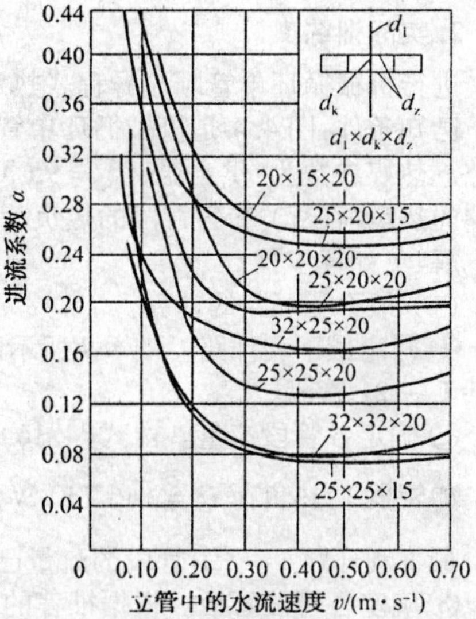

图 4.3　跨越式系统中散热器的进流系数

4.1.2　机械循环热水供暖系统等温降法水力计算实际训练

1. 机械循环热水供暖系统等温降法水力计算注意事项

机械循环热水供暖系统由水泵提供动力，系统作用半径较大，供暖系统的总压力损失也较大，一般约为 10 ~ 20 kPa，较大型系统总压力损失可达 20 ~ 50 kPa。进行机械循环热水供暖系统水力计算时应注意：

（1）如果室内系统入口处循环作用压力已经确定，可根据入口处的作用压力求出各循环环路的平均比摩阻 R_{pj}，进而确定各管段管径。

（2）如果系统入口处作用压力较高，必然要求环路的总压力损失也较高，这会使系统的比摩阻、流速相应提高。对于异程式系统，如果最不利环路各管段比摩阻定得过大，其他并联环路的阻力损失将难以平衡，而且设计中还需考虑管路和散热器的承压能力问题。因此，对于入口处作用压力过大的系统，可先采用经济比摩阻 $R_{pj}=60\sim120$ Pa/m 确定各管段管径，然后再确定系统所需的循环作用压力，过剩的入口压力可用调节阀或调压孔板消除。

(3) 在机械循环热水供暖系统中，供回水密度差作用下产生的自然循环作用压力依然存在，自然循环综合作用压力应等于水在散热器内冷却产生的作用压力和水在管路中冷却产生的附加压力之和。进行机械循环系统的水力计算时，水在管路中冷却产生的附加压力较小，可以忽略不计，只需考虑水在散热器内冷却产生的作用压力。

对于机械循环双管系统，一根立管上的各层散热器是并联关系，各层散热器之间由于作用压力的不同而产生垂直失调问题，自然循环的作用压差应考虑进去，不能忽略。机械循环单管系统，如果建筑物各部分层数相同，每根立管环路产生的自然循环作用压力近似相等，可以忽略不计；如果建筑物各部分层数不同，高度和热负荷分配比例也不同，各立管环路之间必然存在自然循环作用压力差，计算各立管间的压力损失不平衡率时，应将各立管间的自然循环作用压差计算在内。自然循环作用压力可按设计水温条件下最大循环压力的2/3计算。

2. 实际训练1

进行机械循环单管顺流异程式热水供暖系统等温降法水力计算训练。

已知条件：图4.4是机械循环单管顺流异程式热水供暖系统两大并联环路中的一侧环路。热媒参数为：供水温度 $t_g=95$ ℃，回水温度 $t_h=70$ ℃。图中已标出立管号，各组散热器的热负荷(W)和各管段的热负荷(W)、长度(m)。

解　计算步骤：

(1) 最不利环路的计算。

① 确定最不利环路。图4.4所示的异程式系统的最不利环路是通过立管 N_9 的环路，包括1～21管段。

② 确定各管段流量。由式(4.16)计算各管段流量。

如管段1：热负荷 $Q=146\ 730$ W，流量 $G=\dfrac{0.86\times146\ 730}{95-70}$ kg/h $=5\ 047.51$ kg/h

最不利环路1～21管段的流量已列入表4.1中。

③ 确定各管段管径。根据推荐的经济比摩阻60～120 Pa/m和各管段流量 G，查附录10确定各管段管径，实际比摩阻和实际流速。

如管段1：$G=5\ 047.51$ kg/h，选用管径DN70 mm，当 $G=5\ 000.00$ kg/h时，$R=30.89$ Pa/m，$v=0.39$ m/s；$G=5\ 400$ kg/h时，$R=35.84$ Pa/m，$v=0.42$ m/s。

用内差法求得当 $G=5\ 047.51$ kg/h时，实际比摩阻 $R_{sh}=31.48$ Pa/m，实际流速 $v_{sh}=0.39$ m/s。

最不利环路其他管段的计算结果见表4.1。

应注意，机械循环热水供暖系统为了利于通过供水干管末端的集气罐排空气，而且不至于影响末端立管管径，供水干管末端和回水干管起端管径不宜小于DN20 mm。

④ 计算各管段压力损失。计算各管段的沿程压力损失：沿程压力损失 $p_y=RL$，各管段的沿程压力损失值见表4.1。

表 4.1 机械循环异程式热水供暖系统水力计算表

管段编号	热负荷 Q/W	流量 G/(kg·h^{-1})	管段长度 L/m	管径 d/mm	流速 v/(m·s^{-1})	比摩阻 R/(Pa·m^{-1})	沿程损失 ($p_y=RL$) /Pa	局部阻力系数 $\sum\xi$	动压力 Δp_d/Pa	局部损失 $p_j=\sum\xi\times\Delta p_d$/Pa	管段损失 (p_r+p_j)/Pa	备注
1	2	3	4	5	6	7	8	9	10	11	12	13
最不利环路 N_9,①~㉑管段												
1	146730	5047.51	18.0	70	0.39	31.48	566.64	1.0	74.78	74.78	641.42	
2	64 298	2211.85	3.7	40	0.47	86.79	321.12	4.0	108.6	434.4	755.52	
3	52 165	1794.48	4.2	40	0.39	57.94	243.35	1.0	74.78	74.78	318.13	
4	40 025	1376.86	4.2	32	0.39	70.54	296.27	1.0	74.78	74.78	371.05	
5	33 348	1147.17	4.0	32	0.32	49.67	198.68	1.0	50.34	50.34	249.02	
6	26 671	917.48	8.1	32	0.25	32.44	262.76	1.0	30.73	30.73	293.49	
7	19 994	687.79	4.2	25	0.34	79.09	332.18	1.0	56.83	55.82	389.01	
8	15 449	531.45	6.3	25	0.27	48.34	304.54	1.0	35.84	35.84	340.38	
9	10 904	375.10	3.2	20	0.30	83.71	267.87	1.0	44.25	44.25	312.12	
10	5 452	187.55	2.7	20	0.15	23.08	62.32	3.0	11.06	33.18	95.50	
11	5 452	187.55	18.0	20	0.15	23.08	415.44	44.0	11.06	486.64	902.08	
12	5 452	187.55	2.7	20	0.15	23.08	62.32	3.0	11.06	33.18	95.5	
13	10 904	375.10	3.2	20	0.30	83.71	267.87	1.0	44.25	44.25	312.12	
14	15 449	531.45	6.3	25	0.27	48.34	304.54	1.0	35.84	35.84	340.38	
15	1 994	687.79	4.2	25	0.34	79.09	332.18	1.0	56.83	56.83	389.01	
16	26 671	917.48	8.1	32	0.25	32.44	262.76	1.0	30.73	30.73	293.49	
17	33 348	1 147.17	5.0	32	0.32	49.67	248.35	7.0	50.34	352.38	600.73	

续表 4.1

管段编号	热负荷 Q/W	流量 G/(kg·h^{-1})	管段长度 L/m	管径 d/mm	流速 v/(m·s^{-1})	比摩阻 R/(Pa·m^{-1})	沿程损失 $p_y=RL$ /Pa	局部阻力系数 $\sum\xi$	动压力 Δp_d/Pa	局部损失 $p_j=\sum\xi\times\Delta p_d$/Pa	管段损失 p_r+p_j/Pa	备注
1	2	3	4	5	6	7	8	9	10	11	12	13
18	40 025	1 376.86	4.2	32	0.39	70.54	296.27	1.0	74.78	74.78	371.05	
19	521.65	1 794.48	4.2	40	0.39	57.94	243.35	1.0	74.78	74.78	318.13	
20	64 298	2 211.85	3.7	40	0.47	86.79	321.12	4.0	108.6	434.4	755.52	
21	146 730	5 047.51	2.9	70	0.39	31.48	91.29	1.0	74.78	74.78	166.07	

$$\sum(p_y+p_j)_{①-㉑}=8\ 309.72\ \text{Pa}$$

系统循环作用压力　$\Delta p'=1.1\sum(p_y+p_j)_{①-㉑}=1.1\times 8\ 309.72=9\ 140.69\ \text{Pa}$

立管 N_1 环路　资用压力 $\sum(p_y+p_i)_{③-⑲}=5\ 991.19\ \text{Pa}$

管段编号	热负荷 Q/W	流量 G/(kg·h^{-1})	管段长度 L/m	管径 d/mm	流速 v/(m·s^{-1})	比摩阻 R/(Pa·m^{-1})	沿程损失 $p_y=RL$ /Pa	局部阻力系数 $\sum\xi$	动压力 Δp_d/Pa	局部损失 $p_j=\sum\xi\times\Delta p_d$/Pa	管段损失 p_r+p_j/Pa	备注
22	12 133	417.38	16.0	20	0.33	104.55	1 672.8	36.0	52.54	1 927.44	3 600.24	
23	12 133	417.38	2.0	15	0.60	497.64	995.28	8.0	176.98	1 415.84	2 411.2	

$$\sum(p_y+p_j)_{㉒-㉓}=6\ 011.36\ \text{Pa}$$

不平衡率　$(5\ 991.19-6\ 011.36)\times 100\%=0.34\%$

立管 N_8 环路　资用压力 $\sum(p_y+p_i)_{⑩⑪⑫}=1\ 093.08\ \text{Pa}$

管段编号	热负荷 Q/W	流量 G/(kg·h^{-1})	管段长度 L/m	管径 d/mm	流速 v/(m·s^{-1})	比摩阻 R/(Pa·m^{-1})	沿程损失 $p_y=RL$ /Pa	局部阻力系数 $\sum\xi$	动压力 Δp_d/Pa	局部损失 $p_j=\sum\xi\times\Delta p_d$/Pa	管段损失 p_r+p_j/Pa	备注
24	5 452	187.55	17.0	20	0.15	23.08	392.36	36.0	11.06	398.16	767.44	
25	5 452	187.55	1.0	15	0.28	108.88	108.88	8.0	38.54	308.32	417.2	

$$\sum(p_y+p_j)_{24㉕}=1\ 207.72\ \text{Pa}$$

不平衡率　$(1\ 093.08-1\ 207.72)/1093.08\times 100\%=-10.49\%$

计算各管段的局部压力损失:列出各管段的局部阻力名称,查附录11确定各管段的局部阻力系数,列于表4.2中。应注意,统计局部阻力时,应将三通和四通管件的局部阻力系数列于流量较小的管段上;根据各管段流速v,查附录12,确定动压头$\frac{\rho v^2}{2}$,列入表4.1中;计算局部压力损失,用公式$p_j=\sum\xi\frac{\rho v^2}{2}$计算,计算结果列于表4.1中。

⑤ 确定最不利环路的总压力损失为

$$\sum(p_y+p_j)_{1\sim21}/\mathrm{Pa}=8\ 309.72$$

⑥ 确定系统所需的循环作用压力$\Delta p'$。《暖通规范》规定,供暖系统的压力损失宜采用10%的附加值。因此该系统所需的循环作用压力为

$$\Delta p'/\mathrm{Pa}=1.1\sum(p_y+p_j)_{1\sim21}=1.1\times8\ 309.72=9\ 140.69$$

如果室内循环系统入口处作用压力过大,可用调节阀消除剩余压力。

(2) 立管N_1环路的水力计算。

对于机械循环单管顺流式系统,应考虑各立管环路之间由于水在散热器内冷却产生的自然循环作用压力差。本设计中因各立管散热器层数相同,热负荷分配比例大致相等,所以自然循环作用压力差可以忽略不计。

根据并联节点压力平衡的原则,立管N_1的1、2、22、23、20、21管段与最不利环路N_9的1~21管段并联,不考虑共用段,3~19管段的总压力损失就是22、23管段的资用压力,即

$$\Delta p_{资22、23}/\mathrm{Pa}=\sum(p_y+p_j)_{3\sim19}=5\ 991.19$$

22、23管段的平均比摩阻

$$R_{pj}/(\mathrm{Pa\cdot m^{-1}})=\frac{\alpha\Delta p}{\sum L}=\frac{0.5\times5991.19}{18.0}=166.42$$

机械循环热水供暖系统沿程损失占总损失的百分数α,查附录14得,$\alpha=50\%$。

根据各管段的流量和平均比摩阻可以确定各管段管径、实际比摩阻和实际流速。具体计算结果见表4.1。

再计算各管段的沿程压力损失和局部压力损失,计算结果见表4.1、表4.2。

立管N_1的22、23管段总压力损失为

$$\sum(p_y+p_j)_{22、23}=6\ 011.36\ \mathrm{Pa}$$

《暖通规范》规定:异程式热水供暖系统各并联环路之间(不包括共用段)的计算压力损失相对差额不应大于15%。

立管N_1的不平衡率为$\frac{5\ 991.19-6\ 011.36}{5\ 991.19}\times100\%=0.34\%$,符合要求。

(3) 立管N_8环路的水力计算

立管N_8的24、25管段与立管N_9的10、11、12管段并联,24、25管段的资用压力为1 093.08 Pa。具体计算结果见表4.1,表4.2。立管N_8的总压力损失为

$$\sum(p_y+p_j)_{24、25}/\mathrm{Pa}=1\ 207.72$$

不平衡率为-10.49%,符合要求。其他立管的计算方法与上述相同。

表 4.2　机械循环异程式热水供暖系统局部阻力系数计算表

管段号	局部阻力	管径/mm	个数	$\sum\xi$
①	械弯 90°	70	1	0.5
	闸阀		1	0.5
				$\sum\xi = 1.0$
②	分流三通	40	1	3.0
	闸阀		1	0.5
	械弯 90°		1	0.5
				$\sum\xi = 4.0$
③	直流三通	40	1	1.0
				$\sum\xi = 1.0$
④⑤⑥	直流三通	32	1	1.0
				$\sum\xi = 1.0$
⑦⑧	直流三通	25	1	1.0
				$\sum\xi = 1.0$
⑨	直流三通	20	1	1.0
				$\sum\xi = 1.0$
⑩	直流三通	20	1	1.0
	弯头		1	2.0
				$\sum\xi = 3.0$
⑪	弯头	20	10	2.0 × 10
	闸阀		2	0.5 × 2
	乙字弯		10	1.5 × 10
	散热器		4	2.0 × 4
				$\sum\xi = 44.0$
⑫	直流三通	20	1	1.0
	弯头		1	2.0
				$\sum\xi = 3.0$
⑬	直流三通	20	1	1.0
				$\sum\xi = 1.0$

管段号	局部阻力	管径/mm	个数	$\sum\xi$
⑭、⑮	直流三通	25	1	1.0
				$\sum\xi = 1.0$
⑯	直流三通	32	1	1.0
				$\sum\xi = 1.0$
⑰	直流三通	32	1	1.0
	弯头		4	1.5 × 4
				$\sum\xi = 7.0$
⑱	直流三通	32	1	1.0
				$\sum\xi = 1.0$
⑲	直流三通	40	1	1.0
				$\sum\xi = 1.0$
⑳	合流三通	40	1	3.0
	械弯		1	0.5
	闸阀		1	0.5
				$\sum\xi = 4.0$
㉑	械弯	70	1	0.5
	闸阀		1	0.5
				$\sum\xi = 1.0$
㉒、㉔	旁流三通	20	1	1.5
	闸阀		1	0.5
	乙字弯		8	1.5 × 8
	弯头		7	2.0 × 7
	散热器		4	2.0 × 4
				$\sum\xi = 36.0$
㉓、㉕	旁流三通	15	1	1.5
	闸阀		1	1.5
	乙字弯		2	1.5 × 2
	弯头		1	2.0
				$\sum\xi = 8.0$

以上计算的是两大并联环路的一侧环路，另一侧环路的计算方法相同。应注意两大并联分支环路也应做到压力损失平衡。

计算中会发现，机械循环异程式系统有的立管，经调整管径仍无法与最不利环路平衡，仍有过多的剩余压力，只能在系统初调节和运行时，调节立管上的阀门解决这个问题。机械循环异程式系统单纯用调整管径的办法平衡阻力非常困难，容易出现近热远冷的水平失调问题，所以系统作用半径较大时可考虑采用同程式系统。

3. 实际训练 2

进行机械循环单管顺流同程式热水供暖系统等温降法水力计算训练。

已知条件：图 4.5 是机械循环单管顺流同程式热水供暖系统两大并联环路中的一侧环路。热媒参数为：供水温度 $t_g = 95$ ℃，回水温度 $t_h = 70$ ℃，图中已标出立管号，各组散热器的热负荷（W）和各管段的热负荷（W）、长度（m）。

解　计算步骤：

(1) 最远立管环路 N_9 的计算。

最远立管 N_9 环路包括 1 ~ 13 管段，仍采用推荐的经济比摩阻 $R_{pj} = 60 \sim 120$ Pa/m 确定管径。具体计算结果见表4.3，表 4.4。

最远立管 N_9 环路的总压力损失为

$$\sum (p_y + p_j)_{1\sim13}/\text{Pa} = 7\ 848.16$$

(2) 最近立管环路 N_1 的计算。

最近立管 N_1 环路包括 1、2、14 ~ 22、12、13 管段，其具体计算结果见表 4.3，表 4.4。

管段 14 ~ 22 的压力损失为

$$\sum (p_y + p_j)_{14\sim22}/\text{Pa} = 4\ 122.94$$

最近立管 N_1 环路的总压力损失为

$$\Delta p_{N_1}/\text{Pa} = \sum (p_y + p_j)_{1、2、14\sim22、12、13} = 7\ 783.28$$

(3) 最远立管 N_9 和最近立管 N_1 环路的压力损失不平衡率。

应注意，同程式热水供暖系统最远、最近立管环路的压力损失不平衡率易控制在 ±5% 的范围内。

最远立管 N_9 的 3 ~ 11 管段与最近立管 N_1 的 14 ~ 22 管段并联，具体计算结果见表 4.3，表 4.4。

$$\sum (p_y + p_j)_{3\sim11}/\text{Pa} = 4\ 187.82$$

不平衡率为

$$\frac{4\ 187.82 - 4\ 122.94}{4\ 187.82} \times 100\% = 1.55\%$$

符合要求。

(4) 供暖系统的循环作用压力。

$$\Delta p/\text{Pa} = 1.1\Delta p_{N_9} = 1.1 \times 7\ 848.16 = 8\ 632.98$$

(5) 其他立管环路的计算。

应注意，单管同程式热水供暖系统各立管间的压力损失不平衡率易控制在 ±10% 以内。

通过最远立管 N_9 环路的计算可确定供水干管各管段的压力损失；通过最近立管 N_1 环路的计算可确定回水干管各管段的压力损失。根据并联节点压力平衡的原则可确定各立管的资用压力。

表 4.3　机械循环同程式热水供暖系统水力计算表

管段编号	热负荷 Q/W	流量 G/(kg·h^{-1})	管段长度 L/m	管径 d/mm	流速 v/(m·s^{-1})	比摩阻 R/(Pa·m^{-1})	沿程损失 ($p_y=RL$) /Pa	局部阻力系数 $\sum\xi$	动压力 Δp_d/Pa	局部损失 ($p_j=\sum\xi\times\Delta p_d$) /Pa	管段损失 p_r+p_j/Pa	计算管起点至计算管末端压力损失/Pa	备注
1	2	3	4	5	6	7	8	9	10	11	12	13	14
最近立管 N_9 环路													
1	146 730	5 047.51	18.0	70	0.39	31.48	566.64	1.0	74.78	74.78	641.42	641.42	
2	64 298	2 211.85	3.7	40	0.47	86.79	321.12	4.0	108.6	434.4	755.52	1 396.94	
3	52 165	1 794.48	4.2	40	0.39	57.94	243.35	1.0	74.78	74.78	318.13	1 715.07	
4	40 025	1 376.86	4.2	32	0.39	70.54	296.27	1.0	74.78	74.78	371.05	2 086.12	
5	33 348	1 147.17	4.0	32	0.32	49.67	198.68	1.0	50.34	50.34	249.02	2335.14	
6	26 671	917.48	8.1	25	0.45	137.84	1116.51	1.0	99.55	99.55	1 216.06	3 551.2	
7	19 994	687.79	4.2	25	0.34	79.09	332.18	1.0	56.83	56.83	389.01	3 940.21	
8	15 449	53.45	6.3	25	0.27	48.34	304.54	1.0	35.84	35.84	340.38	4 280.59	
9	10 904	375.10	3.2	20	0.30	83.71	267.87	1.0	44.25	44.25	312.12	4 592.71	
10	5 452	187.55	2.7	20	0.15	23.08	62.32	3.0	11.06	33.18	95.5	4 688.21	
11	5 452	187.55	18.0	20	0.15	23.08	415.44	43.5	11.06	481.11	896.55	5 584.76	
12	64 298	2 211.85	1.5	40	0.47	86.79	130.19	3.5	108.6	380.1	510.29	6095.05	
13	146 730	5 047.51	45.0	70	0.39	31.48	1 416.60	4.5	74.78	336.51	1 753.11	7 848.16	
$\sum(p_y+p_j)_{①-③}$ = 7 848.16 Pa													
最近立管 N_1 环路													
14	12 133	417.38	18.0	25	0.21	30.58	550.44	34.0	21.68	737.12	1 287.56	2 684.5	
15	12 133	417.38	4.2	25	0.21	30.58	128.44	1.0	21.68	21.68	150.12	2 804.04	
16	24 273	834.99	4.2	32	0.24	27.17	114.11	1.0	28.32	28.32	142.43	2 977.05	

续表 4.3

管段编号	热负荷 Q/W	流量 G/(kg·h^{-1})	管段长度 L/m	管径 d/mm	流速 v/(m·s^{-1})	比摩阻 R/(Pa·m^{-1})	沿程损失 ($p_y=RL$) /Pa	局部阻力系数 $\sum\xi$	动压力 Δp_d/Pa	局部损失 ($p_j=\sum\xi\times\Delta p_d$) /Pa	管段损失 p_r+p_j/Pa	计算管起点至计算管末端压力损失/Pa	备注
1	2	3	4	5	6	7	8	9	10	11	12	13	14
最远立管 N_9 环路													
17	30 950	1 064.68	5.0	32	0.30	43.08	215.40	7.0	44.25	309.75	525.15	3 502.2	
18	37 627	1 294.37	8.1	32	0.37	62.62	507.22	1.0	67.30	67.30	574.52	4 076.72	
19	44 304	1 524.06	4.2	32	0.43	85.81	360.40	1.0	90.90	90.90	451.3	4 528.02	
20	48 849	1 680.41	6.3	40	0.36	51.07	321.74	1.0	63.71	63.71	385.45	4 913.47	
21	53 394	1 836.75	3.2	40	0.40	60.60	193.92	1.0	78.66	78.66	272.58	5 186.05	
22	58 846	2 024.30	2.7	40	0.43	73.14	197.48	1.5	90.90	136.35	333.83	5 519.88	

$$\sum(p_r+p_j)_{⑪\sim㉒}=4\ 122.94\ \text{Pa}$$

管段③～⑪与管段⑭～㉒并联　$\sum(p_r+p_j)_{③\sim⑪}=4\ 187.82\ \text{Pa}$

不平衡率$(4\ 187.82-4\ 122.94)/4\ 187.82\times100\%=1.55\%$

立管 N_2 环路　资用压力 $=\sum(p_y+p_j)_{④\sim⑪}-\sum(p_r-p_j)_{⑯\sim㉒}=1\ 184.43\ \text{Pa}$

23	12 140	417.62	14.0	25	0.21	30.61	428.54	6.0	21.68	130.08	558.62		
24	6 070	208.81	4.0	20	0.17	28.19	112.76	44.0	14.21	625.24	738.00		

$$\sum(p_r+p_j)_{㉓㉔}=1\ 296.62\ \text{Pa}$$

不平衡率$(1\ 184.43-1\ 296.62)/1\ 184.43\times100\%=-9.5\%$

表 4.4　机械循环同程式热水供暖系统局部阻力系数计算表

管段号	局部阻力	管径/mm	个数	$\sum\xi$
①	械弯 90° 闸阀	70	1 1	0.5 0.5
	$\sum\xi = 1.0$			
②	分流三通 闸阀 械弯 90°	40	1 1 1	3.0 0.5 0.5
	$\sum\xi = 4.0$			
③	直流三通	40	1	1.0
	$\sum\xi = 1.0$			
④⑤	直流三通	32	1	1.0
	$\sum\xi = 1.0$			
⑥⑦⑧	直流三通	25	1	1.0
	$\sum\xi = 1.0$			
⑨	直流三通	20	1	1.0
	$\sum\xi = 1.0$			
⑩	直流三通 弯头	20	1 1	1.0 2.0
	$\sum\xi = 3.0$			
⑪	弯头 闸阀 乙字弯 旁流三通 散热器	20	9 2 10 1 4	2.0 × 9 0.5 × 2 1.5 × 10 1.5 2.0 × 4
	$\sum\xi = 43.5$			
⑫	合流三通 闸阀	40	1 1	3.0 0.5
	$\sum\xi = 3.5$			
⑬	械弯 90° 闸阀	70 0	8 1	0.5 × 8 0.5
	$\sum\xi = 4.5$			

管段号	局部阻力	管径/mm	个数	$\sum\xi$
⑭	旁流三通 闸阀 乙字弯 弯头 散热器	25	1 2 10 9 4	1.5 0.5 × 2 1.0 × 10 1.5 × 9 2.0 × 4
		$\sum\xi = 34.0$		
⑮	直流三通	25	1	1.0
		$\sum\xi = 1.0$		
⑯	直流三通	32	1	1.0
		$\sum\xi = 1.0$		
⑰	直流三通 弯头	32	1 4	1.0 1.5 × 4
		$\sum\xi = 7.0$		
⑱、⑲	直流三通	32	1	1.0
		$\sum\xi = 1.0$		
⑳、㉑	直流三通	40	1	1.0
		$\sum\xi = 1.0$		
㉒	直流三通 械弯 90°	40	1 1	1.0 0.5
		$\sum\xi = 1.5$		
㉓	旁流三通 闸阀 乙字弯	25	2 2 2	1.5 × 2 0.5 × 2 1.0 × 2
		$\sum\xi = 6.0$		
㉔	分、合流三通 乙字弯 散热器	20	8 8 4	3.0 × 8 1.5 × 8 2.0 × 4
		$\sum\xi = 44.0$		

例如:立管 N_2 的资用压力

$$\Delta p_{资N_2}/\mathrm{Pa} = \sum(p_y + p_j)_{4\sim11} - \sum(p_y + p_j)_{16\sim22} = 1\ 184.43$$

立管 N_2 的23、24管段水力计算结果列在表4.3,表4.4中。

立管 N_2 的压力损失为

$$\sum(p_y + p_j)_{23、24}/\mathrm{Pa} = 1\ 296.62$$

不平衡率为

$$\frac{1\ 184.43 - 1\ 296.62}{1\ 184.43} \times 100\% = -9.5\%$$

符合《暖通规范》要求。

上述计算结果列于表4.3中和表4.4中。

其他立管可按同样方法进行计算。

另外,可用图示方法表示系统的总压力损失和立管供回水节点间的资用压力值。

图4.6为同程式热水供暖系统管路压力损失平衡分析图。

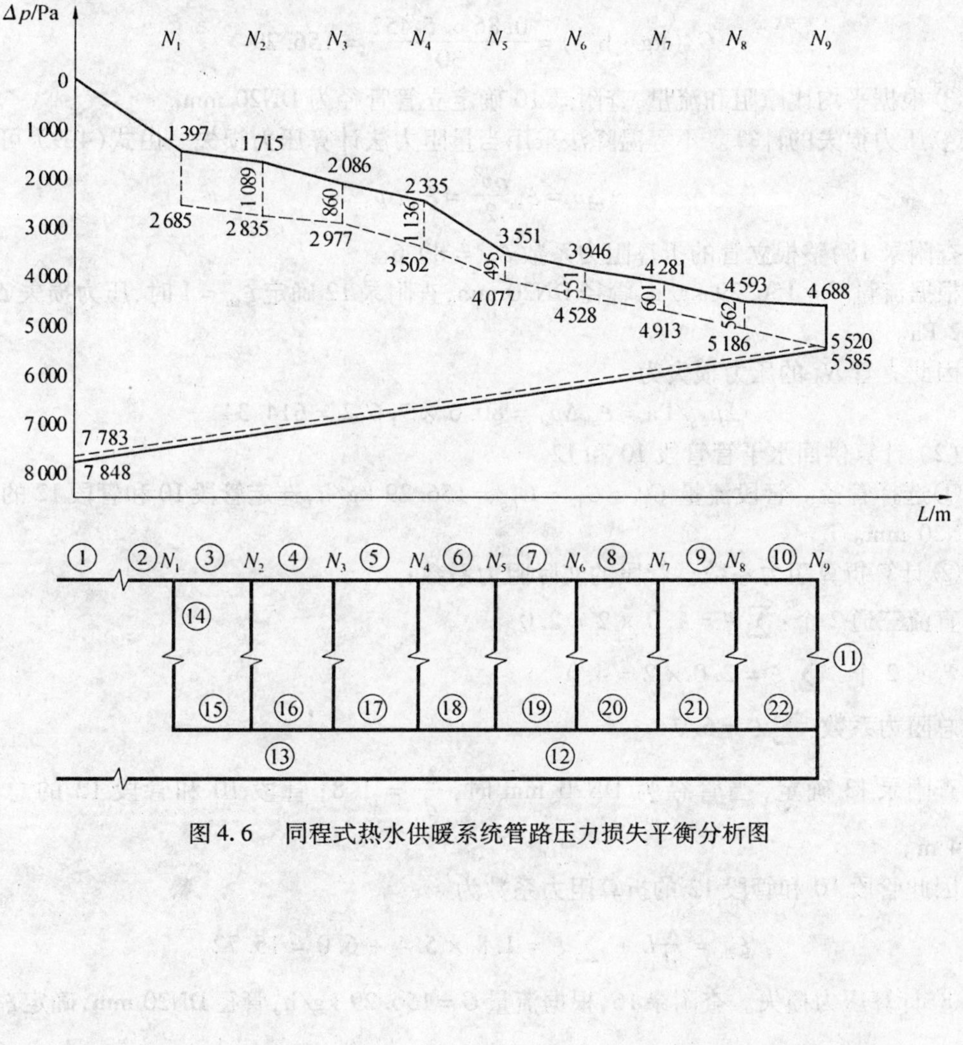

图4.6　同程式热水供暖系统管路压力损失平衡分析图

4.1.3　机械循环热水供暖系统不等温降法水力计算实际训练

实际训练 3

进行机械循环热水供暖系统不等温降法水力计算训练。

已知条件:用户入口处循环作用压力为 10 000 Pa,其他条件同实际训练 1。

解　计算步骤:

(1) 最远立管 N_9 环路的计算。

最远立管 N_9 环路是最不利环路

① 求平均比摩阻。

$$R_{pj}/(\mathrm{Pa}\cdot\mathrm{m}^{-1})=\frac{\alpha\Delta p}{\sum L}=\frac{0.5\times 10\,000}{121.1}=41.29$$

② 确定立管 N_9 各管段的流量。先假设立管 N_9 的温降为 $\Delta t=30$ ℃,假设的温降一般取比系统设计温降大 2 ~ 5 ℃。

立管 N_9 流量

$$G/(\mathrm{kg}\cdot\mathrm{h}^{-1})=\frac{0.86\times 5\,452}{30}=156.29$$

③ 根据平均比摩阻和流量,查附录 10 确定立管管径为 DN20 mm。

④ 压力损失的计算。不等温降法采用当量阻力法计算压力损失。由式(4.9) 可知

$$\Delta p=\xi_{zh}\frac{\rho v^2}{2}=\xi_{zh}\Delta p_d$$

查附录 18,整根立管的折算阻力系数 $\xi_{zh}=80.6$。

根据流量 $G=156.29$ kg/h,管径 DN20 mm,查附录 12 确定 $\xi_{zh}=1$ 时,压力损失 $\Delta p_d=7.622$ Pa。

因此立管 N_9 的压力损失为

$$\Delta p_{N_9}/\mathrm{Pa}=\xi_{zh}\Delta p_d=80.6\times 7.622=614.34$$

(2) 计算供回水干管管段 10 和 12。

①选择管径。管段流量 $G_{10}=G_{12}=G_{N_9}=156.29$ kg/h,选定管段 10 和管段 12 的管径为 DN20 mm。

② 计算折算阻力系数。管段的实际阻力系数:

直流三通 2 个: $\sum\xi=1.0\times 2=2.0$

弯头 2 个: $\sum\xi=2.0\times 2=4.0$

总阻力系数: $\sum\xi=6.0$

查附录 13 确定,当管径为 DN20 mm 时,$\dfrac{\lambda}{d}=1.8$;管段 10 和管段 12 的总长度为5.4 m。

因此管段 10 和管段 12 的折算阻力系数为

$$\xi_{zh}=\frac{\lambda}{d}L+\sum\xi=1.8\times 5.4+6.0=15.72$$

③ 计算压力损失。查附录 16,根据流量 $G=156.29$ kg/h,管径 DN20 mm,确定 $\xi_{zh}=1$

时，压力损失 $\Delta p_d = 7.62$ Pa。

管段 10 和管段 12 的总压力损失

$$\Delta p_{10、12} = 15.72 \times 7.62 = 119.79 \text{ Pa}$$

（3）计算立管 N_8。

① 确定立管 N_8 的资用压力。因为立管 N_8 与管段 10、11、12 并联，因此 N_8 的资用压力为

$$\Delta p_{资N_8}/\text{Pa} = \Delta p_{N_9} + \Delta p_{10、12} = 614.34 + 119.79 = 734.13$$

② 选择管径。管径选为 DN20 mm

③ 流量的确定。查附录 18，当立管管径为 DN20 mm 时，立管的 $\xi_{zh} = 80.6$。

立管 N_8：$\xi_{zh} = 1$ 时的压力损失为

$$\Delta p_d/\text{Pa} = \frac{\Delta p_{N_8}}{\zeta_{zh}} = \frac{734.13}{80.6} = 9.11$$

再根据 $\Delta p_d = 9.11$ Pa，管径 DN20 mm，查附录 16 得出

$$G_{N_8} = 170.82 \text{ kg/h}$$

④ 确定立管温降。立管 N_8 的热负荷为 5 452 W，立管温降为

$$\Delta t/℃ = \frac{0.86Q}{G} = \frac{0.86 \times 5\,452}{170.82} = 27.45$$

（4）其他管段的计算。

依照上述方法，对其他各水平供回水干管和立管从远至近依次进行计算，计算结果列于表 4.5 中。最后得出，N_1 循环环路的初步计算流量

$$G_{N_1} = 2\,610.47 \text{ kg/h}$$

初步压力损失

$$\Delta p_{N_1}/\text{Pa} = 4\,159.44 + 2\,090.49 = 6\,249.93$$

（5）调整计算。

调整计算根据流体力学理论，各管段的压力损失 $\Delta p = SG^2$（S 是各计算管段的特性阻力数）。如图 4.7 所示，在并联管路中，各管段的压力损失相等，$\Delta p = \Delta p_1 = \Delta p_2 = \Delta p_3$，管路总流量等于各管段流量之和，即

$$G = G_1 + G_2 + G_3$$

则有

$$\frac{1}{\sqrt{s}} = \frac{1}{\sqrt{s_1}} + \frac{1}{\sqrt{s_2}} + \frac{1}{\sqrt{s_3}} \qquad (4.25)$$

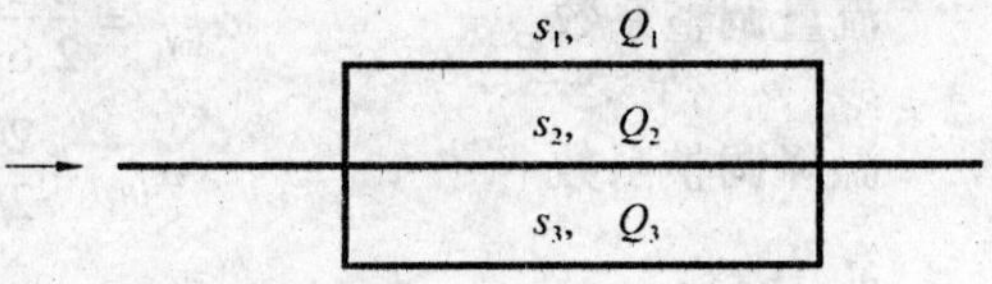

图 4.7　并联管路

式(4.25)说明，并联管路中，管路总特性阻力数平方根的倒数等于各并联管段特性阻力数平方根的倒数和。各管段的流量关系也可表示为

$$G_1 : G_2 : G_3 = \frac{1}{\sqrt{s_1}} : \frac{1}{\sqrt{s_2}} : \frac{1}{\sqrt{s_3}} \qquad (4.26)$$

总结上述原理，可以得到如下结论：各并联管段的特性阻力数 s 不变时，网路的总流量在各管段中的流量分配比例不变，网路总流量增加多少倍或减少到多少分之一，各并联管段的流量也相应地变化。

①初步调整计算。图中没有画出 N_2 循环环路的管路图，现假定按同样不等温降方法计算后，N_2 循环环路的初步计算流量为 $G_{N_2}=3\ 000$ kg/h，初步计算压力损失为 $\Delta p_{N_2}=6\ 500$ Pa。

N_1 环路与 N_2 环路并联，将 N_2 计算压力损失按与 N_1 相同考虑，N_2 流量变为

$$G_{N_2}/(\text{kg}\cdot\text{h}^{-1})=3\ 000\times\sqrt{\frac{6\ 249.93}{6\ 500}}=2\ 941.73$$

则系统初步计算的总流量为

$$G_{总}/(\text{kg}\cdot\text{h}^{-1})=2\ 610.47+2\ 941.73=5\ 525.20$$

系统设计的总流量为

$$G_{设总}/(\text{kg}\cdot\text{h}^{-1})0.86\times\frac{146\ 730}{95-70}=5\ 047.5$$

两者不相等，需进一步调整各循环环路的流量、压降和各立管的温度降。

② 调整各循环环路的流量、压降和各立管的温度降。

a. 求各并联环路的特性阻力数。

$$s_{N_1}=\frac{6\ 249.93}{2\ 610.47^2}=9.171\ 4\times10^{-4}$$

$$s_{N_2}=\frac{6\ 500}{3\ 000^2}=7.222\ 2\times10^{-4}$$

根据并联管路流量分配规律，确定各并联环路在设计总流量条件下的流量

$$G_{N_2}:G_{N_1}=\frac{1}{\sqrt{s_{N_2}}}:\frac{1}{\sqrt{s_{N_1}}}$$

$$G_{N_2}+G_{N_1}=5\ 047.50\ \text{kg/h}$$

因此，分配到 N_1、N_2 并联环路的流量分别为

$$G_{N_1}=2\ 373.18\ \text{kg/h}$$

$$G_{N_2}=2\ 674.32\ \text{kg/h}$$

b. 确定各并联环路的流量调整系数、温降调整系数。

N_1 环路：

流量调整系数 $\alpha_{G_{N_1}}=\dfrac{2\ 373.08}{2\ 610.47}=0.909\ 1$

温降调整系数 $\alpha_{t_{N_1}}=\dfrac{2\ 610.47}{2\ 373.08}=1.1$

N_2 环路：

流量调整系数 $\alpha_{G_{N_2}}=\dfrac{2\ 674.32}{3\ 000}=0.891\ 4$

温降调整系数 $\alpha_{t_{N_2}}=\dfrac{3\ 000}{2\ 674.32}=1.121\ 8$

根据 N_1、N_2 并联环路的不同流量调整系数和温降调整系数，乘以各环路立管第一次算出的流量和温降，求得各立管最终的计算流量和温降。N_1 环路的调整结果见表 4.5。

表4.5　不等温降法水力计算表

管段编号	热负荷 Q/W	管径 d/mm	管段长度 L/m	$\frac{\lambda}{d}L$	$\sum\xi$	折算阻力系数 ξ_{ab}	$\xi=1$ 的压力损失 Δp/Pa	计算压力损失 Δp_j/Pa	计算流量 G_j/(kg·h^{-1})	计算温降 Δt_j/℃	调整流量 G_1/(kg·h^{-1})	调整温降 Δt_1/℃
1	2	3	4	5	6	7	8	9	10	11	12	13
立管9	5 452	20				80.6	7.622	614.34	156.29	30	142.08	33
⑩+⑫	5 452	20	5.4	9.72		6.0	15.72	7.62	119.79	156.29	108.90	
立管8	5 452	20				80.6	9.11	734.13	170.82	27.45	155.29	30.20
⑨+⑬	10 904	25	6.4	8.32	2.0	10.32	12.84	132.53	327.11		297.38	
立管7	4 545	20				80.6	10.75	866.66	185.38	21.08	168.53	23.19
⑧+⑭	15 499	25	12.6	16.38	2.0	18.38	31.54	579.72	512.49		465.90	
立管6	4 545	20				80.6	17.95	1 446.38	240.26	16.27	218.42	17.90
⑦+⑮	19 994	32	8.4	7.56	2.0	9.56	22.03	210.58	752.75		684.33	
立管5	6 677	20				80.6	20.56	1 656.96	256.79	22.36	233.45	24.60
⑥+⑯	26 671	32	16.2	14.58	2.0	16.58	39.67	657.81	1 009.54		917.77	
立管4	6 677	20				80.6	28.72	2 314.77	303.16	18.94	275.60	20.83
⑤+⑰	33 348	40	9.0	6.84	4.0	10.84	38.76	420.16	1312.7		1 193.38	
立管3	6 677	20				80.6	33.93	2 734.93	329.49	17.43	299.54	19.17
④+⑱	40 025	40	8.4	6.38	2.0	8.38	60.68	508.50	1 642.19		1 492.91	
立管2	12 140	25×20				85.8	37.80	3 243.43	561.52	18.59	510.48	20.45
③+⑲	52 165	40	8.4	6.38	2.0	8.38	109.31	916.01	2 203.71		2 003.39	
立管1	12 133	20				80.6	51.61	4 159.44	406.76	25.65	369.79	28.22
②+⑳	64 298	40	7.4	5.62	8.0	13.62	153.49	2 090.49	2 610.47		2 373.18	

N_1 环路初步计算压力损失　$\Delta p_{N_1}=(4\ 159.44+2\ 090.49)\ \text{Pa}=6\ 249.93\ \text{Pa}$

N_1 环路调整后压力损失　$\Delta p_{N_1}=5\ 165.57\ \text{Pa}$

系统的总压力损失　$\Delta p=5\ 973.06\ \text{Pa}$

c. 确定各并联环路调整后的压力损失值。

压力调整系数

$$\alpha_{p_{N_1}} = (\alpha_{G_{N_1}})^2 = 0.909\,1^2 = 0.826\,5$$

$$\alpha_{p_{N_2}} = (\alpha_{G_{N_2}})^2 = 0.891\,4^2 = 0.794\,6$$

调整后各并联环路的压力损失值为

$$\Delta p_{N_1}/\text{Pa} = 624\,9.93 \times 0.826\,5 = 5\,165.57$$

$$\Delta p_{N_2}/\text{Pa} = 6\,500 \times 0.794\,6 = 5\,164.9\ \text{Pa} \neq 5\,165.57(\text{计算误差})$$

③ 确定系统供、回水总管管径及系统的总压力损失。

供、回水总管管段1和管段21，$G_{设总}$ = 5 047.51 kg/h，选用管径DN70 mm，根据表4.1的水力计算结果 Δp_1 = 641.42 Pa，Δp_{21} = 166.07 Pa。

系统的总压力损失为

$$\Delta p_{1\sim21}/\text{Pa} = 641.42 + 5\,165.57 + 166.07 = 5\,973.06$$

至此，不等温降法水力计算全部结束。

水力计算结束后，最后进行散热器散热面积的计算。异程式系统采用不等温降法进行水力计算，完全遵守了节点压力平衡的原则分配流量，并根据各立管的不同温降调整散热器的面积，从而有可能在设计角度上解决系统的水平失调问题，但计算过程比较复杂。

4.2 室内供暖管道安装

4.2.1 室内供暖管道常用的管材

1. 室内供暖管道常用的管材及连接方法

室内供暖管道常用的管材是焊接钢管和铝塑复合管，其连接方法为：焊接钢管，管径小于或等于32 mm，宜采用螺纹连接；管径大于32 mm，宜采用焊接。铝塑复合管则采用专用管接头进行连接。

2. 焊接钢管中黑铁管和白铁管的规格和使用范围

黑铁管和白铁管都是焊接钢管，焊缝在管壁纵向上，镀锌前称为黑铁管，镀锌后称为白铁管或镀锌钢管，也称水煤气管。

根据管壁厚度不同分为普通钢管（适用于工作压力小于等于1.0 MPa）和加厚钢管（适用于工作压力小于等于1.6 MPa）。

这两种管道适用于输送水、供暖蒸汽、热水、煤气、空气、油等一般较低压力的流体。

3. 无缝钢管的规格和使用范围

(1) 无缝钢管的分类。

无缝钢管分为热轧管和冷拔（轧）管两类。冷拔管受加工条件限制最大公称直径为150 mm，热轧管最大公称直径可达600 mm。

(2)规格。

同一外径的管子可以有不同的壁厚,其规格用外径乘以壁厚表示,如DN125 mm管子可以有以下规格:133×4、133×5、133×6、133×7,其外径均为133 mm,内径分别为125 mm、123 mm、121 mm、119 mm。钢管的通常长度规定为:热轧钢管3~12 m,冷拔(轧)钢管2~10.5 m。

(3)质量检验。

钢管弯曲度,当壁厚小于等于15 mm时,不得大于1.5 mm/m;壁厚大于15 mm时,不得大于2.0 mm/m。钢管两端应切成直角,并消除毛刺,其内外表面质量不得有裂缝、折叠、轧折、离层、发纹和结疤。在质量检查中还应按《结构用无缝钢管》GB 8162—87标准做化学成分、拉力、硬度、压扁等性能试验。

(4)使用范围。

如果是专用无缝钢管应在无缝钢管前附加专用名称,如低中压锅炉用无缝钢管、化肥设备用高压无缝钢管、锅炉热交换器用不锈钢无缝钢管等。无缝钢管可用于不同压力的水、汽、空气、油、煤气等工业管道。

4. 螺旋缝焊接钢管、直缝卷制电焊钢管的规格和使用范围

(1)螺旋缝焊接钢管的规格和使用范围。

螺旋缝焊接钢管是将钢板裁成条状,卷焊而成,焊缝在管外表面呈螺旋状,公称直径为200~700 mm,焊缝可采用埋弧焊和高频焊,螺旋缝焊接钢管的标准和适用范围见表4.6。

表4.6　螺旋缝焊接钢管的标准和适用范围

标准名称及代号	适用范围
《承压流体输送用螺旋缝埋弧焊钢管》SY 5036—83	承压流体,用于200 ℃以下的蒸汽、水、热水、煤气、空气等流体输送。一般工作压力为2.5 MPa以下,还可以承受较高压力
《一般低压流体输送用螺旋缝埋弧焊钢管》SY 5037—83	用于输送水、热水、煤气、蒸汽、空气等介质,工作压力为1.6 MPa以下,多用于温度为200 ℃以下并公称直径为300 mm以上的室外管道
《承压流体输送螺旋缝高频焊钢管》SY 5038—83	同承压流体输送用螺旋缝埋弧焊钢管
《一般低压流体输送用螺旋缝高频焊钢管》SY 5039—83	同一般低压流体输送用螺旋缝埋弧焊钢管

注:SY为石油天然气行业标准。

(2)直缝卷制电焊钢管的规格和使用范围。

直缝卷制电焊钢管,它是用钢板分块卷制焊接而成,适用于工程压力不超过1.6 MPa的水、污水、煤气、供暖蒸汽、空气等低压流体输送,该钢管可依据需要制成2 000 mm以内的不同直径,钢管外径的允许偏差不得超过外径的±0.8%,壁厚允许偏差不得超过标准壁厚的±12.5%。钢管应逐根进行水压试验,钢管外径小于323.9 mm,试验压力为5 MPa;钢管外径小于或等于323.9 mm,试验压力为3 MPa,稳压时间不得小于5 min。可见对直缝卷制的电焊钢管试压要求比其他钢管要求要高。

5. 常用钢管管件的作用

(1)无缝钢管管件。

无缝钢管管件有冲压弯头、冲压异径管和冲压三通。

①冲压弯头是管道工程中大量使用的管件,有冲压无缝弯头、冲压焊接弯头。

a. 冲压无缝弯头是用优良无缝管,在特制模具内压制成型的。它分为90°、45°,公称压力有3.92 MPa(公称直径DN25~400 mm)、6.28 MPa(公称直径DN25~400 mm)、9.8 MPa(公称直径DN25~300 mm)三种。弯曲半径有1DN、1.5DN、2DN三种,其使用温度不超过200 ℃。

b. 冲压焊接弯头是用优质碳素钢的两块冲压成型后焊接而成。它分为90°、45°两种,弯曲半径有1DN、1.5DN、2DN三种,有公称直径DN200~500 mm的各种规格。用于公称压力为3.92 MPa、温度不超过200 ℃的管道上。

②冲压异径管。有同心和偏心两种,按公称压力分为3.92 MPa、6.28 MPa、9.8 MPa三种,最小规格为DN250 mm×125 mm。

③冲压三通有各种规格,适用于公称压力为1.57~9.8 MPa的管道上。

(2)水煤气钢管管件。

①管件均为螺纹连接,分镀锌和不镀锌两种,通常采用可锻铸铁制成,要求较高时也可采用钢制的管件。

②管件按用途不同可分为:

a. 直线延长连接管件:管箍、对丝(内接头);

b. 分叉连接管件:三通、四通;

c. 转弯连接管件:90°弯头、45°弯头;

d. 碰头连接管件:活接头(由任)、锁紧螺母(与长丝、管箍配套用);

e. 变径连接管件:异径管箍(大小头)、补心(内外丝)、异径弯头、异径三通、异径四通;

f. 堵塞管口管件:管堵、丝堵。

6. 铝塑复合管的性能、规格及使用范围

铝塑复合管中间层为纵焊铝管,最内和最外层采用聚乙烯,铝管与聚乙烯管之间以热熔胶黏合,五层结构采用一步法共挤而成。要求内外层聚乙烯材料清洁无毒、符合饮用水标准,中间铝层可隔绝气体渗透,又可增加管材承压能力,它集中了金属管和塑料管的优点。铝塑复合管机械性能优越,耐压较高;采用交联工艺处理的交联聚乙烯(PEX)做的铝塑复合管,耐温较高,可以长期在95 ℃温度环境下使用,可用于建筑内部热水和暖气管道;抗气体的渗透;热膨胀系数低。

该管道耐老化性能和受长期静液压强度试验表明,其使用寿命可达50年。由于管内壁光滑,输送水时阻力损失小,不结水垢,不产生水锤噪声,施工时可弯曲不反弹,在室内走管时减少了大量接头,因此广泛用于室内给水、供暖、空调用水管。在选择时应注意铝管是焊接还是搭接未焊及铝皮厚度,了解企业标准是否符合工程要求。一般铝塑复合管分为L型,供输不高于60 ℃的水用;R型,供输送不高于95 ℃的水用;Q型,供输送燃气用。管材的颜色根据所使用的环境及水的温度来决定,一般规定:白色、蓝色用于冷水管,用途代号为L;橙色用于热水管,用途代号为R;黄色用于燃气,用途代号为Q;黑色适用于室外明装管道。管道接头、三通等部件采用专用接头。管道规格由4个数字表示,前两位为内径,后两位为外径,最小的规格是1014,即内径为10 mm,外径为14 m;最大的规格是6075,即内径为60 mm,外径为75 mm,共有10个规格。

7. 铝塑复合管的主要技术指标

根据国家标准规定,铝塑复合管应达到以下主要技术指标:

(1)具有较高的耐压、耐冲击、抗破裂能力,短时间工作温度最高可达95 ℃,工作压力为1~1.25 MPa。

(2)具有较柔软的塑料变形能力,能在一定半径范围内任意弯曲,不反弹,弯曲时无须加热即可实现,减少管配件。

(3)重量轻,相同流通直径管重量是铜的$\frac{1}{3}$~$\frac{1}{4}$,是镀锌钢管的$\frac{1}{15}$~$\frac{1}{17}$。

(4)导热系数:0.45 W/(m·K);热膨胀系数:$2.5\times10^{-5}K^{-1}$;阻燃率,聚乙烯燃点高达340 ℃,维卡耐热125 ℃;热变形温度:100 ℃;内壁摩擦系数0.007。

(5)耐温性能:冷水管最高工作温度为40 ℃,热水管最高短期工作温度为95 ℃;耐腐蚀性能:耐酸、碱、盐的腐蚀。

(6)卫生性能:符合GB/T 17219—1998的规定。

(7)管材的外观质量:管壁的颜色应一致,无色泽不均匀及分解变色线;内、外壁应光滑平整,应无气泡、裂口、裂纹、脱皮、痕纹及碰撞凹陷。

公称外径*De*不大于32 mm的盘管卷材,调直后截断断面应无明显的椭圆变形。

(8)铝塑复合管的工作压力检验:将管材浸入水中,一端封堵,另一端通入1.0 MPa的压缩空气,稳压3 min,管壁应无膨胀、无裂纹、无泄漏。

(9)铝塑复合管的连接管件,应由管材生产厂配套供应。管件表面应光滑无毛刺,无缺损和变形,无气泡和砂眼。同一口径管件的锁紧螺帽、紧箍环应能互换。

(10)管件内使用的密封圈材质,应符合卫生要求,宜采用丁腈橡胶、硅橡胶。

8. 铝塑复合管的缺点和局限性

铝塑复合管的连接不能用熔接和粘接,必须使用专用的金属管件(国外要求用高强度黄铜镀镍),把铝塑复合管套入管件后径向加压锁住;铝塑复合管不能回收重做;铝塑复合管的直径范围较小。目前国内生产的最大直径是62 mm,国外也主要用于小直径;铝塑复合管生产的工艺和设备比较复杂(譬如铝塑复合管要用于热水时聚乙烯层还要进行交联,一般都用二步法);铝塑复合管成本难以降低(不能回收就要加上废品损失),铝塑复合管的价格要高于交联聚乙烯PEX管(尤其是用一步法生产的PEX管)和三型聚丙烯PP-R管。室内供水管道需要比较多的管件,铝塑复合管用的金属管件价格高于PP-R等用的塑料管件(尤其在较大直径上)。

4.2.2　室内供暖管道的加工及连接

1. 室内供暖管道的切断方法

在管道施工中，为了使管子能符合所需要的长度，就必须切断管子。切断的方法有：锯断、刀割、气割、砂轮切割机切割及其他切割方法等。施工中，需根据管子的材质、规格和施工条件选用适当的切断方法。

(1)锯断。

锯断是常用的切断方法，可用于切断钢管、有色金属管、塑料管等。锯断可采用手工切断和机械锯床切断两种方法。由于锯断操作较简便，易掌握，所以被广泛应用。

手工切断是用手工钢锯切断管材。手工钢锯构造简单、轻巧、携带和使用方便、切口不氧化、不收缩，但速度慢、费力、切口不易平整，切口质量受操作人员技术水平影响较大。手工钢锯一般用来切断 DN50 mm 以下的管材，有活动锯架和固定锯架两种，如图 4.8 所示。

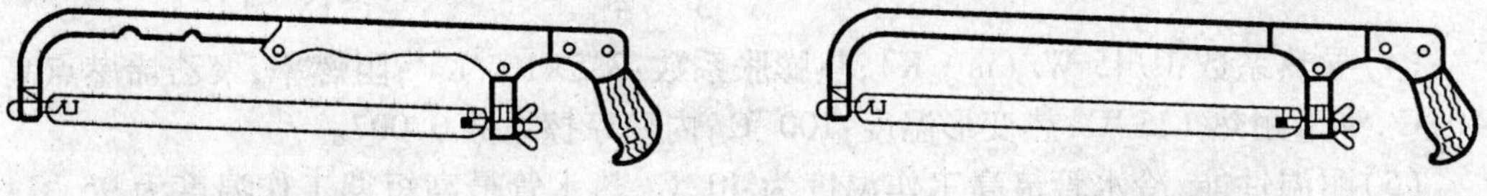

(a) 活动锯架　　(b) 固定锯架

图 4.8　手工钢锯架

活动锯架，不但携带方便，而且可以任意装换 200 mm、250 mm、300 mm 长的锯条。固定锯架只能装 300 mm 长一种规格的锯条。

手工切断时，应注意下列问题：

①应根据管材壁厚选用锯条。薄壁管宜选用细齿锯条，厚壁管宜选用粗齿锯条。

②安装锯条时，应使锯条齿向前，避免装反。

③锯管时应将管子卡紧，以免颤动折断锯条。

④手工锯断时，一手在前一手在后，两脚站成丁字步。向前推时，用力要均匀，应适当施加压力，以增加切割速度。回锯时，前手放松以减少锯齿磨损。

⑤为了防止管口锯偏，可在管子上预先画好线。画线的方法是用整齐的厚纸板或油毡纸(俗称直样板)紧包在管外壁上，用石笔或红色铅笔在管壁上沿样板画一圈即可。

⑥起锯时应用左手大拇指辅助右手先锯出一个小口，然后再双手持锯进行切割。

⑦切割过程中，应向锯口处加适量的机油，以便润滑和降温。

⑧临近锯断时，锯声变弱，应放慢速度，防止断口割伤。

⑨不可以在切割过程中更换锯条，以防因锯口宽度不同造成锯条折断。

用机械锯床切断管子时，应将管子固定在锯床上，锯条对准切断线，即可切断管子。

(2)刀割。

刀割就是用割管器进行切断管子的操作。使用割管器比手工锯断管子劳动强度小、切割速度快、断面也比较平直，但切口易产生缩口变形，需用刮刀进行刮口。割管器适用于切断 DN40 mm ~ DN150 mm 管径的管子，在安装现场应用较为广泛。

割管器如图4.9所示，是在弓形刀架的一端装一个圆形刀片，刀架另一端装有可调的螺杆和手柄，螺杆的前端装有两个托滚。当转动手柄的螺杆时，可控制托滚的前进或后退，使刀片靠紧或离开管子。切割时，转动手柄将刀片挤压在管子上，再扳动刀架绕管子旋转，将管壁压出刀痕来，每进刀（挤压）一次绕管子旋转一周，如此不断进刀、旋转，便可切断管子。

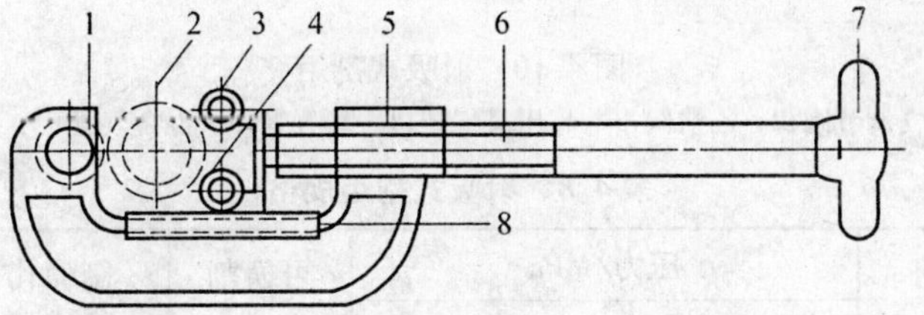

图4.9　割管器

1—切割滚轮；2—被割管子；3—压紧滚轮；4—滑动支座；5—螺母；6—螺杆；7—手把；8—滑道

割管器的规格和适用范围见表4.7。

表4.7　割管器规格

割管器型号	2#	3#	4#
被切割管子公称直径/mm	12～50	25～80	50～100

使用割管器时应注意下列问题：

①应按被切管子管径的规格选择管子割刀。

②割管时刀片应垂直于管子的轴线。

③每旋转一圈进刀量不宜过大，以免管口明显缩小或损坏刀片。

④割管时转动用力要均匀，不要左右晃动，以免损坏刀片。

⑤当因进刀量过大而无法转动刀架时，可以先向后回一下刀，然后再转动刀架，切不可强行转动。

⑥切断后的管子应刮去管口内径缩口边缘部分，以保证管子内径。

（3）气割。

气割是利用氧气-乙炔气体的高温火焰，先将金属加热至红热状态，然后开启割炬高压氧气阀，用高压氧气吹射切割处，使金属剧烈燃烧成液体氧化铁，氧化铁被高压氧气流吹掉而使金属断开。氧气由氧气瓶供给，经过氧气表降压后通过氧气胶管进入割炬。乙炔气由乙炔瓶供给，经乙炔表、回火器后，通过乙炔胶管进入割炬。气割主要适用于切割碳素钢钢管、板材和型材等。

用气割切割钢管，效率高，操作方便，且能得到整齐而洁净的切口，是安装现场主要的切割方法之一。气割使用的工具是割炬，其构造如图4.10所示，规格及性能见表4.8。

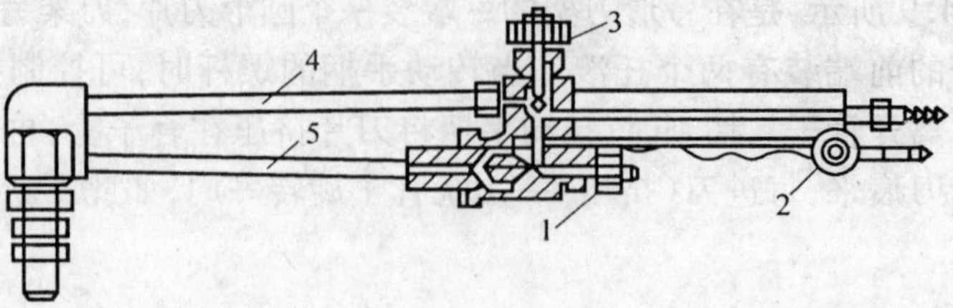

图4.10　射吸式割炬

1—氧气调节阀;2—乙炔阀;3—高压氧气阀;4—氧气管;5—混合气管

表4.8　射吸式割炬规格

规格	切割低碳钢厚度/mm	压力/MPa		可换割嘴个数	割嘴孔径范围/mm	割炬总长度/mm
		氧气	乙炔			
1#	1~30	0.1~0.3	0.001~0.12	3	0.6~1.0	450
2#	10~100	0.2~0.5		3	1.0~1.6	550
3#	80~300	0.5~1.0		4	1.8~3.0	650

使用割炬时应按以下步骤进行操作:

①先检查气割设备及氧气表、乙炔表是否能正常工作。

②点燃时,应先稍开割炬的氧气调节阀,再开大乙炔气阀后点燃。

③调整火焰,使焰心整齐,长度适宜后再试开高压氧气调节阀,无异常现象(突然熄火、放炮声)时即可进行切割。

④切割时火焰对准切断线加热,待红热时,开启高压氧气阀,均匀向前移动割炬进行切割。

⑤停割时,应先关闭高压氧气阀;熄火时先关闭乙炔阀后再关闭氧气阀。

气割安全操作知识:

①气割场地周围应清除易燃、易爆物品,乙炔瓶(或乙炔发生器)、氧气瓶与气割场地应保持一定距离。

②氧气瓶、氧气表及割炬等严禁曝晒、沾染油脂和剧烈振动,安装氧气表时应站在瓶口侧面,避免事故伤人。

③乙炔瓶(或乙炔发生器)附近应严禁烟火,且不得放置在电线的正下方。

④点燃时,枪口不准对人,以免烫伤。

⑤割炬须经检查后才能使用。检查方法,先拔掉乙炔管,打开乙炔阀,开启氧气调节阀,将手指肚紧贴在乙炔入口上,如有吸力表明割炬射吸情况正常,无吸力表明射吸情况不良,则不能使用。

(4)砂轮切割机。

砂轮切割机切割,是利用砂轮片对所需要切割材料的摩擦使其磨断的切割方法,也称磨割。砂轮切割机结构紧凑、体积小、搬运方便、速度快、省劳力、工效高,但噪声大、切口常有毛刺,速度快时切口有高温淬火变硬现象。

砂轮切割机由电动机、砂轮片、夹钳、四轮底座、操纵杆及带开关的手柄等组成,如图

4.11 所示。砂轮片直径为 400 mm，厚度为 3 mm，安装在转动轴上。切割时，切割的材料用夹钳夹紧，握紧手柄按住开关将电源接通，稍加用力压下砂轮片，便可进行磨割。松开手柄按钮即可切断电源，砂轮片停止磨割回到原位。

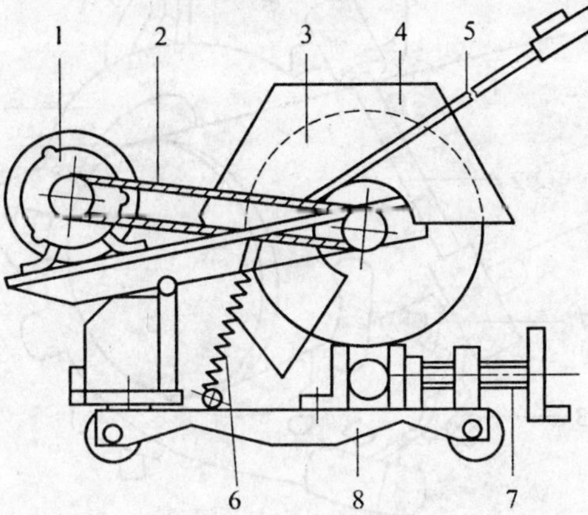

图 4.11　砂轮切割机

1—电动机；2—三角皮带；3—砂轮片；4—护罩；5—带开关的操纵杆；6—弹簧；7—夹钳；8—四轮底座

砂轮切割机是高速切割机，适宜切割各种碳素钢管、型材和铸铁管，是较为理想的切割机械。使用注意事项如下：

①所要切割的材料一定要用夹钳夹紧。

②操作人员的身体不应对准砂轮片，防止火花飞溅伤人。

③切割时操作人员应按紧按钮开关，不得在切割过程中松开按钮，以防事故发生。

④砂轮片一定要正转，切勿反转，以防砂轮片飞出伤人。

⑤加压进刀不能太快太猛。

(5)切断坡口机联合切断。

切断坡口机具备切断和坡口两种功能，适用于在施工工地进行大直径钢管的切断坡口，主要用来切断大口径 DN75 mm ~ DN600 mm 的管材。设备构造比较复杂，由单相电机、主体、齿轮传动装置和刀架等部分构成，如图 4.12 所示。设备采用三角定位，使用较为方便，切割速度快，切口质量好，可切割壁厚为 12 ~ 20 mm 的管材。

2. 室内供暖管道切断时对切口的质量要求

(1)下料尺寸应严格按照划线进行，注意切口余量，不要弄错，应保证下料尺寸准确无误。

(2)切口质量的好坏，直接关系着下道工序的作业条件和质量。因此，切断作业要细心。切口加工应做到：切口平整、不得有重皮、裂纹。如有毛刺、凹凸、熔渣、氧化铁、铁屑等都应清除，断面与管道轴线垂直，断面不变形。切口平面偏差为管径的 1%，且不得超过 3 mm。

3. 校直、校圆钢管的方法

由于搬运装卸过程中的挤压、碰撞，管子往往产生弯曲变形，在使用前必须进行校直、

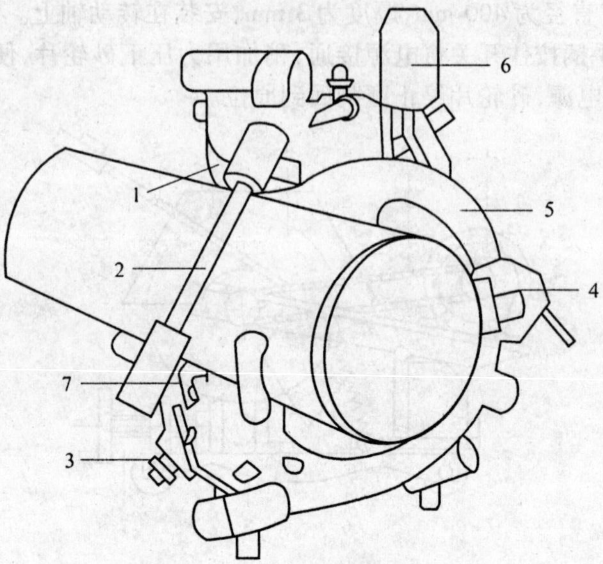

图 4.12　大直径钢管切断机

1—主体 A;2—连接杆;3—倒角刀架;4—切断刀架;5—齿轮;6—油罐;7—主体 B

校圆。

一般 DN15 ~25 mm 的钢管可在工作台或铁砧上校直。一人站在管子一端,转动管子,观察管子弯曲的地方,并指挥另一人用木槌敲打弯曲处。在校直时应先校直大弯,再校直小弯。

管径为 DN25 ~100 mm 时,用木槌敲打已很困难,为了保证不敲扁管子或减轻手工校直的劳累,可在螺旋压力机上对弯曲处加压进行校直。校直后用拉线或直尺检查偏差。DN100 mm 以下的管子弯曲度每米长允许偏差 0.5 mm。

当管径为 DN100 ~200 mm 时,要经加热后方可校直。做法是将弯曲处加热至 600 ~800 ℃(呈樱红色),抬到校直架上加压,校直过程中不断滚动管子并浇水。管子校直后允许每米偏差 1 mm。

管道被压扁成椭圆状多发生在管径较大的薄壁管子上,将管子套在另一根小一号的管子上,加热后用木槌敲打整形,如发生局部凹陷时,也可用内校圆器进行校圆,如图4.13 所示。

4. 螺纹连接的室内供暖钢管的管螺纹形式

螺纹连接又称丝扣连接,即将管端加工的外螺纹和管件的内螺纹紧密连接。它适用于所有镀锌钢管的连接,以及较小直径、较低工作压力(如 1 MPa 以内)焊接钢管的连接和带螺纹的阀类及设备的连接。管螺纹加工习惯上称为套丝,是管道安装中最基本的、应用最多的操作技术之一。

管螺纹有圆锥形和圆柱形两种。管子与管件的螺纹构造如图 4.14 所示。

图中,L_2为管端到基面的长度,是管件用手拧入后,端面应达到的深度;L_1为螺纹的工作长度,是将管件用管钳拧紧时端面到达的深度;露在外面部分为螺尾的长度。由图上可

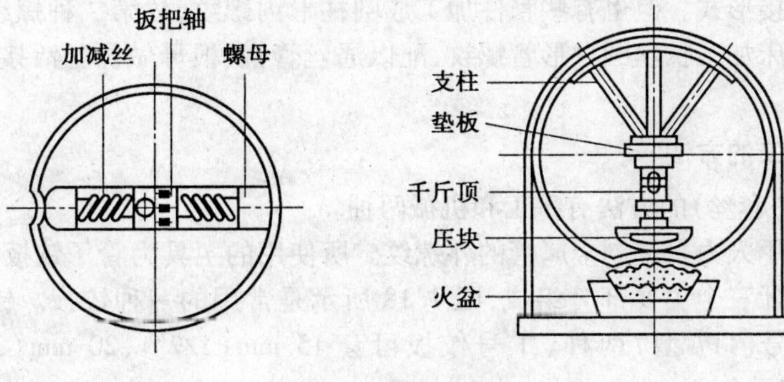

图 4.13　内校圆器

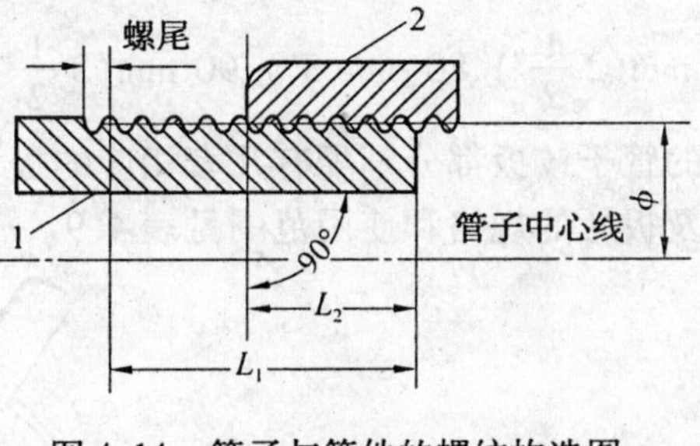

图 4.14　管子与管件的螺纹构造图

1—管子;2—管接头

以看出:基面是一个指定横截面,圆锥形管螺纹在基面上的直径(外径、中径、内径)与同规格的圆柱形管螺纹直径相等。

用于管子连接的管螺纹为英制三角形右螺纹(正丝扣),有圆锥形和圆柱形两种。管螺纹的连接形式有如下三种:

(1)圆柱形接圆柱形螺纹。

管端外螺纹和管件内螺纹都是圆柱形螺纹的连接,如图 4.15 所示。这种连接在内外螺纹之间存在平行而均匀的间隙,这一间隙是靠填料和管螺纹螺尾部分 1 ~2 扣拔有梢度的螺纹压紧而严密的。

(2)圆锥形接圆柱形螺纹。

管端为圆锥形外螺纹,管件为圆柱形内螺纹的连接,如图 4.16 所示。由于管外螺纹具有 1 : 16 的锥度,而管件的内螺纹工作长度和高度都是相等的,故这种连接能使内外螺纹在连接长度的 2/3 部分有较好的严密性,整个螺纹的连接间隙明显偏大,必须以填料填充方可得到要求的严密度。

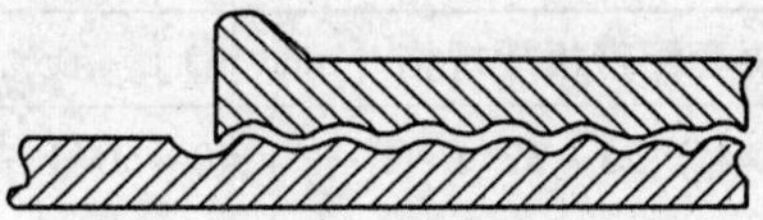

图 4.15　圆柱形接圆柱形螺纹

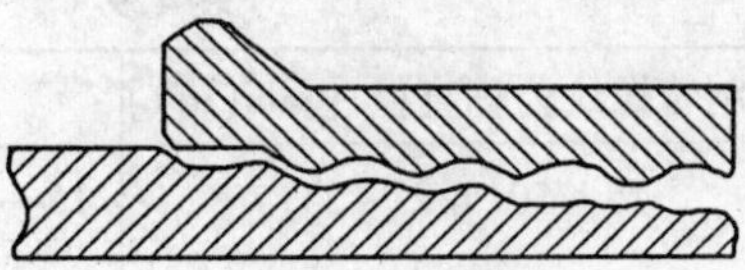

图 4.16　圆锥形接圆柱形螺纹

(3)圆锥形接圆锥形螺纹。

管子和管件的螺纹都是圆锥形螺纹的连接,如图 4.17 所示。这种连接内外螺纹面能密合接触,连接的严密度最高,甚至可不加填料,只需在管螺纹上涂上铅油等润滑油即可拧紧。

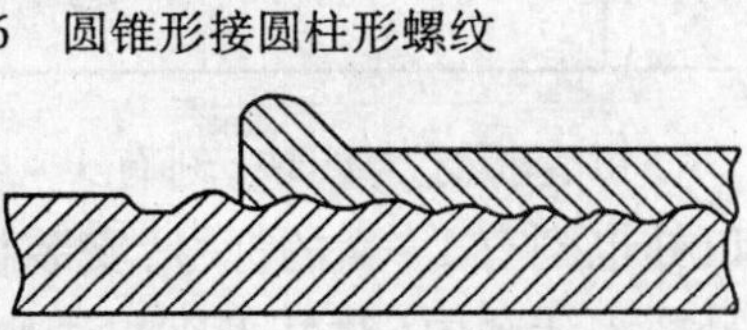

图 4.17　圆锥形接圆锥形螺纹

在本专业管道的螺纹连接中,由于管件内螺纹应按 GB 3287—82 的要求加工,除通丝外接头(通丝管箍)及锁紧螺母外,所有管件均采用圆锥形螺纹,因此第三种连接形式应成为今后主要连接形式。但也有些管件加工成圆柱形内螺纹,故第二种螺纹连接形式仍在使用。当用车床加工长丝圆柱形管螺纹,配以通丝管箍、根母做长丝活接时,第一种连接形式也有应用。

5. 管螺纹加工的方法

管螺纹加工(套丝)的方法有手工和机械两种。

手工套丝是用人力来铰制金属管的外螺纹。所使用的工具为管子铰扳(也称代丝),由机身、扳把、板牙三个主要部分组成,图 4.18 所示是常用的一种铰扳。铰扳规格分为 1 号(114 型),2 号(117 型)两种。1 号铰扳可套 15 mm(1/2″)、20 mm(3/4″)、25 mm(1″)、32 mm($1\frac{1}{4}$″)、40 mm($1\frac{1}{2}$″)、50 mm(2″)六种不同规格的管螺纹,2 号铰板可套 65 mm($2\frac{1}{2}$″)、80 mm(3″)、90 mm($3\frac{1}{2}$″)、100 mm(4″)四种不同规格的管螺纹。每种规格的管子铰扳都分别配有几套相应的板牙,每套板牙可以套两种管径的管螺纹。管子铰扳及板牙的规格和使用范围见表 4.9。

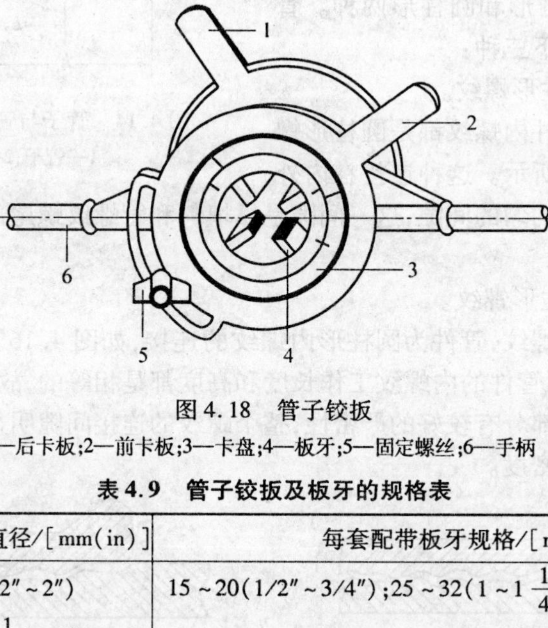

图 4.18　管子铰扳

1—后卡板;2—前卡板;3—卡盘;4—板牙;5—固定螺丝;6—手柄

表 4.9　管子铰扳及板牙的规格表

型号	铰制管螺纹公称直径/[mm(in)]	每套配带板牙规格/[mm(in)]
114	15 ~ 50(1/2″ ~ 2″)	15 ~ 20(1/2″ ~ 3/4″);25 ~ 32(1 ~ $1\frac{1}{4}$″);40 ~ 50($1\frac{1}{2}$″ ~ 2″)
117	65 ~ 100($2\frac{1}{2}$″ ~ 4″)	65 ~ 80($2\frac{1}{2}$″ ~ 3″);90 ~ 100($3\frac{1}{2}$″ ~ 4″)

每套板牙为四块,刻有 1 ~ 4 序号,由硬质碳素工具钢制成。在机身上的每个板牙孔口处也刻有 1 ~ 4 的标号,安装板牙时,先将刻有固定盘“0”的位置对准,然后按板牙顺序号插入牙孔内(对号入座),否则管子铰扳套不出符合规格的螺纹来。转动固定盘可以使四个板牙向中心靠近,板牙就固定在管子铰扳内。

套丝时,先根据管子口径选取适用的管子铰扳及板牙。把管子用龙门钳(也称龙门架)夹紧,将管子铰扳套在管子上,调整后卡爪滑盘将管子卡住,再调整固定盘面上的管子口径刻度,对好所需要的管子口径。沿管子轴向方向加推力的同时,按顺时针方向转动手柄，待出现螺纹时，只需转动手柄便可套出螺纹，待螺纹长度达到要求时，提起松紧螺丝，套出螺尾。如此反复2～3次，便可套出合格的螺纹。在套丝过程中，应在板牙上加少量机油，以便润滑和降温。为了保证螺纹质量和避免损坏板牙，必须注意板牙未松前不允许在套好的螺纹上反方向转动管子铰扳。铰扳在使用时应注意定期拆卸清洗，较长时间不使用时，必须拆卸清洗并加涂黄油，防止生锈，以延长使用寿命。

机械套丝是指用套丝机加工管螺纹，目前在安装现场已普遍使用套丝机来加工管螺纹。套丝机按结构形式的不同分为两类，一类是板牙架旋转，用卡具夹持管子纵向滑动，送入板牙内加工管螺纹，另一类是卡具夹持管子旋转，纵向滑动板牙架加工管螺纹。

图4.19是上述第二类的一种，这种套丝机由电动机、卡盘、割管刀架、板牙头和润滑油系统等组成。电机、减速箱、空心主轴、冷却循环泵均安装在同一箱体内，板牙架、割管刀、铣刀都装在托架上。使用套丝机的步骤是：

(1)在板牙架上装好板牙。

(2)将管子从后卡盘孔穿入到前卡盘，留出合适的套丝长度后卡紧。

(3)放下板牙架，加机油后按开启按钮使机器运转，扳动进给把手，使板牙对准管子头，稍加一点压力，套丝机就开始工作。

(4)板牙对管子很快就套出一段标准螺纹，然后关闭开关，松开板牙头，退出把手，拆下管子。

(5)用管子割刀切断的管子套丝后，应用铣刀铣去管内径缩口的边缘部分。

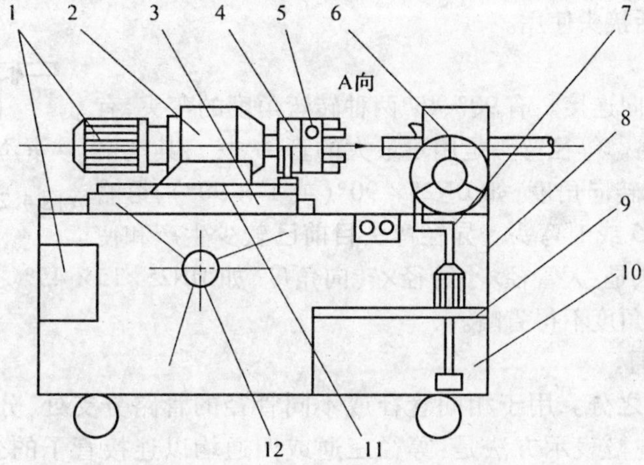

图4.19　GSJ-40套丝机示意图

1—电机及电气控制装置；2—减速机；3—拖板及导轨；4—切削头；5—调节蜗杆；6—夹紧虎钳；7—冷却系统；8—机架；9—金属滤网；10—水箱；11—拨叉手柄；12—手轮

6. 管螺纹加工的质量要求

管螺纹的加工质量是决定螺纹连接严密与否的关键环节。按质量要求加工的管螺纹，即使不加填料，也能保证连接的严密性；质量差的管螺纹，就是加较多的填料也难保证连接得严密。管螺纹应达到如下质量标准：

①螺纹表面应光洁、无裂缝，但允许微有毛刺。

②螺纹断缺总长度，不得超过规定加工长度的 10%，各断缺处不得纵向连贯。

③螺纹高度减低量，不得超过 15%。

④螺纹工作长度可允许短 15%，但不应超长。

⑤螺纹不得有偏丝、细丝、乱丝等缺陷。

7. 常用的螺纹管件及其用途

螺纹连接的管件又称丝扣管件，是采用 KT30-6 可锻铸铁（俗称玛钢管件）或软钢铸造，并经车床车制内螺纹制成，有镀锌和非镀锌两类，分别用于镀锌钢管和非镀锌钢管的连接。

螺纹管件的内螺纹应采用（GB 3289—82）管螺纹，有右螺纹（正丝扣）、左螺纹（反丝扣）两种。除连接散热器的丝堵、补芯有左、右两种螺纹规格外，常用管件均为右螺纹。管件的公称直径是按连接管子的公称直径标明的，一般在 65 mm（$2\frac{1}{2}$″）以内，工作压力为 1 MPa。如图 4.20 所示，常用螺纹管件及其用途如下：

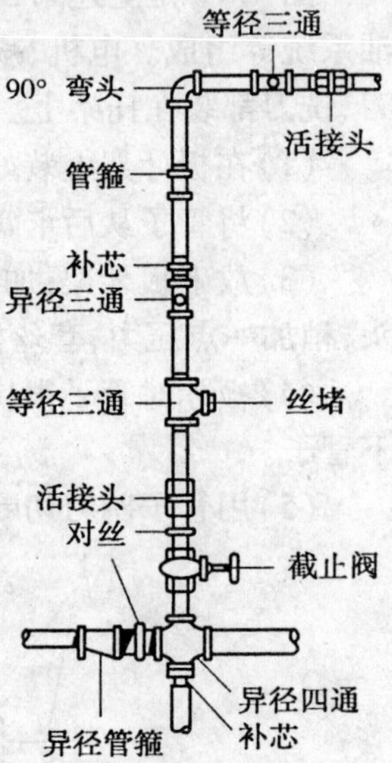

图 4.20　常用螺纹管件

（1）外接头。

俗称管箍、束结、套管。用于两直径相同管子的直线连接，有通丝和不通丝两种。通丝管箍和锁紧螺母（根母）配以管端的长螺纹，用做长丝活接头使用。

（2）弯头。

用于管道的转向连接。有 90°、45°两种转弯角度的弯头，有等径、异径两种规格。等径弯头是用量最大的管件之一，其规格表示方法是：管径×转向角度，如 DN25× 90°（或 1″× 90°），可略去角度简写为 DN25 或 1″弯头。异径弯头目前已较少生产和使用，其规格表示方法是：大管径×小管径×转向角度，如 DN25×15× 45°。对于 45°管件，在规格表示时其转向角度不得省略。

（3）三通和四通。

有等径和异径之分。用于相同管径或不同管径的管路分支处，分支管的连接均为 90°连接。管件的规格表示方法是：等径三通或四通均以连接管子的公称直径表示，如 DN25（1″）三通、DN25（1″）四通等。异径时用大直径×小直径表示，如 DN25× 15（1″× 1/2″）三通（或四通）等。

（4）活接头。

又称活接、由任。用于两相同直径管子的可拆卸直线连接，常和阀门配套使用。流体先流经阀门，再流过活接头，当阀门关闭时，打开活接头，可拆卸管道。

（5）异径外接头和内外螺丝。用于管道变径，是两种不同直径管子的直线连接管件。异径外接头又叫异径管箍或大小头，有同心和偏心两种。异径外接头和内外螺丝的规格表示法均为：大直径×小直径。内外螺丝俗称补芯，其连接简单，常用于三通（或四通）、管箍的变径处。

(6)锁紧螺母。又称根母,是长丝活接头或长丝管道的紧固件。

(7)外方管堵。又称管丝堵、丝堵,用于管道堵塞时,可打开的管道敞口处,常用于管道系统最低点的管件内螺纹处,以便打开排放。

8. 管道的螺纹连接

螺纹连接时,先在管端外螺纹上缠抹适量的填料后,用手将管件拧上,再用适合于管径规格的管钳拧紧。操作时用力要均匀,只准进不准退,上紧管件(或阀件)后,管螺纹应剩余有 2 扣螺纹,并将残留填料清理干净。

螺纹连接的加力拧紧管钳,常用的有普通式(张开式)和链条式两种,规格以管钳的张开口中心至手柄端头的长度表示,长度表明力臂的大小,并与张口大小相适应。管钳的形式如图 4.21、图 4.22 所示。

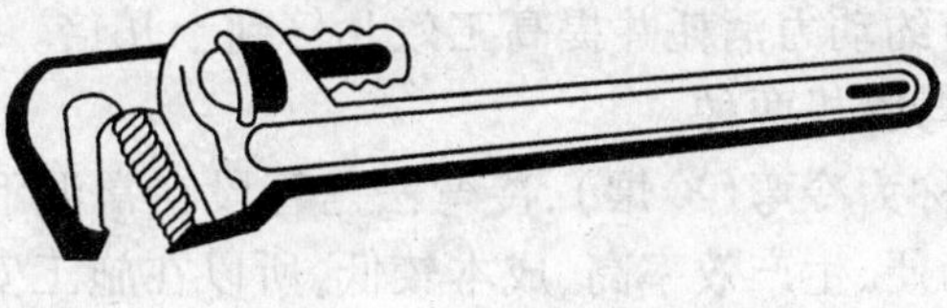

图 4.21　普通式管钳

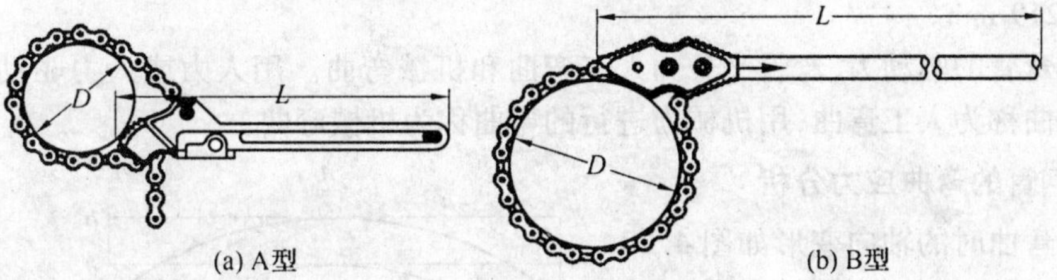

(a) A型　(b) B型

图 4.22　链条式管钳

普通级管钳应用非常广泛。链条式管钳又称链钳子,是借助钢链条箍紧管子,以手柄加力拧紧螺纹或转动管子的,常用在 80 ~ 250 mm 较大直径的管道安装中。管钳的规格及适用范围见表 4.10。

表 4.10　管钳的规格及适用范围

规格/mm		150	200	250	300	350	450	600	900	1 200
夹持管子外径/mm ≤		20	25	30	40	50	60	75	85	110
试验扭矩 /(N·m)$^{-1}$	轻级	98	196	324	490	—	—	—	—	—
	普通级	105	203	340	540	650	920	1 300	2 260	3 200
	重级	165	330	550	830	900	1 400	1 980	3 300	4 400

螺纹连接的填料对连接的严密性十分重要。填料的选用是根据管内介质的性质和工作温度确定的。一般管内介质温度在 120 ℃以下的热水、低压蒸汽和给水管道,可使用线麻(亚麻)和厚白铅油做填料,先将线麻从管端螺纹的第二丝扣开始,沿螺纹顺时针向后缠绕,直至丝扣的终点,在缠绕的线麻表面均匀地抹上白铅油,即可拧上管件。当介质温

度高于 120 ℃时，则应改用石棉绳纤维和白铅油做填料，或在管螺纹上抹上厚铅油即可。

螺纹连接的质量取决于管螺纹的加工质量及拧紧的加力。管螺纹加工的长度、锥度、表面光洁度、椭圆度必须符合要求，丝扣不圆整、烂牙、丝扣局部损伤、细丝、歪丝等缺陷均应在加工中予以消除。拧紧的加力应适度，操作应正规化（禁止在管钳的手柄上加套管施力、脚踏施力等），拧紧后剩余丝扣过多（超过 2 扣）或不剩余丝扣（俗称绝丝）都是不允许的。

9. 钢管的弯曲

钢管的加热弯曲称为热弯（热煨），热弯是利用钢材加热后强度降低，塑性增加，从而可大大降低弯曲动力的特性工作的。热弯弯管机适用于大管径钢管的弯曲加工，钢材最佳加热温度为 800～950 ℃，此温度下钢管的塑性便于弯曲加工，强度不受影响。热弯法与冷弯法相比，可大大节约动力消耗并提高工效几倍到十几倍。常用的热弯弯管机有火焰弯管机和可控硅中频弯管机两种。

钢管的不加热弯曲称为冷弯（冷煨），冷弯法是管段在常温下进行弯曲加工的方法。冷弯法无须加热、操作简便、生产效率高、成本较低，所以在施工安装中得到广泛的应用。但动力消耗大，有冷加工残余应力，这限制了它的应用范围。目前冷弯弯管机的最大弯管直径是 ϕ219 mm。

根据弯管的驱动力，弯管又分为人工弯曲和机械弯曲。用人力或人力驱动简单机具进行的弯曲称为人工弯曲，用机械力进行的弯曲称为机械弯曲。

10. 钢管的弯曲应力分析

钢管弯曲时的轴向变形如图 4.23 所示，在一根直钢管上划线，使管子外侧（背部）、中心线、管子内侧（腹部）的长度分别为 ab、mn、cd，且有 $ab=mn=cd$ 的等长关系。将这段直管弯曲时，可以发现管子外侧的线段长度均有所增长，即 $a'b'>ab$，管子内侧部分的线段均有所缩短，即 $c'd'<cd$，而中心线的线段长度基本上没有变化，即 $m'n'=mn$。

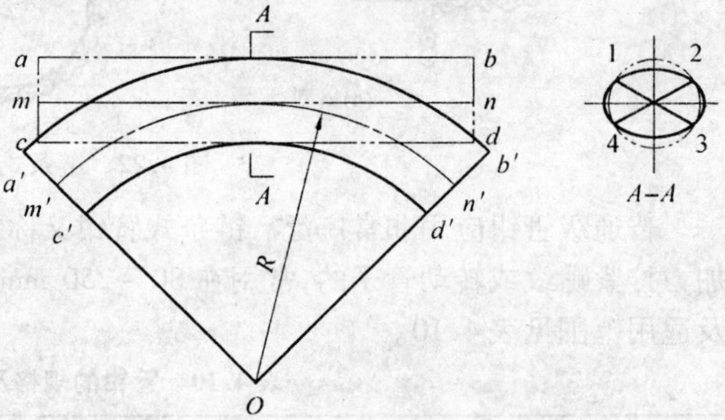

图 4.23　管子弯曲的轴向变形

对弯管来说，外侧部分是受拉力作用，从而使管壁变薄，长度增长，当管材壁厚不能承受其减薄值时，有可能出现裂纹；内侧受压力作用使管壁增厚，长度缩短，当管材壁厚不能承受其增厚值时，有可能出现鼓包；中心轴上材料没有受拉和受压，管壁厚度没有增减。

管壁变薄可用壁厚减薄率表示，按下式计算：

$$\text{壁厚减薄率}=\frac{\text{弯制前壁厚}-\text{弯制后壁厚}}{\text{弯制前壁厚}}\times 100\%$$

对于高压管，壁厚减薄率不应超过 10%；中低压管，壁厚减薄率不应超过 15%，且不小于设计计算壁厚。

管子弯曲的横断面变形如图 4.24 所示，在 $m-m_1$、$n-n_1$ 断面上，m 和 n 处产生的拉力组成一个向下的合力，m_1 和 n_1 处产生的压力组成一个向上的合力，由于这两个合力的作用，管子断面出现了扁化趋势，这两个合力在中性层附近的总合力为零。从管子的变形情况可以看到，断面上有四个点（1、2、3、4）弯曲前后位置保持不变（见图 4.24），认为它们基本上没有受到力的作用，这四个点称为零点，其纵向延伸线称为“安全线”，因此在弯制有缝管子时，应把焊缝置于 45°“安全线”的位置，避免焊缝产生裂纹。管子弯曲扁化趋势用椭圆率表示，其计算式为

$$椭圆率=\frac{最大外径-最小外径}{最大外径}\times 100\%$$

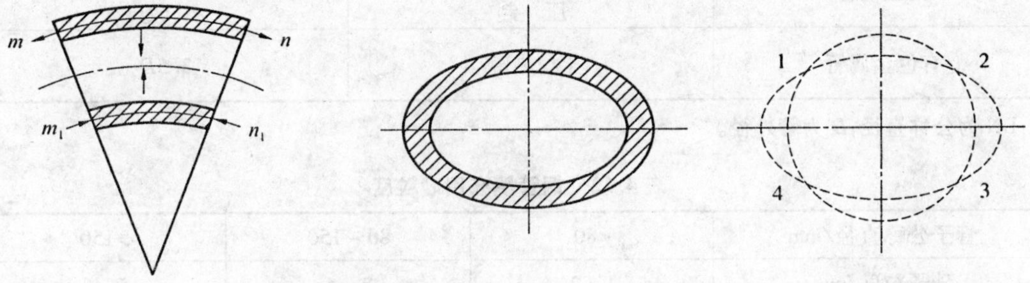

(a) 受拉断面变成椭圆　(b) 变形前后对照

图 4.24　管子弯曲的横断面变形

高压管椭圆率不应超过 5%，中低压管椭圆率不应超过 8%，一般暖卫管道其弯制后的椭圆率应不超过 8%。

11. 弯管的弯曲半径

如果我们把弯管看成是圆环管一部分的话，那么这个圆环管中心的半径，就是弯管的弯曲半径，通常用 R 表示。弯曲变形的大小与弯曲半径 R 成反比，即弯曲半径越大，管子的受力和变形越小，管子减薄程度越小，而且流体压力损失也越小；弯曲半径越小，弯管受挤压应力越大，越容易被压扁呈椭圆形。因此，选择合适的弯曲半径成为管子弯曲的关键。弯管的最小弯曲半径见表 4.11。

12. 钢管热弯的具体工序

（1）人工热弯。人工热弯包括下列工序：准备工作、充砂打砂、画线、加热、弯曲、质量检查和除砂。

①准备工作。弯管所选用管材，除材质符合要求外，还应无锈、无外伤（凹陷）和裂纹，管壁厚度应均匀。管内填充的砂子应能耐 1 000 ℃以上的高温，并经筛选、洗净及烘干，砂粒度应按钢管的直径选择，见表 4.12，且应加少量细砂。

表 4.11　弯管的最小弯曲半径(R)

管子类别	弯管制作方式		最小弯曲半径
中、低压钢管	热弯		3.5D
	冷弯		4.0D
	压制		1.0D
	热推弯		1.5D
	焊制	DN>250 mm	0.75D
		DN≤250 mm	1.0D
高压钢管	冷、热弯		5.0D
	压制		1.5D
有色金属管	冷、热弯		3.5D

注:DN 为公称直径,D 为管外径。

表 4.12　钢管填充用砂粒度

管子公称直径/mm	<80	80~150	>150
砂子粒度/mm	1~2	3~4	5~6

当弯管量不大时,充砂可利用现场阳台、雨搭、平屋顶等就地填充;弯管量大时,应设置专用灌砂台,灌砂台可用角钢制做,也可用钢管或架杆搭制,每层的高度为 1.8~2 m,并根据管子的长度确定搭制层数。灌砂台应有供操作人员上下的扶梯和栏杆,上部装有竖立钢管和运砂用的滑轮。

弯管平台多由混凝土浇筑并预留管桩,也可用钢板焊制平台,其高度大于 1 000 mm,上面有足够的圆孔,以备插放管桩。

管子加热采用地炉。地炉为长方形,其尺寸应根据加热管子直径和根数确定,位置应靠近弯管平台。砌炉时,先挖约 400 mm 的深坑,留出风洞后砌三层红砖,放上炉箅,再砌两、三层耐火砖与地面平齐。在风洞内插入带闸板的鼓风管,用风机送风。

②充砂打砂。为防止管子弯曲后断面变形,弯管前必须用烘干砂子将管内填实。先将管子一端用木塞堵上,对大口径管子可用钢板点焊封堵,充砂时,用滑轮将堵好的管子竖起并固定,在开口端用漏斗将砂子灌入管内,用人工或机械打砂(即敲打管壁使砂振实)。人工打砂时,最少要两个人,用手锤沿管子四周敲击,直到声音脆实,灌入的砂子面不再下沉为止,最后封好上管口。敲打时,用力要均匀,锤头要平,以免打出凹痕。

③画线。弯管加热前应根据弯管角度计算弯曲长度,并用白铅油画在管子上,这种做法叫做弯管的画线。对于热弯弯头,弯曲长度又称火口长度,加热长度应稍大于火口长度。

弯曲长度的计算公式为

$$l=\frac{\alpha\pi R}{180^\circ}=0.017\,45\alpha R \tag{4.27}$$

式中　l——弯曲长度,mm;

α——弯曲角度,(°);

R——弯曲半径,mm。

当 $\alpha=90°, R=4D$ 时,弯曲长度为

$$l=\frac{90\pi R}{180°}=\frac{\pi}{2}R=1.57R=6.28D\approx6D \tag{4.28}$$

90°弯头的画线,如图 4.25 所示,图中 a 为管端的定尺长度。

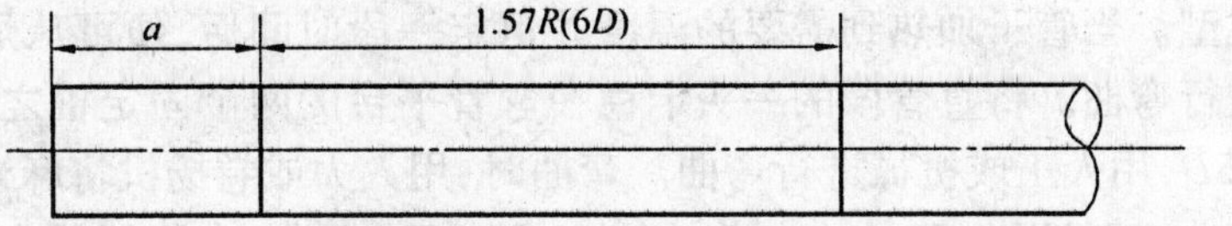

图 4.25　管端定尺寸弯头画线

位移量 ΔL 按下式计算:

$$\Delta L=R\tan\frac{\alpha}{2}-\frac{\pi}{360}\alpha R \tag{4.29}$$

即

$$\Delta L=R\tan\frac{\alpha}{2}-0.00873R\alpha \tag{4.30}$$

式中　ΔL——位移量,mm;

R——弯曲半径,mm;

π——圆周率,取 3.14;

α——弯头弯曲角度,(°)。

对 $\alpha=90°, R=4D$ 的弯管,其热伸长量 $\Delta L=0.86D$,即弯管每端伸长 $\Delta L/2=0.43D$,据此 90°弯管可有另一种画线方法,如图 4.26 所示。

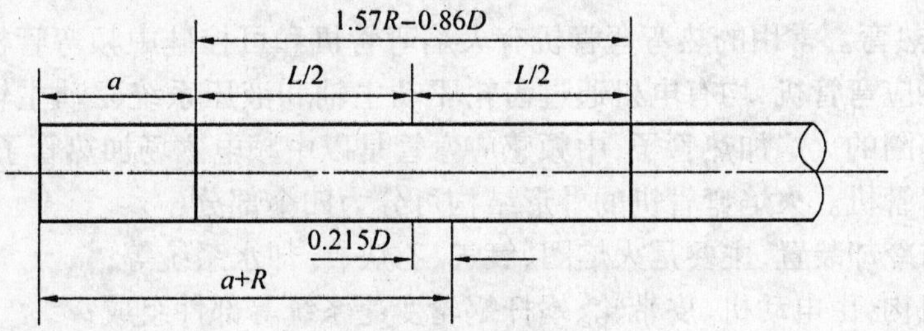

图 4.26　另一种画线方法

④加热。管子加热一般在地炉中进行,对管径小于 50 mm 的管子也可以用氧气-乙炔焰进行加热。地炉加热钢管可选用优质焦炭做燃料,放管前应将炉内燃料加足,在管子加热过程中,一般不再加燃料。当炉内燃烧正常以后再将管子放进炉内,在加热管段上盖上反射板(薄钢板),以减少热量损失。加热过程中要经常转动管子,使加热管段受热均匀,管内砂子烧透。但应注意管材不能过烧(指烧化管壁)和渗碳。

管子弯曲的加热温度,碳素钢管一般为 900 ~1 000 ℃,可用观察受热管子颜色(俗称看火)的方法确定。白天煨管不易辨别火焰,可在看火时遮阴辨色。管子烧成的颜色和温度的关系可参照表 4.13 的近似对应值,弯曲温度区间为 750 ~1 000 ℃,低于 750 ℃不

得弯制。管子的加热长度范围一般为1.2倍画线长度。当管子烧成橙黄色且在加热范围内颜色均匀时,即可进行弯曲。

表4.13 管子的燃烧颜色和温度的对应关系

温度/℃	550	650	700	800	900	1000	1100	>1200
管子的烧成颜色	微红	深红	樱红	浅红	橘红	橙红	浅黄	白亮

⑤弯曲成型。当管子加热到需要的温度并恒定一段时间后,便可从炉内运到附近的弯管平台上进行弯曲。将直管段的一头卡稳在弯管平台的两个固定桩之间,画线标记露出管桩1~1.5D,用人工或机械进行弯曲。弯曲时,用人力或卷扬机将麻绳或钢丝绳均匀慢拉使管子弯曲,钢丝绳与管子的夹角始终应保持90°左右,一般用导向轮控制在90°±15°范围内。弯曲过程中,应将弯曲长度以外的管段用水壶浇水冷却,应由专人负责浇水(合金钢严禁用水冷却),观测管子的变形情况,并用样板测量弧度大小,当弧度达到要求时,应及时浇水定型。因为弯管冷却后会有回弹现象,因此样板要比预定弯曲角度多3°左右。

在弯制90°弯管时,弯曲角度不足90°弯管,习惯上称为敞头弯,多为不能使用的弯头。弯曲角度大于90°的弯头称勾头弯,只要角度相差不大,在弯管的背部(即弯管外侧)稍加烘烤,仍可回弹到满足使用的角度。因此,按照"宁勾不敞"的原则控制弯曲角度是十分必要的。

弯头弯成后应趁热在弯曲部分涂上一层废机油防止氧化。在热弯过程中,如发现管子椭圆度过大,有鼓包或出现较大褶皱时,应立即停止弯曲,并趁热用手锤修整。

⑥除砂。弯成的弯管,冷却后取下木塞或堵头,倾斜放置,用手锤轻轻振动将管内砂子倒干净,再用圆形钢丝刷系上铁丝,将加热后粘附在管内壁的砂粒刷净,保证管内清洁、畅通。

(2)机械热弯。常用的热弯弯管机有火焰弯管机和可控硅中频弯管机两种。火焰弯管机和中频感应弯管机,均有电机通过齿轮驱动主轴和液压系统驱动主轴两大类。火焰弯管是以火焰圈的火焰加热管子,中频感应弯管是以中频电磁场加热管子。

①火焰弯管机。火焰弯管机的外形结构可分为四个部分:

a.加热与冷却装置,主要是火焰圈、氧气、乙炔、冷却水系统等;

b.传动机构,由电动机、皮带轮、蜗杆蜗轮变速系统等部件组成;

c.弯管机构,由拐臂、夹头、靠轮等部件组成;

d.操纵系统,由电气控制系统、角度控制器、操纵台等部件组成。

火焰弯管机的齿轮传动机构如图4.27所示,由调速电机带动减速箱,通过齿轮机和蜗轮蜗杆驱动主轴旋转,以上设备都装在操作平台的下部,上部的主轴穿过操作平台与弯管机构连接。

弯管机构的示意图如图4.28所示,由主轴、托滚、靠轮、拐臂、夹头和火焰圈组成,安装在操作平台上。托滚是由2~3根垂直于钢管轴线的长滚组成,作用是托起钢管沿纵向移动。三个靠轮控制管子横向移动。拐臂固定在主轴上,带有长孔,以便按需要位置安装夹头。夹头距主轴的水平距离,按弯曲管的弯曲半径确定,夹头的规格按弯制管子的管径大小来更换。

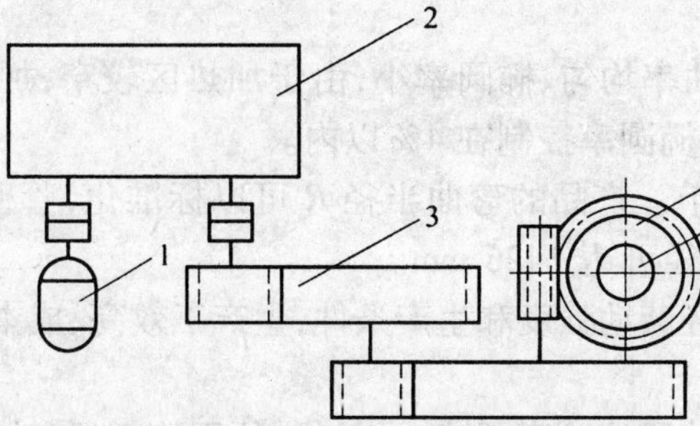

图 4.27　火焰弯管传动系统示意图

1—电机;2—减速器;3—齿轮机;4—蜗轮及蜗杆;5—主轴

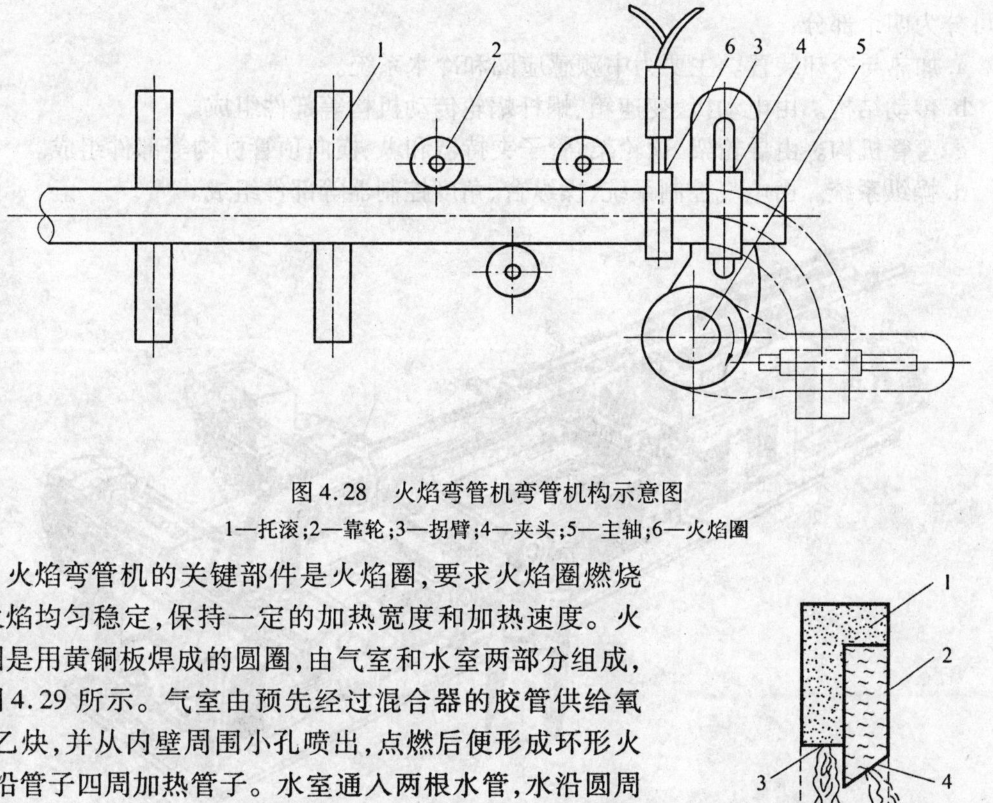

图 4.28　火焰弯管机弯管机构示意图

1—托滚;2—靠轮;3—拐臂;4—夹头;5—主轴;6—火焰圈

火焰弯管机的关键部件是火焰圈,要求火焰圈燃烧的火焰均匀稳定,保持一定的加热宽度和加热速度。火焰圈是用黄铜板焊成的圆圈,由气室和水室两部分组成,如图 4.29 所示。气室由预先经过混合器的胶管供给氧气、乙炔,并从内壁周围小孔喷出,点燃后便形成环形火焰,沿管子四周加热管子。水室通入两根水管,水沿圆周小孔呈 45°角喷出,冷却弯曲后的管子,同时也冷却火焰圈自身。

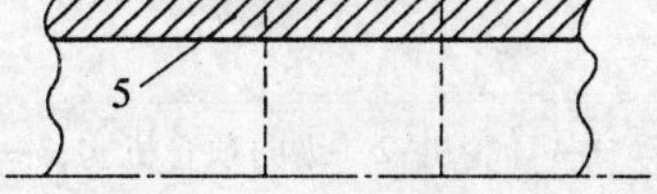

图 4.29　火焰圈断面

1—气室;2—水室;3—火孔;4—水孔;5—管壁

用火焰弯管机进行弯管时,先按管径选定火焰圈套住管子,将其装在调位机构上。接通气、水管点火,然后调整火焰进行加热,待火焰圈把管子加热达到红热状态后,便可启动电机旋转拐臂进行弯管。管子弯曲角达到要求后,可通过限位开关切断电源自动停车,松开夹头便可取出弯管。同时回车使拐臂复位,准备弯曲下一个弯管。

火焰弯管的特点是：

a. 弯管质量好。弯管曲率均匀、椭圆率小，由于加热区较窄，加热区两侧管壁刚度对弯曲断面有约束作用，能使椭圆率控制在4%以内。

b. 弯曲半径 R 可以调节。产品的弯曲半径 R 可以标准化，管壁变形均匀，最小曲率半径 $R=1.5D$，最大弯管直径可达 $\phi426$ mm。

c. 无须灌砂。大大减轻劳动强度和生产条件，生产工效高、成本低，且管件内壁清洁，无须清理。

d. 拖动功率小。机身体积比冷弯机小，重量轻，便于施工、移动、装拆。

e. 只适用于普通碳素钢管煨弯，不能用于不锈钢管的煨弯。

②中频弯管机。图4.30为一中频电热弯管机的外形构造图，其结构与火焰弯管机一样可分为四个部分：

a. 加热与冷却装置。主要为中频感应圈和冷水系统。

b. 传动结构。由电动机、变速箱、蜗杆蜗轮传动机构等部件组成。

c. 弯管机构。由导轮架、顶轮架、管子夹持器和纵、横向顶管机构等部件组成。

d. 操纵系统。由电气控制系统、操纵台、角度控制器等部件组成。

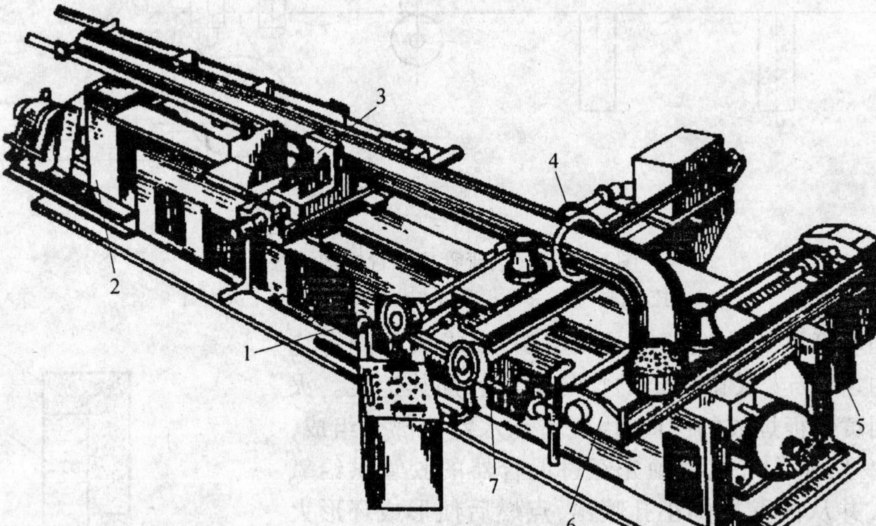

图4.30 中频电热弯管机

1—导轮机；2—纵向顶管机构；3—管子夹持器；4—中频感应圈；5—横向顶管机构；6—顶轮架；7—冷却装置

中频弯管机的工作机理与火焰弯管机相同，只是加热装置用中频感应圈代替了火焰圈。中频感应圈的加热原理是：感应圈内通入中频交流电，与感应圈对应处的管壁中会产生相应的感应涡流电，由于管材电阻较大，使涡流电能转变为热能，把管壁加热为高温。中频感应电热弯管机的工作原理如图4.31所示。

中频感应圈用矩形截面的紫铜管制作，管壁厚2～3 mm，与管子外表面保持3 mm左右的间隙。感应圈的宽度（对应于管子面的宽度）关系着加热区的宽度，随弯曲加工的管

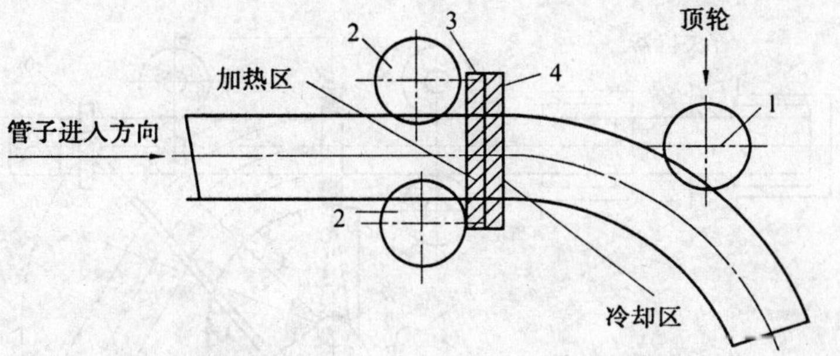

图 4.31　中频电热弯管原理

1—顶轮;2—导轮;3—中频感应电热器;4—盘环管冷却器

径而定,当管径为 ϕ68 ~ 108 mm 时,宽度为 12 ~ 13 mm;当管径为 ϕ133 ~ 219 mm 时,宽度为 15 mm。感应圈内通入冷却水,水孔直径 1 mm,孔距 8 mm,喷水角 45°。管段弯曲成形的加热、煨弯、冷却定形通过自控系统同步连续进行。

中频弯管机的弯管速度取决于纵向顶进速度和管子的加热速度,纵向顶进速度为

$$v=\frac{4RP}{qS(D_w-S)} \tag{4.31}$$

式中　v——管子纵向顶进速度,mm/s;

P——耗用功率,kW;

q——电能的单位耗量,kW · h/kg;

S——管壁厚度,mm;

D_w——管子外径,mm;

R——管子弯曲半径。

中频弯管机设有半径角度规,用来测定管子的弯曲半径和弯曲角度。半径角度规的构造如图 4.32 所示,由指针、本体、刻度盘、连杆、指示器等部件构成。工作原理如下:指针与半径角度规本体绕轴转动时,在刻度盘上指示出管子的弯曲角度 φ。连杆一端通过铰链连接到固定于管子上的夹圈上,另一端连接指针,用来测定弯管半径 R 并把测定结果传到指示器显示出来。

中频弯管机,除具备火焰弯管机的所有优点外,还根本改善了火焰弯管机火焰不稳定、加热不均匀的缺陷,并且可用于不锈钢管的弯曲加工。

13. 制作弯管的质量标准

质量标准是:

(1)无裂纹、分层、过烧等缺陷。外圆弧应均匀,不扭曲。

(2)中、低压管弯管的弯曲角度偏差:按弯管段直管长管端偏差 Δ 计,如图 4.33 所示。

机械弯管:$\Delta\leq\pm3$ mm/m;当直管长度 $L>3$ m 时,$\Delta\leq\pm10$ mm。

地炉弯管:$\Delta\leq\pm5$ mm/m;当直管长度 $L>3$ m 时,$\Delta\leq\pm15$ mm。

(3)中、低压管弯管内侧褶皱折波浪时波距 $t\leq4H$,波浪高度 H 允许值依管径而定。当外径≤108 时,$H\leq4$;外径为 133 ~ 219 时,$H\leq5$;外径为 273 ~ 325 时,$H\leq7$;外径>377 时,$H\leq8$。

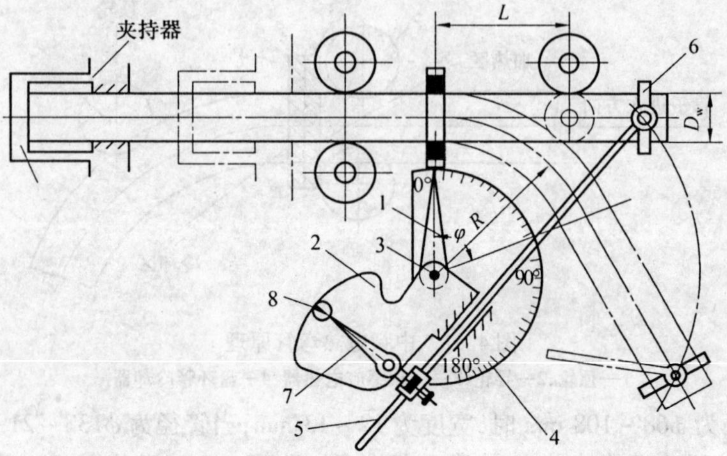

图 4.32　弯曲角度量规

1—指针;2—本体;3—轴;4—刻度盘;5—连杆;6—夹圈;7—指针;8—指示器

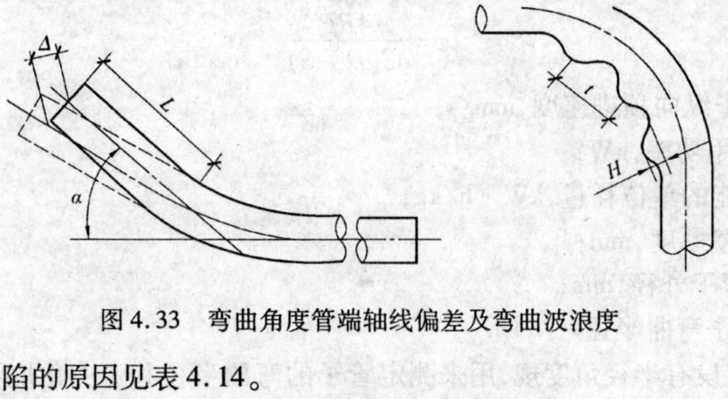

图 4.33　弯曲角度管端轴线偏差及弯曲波浪度

弯管产生缺陷的原因见表 4.14。

表 4.14　弯管产生缺陷的原因

缺陷	产生缺陷的原因
褶皱	1. 加热不均匀,浇水不当,使弯曲管段内侧温度过高 2. 弯曲时施力角度与钢管不垂直 3. 施力不均匀,有冲击现象 4. 管壁过薄 5. 充砂不实,有空隙
椭圆度过大	1. 弯曲半径小 2. 充砂不实
管壁减薄太多	1. 弯曲半径小 2. 加热不均匀,浇水不当,使内侧温度太低
裂纹	1. 钢管材质不合格 2. 浇水冷却太快,气温过低
离层	钢管材质不合适
弯曲角度偏差大	1. 样板画线有误,热弯时样板弯曲度应多弯 3°左右 2. 弯曲作业时定位稍活动

14. 钢制焊接弯头的加工

(1)焊接弯头的结构形式。焊接弯头是由若干节带有斜截面的直管段组对焊接而成。多用于低压管道系统,如图4.34所示。不同角度的焊接弯头均由中间节和端节组成,端节为中间节的一半,为了减少焊口,端节应尽可能在直管段上。焊接弯头的节数见表4.15。焊接弯头常用的弯曲半径 R 为1.5倍的管外径。

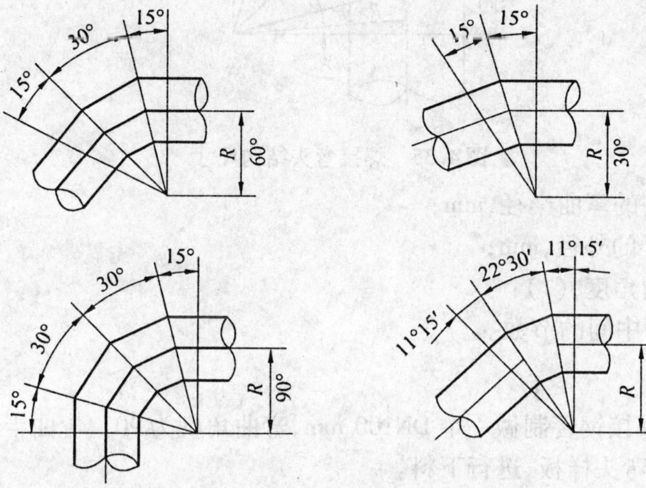

图4.34　焊接弯头

表4.15　焊接弯头最少节数

弯头角度	节　数	其　中	
		中间节	端　节
90°	4	2	2
60°	3	1	2
45°	3	1	2
30°	2	0	2

(2)焊接弯头的下料。焊接弯头是根据放样后得到的样板,在直管上画线、切割、组合、焊接制成的。正确地制作样板是十分重要的环节,样板的制作有放样法或计算法两种。

焊接弯头的结构尺寸如图4.35所示。中间节的背高和腹高分别为 A 和 B,端节的背高和腹高分别为 $A/2$ 和 $B/2$,可用下式计算:

$$\left.\begin{aligned}\frac{A}{2}&=\left(R+\frac{D}{2}\right)\tan\frac{\alpha}{2(n+1)}\\\frac{B}{2}&=\left(R-\frac{D}{2}\right)\tan\frac{\alpha}{2(n+1)}\end{aligned}\right\}\qquad(4.32)$$

式中　$A/2$——端节背高,mm;

　　　$B/2$——端节腹高,mm;

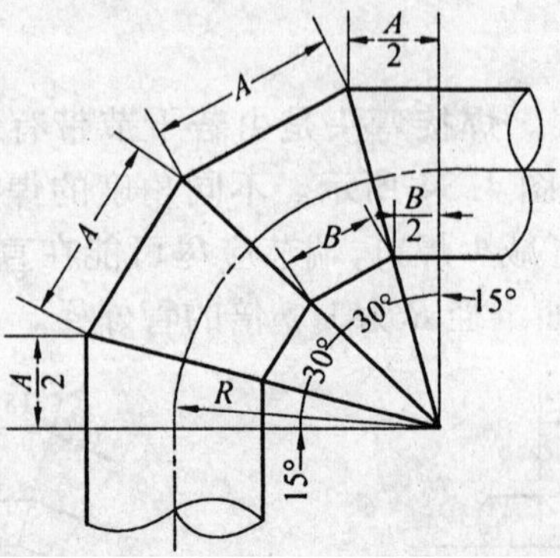

图 4.35　焊接弯头结构尺寸

R—— 弯头的弯曲半径,mm;

D—— 管子的外径,mm;

α—— 弯曲角度,(°);

n—— 弯头中间的节数。

15. 能力训练 1

已知条件:用焊接钢管制做一个 DN100 mm,弯曲角度为 90°,弯曲半径 $R=1.5D$ 的焊接弯头。绘制焊接弯头样板、进行下料。

解　制作步骤如下:

查表 4.15 可知焊接弯头中间节为 2 节,又因为 DN100 mm 焊接钢管外径为 $D=114$ mm,弯曲半径 $R=1.5\times114=171$ mm。

计算如下:当 $n=2$ 时

$$\tan\frac{\alpha}{2(n+1)}=\tan\frac{90^\circ}{6}=\tan 15^\circ$$

$$\frac{A}{2}/\text{mm}=\left(R+\frac{D}{2}\right)\tan 15^\circ=\left(171+\frac{114}{2}\right)\times 0.268=61$$

$$\frac{B}{2}/\text{mm}=\left(R-\frac{D}{2}\right)\tan 15^\circ=\left(171-\frac{114}{2}\right)\times 0.268=31$$

根据计算得到端节的背高与腹高,即可绘制焊接弯头的展开图,如图 4.36 所示。

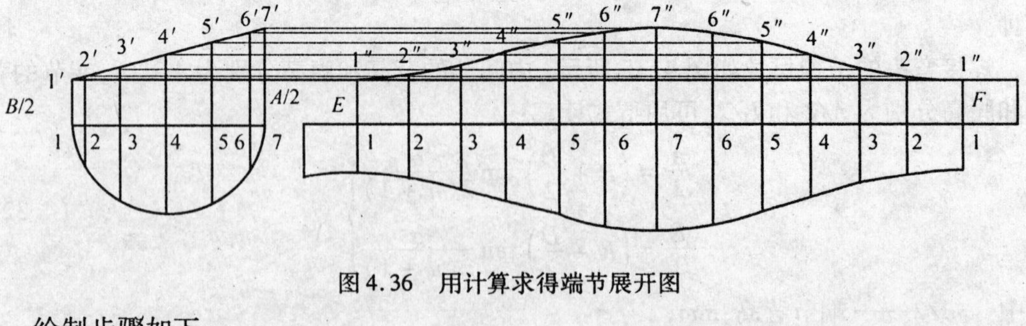

图 4.36　用计算求得端节展开图

绘制步骤如下:

(1)在油毡纸上画一条水平线,取1～7点间长度等于114 mm(D),由点1和点7分别作垂线,截取1～1′等于31 mm($B/2$);截取7～7′等于61 mm($A/2$),连接1′～7′成斜线;

(2)以1～7的中点为圆心,$D/2$(57 mm)为半径画半圆,并将半圆分成6等分,由各等分点向1～7作垂线,并延长交斜线1′～7′于2′、3′、4′、5′、6′各点;

(3)延长1～7水平线,并取$E \sim F=\pi D$,12等分$E \sim F$,并过各等分点做$E \sim F$的垂线,与自1′、2′、3′、4′、5′、6′、7′点引出的水平线交于1″、2″…7″…2″、1″;

(4)用光滑曲线连接1″、2″、…、7″、…、2″、1″各点,便得到了焊接弯头端节展开图;

(5)同理,以$E \sim F$各等分点1、2、…、7、…、2、1为圆心,在$E \sim F$各垂直等分线下方顺次截取1-1′、2-2′、…、7-7′、…、2-2′、1-1′,连各交点即能得到中间节展开图。

剪下中间节展开图,即可做下料样板(注意留有包缠管把柄)。根据经验,为了提高焊接弯头制作精度,圆管周长的展开尺寸$E-F$宜取$\pi(D+\delta)$,其中δ为样板材料厚度。另外按如上理论放样的结果,各节组对后,常会出现勾头现象(略小于90°),这是由于管子内外壁放样素线长度并不完全相同的原因造成的,故放样时,可适量地增加腹长($B/2$)。

焊接弯头的下料方法:把样板包缠在管子上画线之前,应先在管子上弹出两条对称的两等分中心线,然后把样板中心线$E \sim F$线对准管子的中心线画出切割线,如图4.37所示。

组对、焊接后的焊接弯头,其主要尺寸偏差应符合下列规定:

周长偏差:DN>1 000 mm时,不应超过±6 mm,DN≤1 000 mm时,不应超过±4 mm。端面与中心线的垂直偏差Δ不应大于管子外径的1%,且不大于3 mm,如图4.38所示。

至此,绘制焊接弯头样板、进行下料工作结束。

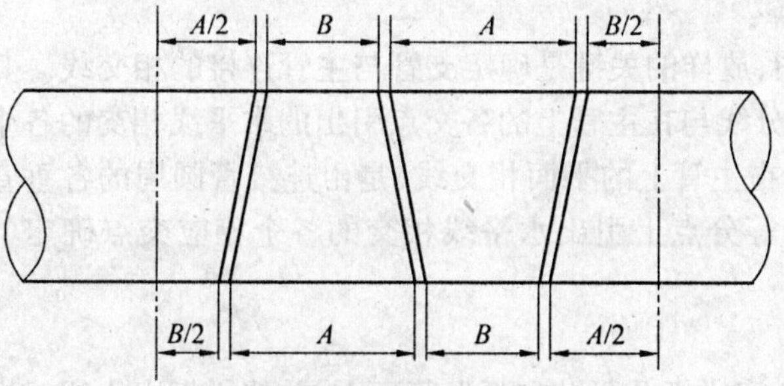

图4.37　管子切割线

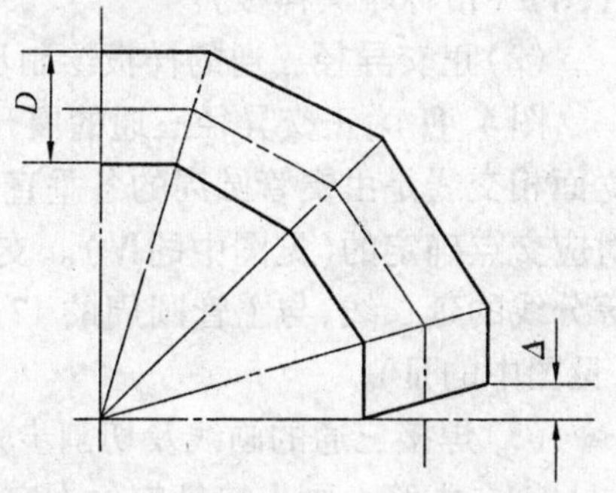

图4.38　焊接弯头端面垂直偏差

16. 能力训练2:绘制焊接三通样板、进行下料

三通有同径三通、异径三通、正三通、斜三通等。

(1)正交同径三通的样板绘制步骤。

图4.39是正交同径三通的立体图和投影图,其展开图的绘制步骤如图4.40所示。

①以0为圆心,以1/2管外径(即$D/2$)为半径作半圆并六等分,等分点为4′、3′、2′、1′、2′、3′、4′;

②沿半圆上直线4′-4′方向向右引长线AB,在AB上量取管外径的周长并12等分,自

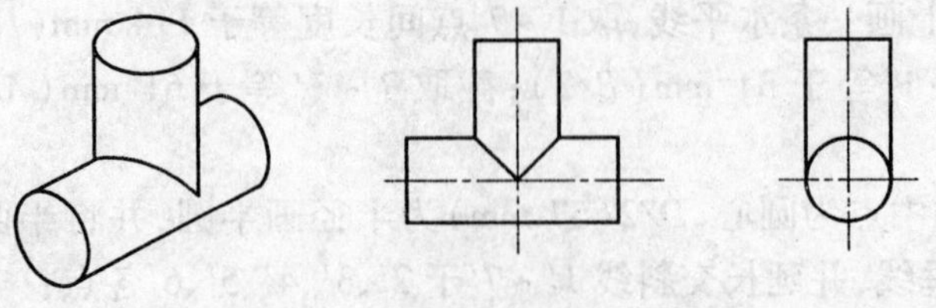

图 4.39　三通管的立体、投影图

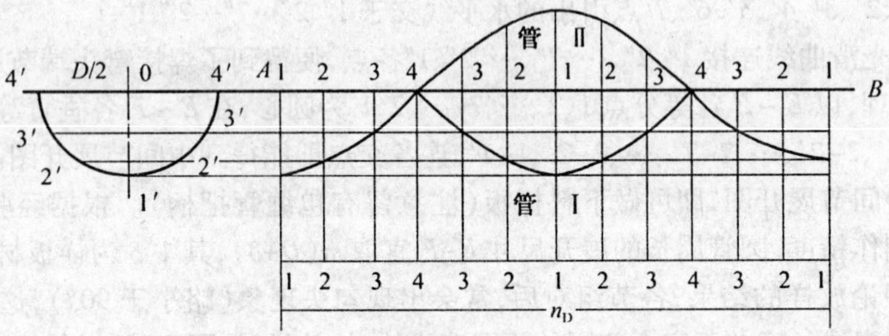

图 4.40　正交同径三通的展开图

左至右等分点的顺序标号为 1、2、3、4、3、2、1、2、3、4、3、2、1(4 为三通主管中心线)；

③作直线 *AB* 上各等分点的垂直线,同时,由半圆上各等分(1′、2′、3′、4′)向右引水平线与各垂直线相交。将所得的对应交点连成光滑的曲线,即得支管切割展开图(俗称雄头样板)；

④以直线 *AB* 为对称中心线,将 4～4 范围内的垂直等分线分别对称地向上引伸,并向上截取雄头样板的对应线段,得各对应交点,连各交点成光滑曲线,即得到主管切割展开图Ⅱ(俗称雌头样板)。

(2)正交异径三通的样板绘制步骤。

图 4.41 为正交异径三通的展开图,放样的关键是确定支管与主管连接的相交线。其立面相交线是由支管圆周的各垂直等分线与在主管上的各交点引出的水平线相交的各个对应交点确定的(见图中的Ⅳ)。支管在主管上的平面相交线,是由连接管圆周的各垂直等分线的延长线,与主管圆周的 12 个等分点上引出水平线相交的各个相应交点确定的(见图中的Ⅲ)。

(3)焊接三通的画线及切割步骤。

①在主管上画出接管定位十字线,将样板Ⅱ紧贴在弧形管面上,并使样板中心线对准接管中心线,画线进行切割。或在支管画线切割后,将切割后的马鞍形管口扣在主管管面上,画线进行切割。

②在支管上画出两条对应的两等分中心线,用样板Ⅰ包缠在管口处,使样板中心线对准管中心线,画线进行切割。

③按焊接坡口的要求,进行切割的同时应注意加工坡口。支管上全部要有坡口,坡口的角度是:角焊缝处为 45°,对焊缝处为 30°,从角焊处向对焊处逐渐缩小坡口角度,并应均匀过渡。主管(雌口)开孔时角焊处不做坡口,向对焊处伸展中心点开始坡口,到对焊处为 30°。

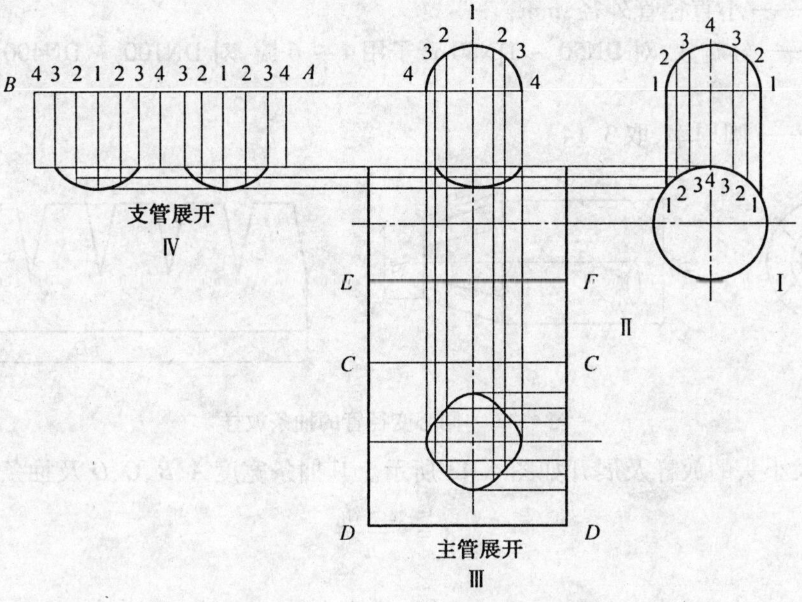

图 4.41　正交异径三通的展开图

同径正三通组对时，要求主管上开孔的大小与支管的内径相配，因此雌头样板的最宽处的两边应减去壁厚再画线，使焊缝处的内缝相平，组对时先点焊，用宽座角尺校正支管与主管间的角度后，再进行焊接。

17. 制作钢制变径管

管道改变管径时应使用变径管。工作压力小于等于 0.6 MPa 的管道，可在施工现场采用钢管加工变径管，当管径变化副度不大时，可用摔管法；当管径变化副度较大时，应采用抽条法加工变径管。工作压力大于等于 1.0 MPa 的管道，应采用工厂制造的专用变径管。

(1)摔管法制作变径管。将管端加热或用手锤锻打缩口，称为摔管。管端加热宜用氧-乙炔焰烘烤，以利于控制加热温度和加热范围，每一烘烤点宽度不宜超过 30 mm，长度不宜超过 50 mm，加热温度为 800 ℃左右（浅红色）；用手锤锻打，第一锤不可打得过重过深，以后每次集中锻打凸起部分，当管端转动加热锻打到接近小管直径时，可插入一根小管做胎，以保证缩口圆度。打锤要平、要稳，防止把管子打出锤痕。

(2)抽条法制作变径管。抽条法是按一定的抽条宽度和长度，把管子切割掉一部分，再加热收口成大小头，最后将各收口焊缝焊接。

同心变径管的抽条放样与展开图如图 4.42 所示，其抽条宽度 A、B 及抽条长度为

$$A = \frac{\pi D_0}{n}$$

$$B = \frac{\pi d_0}{n} \tag{4.33}$$

$$l = 3 \sim 4(D_0 - d_0)$$

式中　D_0—— 大直径管外径，mm；

d_0—— 小直径管外径，mm；

n—— 分瓣数，对 DN50 ~ DN80 管子用 4 ~ 6 瓣，对 DN100 ~ DN400 管子用 6 ~ 8 瓣；

π—— 圆周率，取 3.14。

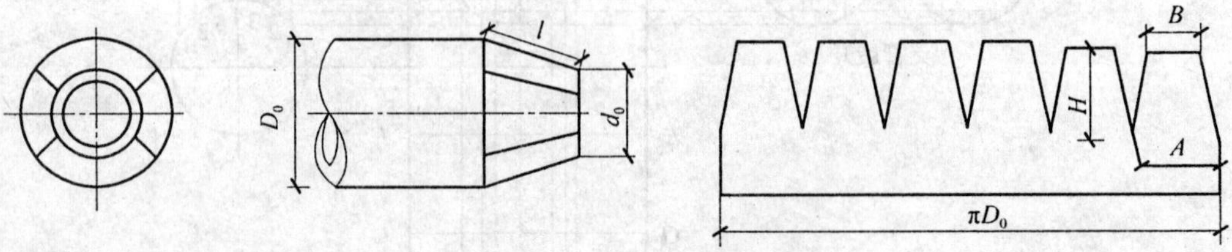

图 4.42　同心变径管的抽条放样

偏心大小头的放样及展开如图 4.43 所示。其抽条宽度 A、B、C、D 及抽条长度 l 为

$$A = \frac{\pi \cdot d_0}{n} \tag{4.34}$$

$$B = \frac{3}{12}\delta \tag{4.35}$$

$$C = \frac{2}{12}\delta \tag{4.36}$$

$$D = \frac{1}{12}\delta \tag{4.37}$$

$$l = 2 \sim 3(D_0 - d_0) \tag{4.38}$$

式中　δ—— 大小管圆周长之差，mm，$\delta = \pi(D_0 - d_0)$。

将同心、偏心大小头的放样展开图剪下来，围在大直径管口处，即可画出抽条切割线，切割抽条后加热收口，即可进行抽条缝隙的焊接，便得到同心、偏心大小头。

18. 钢管的焊接

焊接是管道安装工程中应用最为广泛的连接方法。焊接的主要工序为：管子的切割、管口的处理（清理、铲坡口）、对口、点焊、管道平直度的校正、施焊等。焊接由管道工和焊工合作完成，其各自的专业知识和操作技术水平，配合的默契程度，都直接影响焊接连接的质量和进度。

（1）焊接方法的选择。

管道的焊接广泛采用电焊和气焊，各自的特点为：

①电焊的电弧温度高，穿透能力比气焊大，易将焊口焊透，因此，电焊适合于焊接厚度 4 mm 以上的焊件，气焊适合于焊接厚度 4 mm 以下的薄焊件，在同样的条件下电焊的焊缝强度高于气焊。

②用气焊设备可进行焊接、切割、开孔、加热等多种作业。即使是全部采用电弧焊的管道安装工程，也离不开一套气焊设备的辅助。

③气焊的加热面积较大，加热时间较长，热影响区域大，焊件因局部加热极易引起变形；电焊的加热面狭小，焊件引起变形的情况比气焊小得多。

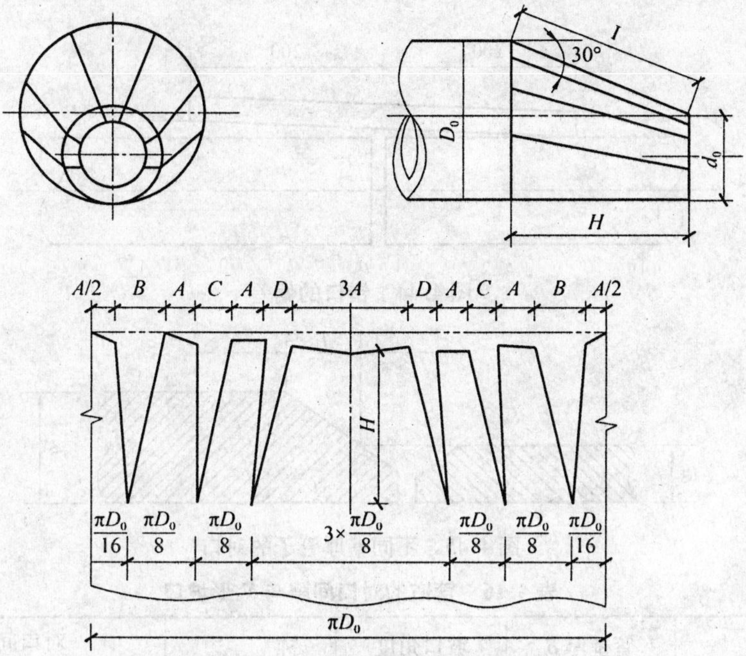

图4.43　偏心大小头的抽条放样

④气焊消耗氧气、乙炔、气焊条，电焊消耗电能和电焊条，相比之下，气焊的成本高于电焊。

由此可见，就焊接而言电焊优于气焊，故应优先考虑电焊。一般只有公称直径小于50 mm、管壁厚度小于3.5 mm的管子才考虑用气焊焊接。

手工电弧焊使用的机具是：焊机（交流电焊机、直流电焊机、硅整流直流弧焊机等，直流电焊机在工地上使用较多）、焊钳、面罩、连接导线、手把软线等。

气焊和气割使用的机具是：乙炔瓶（目前规定使用的）、氧气瓶、焊炬和割炬、连接胶管（氧气带、乙炔带）等。

（2）焊接连接的对口和焊接。

对口是管道焊接的重要操作环节，直接影响焊接质量和管道安装的平直度。

①对口前的坡口加工。焊接坡口应按设计规定进行加工。在管道或容器上开孔焊接时，开孔直径、焊接坡口的形式及尺寸、补强钢件及焊接结构等应按设计要求执行。钢管焊接连接时，当管壁厚度不超过4 mm时，可以不开坡口，但对口间隙应根据其壁厚留1.5～3 mm；管壁厚度超过4 mm时，应将管端加工成V形坡口，以增加对口焊接的焊缝断面面积，从而使焊接强度增大，同时应留出坡口余量（钝边），见表4.16。

坡口的加工方法有手工铲、气割和坡口机械等。当采用气割加工后，残留于坡口表面的氧化铁溶渣必须清除干净。

②对口的间隙要求和错口的偏差。不同情况管子焊接的对口间隙要求见表4.16。对口时两管应平直，其错口偏差值不得大于管子壁厚的10%，检查方法如图4.44所示。不同管壁厚的管子对口时，应按$L=5(b_2-b_1)$ mm的要求进行对口前的预加工，如图4.45

所示。

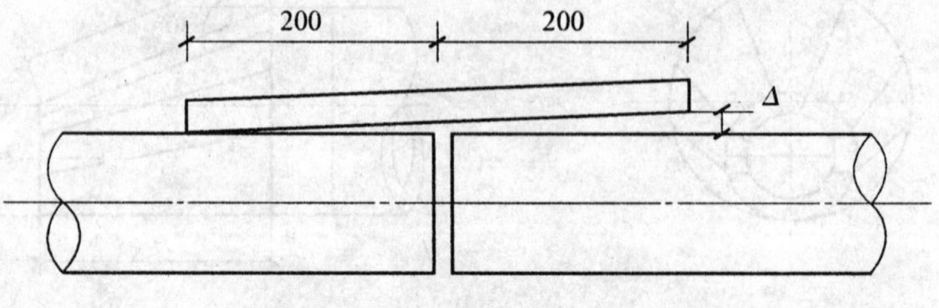

图 4.44 错口的偏差

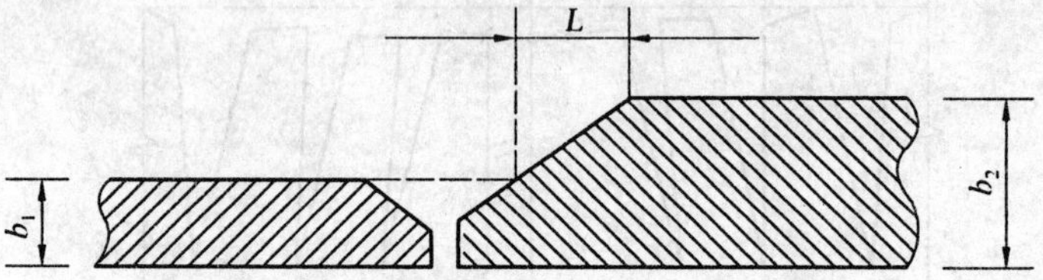

图 4.45 不同壁厚管子的对口

表 4.16 管道的对口间隙与 V 形坡口

图 形	管壁厚 δ /mm	坡口角度 α/(°)	钝 边 b/mm	对口间隙/mm	
				a	允许偏差
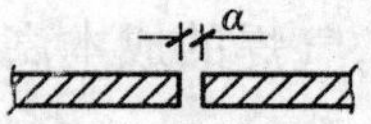	<4			1.5~3	
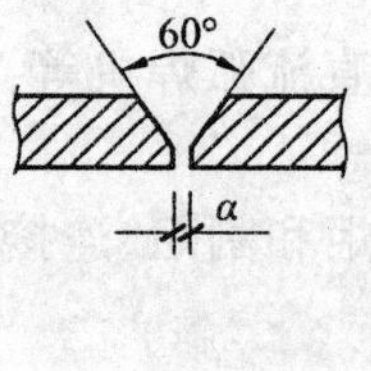	4~6	$60°\pm^{10°}_{5°}$	1.5±0.5	2	+0.5 -0.0
	7~8			2.5	+0.5 -0.0
	9~10			3	+1.0 -0.5
	11~12			3	+1.0 -0.5

③管端切口的检查和清理。管子切割的端面应垂直于管壁，对口前应用钢角尺检查，其偏差值 δ 应小于 1 mm，如图 4.46 所示。管子切口应用平锉打掉锯割的毛刺，或用扁铲铲掉气割的氧化铁残渣。所有连接管口均应将管口污物清理干净（包括加工后的坡口管口）。

④对口。为达到对口间隙要求，可在对口处夹废锯条或厚度为 2~3 mm 的石棉橡胶板，点焊一点后取出。为减小错口偏差，可多转动几次管子，使连接的管子对接在同一中心线上，点焊后用钢板尺检测，使错口

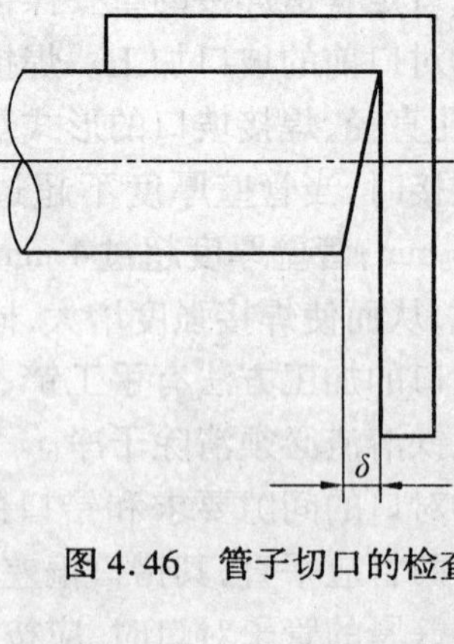

图 4.46 管子切口的检查

偏差不超过 1 mm。为保证对口的质量,小直径管可用图 4.47 的卡具对口,大直径管可用图 4.48 的插入法对口。旋缝卷焊管或直缝卷焊管对口时,管子焊缝要相互错开 100 mm 以上。

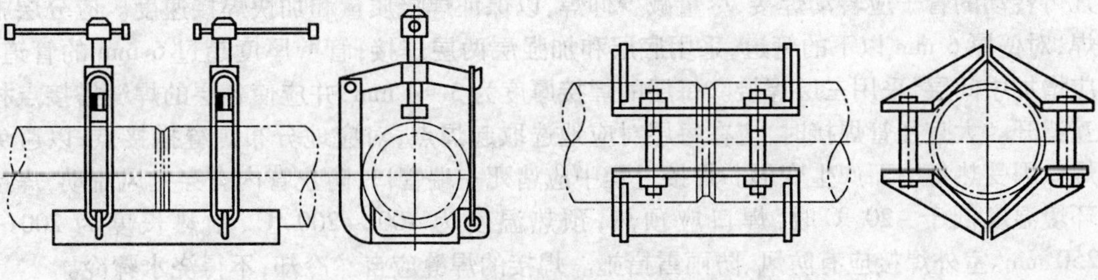

图 4.47　小直径管的对口

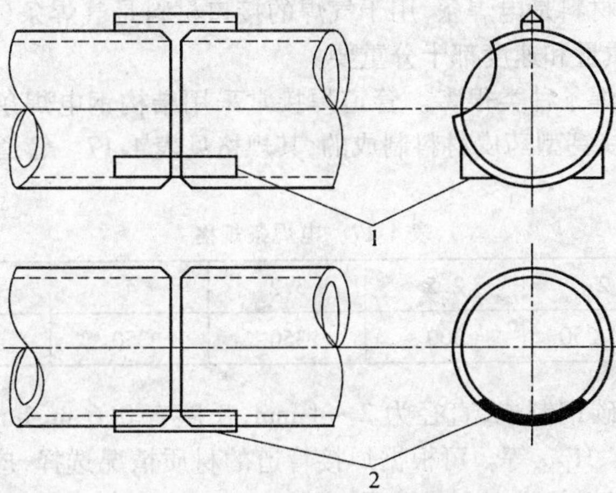

图 4.48　大直径管的插入法对口

壁厚不等的管口对接,应符合下列规定:

①外径相等或内径相等,薄件厚度小于或等于 4 mm 且厚度差大于 3 mm,以及薄件厚度大于 4 mm,且厚度差大于薄件厚度的 30% 或超过 5 mm 时,应将厚件削薄,削薄后的接口处厚度应均匀。

②外径和壁厚相同的钢管或管件对口时,应外壁平齐;对口错边量允许偏差应符合设计规定。

③用钢板制造的可双面焊接的容器对口,错边量应符合下列规定:

a、纵焊缝错边量不得超过壁厚的 10%,且不得大于 3 mm。

b、环焊缝的错边量:壁厚小于或等于 6 mm 时,不得超过壁厚的 25%;壁厚大于 6 mm 且小于或等于 10 mm 时,不得超过壁厚的 20%;壁厚大于 10 mm 时,不得超过壁厚的 10% 加 1 mm,且不得大于 4 mm。

④单面焊接的小口径容器,宜采用钢管制造并符合钢管对接的规定。

⑤点焊及校正。管口组对后应立即以点焊固定,并对对口情况进行检查校正,如出现过大偏差应打掉点焊点,重新对口。点焊时,每个接口至少点 3 ~5 处,每处点焊长度为管

壁厚度的2～3倍，点焊高度为不超过管壁厚度的70%。点焊的操作应由施焊的焊工进行。

⑥接口的焊接。焊接时应将管子垫牢，不得使管子在悬空或受有外力的情况下施焊。凡可转动的管子应转动焊接，尽量减少仰焊，以保证焊接质量和加快焊接速度。应分层施焊，对壁厚6 mm以下的管道，采用底层和加强层两层焊接；管壁厚度超过6 mm的管道，应增加中间层，采用三层焊接。每层的焊接厚度为3～4 mm，并应使各层的焊缝搭接点相互错开。大直径管焊接时，应在每层对应地选取起焊点，对应地分布焊缝搭接点，以避免焊口因受热集中而产生变形。焊接过程中应堵死一端管口，防止管内有穿堂风流动，焊接环境温度低于-20 ℃时，焊口应预热，预热温度为100～200 ℃，预热长度为200～250 mm。室外焊接应有防风、防雨雪措施。焊接的焊缝应自然冷却，不得浇水骤冷。

(3)电焊条与气焊条的选择。

用于电焊的接口材料是电焊条，用于气焊的接口材料是气焊条(称为焊丝)。正确地选用焊条，对焊接的质量和速度都十分重要。

手工电弧焊的电焊条种类很多。管道焊接常采用结构钢电焊条(结422)，是以2～6 mm碳素钢芯，外涂钛钙型药皮材料制成的，其规格见表4.17。管道焊接常采用3.2 mm的焊条。

表4.17　电焊条规格

焊芯直径/mm	2	2.5	3.2	4	5	6
焊芯长度/mm	250、350	300	350	350	400	450

常用气焊条为低碳钢制成，直径为2～4 mm，长度有0.6 m、1 m两种，牌号分H_{08}、H_{08A}、H_{08Mn}、H_{08MnA}、H_{15}、H_{15Mn}等。可根据焊接管道的材质情况选择，应使管材和气焊条材质相同或接近，这对气焊的强度十分重要。

(4)焊接连接的施工要求。

①严禁采用在焊缝两侧加热延伸管道长度、螺栓强力拉紧、夹焊金属填充物和使补偿器变形等方法强行对口焊接。

②对口焊接前应检查坡口的外形尺寸和坡口质量。坡口表面应整齐、光洁，不得有裂纹、锈皮、熔渣和其他影响焊接质量的杂物，不合格的管口应进行修整。对口焊接时应有合理间隙，其对口间隙应按规范执行。

③潮湿或粘有冰、雪的焊件应进行烘干。

④采用氧、乙炔焊接时，应先按焊件周长等距离适当点焊，点焊部位应焊透，厚度不应大于壁厚的2/3。每道焊缝应一次焊完，根部应焊透，中断焊接时，火焰应缓慢离去。重新焊接前，应检查已焊部位，发现缺陷应铲除重焊。

⑤电焊焊接有坡口的钢管及管件时，焊接层数不得少于两层。在壁厚为3～6 mm，且不加工坡口时，应采用双面焊。管道接口的焊接顺序和方法，不应产生附加应力。

⑥多层焊接时，第一层焊缝根部应均匀焊透，不得烧穿。各层接头应错开，每层焊缝的厚度宜为焊条直径的0.8～1.2倍，不得在焊件的非焊接表面引弧。

⑦每层焊完后，应清除熔渣、飞溅物等并进行外观检查，发现缺陷，应铲除重焊。

⑧在零度以下的气温中焊接，应符合下列规定：

a. 清除管道上的冰、霜、雪；

b. 在工作场地做好防风、防雪措施；

c. 预热温度可根据焊接工艺制定；焊接时，应保证焊缝自由收缩和防止焊口的加速冷却；

d. 应在焊口两侧 50 mm 范围内对焊件进行预热；

e. 在焊缝未完全冷却之前，不得在焊缝部位进行敲打。

⑨在焊缝附近明显处，应有焊工钢印代号标志。

⑩不合格的焊接部位，应采取措施进行返修，同一部位焊缝的返修次数不得超过两次。

(5)焊缝的检查。

①焊缝位置应符合下列规定：

a. 钢管、容器上焊缝的位置应合理选择，使焊缝处于便于焊接、检验、维修的位置，并避开应力集中的区域；

b. 有缝管道对口及容器、钢板卷管相邻筒节组对时，纵缝之间应相互错开 100 mm 以上；

c. 容器、钢板卷管同一筒节上两相邻纵缝之间的距离不应小于 300 mm；

d. 管沟和地上管道两相邻环形焊缝中心之间距离应大于钢管外径，且不得小于150 mm；

e. 管道任何位置不得有十字形焊缝；

f. 管道支架处不得有环形焊缝；

g. 在有缝钢管上焊接分支管时，分支管外壁与其他焊缝中心的距离，应大于分支管外径，且不得小于 70 mm。

②焊缝的外观检查。

电焊和气焊的焊缝都应有一定的宽度和高度，焊缝应表面平整，宽度和高度均匀一致，并无明显缺陷，这些都可用肉眼作外观检查，宽度和高度要求见表 4.18、表 4.19。焊缝的检验方法有水压、气压、渗油等密封性试验，以及射线探伤、超声波探伤或抗拉、抗弯曲、压扁试验等机械检验方法，可依工程的不同情况做具体的要求。本专业管道安装工程常以外观检查及水压试验的方法，对管道焊缝进行检验。焊缝的外观缺陷，大多属于操作技术不良造成的，常见的缺陷(见图 4.49)类型有：

a. 咬肉(咬边)。即在焊缝边缘的母材上出现被电弧烧熔的凹槽，如图 4.49(a)所示。产生的原因主要是电流过大，电弧过长及焊条运条角度不当。

b. 气孔。即焊接熔池中的气体来不及逸出，而停留在焊缝中产生的孔眼，如图 4.49(b)所示。低碳钢焊缝中的气孔主要是氢或一氧化碳。产生气孔的主要原因是熔化金属冷却太快，焊条药皮太薄或受潮，电弧长度不当或焊缝污物清理不净造成的。

c. 未熔合。即焊条与母材之间没有熔合在一起，或焊层间未熔合在一起，如图 4.49(c)所示。产生的原因主要是电流过小，焊接速度过快，热量不够或焊条偏于坡口一侧，或母材坡口处及底层表面有锈、氧化铁、熔渣等未清除干净造成的。

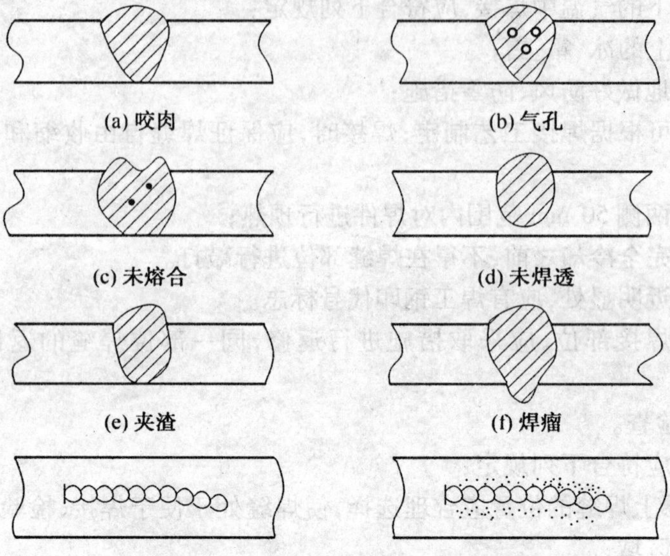

(a) 咬肉　(b) 气孔　(c) 未熔合　(d) 未焊透　(e) 夹渣　(f) 焊瘤　(g) 裂纹　(h) 熔合性飞溅

图 4.49　焊缝的缺陷

d. 未焊透。主要是由焊接电流小，运条速度快，对口不正确（坡口钝边厚，对口间隙小），电弧偏吹及运条角度不当造成的，如图 4.49(d) 所示。

e. 夹渣。即熔池中的熔渣未浮出而存于焊缝中，如图 4.49(e) 所示。产生夹渣的主要原因是焊层间清理不净，焊接电流过小，运条方式不当使铁水和熔渣分离不清造成的。

f. 焊瘤。即在焊缝范围以外多余的焊条熔化金属，如图 4.49(f) 所示。产生焊瘤的主要原因是熔池温度过高，液态金属凝固减慢，在自重下下坠造成的。管道焊接的焊瘤多存在于管内，对介质的流动产生较明显的影响。

g. 裂纹。裂纹是焊缝最严重的缺陷，可能发生在焊缝的不同部位，具有不同的裂纹形状和宽度，甚至细微到难以发现，如图 4.49(g) 所示。产生裂纹的主要原因有：焊条的化学成分与母材材质不符，熔化金属冷却过快，焊接次序不合理，焊缝交叉过多，内应力过大等。

h. 熔合性飞溅，如图 4.49(h) 所示。熔合性飞溅是不允许的。

表 4.18　电焊焊缝的宽度和加强面高度

厚　度/mm		2 ~ 3	4 ~ 6	7 ~ 10	焊　缝　形　式
无坡口	焊缝宽度 b/mm	5 ~ 6.0	7 ~ 9	—	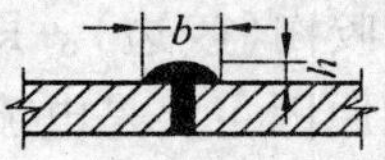
	加强面高度 h/mm	1 ~ 1.5	1.5 ~ 2	—	
有坡口	焊缝宽度 b/mm	盖过每边坡口约 2 mm			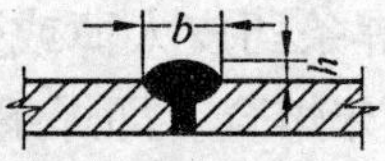
	加强面高度 h/mm	—	1.5 ~ 2	2	

表 4.19　氧–乙炔焊焊缝的宽度和加强面高度

厚　度/mm	1 ~ 2	3 ~ 4	5 ~ 6	焊　缝　形　式
焊缝宽度 b/mm	4 ~ 6	8 ~ 10	10 ~ 14	
加强面高度 h/mm	1 ~ 1.5	1.5 ~ 2	2 ~ 2.5	

管道焊接完毕必须进行外观检查，必要时辅助以放大镜仔细检查，外观缺陷超过规定标准时，应按表 4.20 的规定进行修整。规定指出：管径在 50 mm 以内时，每个焊口缺陷超过 3 处的焊缝；管径在 150 mm 以上，缺陷超过 8 处的焊缝，必须铲除重焊。

表 4.20　管道焊缝缺陷允许程度及修整方法

缺　陷　种　类	允　许　程　度	修　整　方　法
焊缝尺寸不符合规定	不允许	加强高度不足应补焊 加强高度过高、过宽作修整
焊　瘤	严重的不允许	铲　除
咬　肉	深度大于 0.5 mm 连续长度大于 25 mm	清理后补焊
焊缝热影响区表面裂纹	不允许	铲除焊口重新焊接
焊缝表面弧坑夹渣、气孔	不允许	铲除缺陷后补焊
管子中心线错开或弯折	超过规定的不允许	修　整

(6)焊接质量检验

①在施工过程中，焊接质量检验应按下列次序进行：

对口质量检验—表面质量检验—无损探伤检验—强度和严密性试验

②对口质量应检验坡口质量、对口间隙、错边量、纵焊缝位置。检验标准应按规范要求执行。

③焊缝表面质量检验应符合下列规定：

a. 检查前，应将焊缝表面清理干净。

b. 焊缝尺寸应符合要求，焊缝表面应完整，高度不应低于母材表面，并与母材圆滑过渡。

c. 不得有表面裂纹、气孔、夹渣及熔合性飞溅等缺陷。

d. 咬边深度应小于 0.5 mm，且每道焊缝的咬边长度不得大于该焊缝总长的 10%。

e. 表面加强高度不得大于该管道壁厚的 30%，且小于或等于 5 mm，焊缝宽度应焊出坡口边缘 2 ~ 3 mm。

f. 表面凹陷深度不得大于 0.5 mm，且每道焊缝表面凹陷长度不得大于该焊缝总长的 10%。

g. 焊缝表面检查完毕应填写检测报告。

④焊缝无损探伤检验应符合下列规定：

a. 管道的无损检验标准应为质量检验的主要项目，表 4.21 为供热管网工程焊缝无损检验数量表。

表4.21　供热管网工程焊缝无损检验数量表

序号	载热介质名称	管道设计参数		焊缝无损探伤检验数量/%														合格标准	
				地上敷设				通行及半通行管沟敷设				不通行管沟敷设（含套管敷设）				直埋敷设		超声波探伤符合GB/T 11345	射线探伤符合GB/T 3323
		温度 t/℃	压力 p/MPa	$DN<$ 500 mm		$DN\geqslant$ 500 mm		$DN<$ 500 mm		$DN\geqslant$ 500 mm		$DN<$ 500 mm		$DN\geqslant$ 500 mm					
				固定焊口	转动焊口	固定焊口	转动焊口	固定焊口	转动焊口	固定焊口	转动焊口	固定焊口	转动焊口	固定焊口	转动焊口	固定焊口	转动焊口	规定的焊缝级别	规定的焊缝级别
1	过热蒸汽	$200<t\leqslant350$	$1.6<p\leqslant2.5$	6	3	10	5	10	5	12	6	15	8	15	10	—	—	Ⅱ	Ⅲ
2	过热或饱和蒸汽	$200<t\leqslant350$	$1.0<p\leqslant1.6$	5	2	8	4	8	4	10	5	10	5	12	6	—	—		
3	过热或饱和蒸汽	$t\leqslant200$	$0.07<p\leqslant1.0$	4	2	6	3	5	2	6	3	10	5	12	6	—	—		
4	高温热水	$150<t\leqslant200$	$1.6<p\leqslant2.5$	6	3	10	5	10	5	12	6	15	8	15	10	—	—		
5	高温热水	$120<t\leqslant150$	$1.0<p\leqslant1.6$	5	2	8	4	8	4	10	5	10	5	12	6	15	6		
6	热水	$t\leqslant120$	$p\leqslant1.6$	3	2	6	3	6	3	8	4	10	5	10	5	15	5		
7	热水	$t\leqslant100$	$p\leqslant1.0$	抽检				抽检				5	2	6	3	8	4		
8	凝结水	$t\leqslant100$	$p\leqslant0.6$	抽检				抽检				抽检				5	2		

注：表中无损探伤检验数量栏中，“检验”是指检验数不超过1%，检验焊口的位置、数量和方法由检验人员确定。

b. 焊缝无损探伤检验必须由有资质的检验单位完成。

c. 应对每位焊工至少检验一个转动焊口和一个固定焊口。

d. 转动焊口经无损检验不合格时，应取消该焊工对本工程的焊接资格；固定焊口经无损检验不合格时，应对该焊工焊接的焊口按规定的检验比例加倍抽检；仍有不合格时；应取消该焊工焊接资格。对取消焊接资格的焊工所焊的全部焊缝应进行无损探伤检验。

e. 钢管与设备、管件连接处的焊缝应进行100%无损探伤。

19. 管道的法兰连接

法兰连接是管道通过连接件（法兰）及紧固件（螺栓、螺母）的紧固，压紧中间的法兰垫片而使管道连接起来的一种连接方法。法兰连接是可拆卸接头，常用于管道和法兰阀门的连接、管道与法兰管件（盘式弯头、三通等）、法兰接口的设备连接等。法兰连接具有拆卸方便、连接强度高、严密性好等优点。

（1）常用法兰的类型。

法兰有钢制和铸铁两大类，有圆形、方形、元宝形多种形状，以钢制圆法兰应用最广泛。最常用的法兰有：

①丝扣法兰。一般为铸铁法兰，它和钢管的连接为螺纹连接，主要用于镀锌钢管与带法兰的附件连接。安装时，在加工好的管螺纹上缠麻抹铅油，将具有内螺纹的法兰拧紧即可。

②平焊钢法兰。如图4.50所示，是本专业管道安装工程中应用最普遍的一种法兰。法兰与钢管采用电焊焊接。其规格按管道的工作压力分为：0.25 MPa、0.6 MPa、1.0 MPa、1.6 MPa、2.5 MPa五种。平焊钢法兰大多采用光滑密封面，上面有2~4圈密封沟槽（俗称水线）。少数严密性要求较高的管道（如氨管、氨阀等）采用凹凸式密封面。

法兰和钢管装配时，均应保证法兰和管中心线的垂直度，并应在装配时先点焊、再用法兰尺检测（见图4.51）垂直度，使其垂直偏差值 a 不超过±(1~2) mm，最后施焊。管端插入法兰内应距法兰密封面有1.3~1.5倍管壁厚度的距离，以留做焊接接缝。

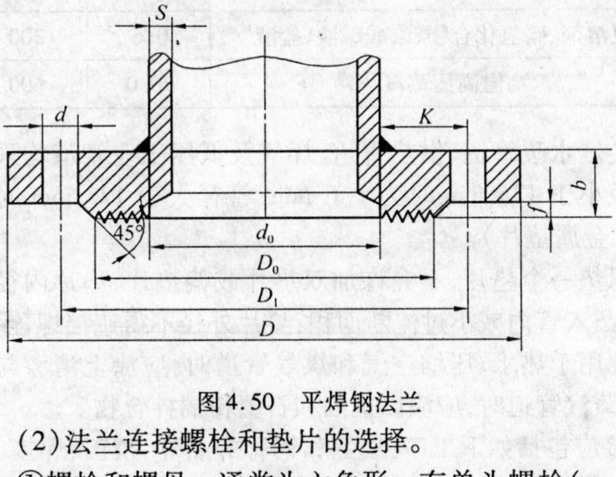

图4.50　平焊钢法兰

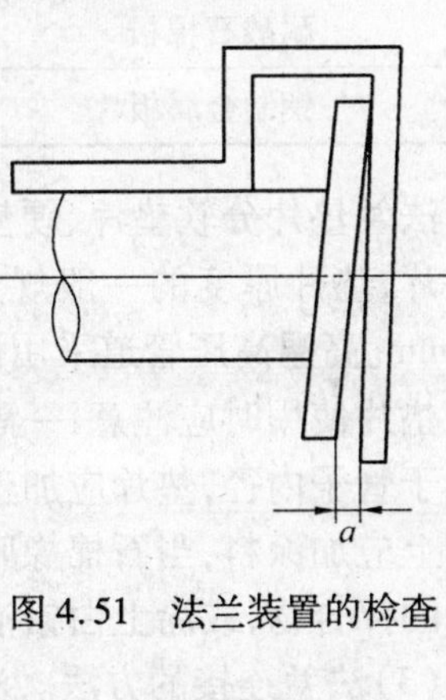

图4.51　法兰装置的检查

（2）法兰连接螺栓和垫片的选择。

①螺栓和螺母。通常为六角形。有单头螺栓（一头螺纹、一头六角方头）、双头螺栓（两头螺纹）两种形状。按加工方法不同，有粗制、半精制、精制三种。选用时应根据法兰

的选用情况,确定螺栓、螺母的类型、规格、数量及材质牌号。

当法兰的公称压力不超过1.0 MPa或温度不超过300 ℃时,采用单头粗制螺栓;公称压力为1.6~4.0 MPa时,采用半精制单头螺栓;公称压力为6.4~10 MPa或工作温度大于350 ℃时,采用半精制双头螺栓;公称压力大于10 MPa时,采用精制双头螺栓。

螺栓的规格以螺杆直径×长度表示,长度应为净长,即不计六角方头的厚度。螺杆长度应为法兰拧紧后,螺杆露出螺母的长度不小于螺杆直径的一半。一般情况螺栓不加垫片。

②垫片。为使法兰密封面严密压合以保证连接的严密度,两法兰间必须加垫片。垫片应具有一定弹性,使其能压入法兰水线或与法兰盘密封面压紧,并在长期工作情况下不会被介质腐蚀而烂掉。垫片的材料应根据管内介质的性质、工作压力、工作温度选择,在设计未明确规定时可参考表4.22选用。

表4.22 法兰垫片材料及适用范围

材料名称		适用介质	最高工作压力/MPa	最高工作温度/℃
橡胶板	普通橡胶板	水、空气、惰性气体	0.6	60
	耐油橡胶板	各种常用油料	0.6	60
	耐热橡胶板	热水、蒸汽、空气	0.6	120
	夹布橡胶板	水、空气、惰性气体	1.0	60
	耐酸碱橡胶板	w≤20%的硫酸、盐酸、氢氧化钠、氢氧化钾	0.6	60
石棉橡胶板	低压石棉橡胶板	仅做水暖设备及管道的水、蒸汽的密封垫	1.6	200
	中压石棉橡胶板	水、空气及其他气体、蒸汽、煤气、氨、酸及稀碱液	4.0	350
	高压石棉橡胶板	蒸汽、空气、煤气	10.0	450
	耐油石棉橡胶板	各种常用油料、溶剂	4.0	350
塑料板	软聚氯乙烯板 聚四氟乙烯板 聚乙烯板	水、空气及其他气体,酸及稀碱液	0.6	50
耐酸石棉板		有机溶剂、碳氢化合物、浓酸碱液、盐液	0.6	300
钢制金属板		高温高压蒸汽	20.0	600

法兰垫片分软垫片、硬垫片两类。水暖管道、供热管道、煤气及低压工业管道均采用软垫片,垫片厚度的一般规定:管径小于125 mm时为1.6 mm,管径大于125 mm时为2.4 mm。高温高压管道采用硬垫片(金属垫片)。

垫片使用时应注意:一副法兰只垫一个垫片,不允许加双垫片或偏垫片,垫片内径应不小于管子内径,垫片应加正,不得凸入管内减小过流断面积,垫片外径不得遮挡螺栓孔。垫片上应加涂料,当石棉橡胶板垫片用于热水、压缩空气和煤气管道时,应涂上清漆与石墨粉的拌合物,或涂上白铅油;用于蒸汽管道时,应涂以机油和石墨粉的拌合物。

(3)法兰连接的方法。法兰连接应包括如下工序:法兰和钢管的点焊、校正、焊接(大直径管须对应地分段焊接,以防热力集中产生变形)、制垫(应使制成的垫片带有把手尾巴,便于加垫和拆修)、加垫(不加双垫、偏垫,垫片不凸入管内,垫片外缘离螺孔2~

4 mm)、上螺栓(用手)、紧螺栓(用适合管子规格的扳手加力)等。螺栓拧紧加力应对称进行,即采用十字法拧紧,以使各螺栓受力均匀,保证法兰不变形。螺栓拧紧后螺杆外露长度不应小于螺栓直径的一半,且不少于两扣。

应该指出:法兰连接会使管道系统增加泄漏的可能和降低管道的弹性,同时费用也高。因此,除法兰阀件、法兰接管的设备、仪表的安装以及检修必须拆卸的接头处必须采用外,应尽量少用此种连接方法。

20. 钢管连接的有关规定

(1)螺纹连接的管件、焊接连接的焊口都应距支、吊架边缘不小于 50 mm;法兰连接的法兰面距支、吊架边缘应不小于 200 mm,以便于拆卸。

(2)螺纹连接的管件、焊接连接的焊口均不得置于墙内和楼板内。法兰连接的法兰不得埋入地下,直埋管道及不通行地沟内管道的法兰连接处,应设检查井。

(3)管道的对口焊缝处、管道的弯曲部位均不得开孔焊接支管。煨制弯管的弯曲部位不得有焊缝,接口焊缝距起弯点应不小于 1 个管径,且不小于 100 mm。

(4)开孔焊接分支管时,支管端不得插入主管内,而应加工成马鞍形管口和主管连接,且对口间隙应不大于 2 mm。

(5)不同直径管道对口焊接时,如两管径相差不超过小管径的 15% 时,可将大管加热缩口(摔管)与小管对口焊接;当两管径相差超过小管直径的 15% 时,应用抽条法缩小大管管端直径,与小管对口焊接。

21. 铝塑复合管的连接

铝塑管一般采用卡压式和螺纹压紧式两种连接方式。

(1)卡压式管件。卡压式连接是通过专用工具对卡紧套施加超过其屈服极限的夹紧力,使其产生永久性的塑性变形来实现管材与管件的连接与密封。管件材料为黄铜或者不锈钢,卡紧套采用不锈钢,必须将其与管件焊接成一个整体;密封圈为硅橡胶,隔离垫圈为聚乙烯材料。采用卡压式连接方式,不受管道振动的影响,连接可靠,密封好,安装效率高,使用寿命长。缺点是拆卸后,管件不能重复使用。

(2)螺纹压紧式管件。螺纹压紧式连接靠拧动螺帽,压紧开口环来达到密封目的。连接时可采用通用工具安装,但螺帽会因管道的振动和塑料的蠕变而松弛,需再次拧紧,因此只能用于明装。

螺纹压紧式连接属于比较原始的连接方法,它的连接可靠性较低,轴向抗拉拔力也较低,因此这种连接方式仅适用于较小口径(D<25 mm)的管道连接。施工安装质量受人为因素的影响也较大。

卡压式连接方法可靠性高得多。这种连接方式采用专用的施工工具,可以最大限度地消除人为的影响因素。

两种连接方式使用时一般的规定如下:

①铝塑复合管小于等于 2632(内径 26 mm,外径 32 mm)规格的连接,使用螺纹压紧式管接头。安装时使用专用管剪切断铝塑管。剪切的管材端面要垂直管轴线;然后使用专用整圆器将管口整圆;将锁紧螺母、C 形紧箍环套在管上,用力将管芯插入管内。至管

口达管件芯根部;将C形紧环移至距管口0.5~1.5 mm处。再将锁紧螺母与管件本体拧紧。

②铝塑复合管大于3240(内径32 mm,外径40 mm)规格的连接,使用卡压式管接头,该接头需使用专用的分体式液压工具钳。安装时要注意液压工具钳卡环的一个端面要紧靠管件芯体轴肩面,使钳卡环在钢套上的轴向位置正确。

22. 铝塑复合管在地面辐射供暖中的优势

(1)耐压强度高,使用寿命长。地板辐射供暖构造是与建筑物构造相结合的,将加热管材埋于地板下细石混凝土中。因此,要求加热管材的使用年限长,在使用年限内不需要更换、维修。铝塑管中间铝层的增强作用,使管材的耐压强度大大提高。经测试,在1.0 MPa使用压力范围内,铝塑复合管使用寿命可达50年以上,与建筑物的使用寿命相同。

(2)易弯曲不反弹,施工安装方便。地板辐射供暖的地板下盘管铺设时,弯曲部位较多,弯曲半径小,且都靠手工弯曲。纯塑料管无论是在直管弯曲或是在弯管调直,都会产生回弹,给盘管铺设时的固定造成一定困难,尤其是PP-R管为直管,弯曲困难,只能通过接头焊接来弯曲,这样一来就有泄漏的可能性,因而对工程的施工质量造成一定的影响。铝塑复合管以其具有易弯曲不回弹的特性,在施工中铺设盘管快捷方便,管的定位和固定都十分容易,工作效率可大大提高。

(3)导热性好。地面辐射供暖,主要通过管内通热水,并通过盘管将地面均匀加热,以整个地面为散热面,向室内进行供暖。而中间铝管的作用使铝塑复合管纵向散热能力得到加强,其导热系数为0.45 W/(m·K),是PP-R管等纯塑料管导热系数的1.5~2倍,因此,更有利于管和地板之间热量的传递,供暖的热效率高。

(4)热膨胀系数小,热稳定性好。地面辐射供暖中加热盘管埋于地板下,当管内通以热水时,加热管材会由于温度变化而产生膨胀,当膨胀幅度较大时,产生的应力容易引起地面破裂或管道系统本身损伤。铝塑复合管的热膨胀系数为0.025 mm/(m·K),这一数值与铝的线膨胀系数值0.023 5 mm/(m·K)相当,还不到交联聚乙烯管的1/6。同时,在管内热水循环温度波动较大时,铝塑复合管管路系统尺寸也十分稳定,可避免管道造成损伤。

(5)隔氧性能好。目前热水供暖系统多为闭式供暖系统,对水质要求高,对热水中氧的含量需要严格控制。由于纯塑料管不能有效地阻隔氧渗透,应用于地面辐射供暖时,透过管材渗入到热水中的氧会加速钢制设备等易腐蚀构件的氧化腐蚀,影响系统的正常运行和使用寿命;目前都是把塑料管加一个阻氧层来提高阻氧性能,但是无论如何,阻氧的效果都不如铝塑管。铝塑复合管由于具有中间层铝管,可以彻底隔绝氧渗透(100%),有利于整个系统的良好运行。并且由于阻氧材料价格很贵(比如EVOH,大约要14万/t),带阻氧层的塑料管道价位比铝塑复合管更高,强度和可靠性又不如铝塑复合管,因此与其选择带阻氧层的塑料管道,还不如直接选择铝塑复合管。正是因为铝塑复合管无法比拟的优势,使其当之无愧成为地板辐射供暖的首选材料。

在高温辐射供暖中,由于我国建筑设计标准落后,为少设置暖气片,规定的供暖锅炉出口温度很高,一般都规定为80~85 ℃;这就给塑料管材的应用带来很大的限制,现在市场上流行的PP-R,PE-RT,PB等都不适合在这种条件下使用,因此铝塑复合管也成为高温辐射供暖领域中最受关注的塑料管道。

4.2.3　室内供暖管道安装的技术要求

1. 室内供暖管道的组成部分及连接

室内供暖管道由干管、主立管、立管、支管和管子配件、阀门组成。室内供暖管道常用的管材是焊接钢管和铝塑复合管,其连接方法:焊接钢管,管径小于或等于32 mm,宜采用螺纹连接;管径大于32 mm,宜采用焊接。铝塑复合管则采用专用管接头进行连接。在改变管道方向、分支及进行系统的控制和调节处,供暖管道上要装设各种管子配件(三通、弯头、管箍等)和阀门。

2. 室内供暖钢管安装前的要求

(1)管道安装应具备的条件:

①与管道安装有关的土建工程已检验合格,能满足安装要求,并已办理交接手续。

②与管道连接的机械已找平、找正,安装完毕。

③管道组成件及管道支承件等已检验合格。

④管子、管件、阀门等内部已清理干净,无杂物。对管内有特殊要求的管道,其管内质量符合设计的规定。

⑤在管道安装前必须完成的脱脂、内部防腐与衬里等有关工序已进行完毕。

(2)法兰、焊缝及其他连接件的设置应便于检修,并不得紧贴墙壁、楼板或管架。

(3)脱脂后的管道组成件安装前必须进行严格检查,不得有油迹污染。

(4)管道穿越道路、墙或构筑物应加套管或砌筑涵洞保护。

(5)埋地管道试压防腐后应及时回填土,分层夯实,并应按规范中规定的格式填写"隐蔽工程记录",办理隐蔽工程验收。

3. 室内供暖钢管的安装要求

(1)安装的管道应横平竖直,符合质量评定标准的要求,管道的标高、坐标、坡度、坡向应符合设计要求。室内蒸汽管道的坡向必须与介质流向相同,热水管道的坡向与介质流向相反,否则可能引起振动和噪声。

(2)水平管道变径宜采用偏心大小头,输送蒸汽和气体介质的管道应采用管底平接,输送液体介质的管道应采用管顶平接,以方便泄水和放空。立管变径宜采用同心大小头。

(3)螺纹阀门的下游宜安装活接头,以便于检修时拆卸。

(4)水平管道上的阀门,手轮应向上安装,只有在向上安装受空间限制而不能安装时,才允许在侧面安装。升降式止回阀、减压阀、调节阀必须安装在水平管道上。

(5)输送蒸汽或气体管道,支管应从干管的上方或侧方接出,防止凝结水流入支管;输送液体介质的管道,支管应从干管下方或侧方接出,防止气体进入支管。

(6)排至排水漏斗的排水管末端应稍高于漏斗上表面,以便于观察排水情况。不同压力或不同介质的流水管或排水管,不能接入同一排水干管。

(7)管道的对接焊缝或法兰接头,应离开支架200 mm(个别对接焊接允许离开支架边缘 50 mm)，最好能放在两支架间距的 1/5 处，因为该处弯矩最小。

(8)管道穿墙和穿楼板处，应设套管，套管口应与墙面和天花板表面相平，比楼板高出 20 mm，套管内径应比管外径大 20～30 mm。套管与管道之间的间隙，根据介质温度用沥青油麻或麻绳填塞，并应保证管道能在套管内自由伸缩。套管不能用来当做支架支撑管子。

4. 室内供暖管道的安装程序

室内供暖管道安装时必须遵循以下工艺流程：干管安装—立管安装—支管安装。在安装时，首先要测线，确定每个实际管段的尺寸，然后下料加工。

5. 下料长度的确定方法和名称

(1)建筑长度。

管道系统中的零配件、阀门或设备的中心距离，也称构造长度。

(2)安装长度。

管子配件、阀门或设备间管子的有限长度。安装长度等于建筑长度扣去管子零件或接头装配后占去的长度，如图 4.52 所示。

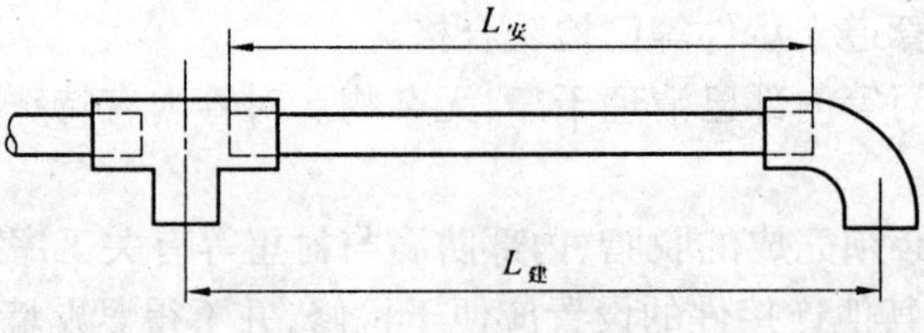

图 4.52　水平管段下料示意

(3)加工长度。

管子实际下料尺寸。直管段的加工长度就等于安装长度；弯曲管段，其加工长度应是安装长度加上管段因弯曲而增加的长度。法兰连接时，加工长度要注意扣除垫片的厚度。

确定立管尺寸时，首先应根据两个管件(管段)的标高差，确定两个管件(管段)之间的建筑长度，如图 4.53 中干管与三通之间管段尺寸的确定方法为：干管的标高依据施工图给定，三通的位置可由散热器的位置推算确定，二者标高差即为此管段的建筑长度，再去掉管件的有效尺寸即为安装长度。若此管段是直管段，则安装长度就是加工长度；若此管段中有弯管，应将弯管展开，安装长度加上管段因弯曲而增加的长度为加工长度。为此，应掌握供暖管道上常用弯管的展开方法。

供暖立管和散热器支管上的乙字弯展开长度如图 4.54 所示，乙字弯由两个 45°弯管和一段直管组成，乙字弯的跨幅 B(管子中心线距离)根据规范要求和实际需要确定，乙字弯的两个弯曲中心距为 L_1，乙字弯的展开长度可近似为 $L=L_1+(2\sim3)D=1.5B+(2\sim3)D$。

在双立管供暖系统中，当立管与散热器支管垂直相交时，立管应做抱弯绕过支管，如图 4.55 所示，其具体尺寸见表 4.23。

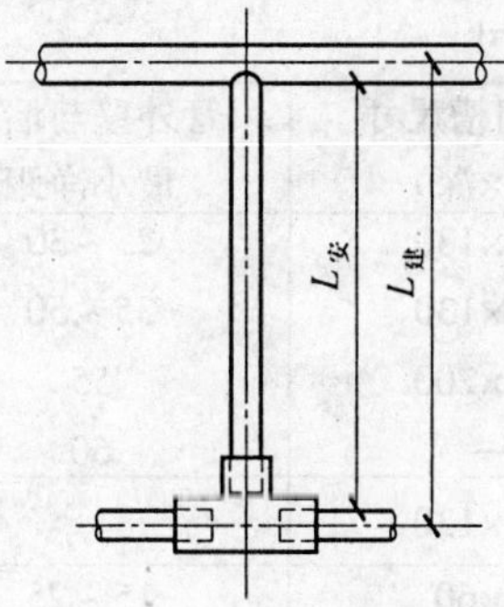

图 4.53　竖直管段下料

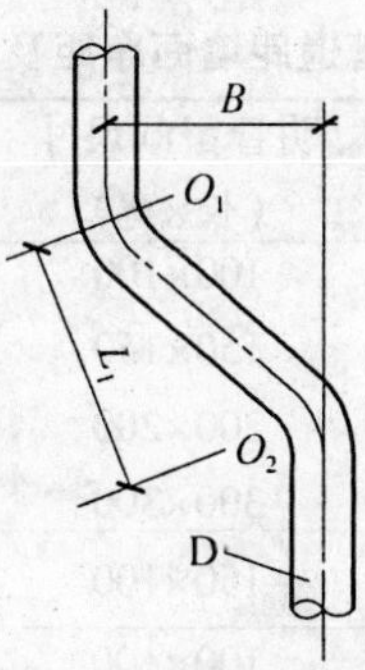

图 4.54　乙字弯展开长度

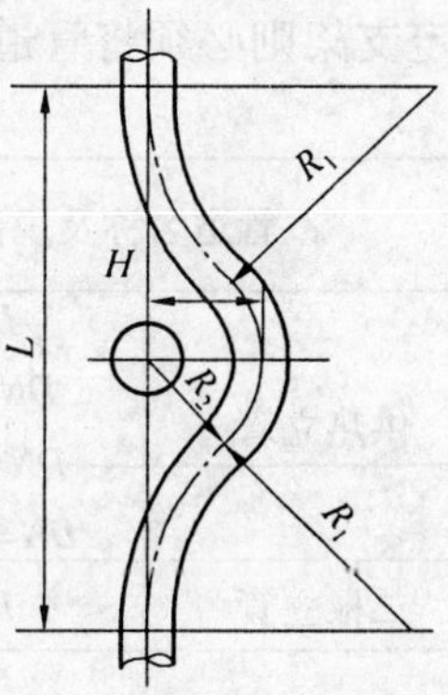

图 4.55　立管与散热器支管相交

表 4.23　抱弯尺寸

立管公称直径/mm	R_1/mm	R_2/mm	L/mm	H/mm
15	60	38	145	32
20	80	42	170	35
25	100	49	198	38
32	125	75	244	42

6. 室内供暖干管的安装

室内供暖干管分为供水干管(或蒸汽干管)及回水干管(或凝结水干管)两类。当干管敷设于地沟、管廊、设备层、屋顶内时,一般应做保温,明装于供暖房间一般不保温。干管的安装按下列程序进行:管道定位、画线,安装支架,管道就位,接口连接,开立管连接孔、焊接,水压试验、验收。具体做法是:

(1)根据设计坡度要求画出管道安装中心线, 也就是支架安装基准线。

①管道的安装坡度,当设计未注明时,应符合下列规定:

a. 汽、水同向流动的热水管道和汽、水同向流动的蒸汽管道及凝结水管道,坡度应为3‰,不得小于2‰。

b. 汽、水逆向流动的热水供暖管道和汽、水逆向流动的蒸汽管道,坡度不应小于5‰。

②管道距墙面净距及预留孔洞尺寸见表 4.24。

(2)安装供暖干管的支架。可根据不同的建筑物,不同的敷设位置和并行敷设管道的数量,采用托架或吊架。支架在建筑结构上的固定方法,可根据具体情况在墙上打洞,灌水泥砂浆固定;预埋金属件,焊接固定;用膨胀螺栓、射钉枪固定;在柱子上用夹紧角钢固定等。

管道支架的安装应符合下列规定:

①位置应准确,埋设应平整牢固。

②与管道接触紧密。

③支架的数量和位置可根据设计要求确定。

④活动支架应既能让管道纵向自由伸缩,又能限制管道上下位移,以保证管道坡度。

固定支架则必须将管道固定牢固。

表 4.24 管道距墙面净距及预留孔洞尺寸 mm

管道名称及规格		明管留洞尺寸（长×宽）	暗管墙槽尺寸（宽×深）	管外壁与墙面最小净距
供热立管	DN≤25	100×100	130×130	25～30
	DN=32～50	150×150	150×130	35～50
	DN=70～100	200×200	200×200	55
	DN=125～150	300×300	—	60
二根立管	DN≤32	150×100	200×130	
散热器支管	DN≤25	100×100	60×60	15～25
	DN=32～40	150×130	150×100	30～40
供热主干管	DN≤80	300×250	—	—
	DN=100～150	350×300		

(3)管道就位、连接。供暖干管管段的下料长度，应根据施工现场的条件决定，尽可能用整根管子，以减少接口数量。管段在支架上做最后的接口后应对其位置进行调整，干管离墙距离、干管的标高和坡度均应符合规范要求，然后用管卡将管道固定在支架上。最后，根据管径大小依次进行焊接或螺纹连接。

7. 室内供暖干管的安装要求

(1)明装管道成排安装时，直管部分应互相平齐。转弯处，当管道水平并行时，应与直管部分保持等距；管道水平上下并行时，曲率半径应相等。

(2)供暖干管穿过墙壁时应设置钢套管，套管直径比被套管子大 2～3 号，其两端应与饰面平齐。

(3)供暖干管上管道变径的位置应在三通后 200 mm 处。

(4)在底层地面上敷设的供暖干管过外门时，应设局部不通行地沟，管道要保温、设排气阀和泄水阀或丝堵。

(5)供暖干管纵、横方向弯曲偏差：管径小于或等于 100 mm，每米管长允许偏差为 0.5 mm，全长(25 m 以上)允许偏差不大于 13 mm；管径大于 100 mm，每米管长允许偏差为 1 mm，全长(25 m 以上)允许偏差不大于 25 mm。

8. 室内供暖立管的安装

立管是室内供暖系统中结构比较复杂的管段，立管安装应从底层到顶层逐层安装。

(1)立管安装前也应对预留孔洞的位置和尺寸检查、修整，直至符合要求，然后在建筑结构上标出立管的中心线。

(2)按照立管中心线在干管上开孔焊制三通管，一般此管段采用带乙字弯的短管。立管安装位置：立管距左侧墙净距不得小于 150 mm，距右侧墙不得小于 300 mm，立管背部与墙面距离参见表 4.24。

(3)根据建筑物层高和立管的根数，按照规范要求，在相应的位置上埋好立管管卡。待埋栽管卡的水泥砂浆达到强度后，再进行立管的固定和支管段的安装。

(4)根据散热器的安装位置、散热器支管的长度和坡降要求，确定连接散热器支管的管件(弯头、三通、四通)位置和立管上阀门的位置,再准确地对立管的各管段下料,用螺纹连接各管段。

9. 室内供暖立管的安装要求

(1)立管与干管的连接,应采用正确的连接方式,如图4.56所示。

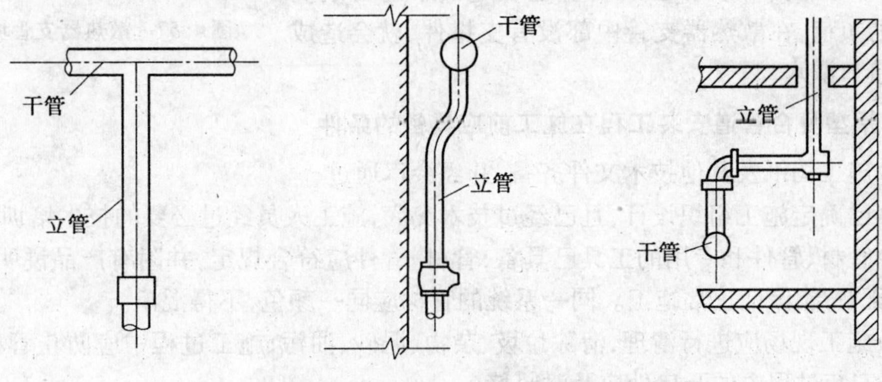

图4.56　立管与干管的连接方式

(2)管径小于或等于32 mm不保温的供暖双立管管道,两管中心距为80 mm,允许偏差为5 mm,供水或供汽管应置于面向系统的右侧。

(3)安装立管管卡主要是为了保证立管的垂直度,防止倾斜。当层高小于或等于5 m,每层须安装1个;当层高大于5 m,每层不得少于2个。管卡安装高度为:距地面1.5~1.8 m,两个以上管卡可匀称安装;同一房间管卡应安装在同一高度上。

(4)双立管系统的抱弯应设在立管上,且弯曲部分侧向室内,这是考虑到安装或拆卸散热器时,都必须先安装或拆卸散热器支管,不需动立管。

(5)管道穿楼板处,应设置金属套管。安装在楼板内的套管,其顶部应高出装饰地面20 mm,安装在卫生间及厨房内的套管,其顶部应高出装饰地面50 mm,底部应与楼板底面相平。

(6)立管垂直度:每米长管道垂直度允许偏差为2 mm,全长(5 m以上)允许偏差不大于10 mm。

10. 室内供暖散热器支管的安装要求

支管安装应在散热器安装合格后进行。安装散热器支管,应注意散热器支管在运行和安装中的特点,例如系统运行时,散热器支管主要受立管热应力变形的影响,使其坡度值发生变化。另外,散热器支管一般很短,根据设计上的不同要求,散热器支管可由三段或两段管段组成,管子配件多、管道接口多,工作时受力变形较大,所以,散热器支管是室内供暖系统中结构较复杂、安装难度较大的管段。为保证散热器支管安装的准确性,施工时可取管子配件或阀门实物,逐段比量下料、安装。散热器支管安装时,支管与散热器的连接应为可拆卸连接,如长丝、活接头等。支管不得与散热器强制连接,以免漏水。

散热器支管的安装要求是:

(1)连接散热器的支管应有坡度,坡度应为1%,坡向应有利于排气和泄水,如图4.57所示。具体做法是:当支管全长小于或等于500 mm,坡度值为5 mm;大于500 mm为

10 mm。当一根立管连接两根支管，任意一根超过500 mm，其坡度值均为10 mm。

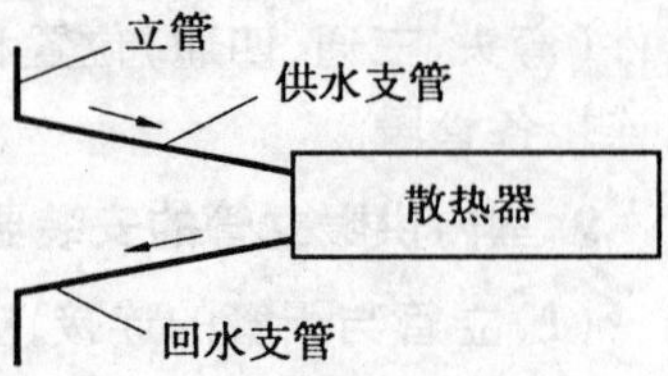

图4.57　散热器支管坡向

(2)散热器支管长度大于1.5 m，应在中间安装管卡或托钩。散热器支管管径一般都较小，多为DN15 mm或DN20 mm，若管内介质和管道自重之和超出了管材刚度所允许的负荷，在散热器支管中部没有支撑件，就会造成弯曲使接口漏水、漏气。

11. 铝塑复合管道安装工程在施工前应具备的条件

(1)施工图纸及其他技术文件齐备，并经会审通过；

(2)已确定施工组织设计，且已经过技术交底，施工人员经过必要的技术培训；

(3)管材、管件和专用的工具已具备，管材、管件应符合规定，并附有产品说明书和质量合格证书，能保证正常施工。同一系统的管材应同一颜色，不得混淆。

(4)施工现场应进行清理，清除垃圾、杂物、泥砂、油污；施工过程中应防止管材、管件受污染；安装过程中的开口处应及时封堵。

12. 铝塑复合管道的敷设要求

(1)铝塑复合管不宜在室外明设，当需要在室外明设时，管道应布置在不受阳光直接照射处或有遮光措施。结冻地区室外明设的管道，应采取防冻措施。

(2)室内明设的管道，宜在内墙面粉刷层(或贴面层)完成后进行安装；直埋暗设的管道，应配合土建施工同时进行安装。

(3)铝塑复合管在室内敷设时，宜采用暗设。暗设方式包括直埋和非直埋两种。直埋敷设是指嵌墙敷设和在楼(地)面的找平层内敷设，不得将管道直接埋设在结构层内；非直埋敷设是指将管道在管道井内、吊顶内、装饰板后敷设，以及在地坪的架空层内敷设。

(4)直埋敷设的管道外径不宜大于25 mm，嵌墙敷设的横管距地面的高度宜不大于0.45 m，且应遵守热水管在上，冷水管在下的规定。

(5)住宅内直埋敷设在楼(地)面找平层内的管道，在走道、厅、卧室部位宜沿墙脚敷设；在厨房、卫生间内宜设分水器，并使各分支管以最短距离到达各配水点。

直埋敷设的管道应采用整条管道，中途不应设三通接出分支管。阀门应设在直埋管道的端部。

(6)分水器宜配置分水器盒。当分水器的分支管嵌墙敷设时，分水器宜水平安装。管道与分水器的连接口应便于检修。

(7)明设管道不得穿越卧室、贮藏室、变配电间、电脑房等遇水会损坏设备或物品的房间，不得穿越烟道、风道、便槽。

管道应远离热源，立管距灶边的净距不得小于0.4 m，距燃气热水器的距离不得小于0.2 m，不满足此要求时应采取隔热措施。

(8)管道穿越楼板、屋面时，穿越部位应设置固定支承件，并应有严格的防水措施。管道穿越墙、梁时宜设套管。

管道穿越地下室外墙或钢筋混凝土水池(箱)壁时，应预埋刚性防水套管，套管与管壁之间的环形空隙，应有严格的防水封堵措施。

(9)铝塑复合管管道上连接的各种阀门，应固定牢靠，不应将阀门自重和操作力矩传递给管道。

(10)管道不宜穿越建筑物沉降缝、伸缩缝，当一定要穿越时，管道应有相应的补偿措施。

(11)公称外径 *De* 不大于 32 mm 的管道，转弯时应尽量利用管道自身直接弯曲。直接弯曲的弯曲半径，以管轴心计不得小于管道外径的 5 倍。管道弯曲时应使用专用的弯曲工具，管道直接弯曲时，公称外径 *Dc* 不大于 25 mm 的管道可采用在管内放置专用弹簧用手加力弯曲；公称外径 *De* 为 32 mm 的管道，宜采用专用弯管器弯曲。应一次弯曲成形，不得多次弯曲。

(12)暗设在吊顶、管井内的管道，管道表面(有保温层时按保温层表面计)与周围墙、板面的净距不宜小于 50 mm。

13. 铝塑复合管道的安装要求

(1)公称外径 *De* 不大于 32 mm 的管道，安装时应先将管卷展开、调直。

(2)截断管道应使用专用管剪或管子割刀。

(3)管道应采用管材生产企业配套的管件及专业工具进行施工安装。

(4)管道连接方式宜采用卡套式连接。卡套式连接应按下列程序进行：

①按设计要求的管径和现场复核后的管道长度截断管道。检查管口，如发现管口有毛刺、不平整或端面不垂直管轴线时，应修正；

②用专用刮刀将管口处的聚乙烯内层削坡口，坡角为 20° ~ 30°，深度为 1.0 ~ 1.5 mm，且应用清洁的纸或布将坡口残屑擦干净；

③用整圆器将管口整圆；

④将锁紧螺帽、C 形紧箍环套在管上，用力将管芯插入管内，至管口达管芯根部；

⑤将 C 形紧箍环移至距管口 0.5 ~ 1.5 mm 处，再将锁紧螺帽与管件本体拧紧。

(5)直埋敷设管道的管槽，宜配合土建施工时预留，管槽的底和壁应平整无突出的尖锐物。管槽宽度宜比管道公称外径大 40 ~ 50 mm，管槽深度宜比管道公称外径大20 ~ 25 mm。

铺放管道后，应用管卡(或鞍形卡片)将管道固定牢固，管卡间距应符合表 4.25 管道最大支承间距的规定。

水压试验合格后方可填塞管槽。管槽的填塞应采用 M7.5 水泥砂浆。冷水管管槽的填塞宜分两层进行，第一层填塞至 3/4 管高，砂浆初凝时应将管道略做左右摇动，使管壁与砂浆之间形成缝隙，接着进行第二层填塞，填满管槽与地(墙)面抹平，砂浆必须密实饱满。

热水管直线管段的管槽填塞操作与冷水管相同，但在转弯段应在水泥砂浆填塞前沿转弯管外侧插嵌宽度等于管外径，厚度为 5 ~ 10 mm 的质地松软板条，再按上述操作填塞。

(6)管道穿越混凝土屋面、楼板、墙体等部位，应按设计要求配合土建预留孔洞或预埋套管，孔洞或套管的内径宜比管道公称外径大 30 ~ 40 mm。

表4.25 管道最大支承间距

公称外径 De/mm	立管间距/mm	横管间距/mm
12	500	400
14	600	400
16	700	500
18	800	500
20	900	600
25	1 000	700
32	1 100	800
40	1 300	1 000
50	1 600	1 200
63	1 800	1 400
75	2 000	1 600

(7)管道穿越屋面、楼板部位,应做防渗措施,可按下列规定施工:

①贴近屋面或楼板的底部,应设置管道固定支承件。

②预留孔或套管与管道之间的环形缝隙,用C15细石混凝土或M15膨胀水泥砂浆分两次嵌缝,第一次嵌缝至板厚的2/3高度,待达到50%强度后进行第二次嵌缝至板面平,并用M10水泥砂浆抹高、宽不小于25 mm的三角灰。

(8)管道穿越地下室外壁或混凝土水池壁时,必须配合土建预埋带有止水翼环的金属套管,套管长度不应小于200 mm,套管内径宜比管道公称外径大30~40 mm。

管道安装完后,对套管与管道之间的环形缝隙进行嵌缝;先在套管中部塞3圈以上油麻,再用M10膨胀水泥砂浆嵌缝至套管口。

(9)管道穿越无防水要求的墙体、梁、板的做法应符合下列规定:

①靠近穿越孔洞的一端应设固定支承件将管道固定;

②管道与套管或孔洞之间的环形缝隙应用M7.5水泥砂浆填实。

(10)管道支承和支承件应符合下列规定:

①无伸缩补偿装置的直线管段,固定支承件的最大间距:冷水管不宜大于6.0 m,热水管不宜大于3.0 m,且应设置在管道配件附近;

②采用管道伸缩补偿器的直线管段,固定支承件的间距应经计算确定,管道伸缩补偿器应设在两个固定支承件的中间部位;

③采用管道折角进行伸缩器补偿时,悬臂长度不应大于3.0 m,自由臂长度不应小于300 mm;

④固定支承件的管卡与管道表面应为面接触,管卡的宽度宜为管道公称外径的1/2,收紧管卡时不得损坏管壁;

⑤滑动支承件的管卡应卡住管道,可允许管道轴向滑动,但不允许管道产生横向位

移，管道不得从管卡中弹出。

（11）管道的隔热保温层应符合下列规定：

①隔热保温层的基体材料及厚度应符合设计规定；

②室内管道的隔热保温基体材料外宜做保护层，保护层应具有密封性和防火性能；室外管道的隔热保温基体材料外应做保护层，保护层应具有密封性和防水性能，当设计无明确规定时，宜采用有铝箔外层的保温瓦，接口用铝箔带粘接密封。

（12）埋地管道的敷设应符合下列规定：

①埋地进户管应先安装室内部分的管道，待土建室外施工时再进行室外部分的管道安装与连接。

②进户管穿越外墙处，应预留孔洞，孔洞高度应根据建筑物沉降量决定，一般管顶以上的净高不宜小于 100 mm。公称外径 *De* 不小于 40 mm 的管道，应采用水平折弯后进户。

③管道在室内穿出地坪处，应在管外套长度不小于 100 mm 的金属套管，套管的根部应插嵌入地坪层内 30 ~ 50 mm。

④埋地管道的管沟底部的地基承载力不应小于 80 kN/m^2 且不得有坚硬凸出物。管沟回填时，管周 100 mm 以内的填土不得含有粒径大于 10 mm 的坚硬石（砖）块。

⑤室外埋地管道的管顶覆土深度，除应不小于冰冻深度外，非行车地面不宜小于 300 mm；行车地面不宜小于 600 mm。

⑥埋地敷设的管件应做外防腐处理。

14. 铝塑复合管的水压试验

（1）试验压力为管道系统工作压力的 1.5 倍，但不得小于 0.6 MPa；工程监理单位应派人参加水压试验的全过程。

（2）水压试验应按下列步骤进行：

①将试压管段各配水点封堵，缓慢注水，同时将管内空气排出；

②管道充满水后，进行水密性检查；

③对系统试压，加压应采用手压泵缓慢升压，升压时间不应小于 10 min；

④升压至规定的试验压力后，停止加压，稳压 1 h，观察各接口部位应无渗漏现象；

⑤稳压 1 h 后，再补压至规定的试验压力值，15 min 内，压力降不超过 0.05 MPa 为合格；

⑥以上步骤的水压试验合格后，再进行持压试验，将系统再次升压至试验压力值，持续 3 h，压力不降至 0.6 MPa，且无渗漏现象为合格。

（3）水压试验合格后，填写水压试验记录并签字。

15. 铝塑复合管道系统的检验及验收

（1）管道系统应根据工程性质和特点进行中间验收和竣工验收。中间验收应由施工单位会同工程监理单位进行；竣工验收应由建设单位负责全面验收或委托工程监理单位进行验收，必要时请设计单位进行联合验收。中间验收、竣工验收前施工单位应进行自检。

(2)中间验收在管道安装完成之后隐蔽之前进行,并可根据施工进度分管段进行,但整个管道系统合拢后必须再进行一次水压试验。

(3)中间验收应符合下列规定:

①管材的型号、标志、管径和敷设位置应符合设计要求;

②管道的固定应牢靠,管道支承间距应符合规定,固定支承件的位置应正确;

③按规定进行水压试验;

④检验合格后填写验收记录并签字。

(4)管道竣工验收应具备下列文件资料:

①施工图、竣工图及设计变更文件;

②管材、管件和主要管道附件等的出厂合格证或产品检验报告;

③中间验收记录、水压试验记录、管道消毒和清洗记录;

④工程质量检验评定记录;

⑤工程质量事故处理记录。

(5)工程竣工质量应符合设计要求和《建筑给水铝塑复合管(XPAP)管道工程技术规程》的规定,竣工验收应重点检查和检验以下项目:

①管位、标高的正确性;

②抽查部分管段,检查接口、支承是否牢固及位置是否正确;

③开启部分配水件,水流应通畅;

④抽查部分阀门,其启闭应灵活;各种仪表指示应正确灵敏。

4.2.4 室内供暖管道阀门与支架的安装要求

1. 常用阀门

阀门是用来开闭管路和调节输送介质流量的设备,常用的有:

(1)截止阀。截止阀按介质流向的不同可分为直通式、直角式和直流式(斜杆式)三种。按阀杆螺纹的位置可分为明杆和暗杆两种结构型式。图4.58是常用的直通式截止阀结构示意图。

截止阀关闭时严密性较好,但阀体长,介质流动阻力大,产品公称直径一般不大于200 mm。

(2)闸阀。闸阀的结构型式也有明杆和暗杆两种;按闸板的形状分有楔式与平行式;按闸板的数目分为单板和双板。图4.59是明杆平行式双板闸阀,图4.60是暗杆楔式单板闸阀。闸阀关闭时,严密性不如截止阀好,但阀体短,介质流动阻力小,常用于公称直径大于200 mm的管道上。截止阀和闸阀主要起开闭管路的作用,由于其调节性能不好,不适合用来调节流量。

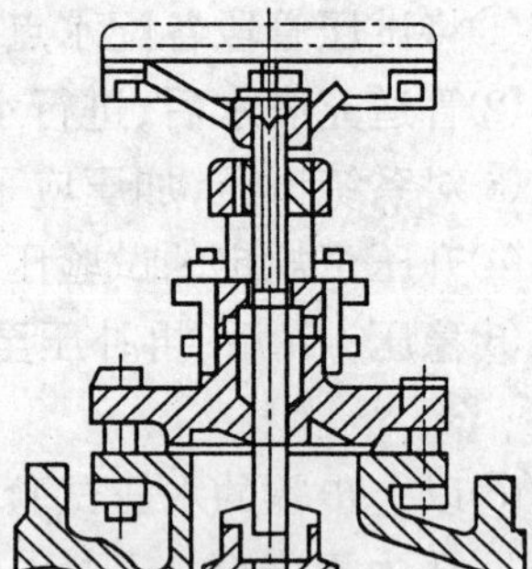

图4.58 直通式截止阀

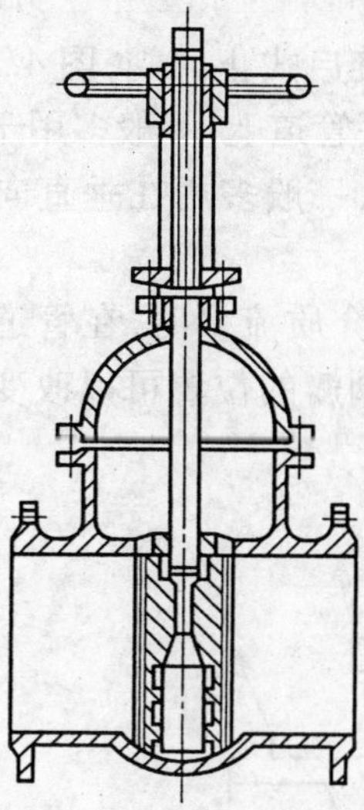

图4.59　明杆平行式双板闸阀

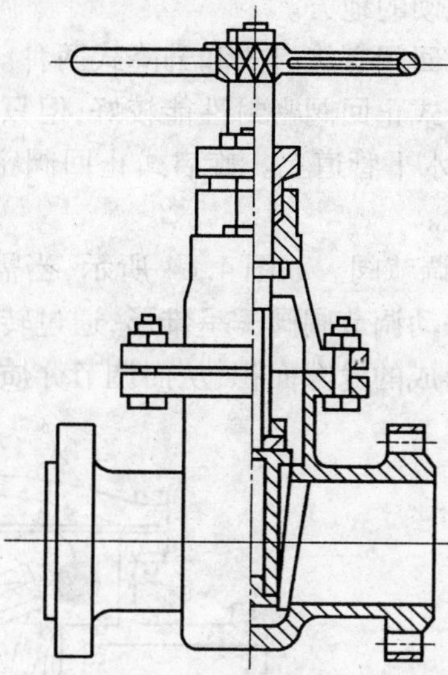

图4.60　暗杆楔式单板闸阀

(3)碟阀。图4.61是蜗轮传动型碟阀,阀板沿垂直管道轴线的立轴旋转,当阀板与管道轴线垂直时,阀门全闭;阀板与管道轴线平行时,阀门全开。碟阀阀体长度小,流动阻力小,调节性能稍优于截止阀和闸阀,但造价高。

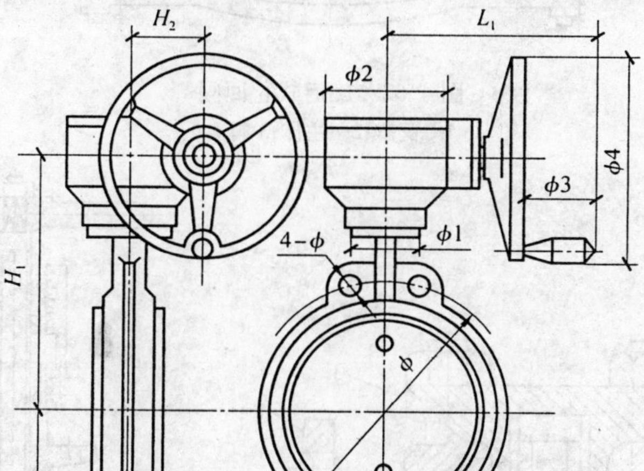

图4.61　蜗轮传动型碟阀

截止阀、闸阀和碟阀可用法兰、螺纹或焊接连接方式。传动方式有手动传动(小口径)、齿轮、电动、液动和气动等。公称直径大于或等于600 mm的阀门,应采用电动驱动装置。

(4)止回阀(逆止阀)。止回阀用来防止管道或设备中的介质倒流,它利用流体的动能开启阀门。在供热系统中,止回阀常设在水泵的出口,疏水器的出口管道以及其他不允许流体反向流动的地方。

常用的止回阀有旋启式和升降式两种。图 4.62 是旋启式止回阀,图 4.63 是升降式止回阀。升降式止回阀密封性能较好,但只能安装在水平管道上,一般多用于公称直径小于 200 mm 的水平管道上。旋启式止回阀密封性能差些,一般多用在垂直向上流动或大直径的管道上。

(5)手动调节阀。如图 4.64 所示,当需要调节供热介质流量时,在管道上可设置手动调节阀。手动调节阀阀瓣呈锥形,通过转动手轮调节阀瓣的位置可以改变阀瓣与阀体通径之间所形成的缝隙面积,从而调节介质流量。

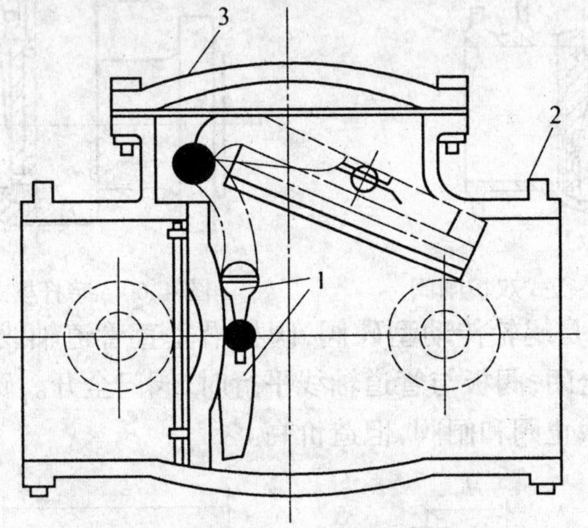

图 4.62　旋启式止回阀

1—阀瓣;2—主体;3 阀盖

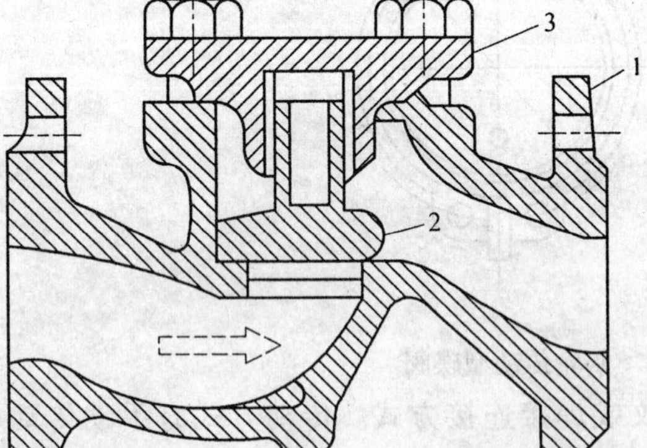

图 4.63　升降式止回阀

1—阀体;2—阀瓣;3—阀盖

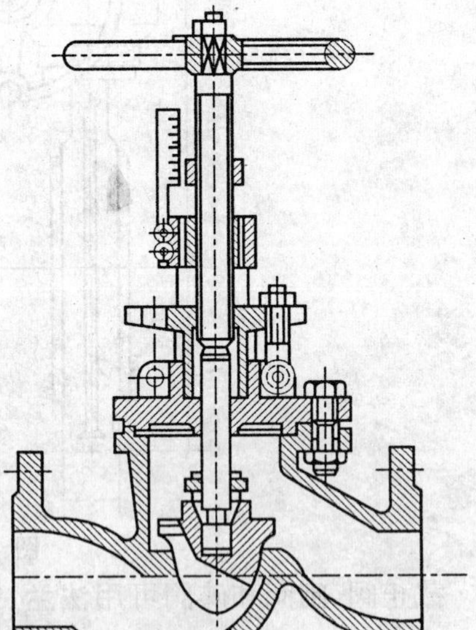

图 4.64　手动调节阀

(6)电磁阀。电磁阀是自动控制系统中常用的执行机构。它依靠电流通过电磁铁后产生的电磁吸力来操纵阀门的启闭,电流可由各种信号控制。常用的电磁阀有直接启闭式和间接启闭式两类。

图4.65为直接启闭式电磁阀,它由电磁头和阀体两部分组成。电磁头中的线圈3通电时,线圈3和衔铁2产生电磁力使衔铁2带动阀针1上移,阀孔被打开。电流切断时,电磁力消失,衔铁2靠自重及弹簧力下落,阀针1将阀孔关闭。直接启闭式电磁阀结构简单,动作可靠,但不宜控制较大直径的阀孔,通常阀孔直径在3 mm以下。

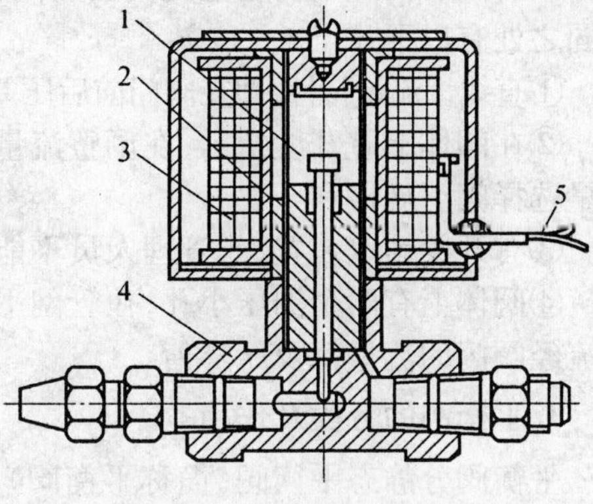

图4.65　直接启闭式电磁阀

1—阀针;2—衔铁;3—线圈;4—阀体;5—电源线

图4.66为间接启闭式电磁阀,大直径的阀孔常采用间接启闭式电磁阀。阀的开启过程分为两步:当电磁头中的线圈1通电后,衔铁2和阀杆3上移,先打开孔径较小的操纵孔,此时浮阀4上部的流体从操纵孔流向阀出口,其上部压力迅速降低,浮阀4在上下压力差的作用下上升,于是阀门全开。当线圈1断电后,阀杆3下落,先关闭操纵孔,流体通过平衡孔进入上部空间,使浮阀4上下压力平衡,而后在自重和弹簧力的作用下,再将阀孔关闭。当浮阀4发生故障时,可旋转调节杆6,将浮阀顶开。

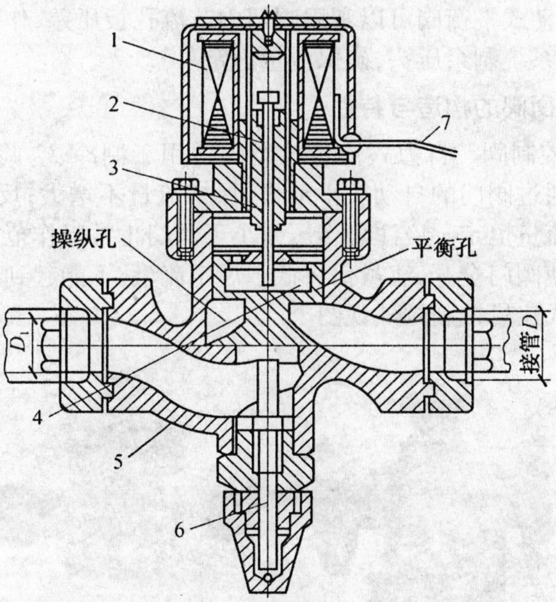

图4.66　间接启闭式电磁阀

1—线圈;2—衔铁;3—阀杆;4—浮阀;5—阀体;6—调节杆;7—电源线

2. 平衡阀与闸阀、截止阀的不同之处

平衡阀是专用于供热系统上的调节阀门。使用平衡阀后就能有效地解决水力失调问题。

平衡阀的内部结构也是由阀瓣和阀座组成的,外形与普通阀一样,它与闸阀、截止阀不同之处有以下几点:

①直线性流量特性,即在阀门前后压差不变的情况下,流量与开度大体上呈线性关系。

②在阀体上有开度指示,在调整流量时可根据开度、压差确定流量,也可根据压差和流量选择阀门规格和开度。

③有开度锁定装置,非管理人员不能随意开关。

④阀体上有两个测压小孔,在管网平衡调试时,将专用智能仪表与小孔连接,仪表显示流经阀门的流量值及压降值。

3. 平衡阀的分类及作用

平衡阀分静态平衡阀(简称平衡阀)和自动式平衡阀(也称自力式流量调节阀)。

静态平衡阀可装在热水供暖系统的供水或回水总管上,也可装在室内供暖系统各个环路上。静态平衡阀具有关断功能,因此它可代替一个关断阀门。为了使静态平衡阀内的两个压力测孔处水流稳定,测试准确,静态平衡阀前应有 5 倍管径长的直管段,阀后应有 2 倍管径长的直管段。阀体上标有水的流动方向箭头,切勿装反。由于阀塞为锥形,在小开度时容易挤住杂物。安装时要把阀门关到“O”位,以免掉进杂物,冲洗管道时要把阀门开至 100%,以免堵塞。

自动式平衡阀是一种无需外来能源,依靠被调介质自身的流量、温度、压力变化自动调节的节能仪表。自动式平衡阀可以利用阀门中节流孔板压差,作用在阀瓣上,不需要外加动力即可自动消除系统剩余压头,确保流量恒定。

4. 各类自力式平衡阀的构造与特性

(1)自力式流量控制阀。自力式流量控制阀适用于制冷、空调、供暖系统中,当阀门前后的压差增大时,通过阀门的自动关小动作,保持流量不增大;反之,当压差减小时,阀门自动开大,以保持流量恒定。应注意当压差小于阀门正常工作范围时,由于阀门不能提供额外压头,此时即使阀门全开,流量仍将低于规定流量,不能起到控制作用。

图 4.67 为自力式流量控制阀外观图。

图 4.67　自力式流量控制阀外观图

图 4.68 表示了自力式流量控制阀的结构。它是由手动可调阀瓣 9 和两个自动阀瓣 5 及弹簧、膜片等组成的。若供热系统中的供水压力提高了，控制器两边的压差 p_1-p_3 增大，同时 p_2-p_3 增大，p_2、p_3 分别通过导压孔和导压管作用在膜片的下、上方，克服弹簧的弹力，带动自动阀瓣上移，缩小流通面积，限制了流量，直到膜片上下平衡为止。这时 p_2-p_3 又回到原定值，流量也回到原来的设定值，维持恒定不变。可见，无论供热管网负荷如何变化，只要在用户入口处的供水或回水管道上安装此装置，供热管网系统便可在动态调节功能作用下，自动实现水力平衡。

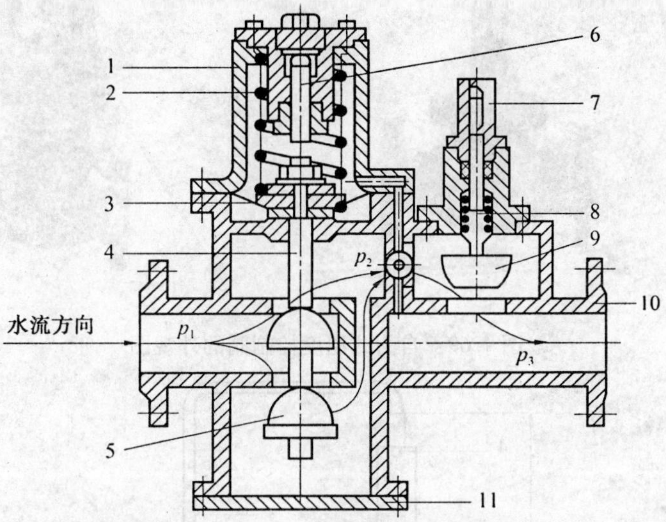

图 4.68　自力式流量控制阀结构图

1—弹簧罩；2—弹簧；3—膜片；4—自动阀杆；5—自动阀瓣；6—顶杆；7—流量刻度尺；8—手动阀杆；9—手动可调阀瓣；10—阀体；11—下盖

(2) 自力式温度控制阀。建筑物的供暖、空调和热水供应系统中，常常利用热交换设备将水加热至系统要求的温度，自力式温度控制阀能够利用液体的热胀冷缩特性与液体的不可压缩特性，严格控制被加热介质的温度。

图 4.69 为自力式温度控制阀的外观图，由温度传感器、压力传感器、执行器和调节器四部分组成。

图 4.70 为自力式温度控制阀的结构图，在温度传感器的毛细管中充满了某种热膨胀性能好的液体，当温度变化时，传感器中的液体发生相应的体积变化，带动执行器中的金属波纹管和阀杆，阀杆改变阀塞的位置调节流量，从而调节水温。可采用手动调节段设定温度。

自力式温度控制阀还装有过温保护装置，当温度超过设定值时，不会泄漏液体和损坏温度控制阀。

(3) 自力式压差控制阀。自力式压差控制阀能够依靠介质自身压力变化自动调节压力，适用于供热、供暖、空调等系统中。控制阀通过不同的连接方式可做三种不同的控制调节：阀后压力调节、阀前压力调节和压差调节。

图 4.71 为自力式压差控制阀的外观图，图 4.72 为自力式压差控制阀的结构图，做阀

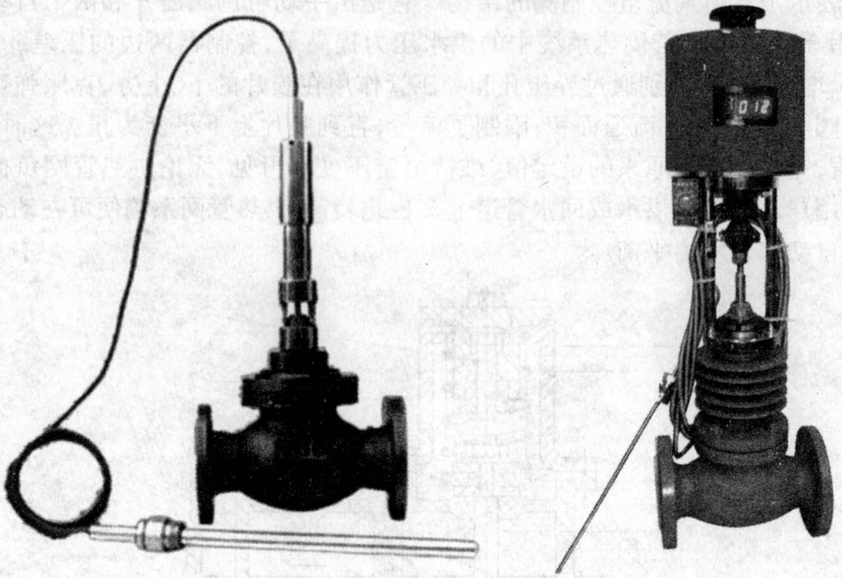

图 4.69　自力式温度控制阀的外观图

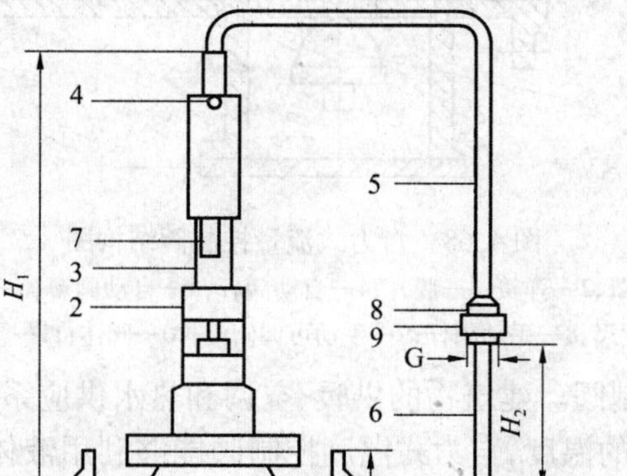

图 4.70　自力式温度控制阀的结构图

1—阀体；2—支架；3—控温器；4—温度设定板孔；5—导管；6—温度传感器；7—温度指示牌；8—联塞；9—联母

后压力调节时，工作介质以阀前压力 p_1 通过阀瓣节流后变为阀后压力 p_2，p_2 通过压力反馈管路输入上膜室，在顶盘的膜片上产生压力作用，与弹簧的反作用力相平衡，决定了阀瓣的相对位置，控制阀后压力。当阀前压力 p_1 增加时，阀后压力 p_2 会随之增加，p_2 作用在顶盘上的作用力大于弹簧的反作用力，使阀瓣关向阀座位置，直至作用力与反作用力相平衡。此时阀瓣与阀座之间的流通面积减小，流通阻力变大，使 p_2 降低为设定值。同理，当阀后压力 p_2 降低时，作用与上述相反，达到控制阀后压力的目的。当需要改变阀后压力

p_2的设定值时，可调整调节螺母改变弹簧预设定值。

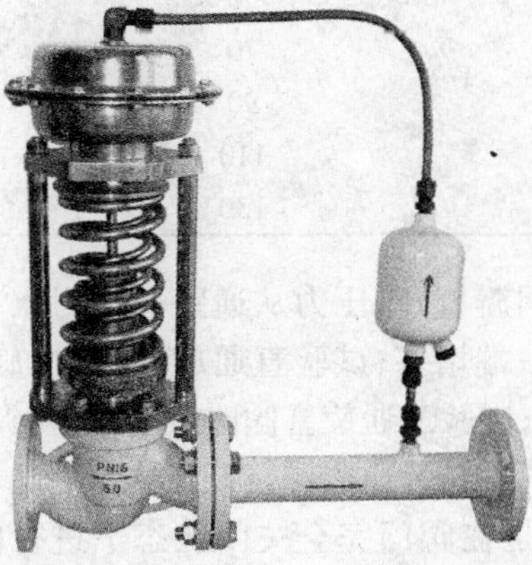

图 4.71　自力式压差控制阀的外观图

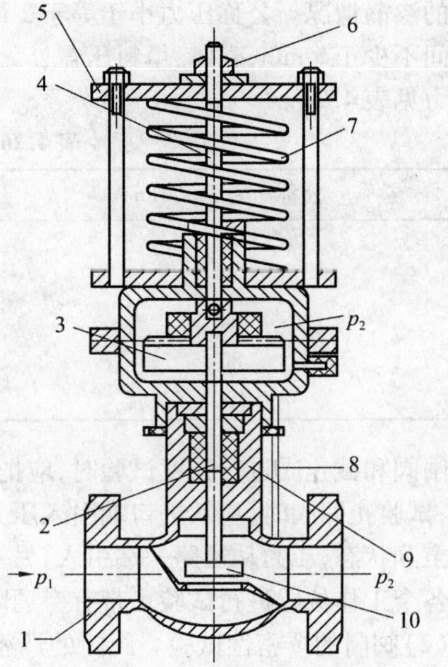

图 4.72　自力式压差控制阀的结构图

1—阀体；2—阀芯；3—膜片；4—弹簧拉杆；5—弹簧压盖；6—调节螺母；7—弹簧；8—压力反馈管路；9—连接体；10—阀瓣

5. 阀门安装前应做的检查

阀门的类型繁多，其结构形式、制造材料、驱动方式及连接形式各有特点，室内供暖工程中常用阀门有：闸阀、截止阀、止回阀、旋塞阀、球阀、碟阀、安全阀、节流阀、电磁阀等。

阀门安装前应做的检查有：

(1)仔细检查核对阀门型号、规格是否符合图纸要求。

(2)检查阀杆和阀瓣开启是否灵活，有无卡住和歪斜现象。

(3)检查阀门有无损坏，螺纹阀门的螺纹是否端正和完整无缺。

(4)检查阀座与阀体的结合是否牢固，阀瓣与阀座、阀盖和阀体的结合是否良好，阀杆与阀瓣的连接是否灵活可靠。

(5)检查阀门垫料、填料及紧固件(螺栓)是否适合于工作介质性质的要求。

(6)陈旧的或搁置较久的减压阀应拆卸，灰尘、砂粒等杂物须用水清洗干净。

(7)清除通口封盖，检查密封程度，阀瓣必须关闭严密。

6. 阀门安装前应做的试验

施工的阀门应有合格证，对无合格证或发现某些损伤时，应进行水压试验。《工业金属管道工程施工及验收规范》(GB 50235—97)规定：低压阀门应从每批(同厂家、同型号、同批出厂)产品中抽查 10%，且不少于一个，进行强度和严密性试验，若有不合格，再抽查 20%。抽检的低压、中压和高压阀门要进行强度试验和严密性试验，合金钢阀门还应逐个对壳体进行光谱分析，复查材质。

(1)阀门的强度试验。阀门的强度试验是在阀门开启状态下进行试验，检查阀门外表面的渗漏情况。公称压力小于等于2 MPa的阀门，其试验压力为公称压力的1.5倍，试验时间不少于5 min，壳体、填料压盖处无渗漏为合格；公称压力大于32 MPa的阀门，其试验压力见表4.26。

表4.26　强度试验压力

公称压力 P_N/MPa	试验压力 P_S/MPa
40	56
50	70
64	90
80	110
100	130

闸阀和截止阀进行强度试验时，应把闸板或阀瓣打开，压力从通路一端引入，另一端封堵；试验止回阀时，应从进口端引入压力，出口一端堵塞；试验直通旋塞阀时，旋塞应调整到全开状态，压力从通路一端引入，另一端堵塞；试验三通旋塞阀时，应把旋塞调整到全开的各个工作位置进行试验。带有旁通附件的，试验时旁通也应打开。

(2)阀门的严密性试验。阀门的严密性试验是在阀门完全关闭状态下进行的试验，检查阀门密封面是否有渗漏。除碟阀、止回阀、底阀、节流阀外，阀门的试验压力一般应以公称压力进行；能够确定工作压力的，可用1.25倍的工作压力进行试验，以阀瓣密封面不漏为合格。公称压力小于或等于2.5 MPa的水用闸阀允许有不超过表4.27的渗漏量。

表4.27　闸阀密封面允许渗漏量

公称直径 DN/mm	允许渗漏量 /($cm^3 \cdot min^{-1}$)	公称直径 DN /mm	允许渗漏量 /($cm^3 \cdot min^{-1}$)
≤40	0.05	600	10
50 ~ 80	0.10	700	15
100 ~ 150	0.20	800	20
200	0.30	900	25
250	0.50	1 000	30
300	1.5	1 200	50
350	2.0	1 400	75
400	3.0	≥1 600	100
500	5.0		

试验闸阀时，应将闸板紧闭，从阀的一端引入压力，在另一端检查其严密性，检查合格后，再从阀的另一端引入压力，反方向的一端检查其严密性。双闸板的闸阀，通过两闸板之间阀盖上的螺栓孔引入压力，在阀的两端检查其严密性；试验截止阀时，阀瓣应紧闭，压力从阀孔低的一端引入，在阀的另一端检查其严密性；试验止回阀时，压力从介质出口一端引入，在进口一端检查其严密性；试验直通旋塞阀时，将旋塞调整到全关位置，压力从一端引入，另一端检查其严密性；对于三通旋塞阀，应将塞子轮流调整到各个关闭位置，引入压力后在另一端检查其各关闭位置的严密性。

试验合格的阀门，应及时排尽内部积水，密封面应涂防锈油（需脱脂的阀门除外），关闭阀门，封闭进出口，填写阀门试验记录表。

7. 阀门安装的一般规定

(1)阀门的阀体材料多采用铸铁制作，性脆，不得受重物撞击。

(2)搬运阀门时，不允许随手抛掷；吊运、吊装阀门时，绳索应系在阀体上，严禁系在手轮、阀杆及法兰螺栓孔上。

(3)阀门应安装在操作、维护和检修最方便的地方，严禁埋于地下。直埋和地沟内管道上的阀门处，应设检查井，以便于阀门的启闭和调节。

(4)安装螺纹阀门时，应保证螺纹完整无损，并在螺纹上缠麻、抹铅油或缠上聚四氟乙烯生料带，注意不得把麻丝挤到阀门里去。旋扣时，需用扳手卡住拧入管子一端的六角阀体，以保证阀体不至于变形或胀裂。

(5)安装法兰阀门时，应保证两法兰端面互相平行和同心，不得使用双垫片。阀门法兰的衬垫不得凸入管内，其外边缘接近螺栓孔为宜，不得安装双垫或偏垫。

(6)安装法兰阀门时，注意沿对角线方向拧紧连接螺栓，拧动时用力要均匀，以防垫片跑偏或引起阀体变形与损坏。连接法兰的螺栓，直径和长度应符合标准，拧紧后，突出螺母的长度不应大于螺杆直径的1/2。

(7)阀门在安装时应保持关闭状态。靠墙较近的螺纹阀门，安装时常需要卸去阀杆阀瓣和手轮，才能拧转，应在拧动手轮使阀门保持开启状态后，再进行拆卸，否则易拧断阀杆。

(8)阀门安装的位置不应妨碍设备、管道及阀体本身的操作、拆装和检修，同时要考虑到组装外形的美观。

(9)水平管道上的阀门，阀杆应朝上安装、或倾斜一定角度安装，不可将手轮朝下安装。高空管道上的阀门、阀杆和手轮可水平安装，用垂向低处的链条远距离操纵阀门的启闭。

(10)在同一房间内、同一设备上安装的阀门，应排列对称、整齐美观；立管上的阀门，在工艺允许的前提下，阀门手轮以齐胸高最适宜操作，一般以距地面1.0～1.2 m为宜，且阀杆必须顺着操作者方向安装。

(11)并排立管上的阀门，其中心线标高最好一致，且手轮之间净距不小于100 mm；并排水平管道上的阀门应错开安装，以减小管道间距。

(12)在水泵、换热器等设备上安装较重的阀门时，应设阀门支架；操作频繁且又安装在距操作面1.8 m以上的阀门，应设固定的操作平台。

(13)阀门的阀体上有箭头标志的，箭头的指向即为介质的流动方向，安装阀门时，应注意使箭头指向与管道内介质流向相同。止回阀、截止阀、减压阀、疏水阀、节流阀、安全阀等均不得反装。

(14)安装螺纹阀门时，为便于拆卸，一个螺纹阀门应配用一个活接。活接的设置应考虑检修的方便，通常是水先流经阀门后流经活接。

(15)井室内的阀门安装距井室四周的距离符合质量标准的规定。大于DN50以上的阀门要有支托装置。

8. 闸阀、截止阀、止回阀的安装要求

闸阀又称闸板阀,利用闸板来控制启闭,通过改变横断面面积来调节管路流量和启闭管路,闸阀多用于对流体介质做全启或全闭操作的管路。闸阀安装一般无方向性要求,但不能倒装(即阀杆朝下安装),倒装时,操作和检修都不方便。明杆闸阀适用于地面上或管道上方有足够空间的地方;暗杆闸阀多用于地下管道或管道上方没有足够空间的地方。为了防止阀杆锈蚀,明杆闸阀不许装在地下。

截止阀是利用阀瓣来控制启闭的,通过改变阀瓣与阀座的间隙,即改变通道截面的大小来调节介质流量或截断介质通路。安装截止阀必须注意流体的流向,管道中的流体由下而上通过阀孔,俗称"低进高出",不许装反,只有这样流体通过阀孔的阻力才最小,开启阀门才省力,且阀门关闭时,因填料不与介质接触,既方便了检修,又不使填料和阀杆受损坏,从而延长了阀门的使用寿命。

止回阀又称逆止阀、单向阀,是在阀门前后压力差作用下自动启闭的阀门,其作用是使介质只做一个方向的流动,阻止介质逆向流动。止回阀按其结构不同,有升降式、旋启式和碟型对夹式等,升降式止回阀又有卧式与立式之分。安装止回阀时,也应注意介质的流向,不能装反。卧式、升降式止回阀应水平安装,要求阀孔中心线与水平面相垂直。立式升降式止回阀,只能安装在介质由下向上流动的垂直管道上。旋启式止回阀有单瓣、双瓣和多瓣之分,安装时摇板的旋转枢轴必须水平,旋启式止回阀既可以安装在水平管道上,也可以安装在介质由下向上流动的垂直管道上。

9. 一般阀门的常见故障与产生的原因

一般阀门常见故障主要表现在阀门填料函泄漏、阀杆失灵、密封面泄漏、垫圈泄漏、阀门开裂、手轮损坏、压盖断裂及闸板失灵等方面。故障的原因与维修方法分别见表4.28、表4.29、表4.30和表4.31。

表4.28 填料函泄漏原因与维修方法

故障原因	维修方法
装添填料方法不正确(如整根盘旋放入)	正确装填料
阀杆变形或腐蚀生锈	修理或换新
填料老化	更换填料
操作用力不当或用力过猛	缓开缓闭,操作平稳

表4.29 阀杆失灵原因与维修方法

故障原因	维修方法
阀杆损伤、腐蚀脱扣	更换阀件
阀杆弯扭	阀门不易开启时,不要用长器具撬别手轮,弯扭的阀杆需要换
阀杆螺母倾斜	更换阀件或阀门
露天阀门锈死	露天阀门应加强养护,定期转动手轮

表 4.30　密封面泄漏原因与维修方法

故障原因	维修方法
密封面磨损,轻度腐蚀	定期研磨
关闭不当,密封面接触不好	缓慢、反复启闭几次
阀杆弯曲,上、下密封面不对中心线	修理或更换
杂质堵住阀孔	开启,排除杂物,再缓慢关闭,必要时加过滤器
密封圈与阀座、阀瓣配合不严	修理
阀瓣与阀杆连接不牢	修理或换件

表 4.31　其他故障、原因与维修方法

故障	故障原因	维修方法
垫片泄漏	垫片材质不适应或在日常使用中受介质影响失效	采用与工作条件相适应的垫片或更换垫片
阀门开裂	冻坏或螺纹阀门安装时用力过大	保温防冻,安装时用力均匀适当
手轮损坏	重物撞击,长杆撬别开启,内方孔磨损倒棱	避免撞击,开启时用力均匀,方向正确,锉方孔或更换手轮
压盖断裂	紧压盖时用力不均	对称拧紧螺母
闸板失灵	楔形闸板因腐蚀而关不严,双闸板的顶楔损坏	定期研磨,更换成碳素钢材质的顶楔

10. 止回阀常见的故障与产生的原因

止回阀的常见故障、原因及维修方法见表 4.32。

表 4.32　止回阀常见故障、原因与维修方法

故障	故障原因	维修方法
介质倒流	1. 阀芯与阀座间密封面损伤 2. 阀芯、阀座间有污物	1. 研磨密封面 2. 清除污物
阀芯不开启	1. 密封面被水垢粘住 2. 转轴锈住	1. 清除水垢 2. 打磨铁锈,使之灵活
阀瓣打碎	阀前、阀后的介质压力处于接近平衡的"拉锯"状态,使脆性材料制成的阀瓣频繁拍打	采用韧性材料阀瓣

11. 室内供暖管道常用阀门应常做的检修项目

阀门在安装和使用过程中,由于制造质量和磨损等原因,使阀门容易产生泄漏和关闭不严等现象,为此,需要对阀件进行检查与修理。

(1)压盖泄漏检修。

填料函中的填料在压盖的压力作用下起密封作用,经过一段时间运行后,填料会老化变硬,特别是启闭频繁的阀门,因阀杆与填料之间摩擦力减小,易造成压盖漏汽、漏水,为此必须更换填料。

①小型阀盖泄漏检修。小型阀门更换填料的操作，如图4.73所示。小规格阀门采用螺母式盖母4与阀盖1的外螺纹相连接，通过旋紧盖母达到压实填料2的目的。更换填料时，首先将盖母卸下，然后用螺丝刀将填料压盖撬下来，把填料函中的旧填料清理干净，将细棉绳按顺时针方向，围绕阀杆缠上3～4圈装入填料函，放上填料压盖3并压实，旋紧盖母即可。

操作中需注意，旋紧盖母时不要过分用力，防止盖母脱扣或造成阀门破裂；如果更换后仍然泄漏，可再拧紧盖母，直至不渗漏为止。

对于不经常启闭的阀门，一经使用易产生泄漏，原因是填料变硬，阀门转动后，阀杆与填料间便产生了间隙。修理时，应首先按松扣方向将盖母转动，然后按旋紧的方向旋紧盖母即可。如用上述方法不见效果时，说明填料已失去了应有弹性，应更换填料。

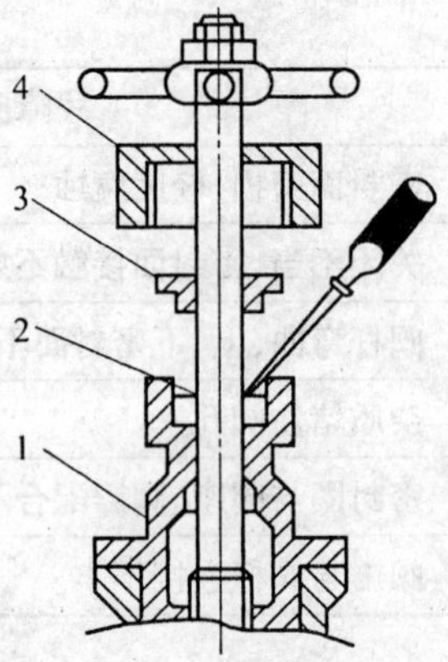

图4.73　小型阀门更换填料操作

1—阀盖；2—填料；3—填料压盖；4—盖母

②较大阀门压盖泄漏检修。较大规格（一般大于DN50 mm）的阀门，采用一组螺栓夹紧法兰式压盖来压紧填料。更换填料时，首先拆卸螺栓，卸下法兰压盖，取出填料函中的旧填料并清理干净。填料前，用成型的石墨石棉绳或盘根绳（方形或圆形均可），按需要的长度剪成小段，并预先做好填料圈，如图4.74所示。放入填料圈时，注意各层填料接缝要错开，如图4.74所示，并同时转动阀杆，以便检查填料紧固阀杆的松紧程度。更换填料时，除应保证良好的密封性外，尚需阀杆转动灵活。

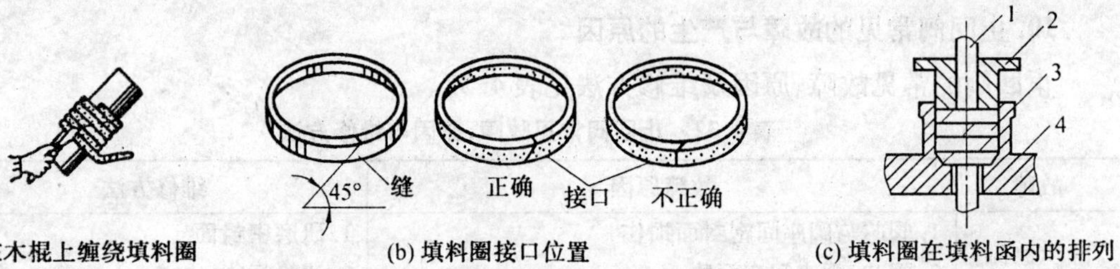

图4.74　制备填料圈及装添排列法

1—阀杆；2—填料函盖；3—填料圈；4—填料函套

（2）不能开启或开启不通汽、不通水。

长期关闭的阀门常常由于锈蚀而不能开启，开启这类阀门时可用振打方法，使阀杆与盖母（或法兰压盖）之间产生微量的间隙。振打时不得用力过猛。如仍不能开启时，可加注机油或润滑油，将锈层溶开，再用扳手或管钳转动手轮，转动时应缓慢加力，不得用力过猛，以免将阀杆扳弯或扭断。

阀门开启后不通汽、不通水，可能有以下几种情况：

①闸阀。如果检查中发现阀门开启不能到头，关闭时也关不到底，这种现象表明阀杆已经滑扣，由于阀杆不能将闸板提上来（俗称吊板现象），导致阀门不通。遇到这种情况时，需拆卸阀门，更换阀杆或更换整个阀门。

②截止阀。如有开启不到头或关闭不到底现象，属于阀杆滑扣，需更换阀杆或阀门。

如能开到头和关到底,是阀芯(阀瓣)与阀杆相脱节,可采取下述方法修理:小于或等于DN50 mm的阀门,将阀盖卸下,将阀芯取出,阀芯的侧面有一个明槽,其内侧有一个环形的暗槽与阀杆上的环槽相对应。修理时,将阀芯顶到阀杆上,然后从阀芯明槽处,将直径与环形槽直径相同的铜丝插入阀杆上的小孔(不透孔),当用手使阀杆与阀芯做相对转动时,铜丝就会自然地被卷入环形槽内,如此阀芯就被连在阀杆上了,阀杆与阀芯的连接如图4.75所示;大于DN50 mm的阀门,因其阀芯与阀杆连接方式较多,需在阀门拆开后,根据其连接方式和特点进行修理。

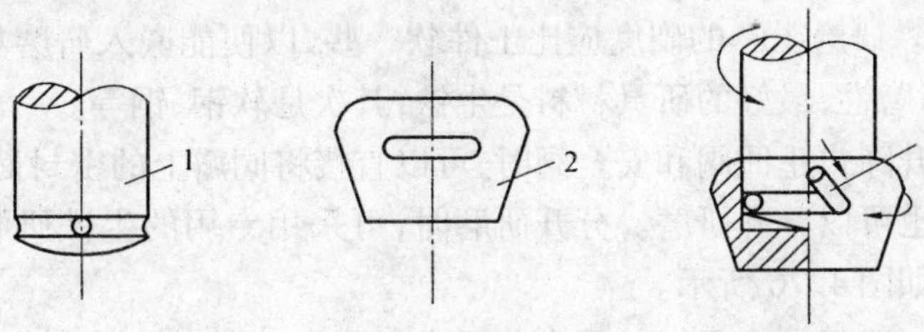

图4.75　$DN \leq 50$ mm阀门阀杆与阀芯的连接

1—阀杆;2—阀芯;3—钢丝

③阀门或管道堵塞。经检查发现阀门既能开启到头,又能关闭到底,且拆开阀门见阀杆与阀芯间连接正常,这就证实阀门本身无故障,需要检查与阀门连接的管道有无堵塞现象。

(3)关不严或关不住。

①关不严。阀门产生关不严现象,对于闸阀和截止阀来说,可能是由于阀座与阀芯之间卡有脏物,如水垢、铁锈之类,或是阀座、阀芯有被划伤之处,致使阀门无法关严。

修理时,需将阀盖拆下进行检查。如果是阀座与阀芯之间卡住了脏物,应清理干净;如果是阀座或阀芯被划伤,需用研磨方法进行修理。对于经常开启的阀门,由于阀杆螺纹上积存着铁锈,当偶然关闭时也会产生关不严的现象,关闭这类阀门时,需采取将阀门关了再开,开了再关的办法,反复多次地进行后,即可将阀门关严。对于少数垫有软垫圈的阀门,关不严多属垫圈被磨损,应拆开阀盖,更换软垫圈即可。

②关不住。所谓关不住,是指明杆闸阀在关闭时,虽转动手轮,阀杆却不再向下移动,且部分阀杆仍留在手轮上面。遇到这种现象,需检查手轮与带螺纹的铜套之间的连接情况,若两者为键连接,一般是因为键失去了作用,键与键槽咬合得松,或是键质量不符合要求,为此,需修理键槽或重新配键。

阀杆与带螺纹的铜套间非键连接的闸阀,易产生阀杆与铜套螺纹间的"咬死"现象,而导致手轮、铜套和阀杆连轴转。产生这种现象的原因,是在开启阀门时,用力过猛而开过了头。修理时,可用管钳咬住阀杆无螺纹处,然后用手按顺时针方向扳动手轮,即可将"咬"在一起的螺纹松脱开来,从而恢复阀杆的正常工作。

12. 阀门的研磨

由于制造质量不佳或在使用中被磨损或腐蚀,造成阀门关闭不严时,必须对阀座和阀瓣进行研磨。对于密封面上的撞痕、刀痕、压伤、不平和凹痕等缺陷,深度小于0.05 mm时,均可用研磨方法消除。

研磨阀门时，应根据阀门密封面的结构、材料和用途的不同，选用不同的研磨料（俗称凡尔砂）和研磨工具。

（1）研磨料。研磨阀门的研磨料有刚玉粉（Al_2O_3）、人造刚玉粉、金刚砂（SiC）、碳化硼、铁丹粉、氧化铬、硅藻土、玻璃粉、金刚石粉及研磨膏等，其中最常用的是金刚砂。

研磨铸铁、钢、青铜及黄铜制的密封面时，应采用人造刚玉粉和刚玉粉；研磨氮化处理的钢制密封面时，应采用人造刚玉粉；研磨硬质合金制密封面时，应采用金刚砂和碳化硼粉。

（2）研磨工具。研磨工具的硬度应比工件软一些，以便能嵌入研磨料，同时又要求其本身具有一定的耐磨性，最好的研具材料是生铁，其次是软钢、铜等。

研磨截止阀、升降式止回阀和安全阀时，可以直接将阀瓣上的密封面与阀座上的密封圈相互对着研磨，也可以分开研磨。分开研磨时，可采用专用的生铁研磨器，分别对阀座和阀瓣进行研磨，如图 4.76 所示。

研磨闸阀时，一般都是将闸板与阀座分开进行研磨。用生铁研磨盘来研磨阀座，如图 4.77 所示，而闸板可以在研磨平台上进行研磨，如图 4.77 所示。

研磨旋塞阀时，只能利用柱塞与阀体相互研磨的方法。

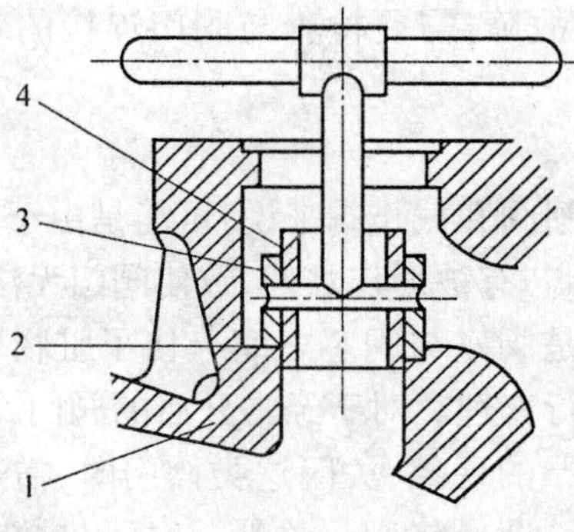

(a) 研磨阀座

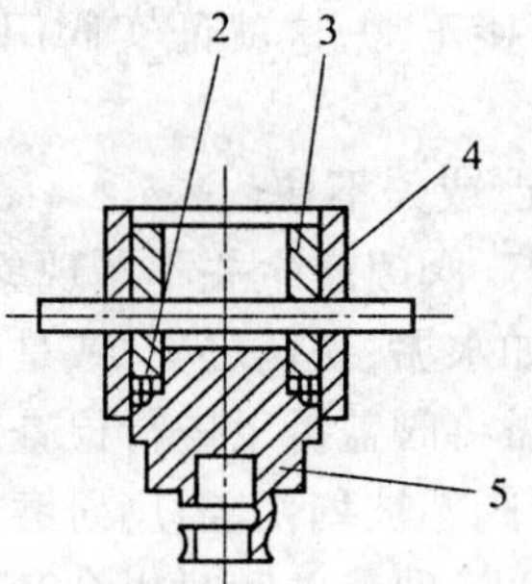
(b) 研磨阀盘

图 4.76 研磨截止阀

1—阀座；2—密封圈；3—研磨器；4—可更换套；5—阀瓣

（3）润滑剂。研磨阀门时多采用湿磨，即在研磨面上加润滑剂。不加润滑剂的干磨很少采用。不同的研磨工具，要求使用不同的润滑剂。使用生铁研磨工具时，用煤油做润滑剂；使用软钢研磨工具时，用机油；使用铜研磨工具时，用机油、酒精或碱水。使用前将选定的润滑剂和研磨粉相混合，即可用来进行研磨。

研磨好的阀门经清洗后再进行装配，装配好的阀门需经强度试验和严密性试验合格后才能使用。

13. 自力式调节阀的安装要求

（1）安装位置应有足够的操作空间，用于安装、操作和维护。安装应牢固、平整。为便于操作和维护，控制阀宜靠近地面或楼板安装。

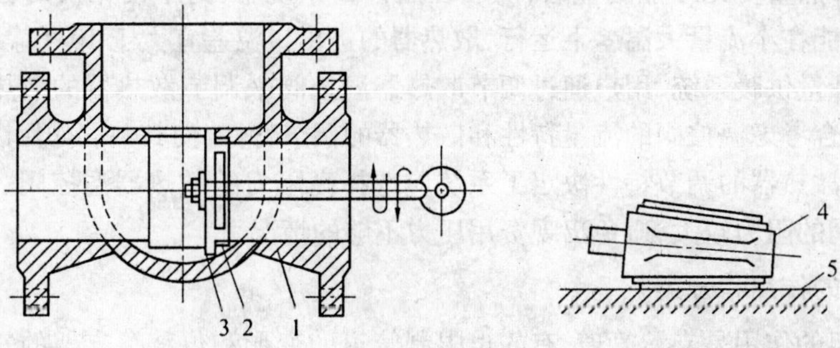

(a) 研磨阀座　(b) 研磨闸板

图 4.77　研磨闸阀

1—阀座;2—密封圈;3—研磨盘;4—闸板;5—研磨平台

(2)应避免安装在有振动、潮湿、易受机械损伤、有强电磁干扰、高温、温度变化剧烈和有腐蚀性气体的场所。

(3)阀内流体流向应与阀体上标注的箭头一致。应使控制阀的执行机构在调节机构上部。

(4)螺纹连接用于小口径控制阀,安装时必须同时安装可拆卸的活动连接件。法兰连接应受力均匀合适,避免局部受到过大压力。尽量避免焊接连接,如果焊接连接,必须同时安装可拆卸的活动连接件连接时,不应使管道内形成新的凸出物。密封垫片、焊接缝等不应在管道内凸出。

(5)控制阀的上、下游切断阀和旁路阀应与控制阀同时安装。上、下游切断阀与控制阀之间管段长度应考虑管路阻力和对流体流动状态的影响。上游侧应有 $10D \sim 20D$ 直管段,下游侧应有 $3D \sim 7D$ 直管段(D 是管道公称直径)。必要时控制阀前应设置整流装置。

(6)为便于控制阀拆卸,应在拆卸前进行阀前和阀后压力泄放,泄放阀安装在控制阀与上、下游切断阀之间。

14. 热计量供暖系统中如何综合考虑温控阀的流量特性和散热器的调节特性

热计量系统中用户通过调节散热器的温控阀来改变室温,散热器是室内供暖系统的基本设备,散热器的热力特性直接对热用户的舒适要求和供暖系统的节能要求产生影响。

通过散热器的流量会对散热器的散热量产生影响,通过散热器的流量越小,散热器的调节性能越好;流量越大时,调节散热器的温控阀对散热量的影响越不明显。随着流量的减小,散热器的散热量也相应减小,为了满足房间的温度要求,流量减小必然要增大散热面积,这又不经济。

除了散热器的流量会对散热器的散热量产生影响外,散热器的供水温度也会对散热器的散热量产生影响,供水温度变化对散热量的影响较流量变化对散热量的影响要大,供水温度越高,系统的循环水量和散热面积越少,散热器的调节性能越好。当大流量运行时,即使流量改变很大,也不会改变多少散热量,只有散热器的供、回水温差增大时,流量变化引起的散热量变化才能更显著,所以在热计量系统中,为了使用户的自主调节性能好,就应尽可能在小流量大温差下运行,散热器的进出口温差宜大于10 ℃。

对于热计量供暖系统,用户通过调节散热器温控阀来调节散热器的散热量以改变室温,所以应综合考虑温控阀的流量特性和散热器的调节特性,使其共同作用以保证系统调节的有效性,散热器的调节特性决定了系统应选择高阻力的散热器温控阀。设计时还应考虑到温控阀的阻力较大,避免出现资用压力不够的情况。

15. 支架的作用和分类

管道支架的作用是支承管道,有的也限制管道的变形和位移。支架的安装是管道安装的首要工序,是重要的安装环节。根据支架对管道的制约情况,可分为固定支架和活动支架。

16. 固定支架的作用

在固定支架处,管道被牢牢地固定住,不能有任何位移,管道只能在两个固定支架间伸缩。因此,固定支架不仅承受管道、附件、管内介质及保温结构的重量,同时还承受管道因温度、压力的影响而产生的轴向伸缩推力和变形应力,并将这些力传到支承结构上去,所以固定支架必须有足够的强度。

17. 常用固定支架的类型

(1)卡环式固定支架。

卡环式固定支架主要用在不需要保温的管道上。

①普通卡环式固定支架。用圆钢煨制U形管卡,管卡与管壁接触并与管壁焊接,两端套丝紧固,如图4.78(a)所示,适用于DN15 mm~150 mm的室内不保温管道上。

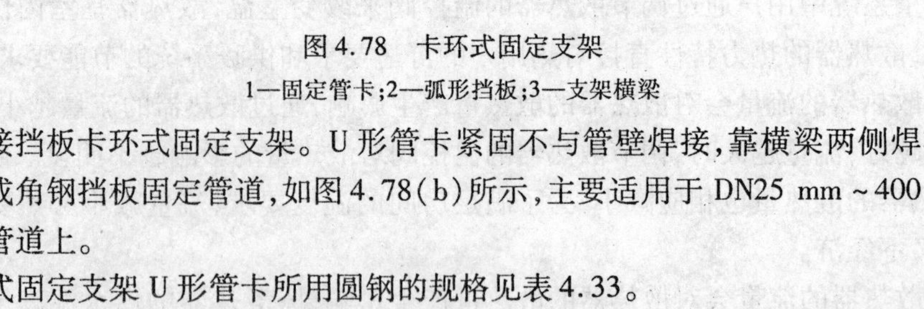

图4.78 卡环式固定支架

1—固定管卡;2—弧形挡板;3—支架横梁

②焊接挡板卡环式固定支架。U形管卡紧固不与管壁焊接,靠横梁两侧焊在管道上的弧形板或角钢挡板固定管道,如图4.78(b)所示,主要适用于DN25 mm~400 mm的室外不保温管道上。

卡环式固定支架U形管卡所用圆钢的规格见表4.33。

表4.33　支架所用U形管卡规格

规格 \ DN/mm	15	20	25	32	40	50	65	80	100	125	150
圆钢直径/mm	8	8	8	8	10	10	10	12	12	16	16
长度/mm	92	106	114	130	144	147	193	220	261	318	364
质量/kg	0.036	0.042	0.045	0.052	0.089	0.091	0.119	0.195	0.232	0.502	0.575

(2)挡板式固定支架。

挡板式固定支架由挡板、肋板、立柱(或横梁)及支座组成。主要用于室外DN150 mm～700 mm的保温管道上。

图4.79为双面挡板式固定支架,挡板和肋板有横向布置和竖向布置两种形式,可根据支架的结构形式选择,图中3为曲面槽支架,其长度$L=200$ mm,高度$H=50$ mm;图4.80为四面挡板式固定支架,有推力不大于450 kN和推力不大于600 kN两种。挡板式固定支架的适用范围及尺寸见表4.34、表4.35和表4.36。

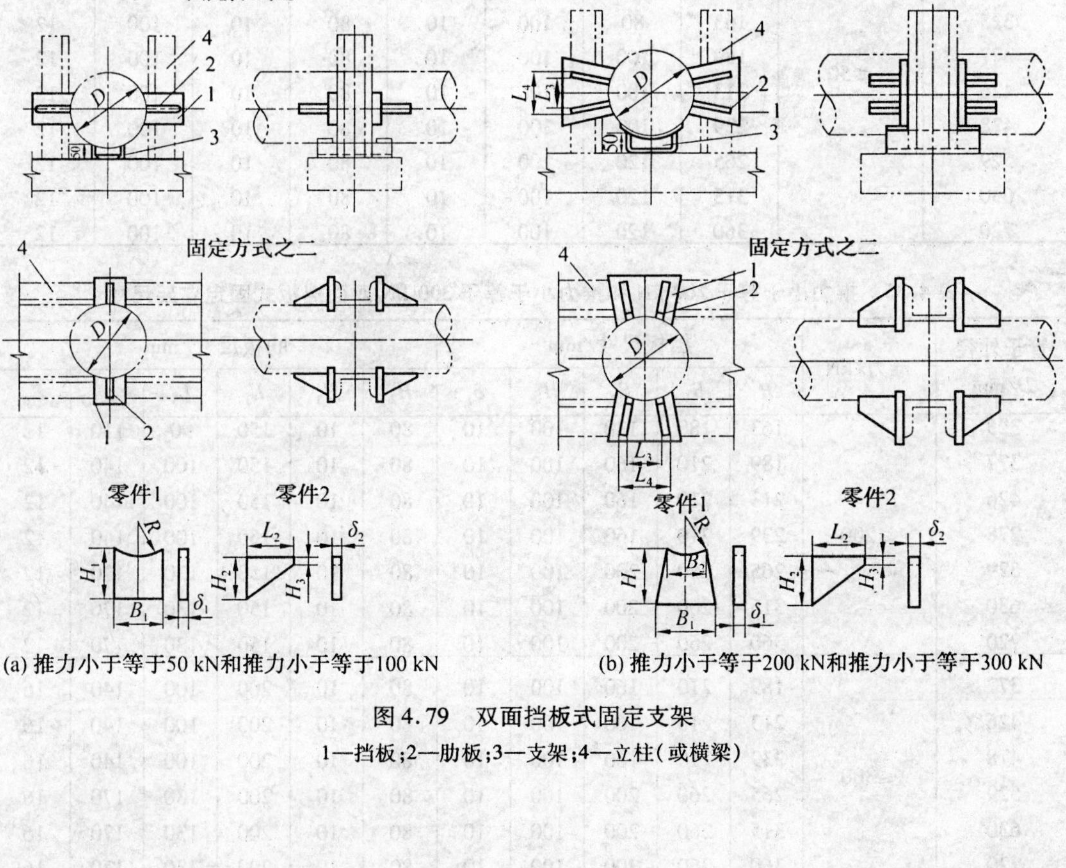

图4.79　双面挡板式固定支架

1—挡板;2—肋板;3—支架;4—立柱(或横梁)

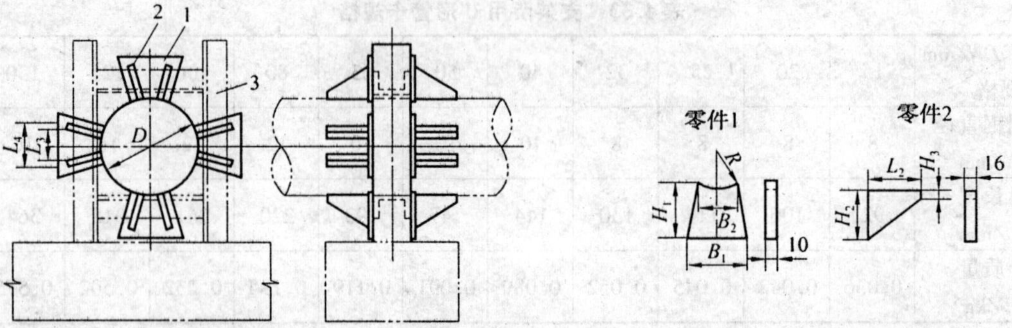

图 4.80　四面挡板式固定支架

1—挡板;2—肋板;3—立柱

表 4.34　推力小于等于 50 kN 和推力小于等于 100 kN 双面挡板式固定支架尺寸

管子外径 D/mm	推力/kN	挡板尺寸/mm				肋板尺寸/mm			
		R	B_1	H_1	δ_1	H_2	H_3	L_2	δ_2
159	≤50	80	60	100	10	80	10	100	12
219		110	80	100	10	80	10	100	12
273		137	80	100	10	80	10	100	12
325		163	80	100	10	80	10	100	12
377		189	100	100	10	80	10	100	12
426		213	100	100	10	80	10	100	12
478		239	100	100	10	80	10	100	12
529		265	120	100	10	80	10	100	12
630		315	120	100	10	80	10	100	12
720		360	120	100	10	80	10	100	12

表 4.35　推力小于等于 200 kN 和推力小于等于 300 kN 双面挡板式固定支架尺寸

管子外径 D/mm	推力/kN	挡板尺寸/mm					肋板尺寸/mm					
		R	B_1	B_2	H_1	δ_1	H_2	H_3	L_2	L_3	L_4	δ_2
325	≤200	163	180	130	100	10	80	10	150	90	110	12
377		189	210	160	100	10	80	10	150	100	140	12
426		213	210	160	100	10	80	10	150	100	140	12
278		239	210	160	100	10	80	10	150	100	140	12
529		265	260	200	100	10	80	10	150	130	170	12
630		315	260	200	100	10	80	10	150	130	170	12
720		360	260	200	100	10	80	10	150	130	170	12
377	≤300	189	210	160	100	10	80	10	200	100	140	16
426		213	210	160	100	10	80	10	200	100	140	16
478		239	210	160	100	10	80	10	200	100	140	16
529		265	260	200	100	10	80	10	200	130	170	16
630		315	260	200	100	10	80	10	200	130	170	16
720		360	260	200	100	10	80	10	200	130	170	16

表 4.36　四面挡板式固定支架尺寸

管子外径 D/mm	推力/kN	挡板尺寸/mm				肋板尺寸/mm				
		R	B_1	B_2	H_1	H_2	H_3	L_2	L_3	L_4
478	≤450	239	210	160	100	80	10	150	100	140
529		265	260	200	100	80	10	150	130	170
630		315	260	200	100	80	10	150	130	170
720		360	260	200	100	80	10	150	130	170
630	≤600	315	260	200	100	80	10	200	130	170
720		360	260	200	100	80	10	200	130	170

18. 常用活动支架的类型

支承管道且允许管道有位移的支架称为活动支架。活动支架的类型较多，有滑动支架、导向支架、滚动支架、吊架及管卡和托钩等。

(1)滑动支架。

滑动支架的主要承重构件是横梁，管道在横梁上可以自由移动。不保温管道用低支架安装，保温管道用高支架安装。

①低支架。用在不保温管道上，按其构造形式又分为卡环式和弧形滑板式两种，如图 4.81 所示。

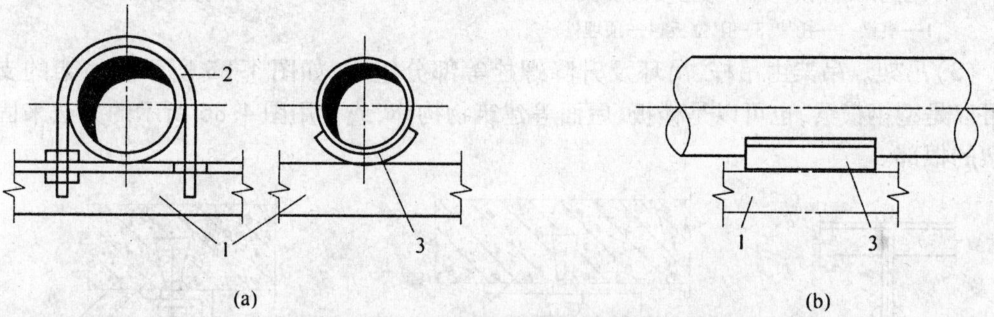

图 4.81　不保温管道的低支架安装

1—支架横梁；2—卡环(U 形螺栓)；3—弧形滑板

卡环式：用圆钢煨制 U 形管卡，管卡不与管壁接触，一端套丝固定，另一端不套丝，如图 4.81(a)所示。

弧形滑板式：在管壁与支承结构间垫上弧形板，并与管壁焊接，当管子伸缩时，弧形板在支承结构上来回滑动，如图 4.81(b)所示。

②高支架。高支架用在保温管道上，焊在管道上的高支座在支承结构上滑动，以防止管道移动摩擦损坏保温层，其结构形式如图 4.82 所示。当高支座在横梁上滑动时，横梁上应焊有钢板限位板，以保证支座不至于滑落到横梁下，如图 4.83 所示。活动支架的各部分构造尺寸、型钢规格可参照标准图集或施工安装图册进行加工和安装。

(2)导向支架。导向支架是为使管子在支架上滑动时不至于偏移管子轴线而设置的。它一般设置在补偿器两侧、铸铁阀门的两侧或其他只允许管道有轴向移动的地方。

导向支架是以滑动支架为基础，在滑动支架两侧的横梁上，每侧焊上一块导向板，如图 4.84 所示。导向板通常采用扁钢或角钢，扁钢规格为 -30×10，角钢为 L36×5，导向板长度与支架横梁的宽度相等，导向板与滑动支座间应有 3 mm 的空隙。

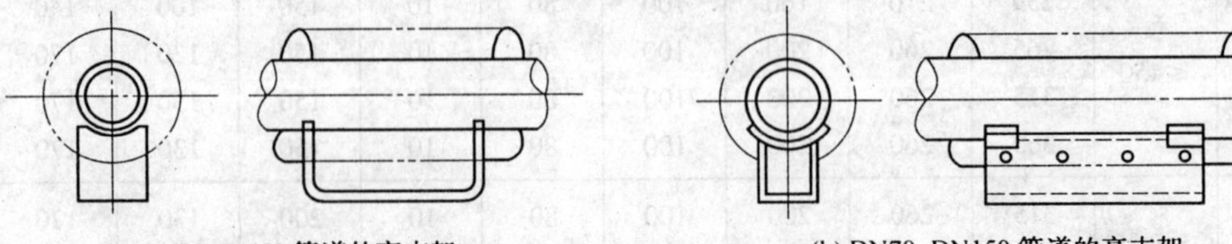

(a) DN20~DN50 管道的高支架　　(b) DN70~DN150 管道的高支架

图 4.82　保温管道的高支架安装

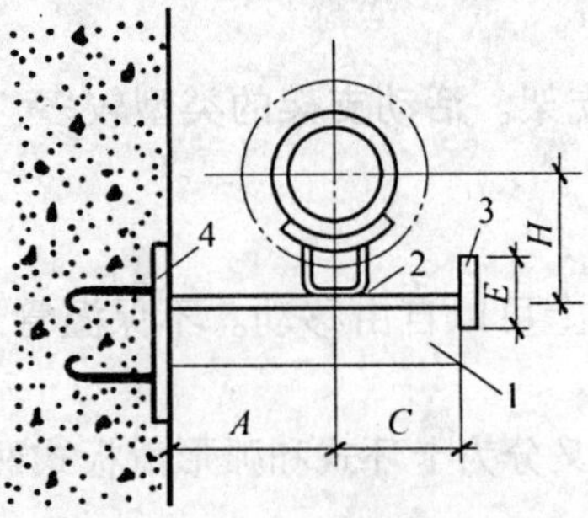

图 4.83　预埋件焊接法安装支架

1—横梁；2—托架；3—限位板；4—预埋件

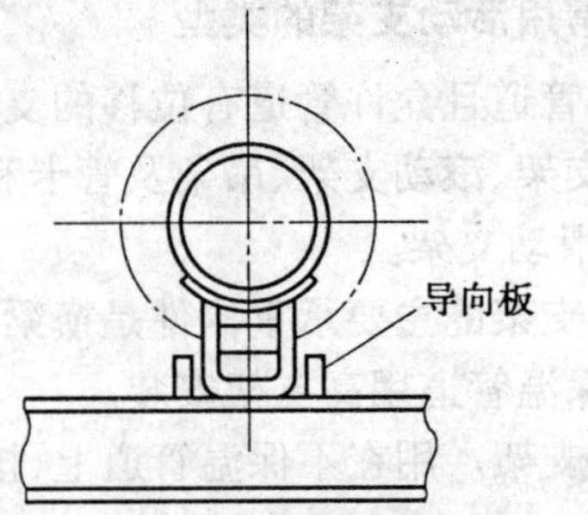

图 4.84　导向支架

(3)吊架。吊架由吊杆、吊环及升降螺栓等部分组成，如图 4.85 所示。吊架的支承体可以是型钢横梁，也可以是楼板、屋面等建筑物构体，或者用图 4.86 所示的方法来固定吊架的根部。

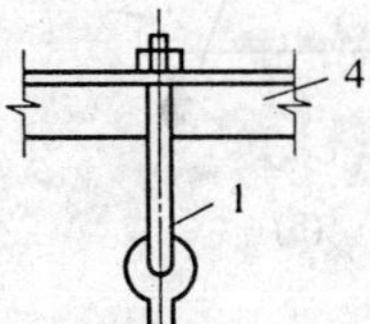

图 4.85　吊架

1—升降螺栓；2—吊杆；3—吊环；4—横梁

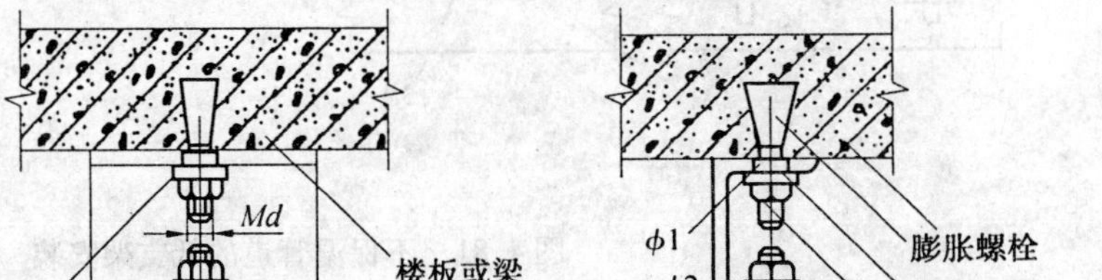

图 4.86　吊架根部的固定方法

(4)滚动支架。滚动支架以滚动摩擦代替滑动摩擦，可减小管道热伸缩时的摩擦力，如图 4.87 所示，滚动支架主要用在管径较大而无横向位移的管道上。

(5)托钩与立管卡(图4.88)。

托钩：也称钩钉，用于室内横支管、支管等较小管径的管道固定，规格为 DN15 mm ~ DN20 mm。

管卡：也称立管卡，有单、双立管卡两种，分别用于单根立管、并行的两根立管的固定，规格为 DN15 mm ~ DN50 mm。单立管卡制作用料展开长度见表4.37，双立管卡制作用料展开长度见表4.38。

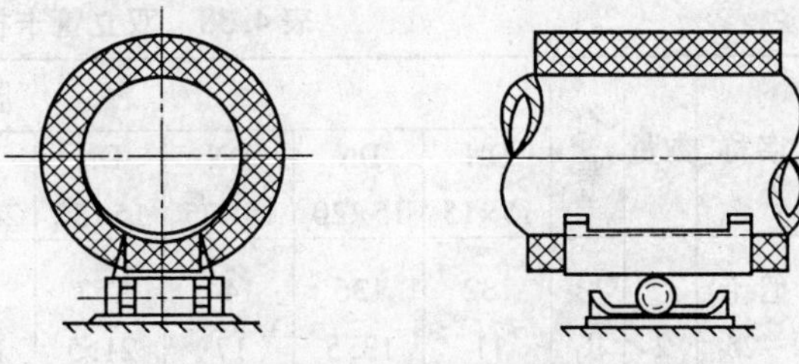

图4.87　滚动支架

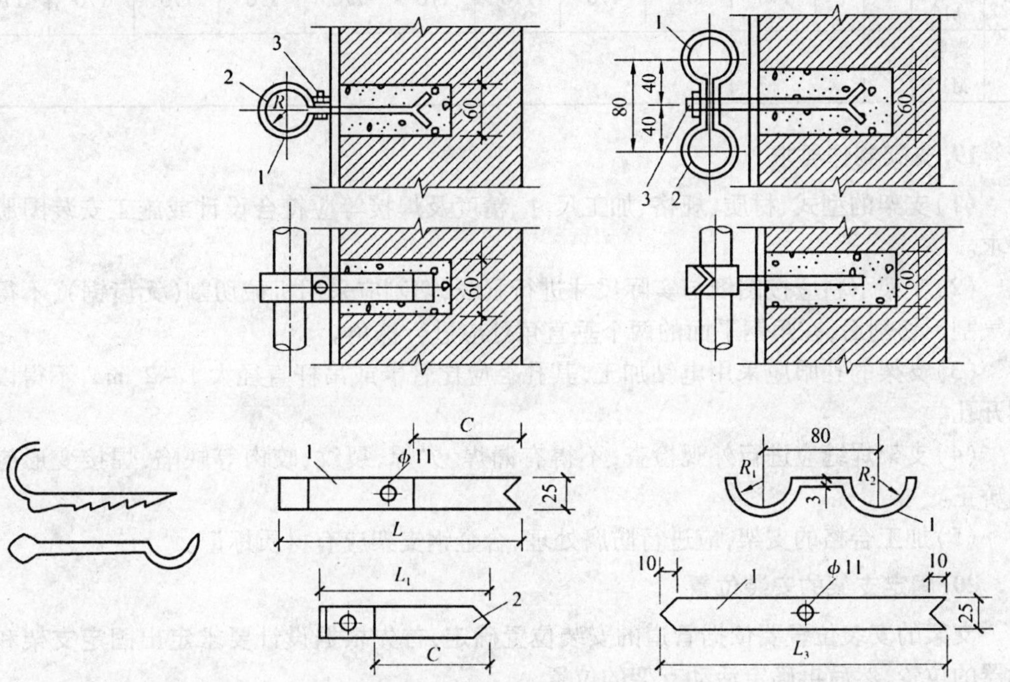

(a) 托钩　(b) 单立管卡　(c) 双立管卡

图4.88　托钩及单、双立管卡

1、2—扁钢管卡；3—带帽螺栓

表4.37　单立管卡材料规格表

件号	名称	数量	符号	展开长度/mm					
				DN15	DN20	DN25	DN32	DN40	DN50
1	管卡	1	L	195	204	236	249	258	277
	−25×3		C	35	40	56	69	78	97
2	管卡	1	L_1	55	64	76	89	99	117
	−25×3		R	11	13.5	17	21.5	24.5	30.5
3	带帽螺栓 M6×14	1							

表 4.38　双立管卡材料规格表

件号	名称	数量	符号	展开长度/mm									
				DN 15×15	DN 15×20	DN 15×25	DN 15×32	DN 20×20	DN 20×25	DN 20×32	DN 25×25	DN 25×32	DN 32×32
1	管卡 -25 ×3	2	L_3	132	136	144	157	142	145	159	157	166	176
			R_1	11	13.5	17	21.5	13.5	17	21.5	17	21.5	21.5
			R_2	11	11	11	11	13.5	13.5	13.5	17	17	21.5
2	圆钢 $\phi10$	1		170	170	170	170	170	170	170	170	170	170
3	螺帽 M10	1											

19. 支架制作要求

(1)支架的型式、材质、规格、加工尺寸、精度及焊接等应符合设计或施工安装图册的要求。

(2)支架下料应按图纸与实际尺寸进行画线,切割应采用机械切割(无齿锯),不得采用气割。切割后,在角钢平面的两个垂直角处应进行抹角。

(3)支架的孔眼应采用电钻加工,其孔径应比管卡或吊杆直径大 1 ~ 2 mm,不得以气割开孔。

(4)支架焊缝应进行外观检查,不得有漏焊、欠焊、裂纹、咬肉等缺陷,焊接变形应予以矫正。

(5)加工合格的支架,应进行防腐处理,合金钢支架应有材质标记。

20. 固定支架的安装位置

支架的安装位置要依据管道的安装位置确定,首先根据设计要求定出固定支架和补偿器的位置,然后再确定活动支架的位置。

固定支架的安装位置由设计人员在施工图纸上给定,其位置确定时主要是考虑管道热补偿的需要。利用在管路中的合适位置布置固定点的方法,可以把管路划分成不同的区段,两个固定点间的弯曲管段应满足自然补偿的要求,直线管段可设置补偿器进行补偿,则整个管路的补偿问题就可以解决了。

由于固定支架承受很大的推力,必须有坚固的结构和基础,因而它是管道中造价较大的构件。为了节省投资,应尽可能加大固定支架的间距,减少固定支架的数量,但其间距必须满足以下要求:

(1)管段的热变形量不得超过补偿器热补偿值的总和。

(2)管段因变形对固定支架所产生的推力不得超过支架承受的允许推力。

(3)不应使管道产生横向弯曲。

根据以上要求并结合运行的实际经验,固定支架的最大间距可按表 4.39 选取,该表仅供设计时参考,必要时应根据具体情况,通过分析计算确定。

表 4.39　固定支架的最大间距

公称直径/mm		15	20	25	32	40	50	65	80	100	125	150	200	250	300
方形补偿器/m		—	—	30	35	45	50	55	60	65	70	80	90	100	115
套筒补偿器/m		—	—	—	—	—	—	—	—	45	50	55	60	70	80
L形	长臂最大长度/m			15	18	20	24	34	30	30	30	30			
	短臂最小长度/m			2.0	2.5	3.0	3.5	4.0	5.0	5.5	6.0	6.0			

21. 活动支架的安装位置

活动支架的安装在图纸上设计时不予给定，必须在施工现场根据实际情况并参照表 4.40 的支架间距值具体确定。

表 4.40　钢管活动支架的最大间距

公称直径/mm	15	20	25	32	40	50	70	80	100	125	150	200	250	300
保温管/m	2.0	2.5	2.5	2.5	3.0	3.0	4.0	4.0	4.5	6.0	7.0	7.0	8.0	8.5
不保温管/m	2.5	3.0	3.5	4.0	4.5	5.0	6.0	6.0	6.5	7.0	8.0	9.5	11.0	12.0

表 4.40 中确定的活动支架的最大间距，是考虑管道、管件、管内介质及保温材料的质量对管子所形成的应力和应变不得超过外载许用应力范围，经计算得出的。其中管内介质是按水考虑的，如管内介质为气体，也应按水压试验时管内水的质量作为介质质量，由表中可以看出，随着管径的增大，活动支架的间距也是在增大的。

22. 实际安装时，活动支架位置的确定方法

(1)依据施工图要求的管道走向、位置和标高，测出同一水平直管段两端管道中心的位置，标定在墙或构体表面上。如果施工图只给出了管段一端的标高，可根据管段长度 L 和坡度 i，求出两端的高差 $h(h=iL)$，再确定出另一端的标高。对于变径处，应根据变径形式及坡向来确定出变径前后两点的标高关系，如图 4.89 所示，变径前后 A、B 两点的标高差为 $h=iL+1/2(D-d)$。

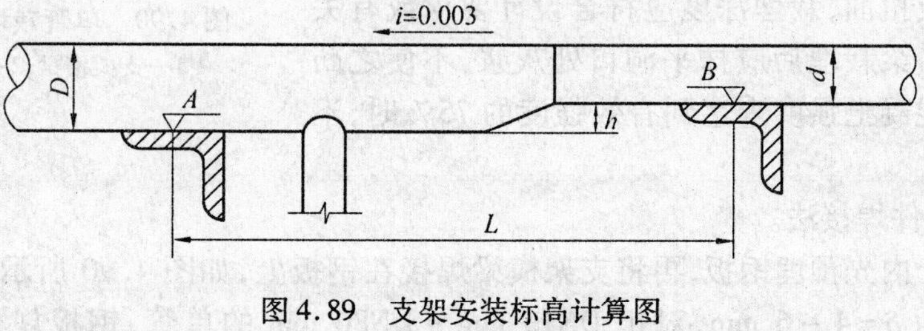

图 4.89　支架安装标高计算图

(2)在管中心下方，分别量取管道中心至支架横梁表面的高差，标定在墙上，并用粉线根据管径在墙上逐段画出支架标高线。

(3)按设计要求的固定支架位置和“墙不做架、托稳转角、中间等分、不超最大”的原则，在支架标高线上画出每个活动支架的安装位置，即可进行安装。

墙不做架：指管道穿越墙体时，不能用墙体做活动支架，应按表 4.39 活动支架的最大间距来确定墙两侧的两个活动支架位置。

托稳转角：在管道的转弯处，包括方形补偿器的弯管，由于弯管的抗弯曲能力较直管有所下降，因此，弯管两侧的两个活动支架间的管道长度应小于表 4.39 中的数值。在确定两支架位置时，表中数值可作为参考，最终应使得两个支架间的弯管不出现“低头”的现象。

中间等分、不超最大：指在墙体、转弯等处两侧活动支架确定后的其他直线管段上，按照不超过表中活动支架最大间距的原则，均匀布置活动支架。

如果土建施工时，已在墙上预留出埋设支架的孔洞，或在承重结构上预埋了钢板，应检查预留孔洞和预埋钢板的标高及位置是否符合要求，并用十字线标出支架横梁的安装位置。

23. 支架安装方法

支架的安装方法主要是指支架的横梁在墙体或构件上的固定方法，俗称支架生根。常用方法有栽埋法、预埋件焊接法、膨胀螺栓或射钉法及抱柱法等。

(1)栽埋法。

栽埋法适用于直型横梁在墙上的栽埋固定。栽埋横梁的孔洞可在现场打，也可在土建施工时预留，如图 4.90 所示为不保温单管支架的栽埋法安装，其安装尺寸见表 4.41。

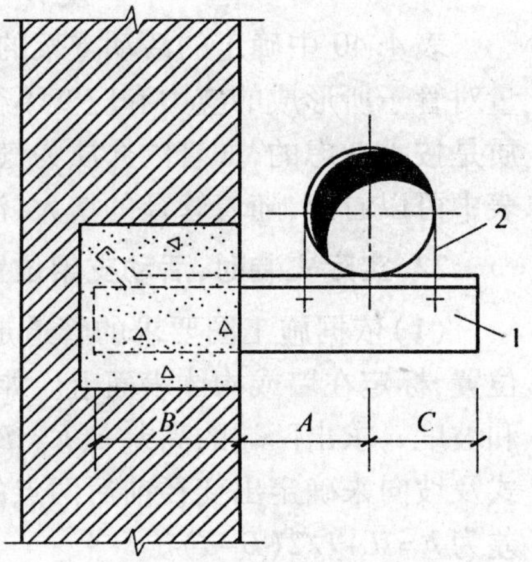

图 4.90　单管栽埋安装支架
1—支架横梁；2—U 管卡

采用栽埋法安装时，先在支架安装线上画出支架中心的定位十字线及打洞尺寸的方块线，即可进行打洞。洞要打得里外尺寸一样，深度符合要求。洞打好后将洞内清理干净，用水充分润湿，浇水时可将壶嘴顶住洞口上边沿，浇至水从洞下口流出，即为浇透。然后将洞内填满细石混凝土砂浆，填塞要密实饱满，再将加工好的支架栽入洞内。支架横梁的栽埋应保证平正，不发生偏斜或扭曲，栽埋深度应符合设计要求或有关图集规定。横梁栽埋后应抹平洞口处灰浆，不使之凸出墙面。当混凝土强度未达到有效强度的 75% 时，不得安装管道。

(2)预埋件焊接法。

在混凝土内先预埋钢板，再将支架横梁焊接在钢板上，如图 4.90 所示。单管支架预埋钢板厚度为 $\delta=4\sim6$ mm，对于 DN15 mm ~ DN80 mm 的单管，钢板规格为 150 mm×90 mm×4 mm；对于 DN100 mm ~ DN150 mm 的单管，钢板规格为 230 mm×140 mm×6 mm。钢板的埋入面可焊接 2 ~ 4 根圆钢弯钩，也可焊接直圆钢再与混凝土主筋焊在一起。支架横梁与预埋钢板焊接时，应先挂线确定横梁的焊接位置和标高，焊接应端正牢固，其安装尺寸见表4.41。

表4.41　单管支架尺寸表　mm

公称直径	不保温管			保温管			
	A	*B*	*C*	*A*	*C*	*E*	*H*
15	70	75	15	120	15	60	101
20	70	75	18	120	18	60	106
25	80	75	21	140	21	60	117
32	80	75	27	140	27	80	121
40	80	75	30	140	30	80	124
50	90	105	36	150	36	80	130
65	100	105	44	160	44	80	158
80	100	105	50	160	50	80	165
100	110	130	61	180	61	120	174
125	130	130	73	200	73	150	187
150	140	145	88	210	88	150	230

注:保温单管、不保温单管的支架尺寸分别如图4.90所示。

(3)膨胀螺栓法及射钉法。

这两种方法适用于没有预留孔洞,又不能现场打洞,也没有预埋钢板的情况下,用角型横梁在混凝土结构上安装,如图4.91所示。两种方法的区别仅在于角型横梁的紧固方法不同,目前在安装施工中得到越来越多的应用。

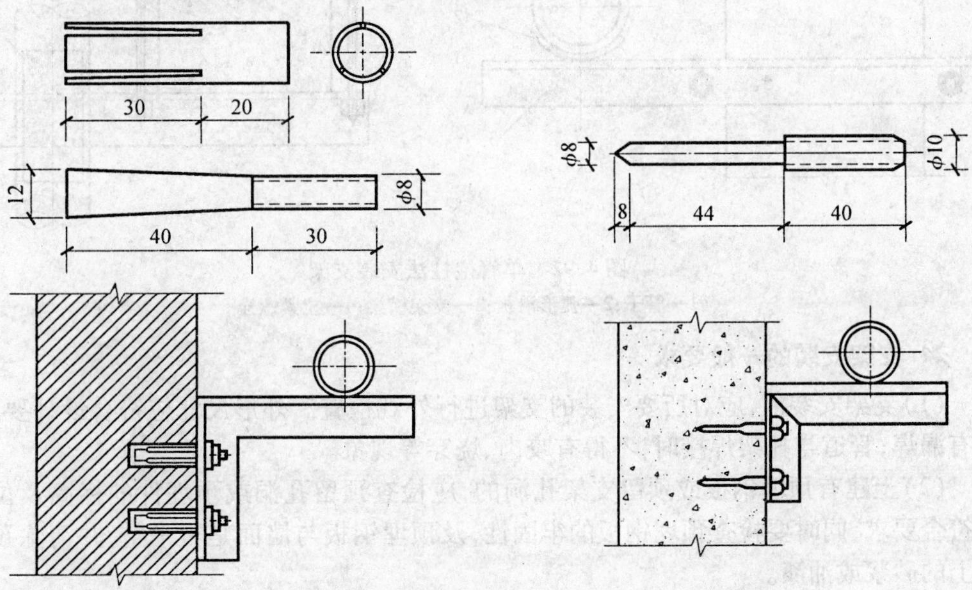

(a) 膨胀螺栓法　　(b) 射钉法

图4.91　膨胀螺栓及射钉法安装支架

用膨胀螺栓固定支架横梁时,先挂线确定横梁的安装位置及标高,再用已加工好的角型横梁比量，并在墙上画出膨胀螺栓的钻孔位置，打钻孔后，轻轻打入膨胀螺栓，套入横梁底部孔眼，将横梁用膨胀螺栓的螺母紧固，钻孔要用手电钻进行。膨胀螺栓规格及钻头直径的选用见表4.42。

射钉法固定支架的方法基本上同膨胀螺栓法，即在定出紧固螺栓位置后，用射钉枪打入带螺纹的射钉，最后用螺母将角型横梁紧固，射钉规格为8～12 mm，操纵射钉枪时，应按操作要领进行，注意安全。

表4.42 膨胀螺栓的选用 mm

管道公称直径	≤70	80～100	125	150
膨胀螺栓规格	M8	M10	M12	M14
钻头直径	10.5	13.5	17	19

(4)抱柱法。

管道沿柱安装时，支架横梁可用角钢、双头螺栓夹装在柱子上固定，如图4.92所示。安装时可用拉通线方法确定各支架横梁在柱上的安装位置及安装标高。角钢横梁和拉紧螺栓在柱上紧固安装后，应保持平正无扭曲状态。

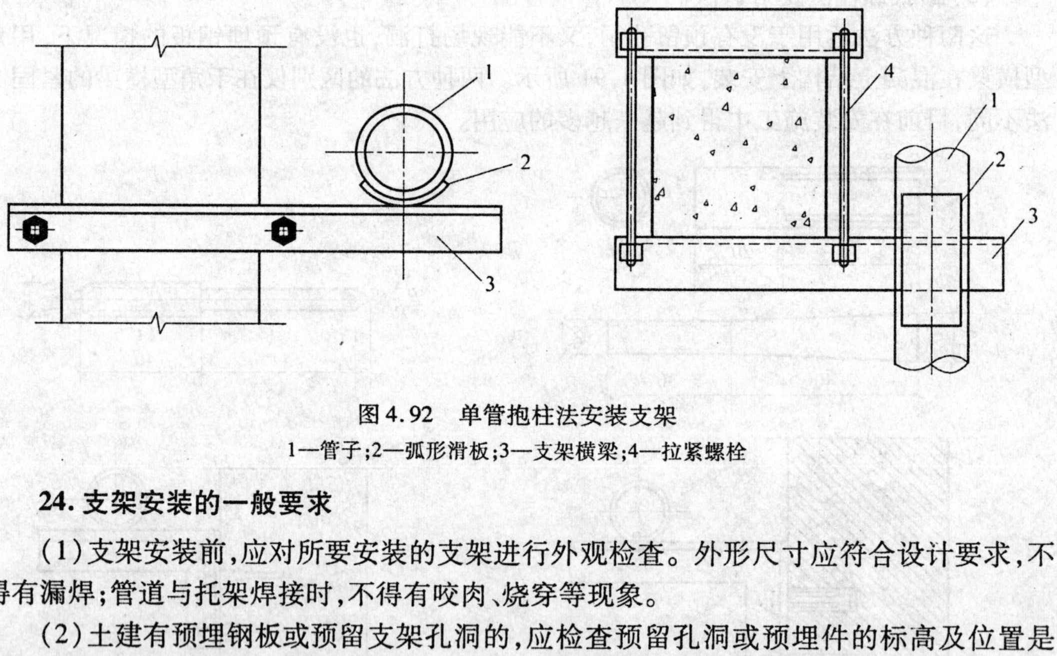

图4.92 单管抱柱法安装支架

1—管子；2—弧形滑板；3—支架横梁；4—拉紧螺栓

24. 支架安装的一般要求

(1)支架安装前，应对所要安装的支架进行外观检查。外形尺寸应符合设计要求，不得有漏焊；管道与托架焊接时，不得有咬肉、烧穿等现象。

(2)土建有预埋钢板或预留支架孔洞的，应检查预留孔洞或预埋件的标高及位置是否符合要求，同时要检查预埋钢板的牢固性，及预埋钢板与墙面是否平整，并清除预埋钢板上的砂浆或油漆。

(3)支架横梁应牢固地固定在墙、柱子或其他结构物上，横梁长度方向应水平，顶面应与管子中心线平行。

(4)支架的受力部件，如横梁、吊杆及螺栓等的规格应符合设计或有关标准图的规定。

(5)固定支架承受着管道内压力的反力及补偿器的反力,因此固定支架必须严格安装在设计规定的位置,并应使管子牢固地固定在支架上,并在补偿器预拉伸前固定。在无补偿装置、有位移的直管段上,不得安装一个以上的固定支架。

(6)无热膨胀管道的吊架,其吊杆应垂直安装,吊杆的长度要能调节;有热膨胀管道的吊架,吊杆应向热膨胀的反方向偏斜1/2伸长量。管子两根热位移方向相反或位移值不等的管道,除设计有规定外,不得使用同一杆件。

(7)活动支架不应妨碍管道由于热膨胀所引起的移动。保温层不得妨碍热位移。管道在支架横梁或支架的金属垫块上滑动时,支架不应偏斜或使滑托卡住。

(8)补偿器的两侧应安装1~2个导向支架,使管道在支架上伸缩时不至于偏移中心线。在保温管道中不宜采用过多的导向支架,以免妨碍管道的自由伸缩。

(9)铸铁、铅、铝材质的大口径管道上的阀门,应设有专用的阀门支架,不得用管道承受阀体重量。

(10)支架应使管道中心离墙的距离符合设计要求,支架横梁栽在墙上或其他构体上时,应保证管子外表面或保温层外表面与墙面或其构体表面的净距不小于60 mm。

(11)不得在金属屋架上任意焊接支架,确需焊接时,须征得设计单位同意;也不得在设备上任意焊接支架,如设计单位同意焊接时,应在设备上先焊加强板,再焊支架。

(12)固定支架、活动支架安装的允许偏差应符合表4.43的规定要求。

表4.43　支架安装的允许偏差　mm

检查项目	支架中心点平面坐标	支架标高	两固定支架间的其他支架中心线	
			距固定支架10 m处	中心处
允许偏差	25	-10	5	25

(13)弹簧支、吊架的弹簧安装高度,应按设计要求调整,并作出记录。弹簧的临时固定件,应待系统安装、试压、保温完毕后方可拆除。

25. 滑动支架的加工与安装要点

滑动支架加工要点:

(1)加工时,应做1~2个试验品,待检查无误后方可大批下料加工。

(2)零件的毛坯可用机械方法或气割方法切割,但要将毛刺打磨干净。

(3)需要焊接的零件要预先清除铁锈和油污物;焊接前装配支架组件采用的工具,应能准确地保证各焊件相互位置。

(4)焊接技术要求应符合《城镇供热管网施工及验收规范》要求。

滑动支架安装要点:

(1)安装前要检查支撑滑动支架的支墩(横梁)是否符合设计要求。

(2)支架安装完毕其高程、中心应符合设计要求。

(3)支架与管道之间的焊接应符合焊接技术要求。

(4)支架安装后,在运行时应能自由滑动。

(5)支架安装时,应按设计要求进行必要的偏心。

(6) 支架安装完毕，应按设计要求进行防腐处理。

26. 固定支架的加工与安装要点

固定支架的加工要点：

(1) 制作丁字托支架用丁字钢(如无此产品时可用钢板代替)。

(2) 加工时，应做 1 ~ 2 个试验品，待检查无误后方可大批下料加工。

(3) 零件的毛坯可用机械方法或气割方法切割，但要将毛刺打磨干净。

(4) 需要焊接的零件要预先清除铁锈和油污物；焊接前装配支架组件采用的工具，应能准确地保证各焊件的相互位置。

(5) 焊接技术要求应符合《城镇供热管网施工及验收规范》要求。

固定支架的安装要点：

(1) 与固定支架有关的"土建"结构，其工程质量必须达到设计要求。

(2) 用于固定支架上的材料其型号、规格应与设计一致。

(3) 固定支架的位置应符合设计要求。

(4) 固定支架上的焊接应符合焊接技术要求。

(5) 肋板与挡板要垂直；肋板竖向轴线要通过管道轴心线。

(6) 安装完毕的固定支架要做防腐处理。

27. 导向支架的加工与安装要点

导向支架一般安装在补偿器两侧，为的是补偿器工作时，使管道在导向支架的范围内运动。导向支架结构与滑动支架相似，只是在其两侧多焊一导向板。

导向支架的加工要点：

(1) 支架滑托用与管道相同直径的滑动支架。

(2) 焊接要求与滑动支架的焊接相同。

(3) 滑动支架两侧(管子轴线方向)与角钢之间应各留出 2 ~ 3 mm 间隙。

(4) 导向支架的型号即"支架滑托"大小，与同管径的滑动支架大小一样。

导向支架的安装要点：

(1) 导向支架的中心高程应符合设计要求。

(2) 导向支架与管道之间的焊接应符合焊接技术规范。

(3) 导向支架一般要安装在补偿器前后，如设计无规定时，偏心尺寸为支架长度的1/3。

(4) 安装完毕的导向支架应做防腐处理。

4.2.6 地板辐射供暖系统的安装技术要求

1. 低温地板辐射供暖系统的设置要求

在地面内设置盘管时，当所有的面层施工完毕后，应让其自然干燥，两星期内不得向盘管供热。系统第一次启动时，供水温度不应高于当时的室外气温加 11 ℃，且最高不得高于 32 ℃，在这个温度下，让热媒循环两天，然后每日升温 3 ℃，直至 60 ℃为止。

低温辐射供暖在建筑物美观和舒适感方面都比其他供暖形式优越。但建筑物表面辐射温度受到限制,其表面温度应采用较低值,地面的表面温度为24~30 ℃。系统中加热管埋设在建筑结构内部,使建筑结构变得复杂,施工难度增大,维护检修也不方便。地板供暖结构层承受的荷载应小于或等于2 000 kg/m^2,若大于2 000 kg/m^2 应采取相应措施。

地板辐射供暖系统在住宅中需占用最小60 mm的高度,建筑物层高需要每层增加60~100 mm。

2. 低温地板辐射供暖系统的加热管材料及连接的特点

(1)加热管材料。敷设在地面填充层内的加热管,应根据使用年限要求、使用条件等级、热媒温度和工作压力等,可采用以下管材:交联铝塑复合(PAP、XPAP)管;聚丁烯(PB)管;交联聚乙烯(PE-X)管;无规共聚聚丙烯(PP-R)管等。

以上管材抗老化、耐高压、易弯曲、不结垢、水力条件好,耐腐蚀、成本低、地下无接口、水阻力及膨胀系数小,还配有高质量的配件结合体系,得到广泛应用。

应注意:与其他供暖系统共用同一集中热源水系统,且其他供暖系统采用钢制散热器等易腐蚀构件时,PB管、PE-X管和PP-R管宜有阻氧层,以防止渗入氧而加速对系统的氧化腐蚀。

(2)加热管的连接。铝塑复合(PAP、XPAP)管的连接方式有螺纹连接和压力连接,承压管件一旦紧固就不能再拆卸;螺纹管件连接使用的螺母可以拆卸,但垫圈部分仍与管件紧固在一起,不能拆分。无规共聚聚丙烯(PP-R)管的连接方式有电热熔连接、螺纹连接和法兰连接,PP-R管与金属管件连接时,应采用带金属嵌件的聚丙烯管件作为过渡,该管件与PP-R管采用热熔连接,与金属管件或卫生洁具五金配件采用螺纹连接。交联聚乙烯(PE-X)管的连接方式有螺母连接和卡环式压接。

3. 低温地板辐射供暖系统的其他材料及管件的特点

(1)绝热板材。宜采用自熄型聚苯乙烯泡沫塑料,其厚度由设计确定,其物理性能应满足以下要求:密度不应小于20 kg/m^3;导热系数不应大于0.05 W/(m·℃);压缩应力不应小于100 kPa;吸水率不应大于4%;氧指数不应小于30。

为增强绝热板材的整体强度,便于安装和固定加热管,对绝热板材表面可做如下处理:敷有玻璃布基铝铂面层;敷有真空镀铝聚酯薄膜面层;铺设低碳钢丝网。

(2)加热管的连接件。连接件与螺纹连接部分配件的本体材料应为锻造黄铜。使用PP-R管作为加热管时,与PP-R管直接接触的连接件表面应镀镍。连接件外观应完整、无缺损、无变形、无开裂。连接件的螺纹应完整,如有断丝和缺丝不得大于螺纹全扣数的10%。

(3)伸缩节。塑料管材在使用过程中存在1%~3%的热伸长率,对于管径不大于DN32的管材,除采用伸缩节的办法外,另一个办法就是将管材留出伸缩余量,暗敷于建筑中略宽的沟槽内,使其有伸缩弯曲余地。对于起主要作用的大口径管材(如大于DN32的输送立管),由于管接头多,在热胀冷缩的作用下会使管道挤弯、拉断或开裂,因此大直径管就应使用长度能自行调节的装置-伸缩节。

(4)分-集水器。低温热水地板辐射供暖系统的分、集水器是将管道中的液体进行分流或集流的装置,亦称配水器。分、集水器由单件组成,一般用铜制造,如图4.93所示。

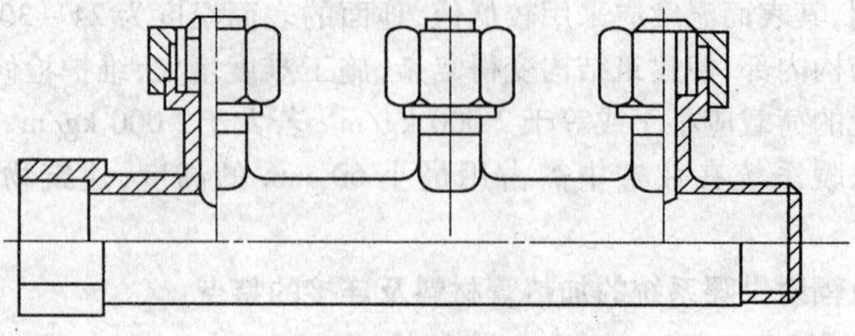

图 4.93　卡套式分、集水器结构图

4. 地板辐射供暖系统的施工工艺

(1)工作条件。地板辐射供暖施工是在建筑工程主体完成,室内装修的吊顶、抹灰已完成,并且供暖立管、干管、给排水立管已完成后,与地面施工同时进行的。

(2)施工流程。

①清理地面。在铺设贴有铝箔的自熄型聚苯乙烯保温板之前,将地面清扫干净,不得有凹凸不平,不得有砂石碎块、钢筋头等。

②铺设保温板。保温板采用贴有铝箔的自熄型聚苯乙烯保温板,必须铺设在水泥砂浆找平层上,地面不得有高低不平的现象。保温板铺设时,铝箔面朝上,应铺设平整。凡是钢筋、电线管或其他管道穿过楼板保温层时,只允许垂直穿过,不准斜插,其插管接缝用胶带封贴严实、牢靠。

③铺设加热盘管。加热盘管的铺设顺序是从远到近逐个环圈铺设,其间距应根据设计确定,然后加以固定。固定方法有以下几种:用专用塑料 U 形固定卡子将加热管直接固定在敷有复合面的绝热板上;用扎带将加热管绑扎在铺设于绝热表面的钢丝网上或卡在铺设于绝热层表面的专用管架或管卡上,如图 4.94 所示。

加热管的铺设要求是:

a. 加热管的弯曲半径,塑料管不应小于 8 倍管外径;复合管不应小于 5 倍管外径。

b. 填充层内的加热管不应有接头。

c. 加热管固定点的间距,直管段不应大于 500 mm,弯曲管段上不应大于 250 mm。

d. 绝热板材铺设到与墙、柱的交接处,应填充厚度大于等于 10 mm 的软质绝热保温材料。

e. 加热盘管管径、间距和长度应符合设计要求,间距偏差不大于±10 mm。

f. 同一通路的加热管应保持水平,管顶平整度控制在±5 mm 内。

④试压。安装完地板上的加热盘管后,要进行水压试验。首先接好临时管路及试压泵,灌水后打开排气阀,将管内空气放净后关闭排气阀,先检查接口,无异常情况方可缓慢地加压,增压过程中观察接口,发现渗漏应立即停止,将接口处理后再增压。增加至 0.6 MPa后,稳压 1 h,压力降不大于 0.05 MPa 为合格。

⑤回填豆石混凝土。试压验收合格后,应立即回填豆石混凝土,要求如下:

a. 混凝土强度等级由设计确定,但标号不应小于 C15,豆石粒径宜不大于 12 mm,并宜掺入 5% 的防龟裂添加剂。

b. 回填和养护过程中,加热管内应保持不小于 0.4 MPa 的压力。严禁踩压管路,必须

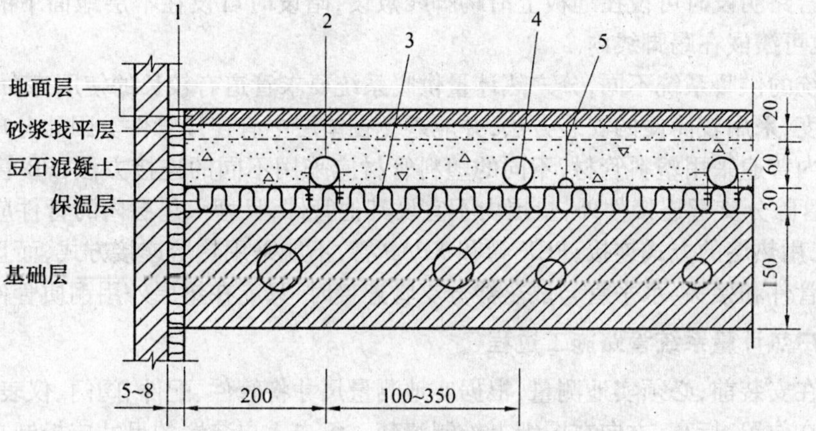

图 4.94　地板辐射供暖剖面图

1—弹性保温材料；2—塑料固定卡钉；3—铝箔；4—加热盘管；5—膨胀缝

用人力进行捣固密实，严禁机械振捣。

c. 当辐射地板面积超过 30 m^2 或长边超过 6 m 时，混凝土填充层应设置热膨胀缝。

d. 加热管穿过建筑物伸缩缝处，应设长度不小于 100 mm 的柔性套管。

e. 填充层的养护周期应不小于 48 h。

⑥分、集水器的安装、连接。

a. 分、集水器安装时，分水器在上，集水器在下，中心距为 200 mm，集水器中心距地面应不小于 300 mm，并应将其固定。

b. 加热管始末端出地面至连接配件的管段，应设置在硬质套管内，然后与分、集水器进行连接。

c. 分、集水器与进户装置、系统管道连接完成后，安装仪表、阀门、过滤器等时，要注意方向，不得装反。

⑦通热水、初次启动。初次启动、通热水时，首先将 25 ~ 30 ℃水温的热水通入管路，循环一周，检查地上接口无异样后，再将水温提高 5 ~ 10 ℃，运行一周后重复检查。照此循环，每隔一周提高 5 ~ 10 ℃温度，直到供水温度为 60 ~ 65 ℃为止，地上各接口不渗不漏为全部合格。

4.2.7　分户热计量供暖系统的安装技术要求

1. 分户热计量系统入户装置

分户热计量系统入户装置包括：供水管路中的供水卡帽锁闭阀、供水阀门、过滤器、热量表（热水流量计、供水温度传感器和积算仪）；回水管路中的回水阀门、回水温度传感器。热量表的热表显示器（供查表收费用）安装在入户进门口的外壁上，在交付使用前应严加保护，不得损坏。

2. 分户热计量系统管路敷设特点

上分式系统管路明设时可设在天花板下沿墙布置，暗设时可设在天花板下吊顶内；下分式系统管路明设时可设在地板上沿踢脚线敷设,暗设时可设在本层地面下的沟槽内或垫层内,也可镶嵌在踢脚线内。

与传统的供暖系统不同,分户热计量供暖系统要求管道有较长的使用寿命,需要较小的垫层厚度,采用较简便的安装方法,并应避免在垫层中有连接管件。因此分户热计量供暖系统户内普遍采用塑料管材,不同的塑料管材应采用不同的连接方法,PB 管、PP-C 管和 PP-R 管除分支管连接件外,垫层内不宜设其他管件,且埋入垫层内的管件应与管道同材质,可采用热熔的方式连接;PEX 管和 XPAP 管,不能采用热熔连接方式,而且垫层内不能有任何管件和接头,水平管与散热器分支管连接时,只能在垫层外用铜质管件连接。

3. 分户热计量系统管路施工过程

管道在安装前,必须实地测量,根据实地测量尺寸将管件、配件、阀门、仪表的规格、型号及其所在位置、标高、方向在图纸上绘制清楚。每户入户装置的尺寸应控制在规定占地面积之内,其距墙尺寸与水表安装要求相同。管道在实际安装中要尽量考虑隐蔽和埋设,沿楼板地面敷设的管道和沿地面专设沟槽内敷设的管道,应在地面装修之前进行安装、试压、防腐、保温后,再做隐蔽。安装前应尽量做好各种预留孔洞和套管,包括做好温度传感器的传感电缆、显示器的插入盒(砌筑时)的预留和预埋。每户水平供回水管上的支架必须安装美观、长短适度、牢固且不妨碍室内装修。支架加工应精细,尽量利用型材切割机,避免用电、气焊切割。支架安设后不得妨碍进出口阀门、锁闭阀、过滤器、温度传感器的正常操作和使用。分户热计量系统中,排气与泄水是供热的关键,低处应设泄水阀门,供水干管最高处应设自动排气阀,排气阀上的排气管应引至卫生间或厨房的洗涤盆处。管道安装必须保证设计坡度,不允许有反坡和塌腰现象。

4.2.8　室内供暖管道的试验与验收

1. 室内供暖系统安装完毕进行试压的目的

室内供暖系统安装完毕后,应根据设计和规范要求,对系统进行试压、清洗、试运行、调试,然后由施工、设计、建设、监理单位组成的验收小组对质量进行全面检查鉴定,交付建设单位并办理交工手续。

室内供暖系统安装完毕,管道保温之前应进行试压。试压的目的是检查管路系统的机械强度和严密性。管道系统的强度和严密性试验,一般采用水压试验。室外温度较低,进行水压试验有困难时,可采用气压试验,但必须采取有效的安全措施,并报请监理单位、建设单位批准后方可进行。室内供暖系统试压可以分段进行,也可整个系统同时进行。

2. 供暖系统的试验压力要求及检验方法

室内供暖系统的水压试验压力应符合设计要求,当设计未注明时,应符合下列规定:

(1)蒸汽、热水供暖系统,试验水压应为系统顶点工作压力加 0.1 MPa,同时系统顶点的压力不小于 0.3 MPa。

(2)高温热水供暖系统,试验压力应为系统顶点工作压力加 0.4 MPa。

(3)使用塑料管及复合管的热水供暖系统,试验水压应为系统顶点工作压力加 0.2 MPa,同时系统顶点的试验压力不小于 0.4 MPa。

检验方法：使用钢管及复合管的供暖系统应在试验压力下 10 min 内压力降不大于 0.02 MPa，降至工作压力后检查，不渗、不漏。

使用塑料管的供暖系统应在试验压力 1 h 内压力降不大于 0.05 MPa，然后降至工作压力的 1.25 倍，稳压 2 h 压力降不大于 0.03 MPa，同时各连接处不渗、不漏。

3. 供暖系统水压试验的步骤及注意事项

水压试验应在管道刷油、保温之前进行，以便进行外观检查和修补。试压用手压泵和电泵进行，具体步骤如下：

(1)水压试验应用清洁的水做介质。向管内灌水时，应打开管道各高处的排气阀，待水灌满后，关闭排气阀和进水阀。

(2)用试压泵加压时，压力应逐渐升高，加压到一定数值时，应停下来对管道进行检查，无问题时再继续加压，一般应分 2～3 次使压力升至试验压力。

(3)当压力升至试验压力时，停止加压，进行检验，不渗不漏为合格。

(4)在试压过程中，应注意检查法兰、丝扣接头、焊缝和阀件等处有无渗漏和损坏现象，试压结束后，对不合格处应进行修补，然后重新试压，直到合格为止。

4. 供暖系统的清洗

水压试验合格后，即可对系统进行清洗。清洗的目的是清除系统中的污泥、铁锈、砂石等杂物，以确保系统运行后介质流动通畅。

对热水供暖系统，可用水清洗，即将系统充满水，然后打开系统最低处的泄水阀门，让系统中的水连同杂物由此排出，这样往复数次，直到排出的水清澈透明为止。对蒸汽供暖系统，可以用蒸汽清洗。清洗时，应打开疏水装置的旁通阀，送汽时，送汽阀门应缓慢开启，避免造成水击，直至排汽口排出干净蒸汽为止。

清洗前应将管路上的压力表、滤网、温度计、止回阀、热量表等部件拆下，将接口处封堵，清洗后再装上。

5. 供暖系统的试运行和初调节

室内供暖系统的清洗工作结束后，即可进行系统的试运行。室内供暖系统试运行的目的是在系统供热状态下，检验系统的安装质量和工作情况，此项工作可分为系统充水、系统通热和初调节三个步骤进行。

系统的充水工作由锅炉房开始，一般用补水泵充水。向室内供暖系统充水时，应先将系统的各集气罐排气阀打开，水以缓慢速度充入系统，以利于水中空气逸出，当集气罐排气阀流出水时，关闭排气阀门，补水泵停止工作。待一段时间后(2 h 左右)，再将集气罐排气阀打开，启动补水泵，当系统中残存的空气排除后，将排气阀关闭，补水泵停止工作，此时系统已充满水。

接着，锅炉点火加热，水温升至 50 ℃时，循环泵启动，向室内送热水。这时，工作人员应注意系统压力的变化，室内供暖系统入口处供水管上的压力不能超过散热器的工作压力。还要注意检查管道、散热器和阀门有无渗漏和破坏的情况，如有故障应及时排除。

上述情况正常后，可进行系统的初调节工作。热水供暖系统的初调节方法是：通过调整用户入口的调压板或阀门，使供水管压力表上的读数与入口要求的压力一致，再改变各立管上阀门开度来调节通过各立管散热器的流量,一般距入口最远的立管阀门开度最大,越靠近入口的立管阀门开度越小。蒸汽供暖系统初调节的方法是:首先通过调节热用户入口的减压阀,使进入室内的蒸汽压力符合要求,再改变各立管上阀门的开度来调整通过各立管散热器的蒸汽流量,来达到均衡供暖的目的。

6. 供暖系统的验收

室内供暖系统应按分项、分部或单位工程进行验收,单位工程验收时应有施工、设计、建设、监理单位参加并做好验收记录。单位工程的竣工验收应在分项、分部工程验收的基础上进行,各分项、分部工程的施工安装均应符合设计要求及供暖施工及验收规范中的规定。设计变更要有凭据,各项试验应有记录,质量是否合格要有检查。交工验收时,由施工单位提供下列技术文件:

①全套施工图、竣工图及设计变更文件;

②设备、制品和主要材料的合格证或试验记录;

③隐蔽工程验收记录和中间试验记录;

④设备试运转记录;

⑤水压试验记录;

⑥通水冲洗记录;

⑦质量检查评定记录;

⑧工程检查事故处理记录。

质量合格,文件齐备,试运转正常的系统,才能办理竣工验收手续。上述资料应一并存档,为今后的设计提供参考,为运行管理和维修提供依据。

学习项目二 室内蒸汽供暖工程施工

任务五 识读、绘制室内蒸汽供暖施工图

【教学目标】 通过项目教学活动，培养学生具备选择蒸汽供暖系统形式的能力，进行蒸汽供暖系统的管路布置和敷设的能力，具备识读、绘制蒸汽供暖系统施工图的能力。培养学生良好的职业道德、自我学习能力、实践动手能力和耐心细致地能够分析处理问题的能力，以及诚实、守信、善于沟通和合作的专业素养。

【知识目标】

1. 掌握蒸汽供暖系统的形式及特点；
2. 掌握蒸汽供暖系统的管路敷设方法；
3. 掌握绘制蒸汽供暖系统施工图的方法。

【主要学习内容】

5.1 识读室内蒸汽供暖系统形式

1. 蒸汽供暖系统的工作原理

以水蒸气作为热媒的供暖系统称为蒸汽供暖系统。图 5.1 是蒸汽供暖系统的原理图。水在锅炉被加热成具有一定压力和温度的蒸汽，蒸汽靠自身压力作用通过管道流入

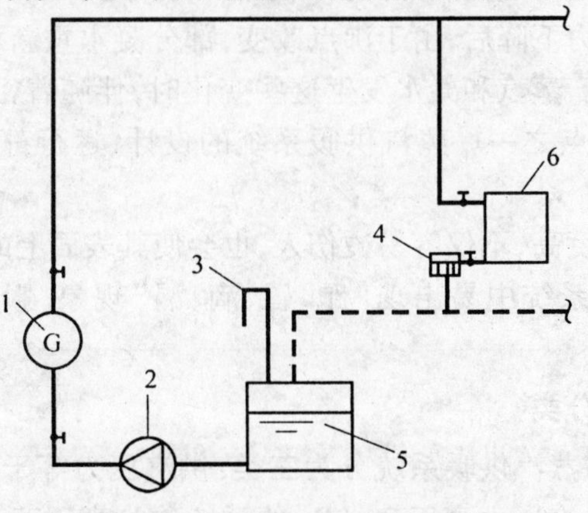

图 5.1 蒸汽供暖系统原理图

1—蒸汽锅炉；2—凝结水泵；3—空气管；4—疏水器；5—凝结水箱；6—散热器

散热器内,在散热器内放热后,蒸汽变成凝结水,凝结水靠重力经过疏水器(阻汽疏水)后沿凝结水管道返回凝结水箱内,再由凝结水泵送入锅炉重新被加热变成蒸汽。

蒸汽供暖系统中,蒸汽在散热设备中定压凝结成同温度的凝结水,发生了相态的变化。通常认为在散热器内蒸汽凝结放出的是汽化潜热 γ。

散热设备的热负荷为 Q 时,散热设备所需的蒸汽量可按下式计算

$$G=\frac{AQ}{\gamma}=\frac{3\ 600Q}{1\ 000\gamma}=\frac{3.6Q}{\gamma} \tag{5.1}$$

式中 Q—— 散热设备的热负荷,W;

G—— 供暖系统所需的蒸汽量,kg/h;

γ—— 蒸汽在凝结压力下的汽化潜热,kJ/kg;

A—— 单位换算系数,1 W = 1 J/s = 3 600/1 000 kJ/h = 3.6 kJ/h。

2. 蒸汽供暖系统的特点

蒸汽的汽化潜热 γ 比起每 kg 水在散热设备中靠温降放出的显热量要大得多;由于饱和蒸汽在凝结过程中温度不变,所以散热器内的平均温度即为蒸汽的饱和温度,在蒸汽供暖使用的压力范围内,蒸汽供暖系统散热设备中的热媒平均温度要比热水供暖系统高得多。对于同样的热负荷,蒸汽供暖时所需的蒸汽质量流量比热水的质量流量少得多,所需散热设备面积也比热水供暖时少。

蒸汽供暖系统中,蒸汽的比体积比热水大许多,蒸汽流速也比热水流速高许多;蒸汽的热惰性小,供汽时热得快,冷得也快,这更适合于需要间歇供暖的用户,如影剧院。另外蒸汽供暖系统的静水压力也较热水供暖系统小得多。

蒸汽供暖系统中蒸汽和凝结水在管路中流动时,不断发生着状态参数和相态的变化。锅炉中制备的湿饱和蒸汽沿途流动时,由于管壁散热而产生沿途凝水,蒸汽流量将有所减少,湿饱和蒸汽经过阀门等局部构件绝热节流时,压力降低、体积膨胀,湿饱和蒸汽可能变成节流压力下的干饱和蒸汽或过热蒸汽。从散热设备中流出的饱和凝结水,通过疏水器或阀门等局部构件处压力下降后,由于沸点改变,部分凝水重新汽化形成二次蒸汽,管路中是汽液两相流体流动。蒸汽和凝水发生这些变化时,伴随着密度、温度等参数的变化,这是蒸汽供暖系统的特点之一。蒸汽供暖系统的设计、运行都要比热水供暖系统复杂得多。

蒸汽散热器表面温度高,不仅容易烫伤人,也会使其表面上的有机灰尘升华而产生异味,卫生条件较差,而且系统中易出现"跑、冒、滴、漏"现象,影响系统的使用效果和经济性。

3. 蒸汽供暖系统的分类

按供汽压力的大小,蒸汽供暖系统分为三类:供汽压力等于或低于 70 kPa 的系统称为低压蒸汽供暖系统;供汽压力高于 70 kPa 的系统称为高压蒸汽供暖系统;供汽压力小于大气压的系统称为真空蒸汽供暖系统。

高压蒸汽供暖系统的蒸汽压力一般由管路和设备的耐压程度决定,如选用柱型和长翼型铸铁散热器时,散热器内的蒸汽表压力不应超过 196 kPa(2 kgf/cm^2);圆翼型铸铁散

热器不得超过 392 kPa(4 kgf/cm²)。

国外设计低压蒸汽供暖系统时,一般都采用尽可能低的供汽压力,且多数用在民用建筑内,这是因为供汽压力降低时,蒸汽的饱和温度也降低,凝结水的二次汽化量少,运行可靠,卫生条件较好。真空蒸汽供暖可随室外气温调节供汽压力,在室外温度较高时,蒸汽压力甚至可降低到 10 kPa,其饱和温度仅为 45 ℃左右,卫生条件较好。但系统需要真空泵装置,较复杂,在我国很少采用。

按蒸汽干管的布置形式的不同,蒸汽供暖系统可分为上供式、中供式、下供式三种;按立管的布置特点,蒸汽供暖系统可分为单管式和双管式,目前国内人多数蒸汽供暖系统采用双管式;按凝水回流动力的不同,蒸汽供暖系统还可分为重力回水、余压回水和加压回水系统。

4. 双管上供下回式低压蒸汽供暖系统的形式及特点

图 5.2 是双管上供下回式系统,该形式是室内低压蒸汽供暖系统经常采用的一种形式。从锅炉产生的低压蒸汽经分汽缸分配到管路系统。蒸汽在自身压力的作用下,克服流动阻力经室外蒸汽管、室内蒸汽主管、蒸汽干管、立管和散热器支管进入散热器内。蒸汽在散热器内放出汽化潜热变成凝结水。凝结水从散热器流出后,经凝结水支管、立管、干管进入室外凝结水管网流回锅炉房内凝结水箱,再经凝水泵注入锅炉,重新被加热变成蒸汽送入供暖系统。

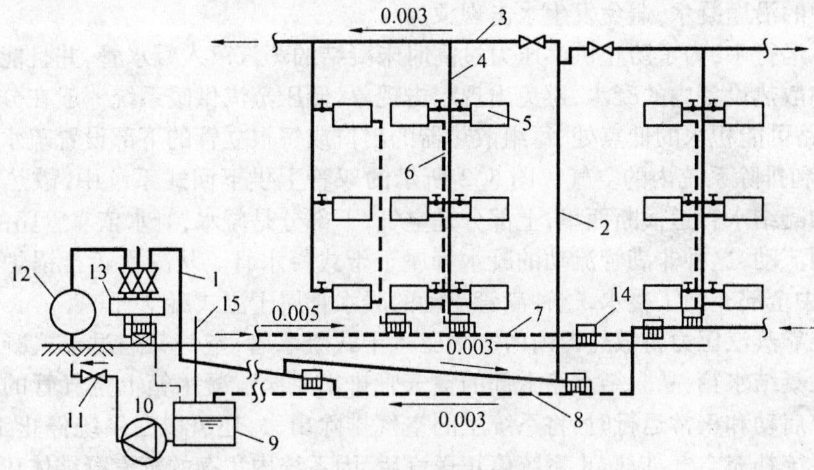

图 5.2　双管上供下回式系统

1—室外蒸汽管;2—室内蒸汽主立管;3—蒸汽干管;4—蒸汽立管;5—散热器;6—凝结水立管;7—凝结水干管;8—室外凝水管;9—凝结水箱;10—凝结水泵;11—止回阀;12—锅炉;13—分汽缸;14—疏水器;15—空气管

5. 双管上供下回式低压蒸汽供暖系统正常工作的条件

(1)散热器的供汽压力应符合要求。蒸汽供暖系统散热器内蒸汽和空气是交替存在的。供汽之前,散热器内充满空气。供汽后,一定压力的蒸汽克服阻力进入散热器,将散热器内的空气排出去。如果供汽压力符合要求,进入散热器的蒸汽量恰好能被散热器表面冷凝成水，散热器内全部充满蒸汽，空气能完全排净，散热器内壁上形成一层凝水薄膜，而且凝水能及时顺利地流出，不在散热器内积留，此时散热器表面温度和放热量都能达到要求。如果供汽压力较高，供汽量超过了散热器的凝结能力，便会有未凝结的蒸汽窜入凝水管，散热器表面温度和放热量超过设计要求，造成房间过热。如果供汽压力较低，进入散热器的蒸汽量减少，不能将散热器内的空气完全排净，由于低压蒸汽的密度比空气小，低压蒸汽将只占据散热器的上部空间。凝水在散热器的下部流动，空气停留在蒸汽与凝结水之间，减少了蒸汽与散热器的接触面积。凝水因蒸汽饱和分压力降低、器壁散热和空气的吸热而发生过冷却，这会降低散热器表面温度，造成房间供热量不足，温度达不到设计要求。通常低压蒸汽供暖系统散热器内蒸汽压力应与大气压力接近而略高一点，以使蒸汽在正压下凝结放热。低压蒸汽供暖系统的蒸汽始端压力除用以克服管道阻力外，到达散热器入口前尚应保留 1 500 ~2 000 Pa 的剩余压力，以克服散热器阻力使蒸汽进入散热器，并能将散热器内的空气驱入凝水管。

(2)合理地设置疏水器。疏水器是蒸汽供暖系统特有的设备，它的作用是自动阻止蒸汽通过，及时迅速地排除用热设备和管道中的凝水、系统中积留的空气和其他不凝性气体。蒸汽沿途流动时，管壁散热生成的沿途凝水有些可能被高速蒸汽流裹带形成高速水滴，有些已经落在管底的凝水又会被高速蒸汽重新掀起形成水塞，水滴、水塞随蒸汽一起流动，流到阀门、拐弯或向上的管段时，会与管件或管道发生撞击，产生很大的噪声、振动或局部高压，损坏管件接口的严密性和管路支架，这就是水击现象。蒸汽供暖系统应及时排除管路中的沿途凝水，避免发生水击现象。

在实际运行中，为了防止供汽压力过高时未凝结的蒸汽窜入凝水管，并且能顺利排除管路沿途和散热设备内的凝水，避免出现水击现象，低压蒸汽供暖系统一般在分汽缸的下部、蒸汽管路可能积水的低点处、每组散热器的出口或每根立管的下部设置疏水器。

(3)顺利排除系统内的空气。图 5.2 所示的双管上供下回式系统中，散热器至凝结水箱之间的凝结水管道横断面里，上部分是空气，下部分是凝水，凝水依靠管路的坡度，即靠重力作用流动，这种非满管流动的凝水管属于干式凝水管。从凝水箱至锅炉之间的凝水管，管道中全部充满了凝水，这种满管流动的凝水管属于湿式凝水管。

该系统靠蒸汽压力将散热器内的空气驱入干式凝水管，空气又通过干式凝水管上部气空间进入凝结水箱，从凝结水箱上部的空气管排出系统。凝水箱上空气管的作用不仅可以在系统启动和正常运行时，将系统里的空气排除出去，还可以在系统停止工作时，经空气管向系统补充空气，以防止系统停止送汽后，因系统内积存的蒸汽凝结体积大大收缩而产生真空，避免从系统不严密处吸入大量空气而影响系统正常运行。

6. 双管下供下回式低压蒸汽供暖系统的形式及特点

图 5.3 为双管下供下回式低压蒸汽供暖系统。该系统的室内蒸汽干管与凝水干管同时敷设在地下室或特设的地沟内。在室内蒸汽干管的末端设置疏水器以排除室内沿途凝水。在该系统供汽立管中，凝水与蒸汽逆向流动，运行时容易产生噪声，特别是系统开始运行时，因凝水较多容易发生水击现象。

7. 双管中供式低压蒸汽供暖系统的形式及特点

图 5.4 为双管中供式低压蒸汽供暖系统。如果多层建筑顶层或顶棚下不便设置蒸汽

干管,可采用中供式系统,中供式系统不必像下供式系统需设置专门的蒸汽干管末端疏水器,总立管长度也比上供式小,蒸汽干管的沿途散热也可得到有效利用。

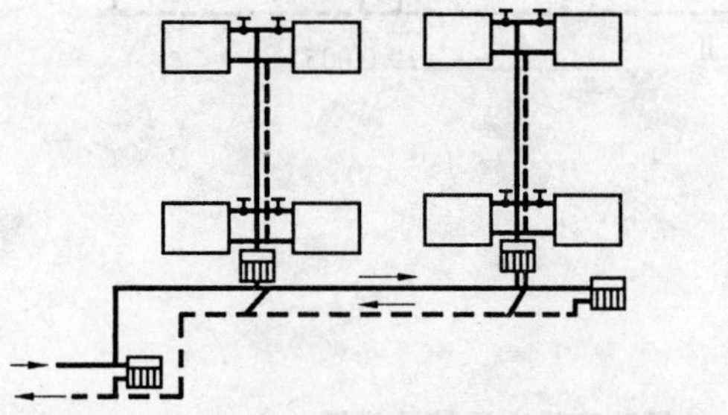

图 5.3　双管下供下回式低压蒸汽供暖系统

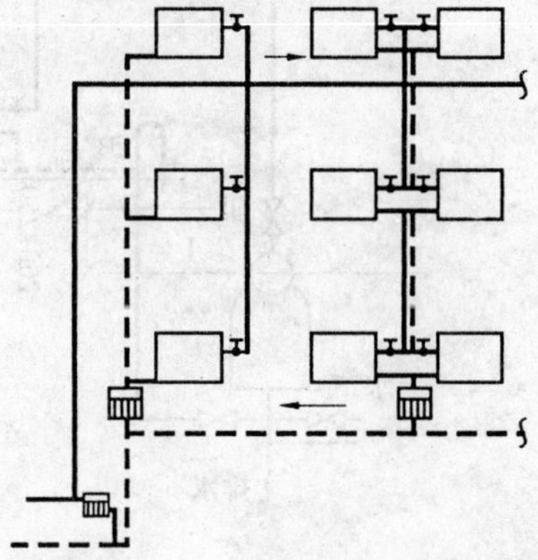

图 5.4　双管中供式低压蒸汽供暖系统

8. 单管上供下回式低压蒸汽供暖系统的形式及特点

图 5.5 为单管上供下回式低压蒸汽供暖系统。该系统采用单根立管,可节省管材。蒸汽与凝水同向流动,不易发生水击现象。但底层散热器易被凝水充满,散热器内的空气无法通过凝水干管排除。由于散热器内低压蒸汽的密度比空气小,通常在每组散热器的 1/3 高度处设置自动排气阀,其作用除了运行时使散热器内空气在蒸汽压力的作用下及时排出,还可以在系统停止供汽,散热器内形成负压时,通过自动排气阀迅速向散热器内补充空气,防止散热器内形成真空破坏散热器接口的严密性,而且可以使凝水排除干净,下次启动时不再产生水击现象。

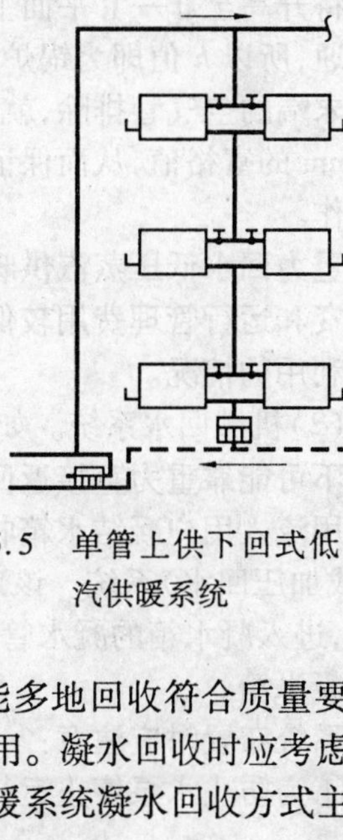

图 5.5　单管上供下回式低压蒸汽供暖系统

9. 低压蒸汽供暖系统的凝水回收方式

蒸汽供暖系统的凝结水是锅炉高品质的补给水,应尽可能多地回收符合质量要求的凝结水,这可以减少水处理设备,降低系统造价和运行管理费用。凝水回收时应考虑利用好二次蒸汽,减少热能损失,避免出现水击现象。低压蒸汽供暖系统凝水回收方式主要有重力回水和机械回水两种形式。

(1)重力回水系统。蒸汽供暖系统凝结水依靠自身重力流回锅炉房的系统称为重力回水系统。图 5.6 为重力回水低压蒸汽供暖系统示意图。该系统锅炉生产的蒸汽靠自身压力的作用,克服流动阻力进入散热器,将散热器内的空气排入水平干式凝水管,通过干式凝水管末端的空气管 B 排出系统。空气管的作用除了在正常运行时排出系统内的空气外,还可以在停止供汽时向系统内补充空气,防止散热器内蒸汽凝结时形成真空,将锅炉内的水倒吸入凝水管和散热器内,破坏系统的正常运行。在散热器内蒸汽凝结放热变成凝水,凝水靠重力作用克服管路流动阻力和锅炉压力返回锅炉,再重新被加热成蒸汽。

重力回水低压蒸汽供暖系统中,总凝水立管与锅炉直接相连,系统未运行时锅炉和总凝水立管中的水位在Ⅰ—Ⅰ平面上。系统运行后,在蒸汽压力的作用下,总凝水立管中的

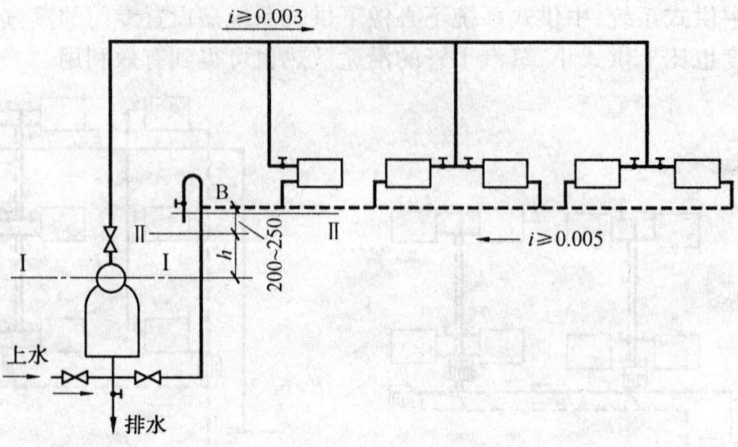

图 5.6　重力回水低压蒸汽供暖系统示意图

水位将升高至Ⅱ—Ⅱ平面上，升高值为 h，因为系统中水平干式凝水管末端设空气管与大气相通，所以 h 值即为锅炉压力折合的水柱高度。该系统若想使空气能顺利通过干式凝水管末端的空气管排除，就必须将水平干式凝水管设在Ⅱ—Ⅱ平面之上，要求留有 200～250 mm 的富裕值，从而保证水平干式凝水管和散热器内不至于被凝水淹没，保证系统正常工作。

重力回水低压蒸汽供暖系统形式简单，不需设凝水泵和凝水箱，不消耗电能，系统的初投资和运行管理费用较低。适用于小型系统，锅炉蒸汽压力要求较低，且建筑物有地下室可利用的情况。

(2)机械回水系统。如果系统作用半径较大，供汽压力较高(供汽压力超过 20 kPa)，凝水不可能靠重力直接返回锅炉，可考虑采用机械回水系统。如图 5.2 所示，凝水先靠重力作用流入用户凝结水箱收集，再通过凝结水泵加压后返回锅炉房，这种系统称为机械回水(或加压回水)系统。该系统要求用户凝水箱应布置在所有散热器和水平干式凝水管之下，进入凝水箱的凝水管应作成顺水流下降的坡度，以便于散热器流出的凝水能靠重力流入凝水箱。

系统布置时应注意：

①为防止水泵停止运行时，锅炉中的水倒流入凝水箱，应在凝水泵的出水管上安装止回阀。

②为防止水在凝水泵吸入口处汽化，避免水泵出现气蚀现象，凝水泵与凝水箱之间的高度差取决于凝水温度，见表 5.1。

表 5.1　凝水泵中心与凝水箱最低水位之间的高差

凝水温度/℃	0	20	40	50	60	75	80	90	100
泵高于水箱/m	6.4	5.9	4.7	3.7	2.3	0	—	—	—
泵低于水箱/m	—	—	—	—	—	—	2	3	6

10. 室内高压蒸汽供暖系统的特点

在工厂中，生产工艺往往需要使用高压蒸汽，厂区内的车间及辅助建筑也常常利用高压蒸汽做热媒进行供暖,高压蒸汽供暖是一种厂区内常见的供暖方式。高压蒸汽供暖与低压蒸汽供暖相比,供汽压力高,热媒流速大,系统的作用半径也较大,相同热负荷时,系统所需管径和散热面积小。但由于蒸汽压力高,表面温度高,输送过程中无效损失较大,易烫伤人和烧焦落在散热器上的有机灰尘,卫生条件和安全条件较差。而且由于凝水温度高,凝水回流过程中易产生二次蒸汽,如果沿途凝水回流不畅,会产生严重的水击现象。

11. 双管上供下回式高压蒸汽供暖系统的形式及特点

高压蒸汽供暖系统多采用上供下回的系统形式,如图 5.7 所示。高压蒸汽通过室外蒸汽管路输送到热用户入口的高压分汽缸,根据各热用户的使用情况和要求的压力,从高压分汽缸上引出不同的蒸汽管路分送不同的用户。如果外网蒸汽压力超过供暖系统和生产工艺用热的工作压力,应在室内系统入口处设置减压装置,减压后的蒸汽再进入低压分汽缸分送不同的用户。送入室内各供暖系统的蒸汽,在散热设备处冷凝放热后,凝结水经凝水管道汇流到凝水箱,凝水箱与大气相通,称为开式凝水箱。凝水箱中的凝结水再通过凝结水泵加压送回锅炉重新加热。高压蒸汽供暖系统在每个环路凝水干管末端集中设置疏水器,在每组散热器的进出口支管上均安装阀门,以便调节供汽量和检修散热器时关断管路。为了使系统内各组散热器供汽量均匀,最好采用同程式管路布置形式。

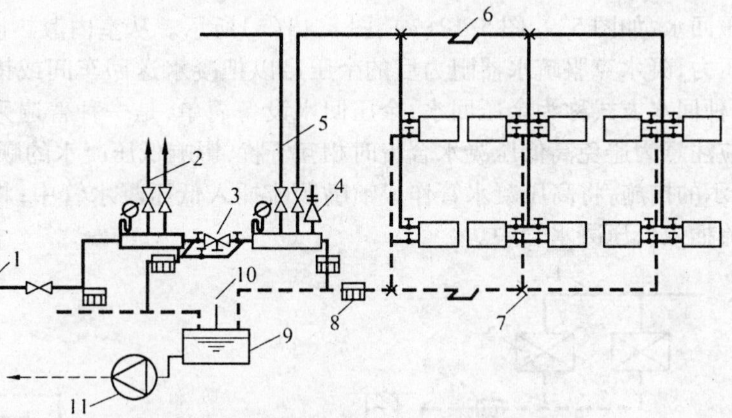

图 5.7　双管上供下回式高压蒸汽供暖系统

1—室外蒸汽管;2—室内高压蒸汽供汽管;3—减压装置;4—安全阀;5—室内高压蒸汽供暖管;6—补偿器;7—固定支架;8—疏水器;9—开式凝水箱;10—空气管;11—凝水泵

12. 双管上供上回式高压蒸汽供暖系统的形式及特点

当车间地面之上不便于布置凝水管时,也可以将系统的供汽干管和凝水干管设于房间的上部,即采用上供上回式系统,如图 5.8 所示。凝结水靠疏水器之后的余压作用上升到凝水干管,再返回室外管网。在每组散热器的凝结水出口处,除安装疏水器外,还应安装止回阀 5,防止停止供汽后,散热设备被凝水充满。系统还需要考虑设置泄水管和排空气管,以便及时排除每组散热设备和系统中的空气和凝水。该系统启动时,如果升压过快会产生水击现象,空气也不易排除。

该系统不利于运行管理,系统停汽检修时,各用热设备和立管要逐个排放凝结水。通常只有在散热量较大的暖风机供暖系统又难以在地面敷设凝水管时,比如在多跨车间中

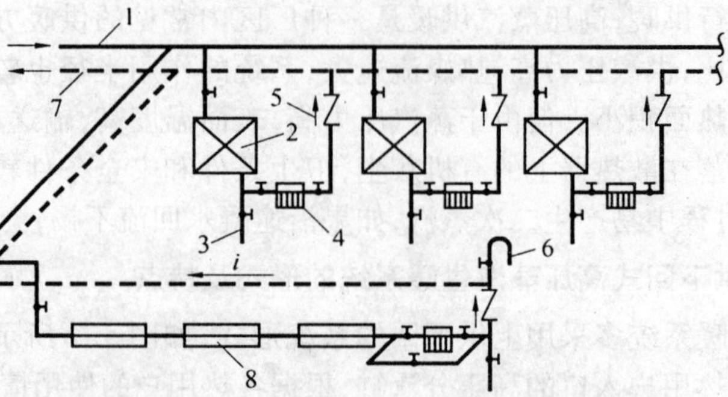

图 5.8　双管上供上回式高压蒸汽供暖系统

1—蒸汽管;2—暖风机;3—泄水管;4—疏水器;5—止回阀;6—空气管;7—凝结水管;8—散热器

部布置暖风机时,才考虑采用上供上回的系统形式。

13. 高压蒸汽供暖系统的凝水回收方式

(1)高压蒸汽供暖系统凝水回收时,按凝水回流动力的不同,分成余压回水和加压回水两种形式。

①余压回水,如图 5.9、图 5.12(a)、图 5.13(a)所示。从室内散热设备流出的凝结水还有很高压力,凝水克服疏水器阻力后的余压足以把凝水送回车间或锅炉房内的高位凝结水箱,这种回水方式称为余压回水,余压回水设备简单,是一种普遍采用的高压凝水回收方式。应注意为避免高低压凝水合流时相互干扰,影响低压凝水的顺利排出,可采用如图 5.10 所示的措施,将高压凝水管作成喷嘴顺流插入低压凝水管中;将高压凝水管作成多孔管顺流插入低压凝水管中。

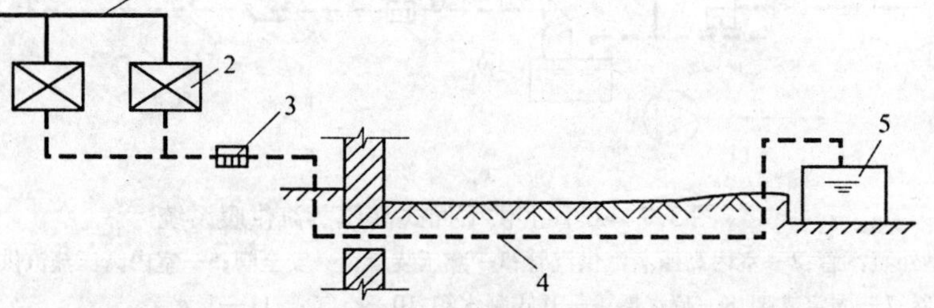

图 5.9　高压蒸汽余压回水

1—蒸汽管;2—用热设备;3—疏水器;4—余压凝结水管;5—凝结水箱

②加压回水,如图 5.11 所示,当余压不足以将凝水送回锅炉房时,可在用户处(或几个用户联合的凝水分站)设置凝水箱,收集几个用户不同压力的高温凝结水,处理二次蒸汽后,用水泵将凝水加压送回锅炉房,这就是加压回水方式。

(2)高压蒸汽凝水回收系统又可按凝水是否与大气相通分成开式系统和闭式系统。

①开式凝水回收系统。如图 5.12 所示,各散热设备排出的高温凝水靠疏水器之后的余压送入开式高位水箱,在水箱内泄掉过高压力,并通过水箱上的空气管排放出二次蒸汽变成稳定的冷凝水,再靠高位凝水箱与锅炉房凝水箱之间的高差,通过高位凝水箱与锅炉

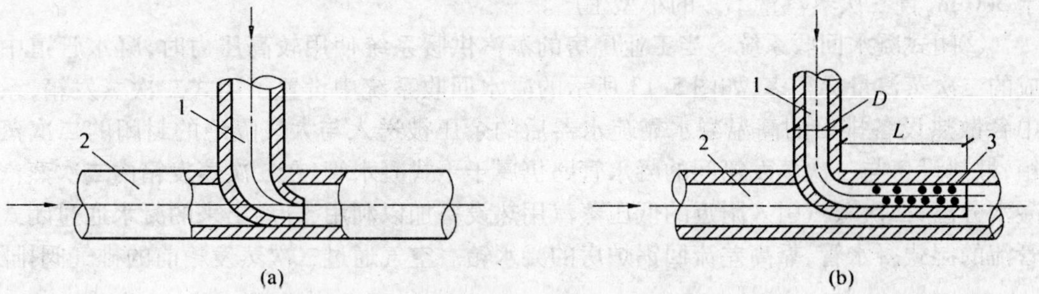

图 5.10　高低压凝水合流的简单措施

1—高压凝结水管;2—低压凝结水管;3—$\phi 3$ 的孔径

注:L=孔数×6.5 mm;孔数 $=1.24\times\frac{\pi}{4}D^2$($D$ 用 cm 代入)

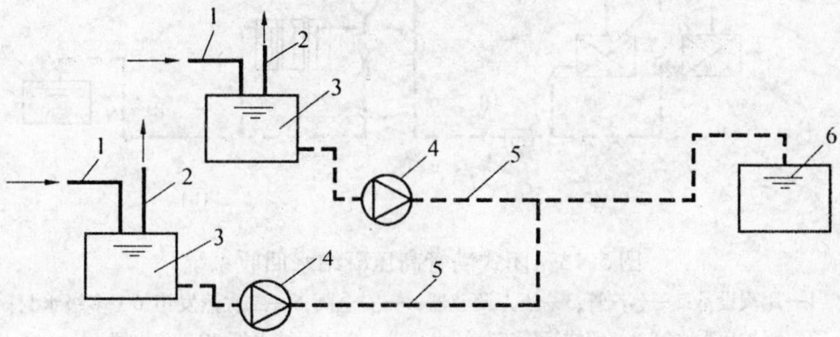

图 5.11　加压凝水回收系统

1—高压凝结水管;2—二次蒸汽管;3—分站凝结水箱;4—凝结水泵;
5—压力凝结水管;6—总站凝结水箱

房凝水箱之间的湿式凝水管使凝结水返回锅炉房凝水箱。在系统开始运行时,可借助高压蒸汽的压力将管路系统和散热设备内的空气通过疏水器前的干式凝水管排入开式凝结水箱,再通过凝水箱顶的空气管排出系统。

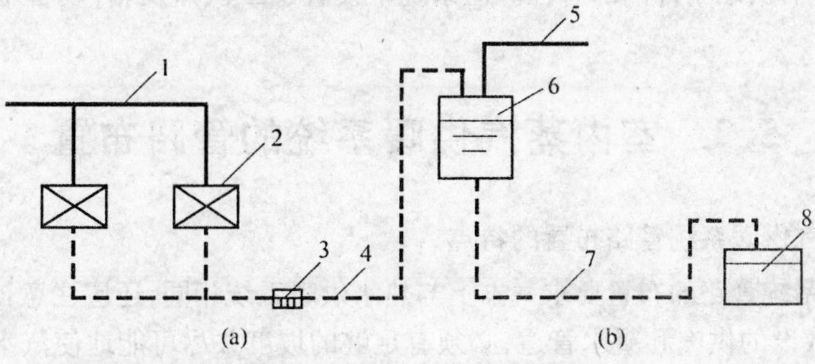

图 5.12　开式凝水回收系统

1—蒸汽管;2—用热设备;3—疏水器;4—余压凝结水管;5—通气管;6—开式水箱;7—湿式凝结水管;8—凝结水箱

这种系统因为采用了开式高位水箱,不可避免地要产生二次蒸汽的损失和空气的渗入,损失了热能,腐蚀了管道,污染了环境,一般只适用于凝水量小于 10 t/h,作用半径小于500 m,且二次蒸汽量不多的小型工厂。

②闭式凝水回收系统。当工业厂房的蒸汽供暖系统使用较高压力时,凝水管道中生成的二次蒸汽量会很多,如图5.13所示的凝水回收系统中设置了闭式二次蒸发箱,系统中各散热设备排出的高温凝水靠疏水器后的余压被送入与大气隔绝的封闭的二次蒸发箱,散热设备与二次蒸发箱间的凝水管路仍属于干式凝水管,在二次蒸发箱内二次蒸汽与凝水分离,二次蒸汽引入附近的低压蒸汽用热设备加以利用,分离出来的凝水通过闭式满管流的湿式凝水管,靠高差流回锅炉房的凝水箱。空气通过二次蒸发箱前的排气阀排除。

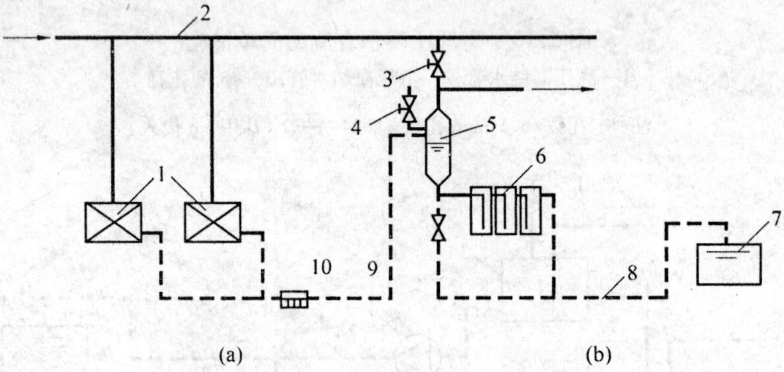

图5.13　闭式满管高压凝结水回收系统

1—用汽设备;2—蒸汽管;3—压力调节器;4—安全阀;5—二次蒸发箱;6—多级水封;7—锅炉房凝水箱;8—闭式满管流凝结水管;9—余压凝结水管;10—疏水器

二次蒸发箱一般架设在距地面约3 m处,箱内蒸汽的压力可参考二次蒸汽的利用要求和回收凝水的温度要求而定,一般为20~40 kPa。在运行中,当用汽量小于二次蒸汽量时,箱内压力升高,箱上的安全阀会自动排汽降压;当用汽量大于二次蒸汽量时,箱内压力降低时,可通过压力调节器自动控制蒸汽补给管补入蒸汽,维持二次蒸发箱内压力稳定。

这种方式可避免室外余压回水管中汽水两相流动时产生的水击现象,减少高低压凝水合流时相互干扰,缩小外网的管径。但系统中设置了二次蒸发箱,设备增多了,运行管理复杂了。

5.2　室内蒸汽供暖系统的管路布置

1.室内蒸汽供暖系统管路布置的特点

蒸汽供暖系统管路的布置要求基本上与热水供暖系统相同,还应注意:

(1)水平敷设的供汽和凝水管道,必须有足够的坡度并尽可能地使汽水同向流动,这是为了能够顺利排除凝水和空气及检修时泄水的需要。水平蒸汽干管汽水同向流动时,坡度值$i=0.003$,不小于0.002;水平蒸汽干管汽水逆向流动时,坡度值不小于0.005;水平凝水干管,坡度值$i=0.003$,不小于0.002;散热器支管坡度值$i=0.1$,应设成沿流向降低的坡度。

(2)布置蒸汽供暖系统时,应尽量使系统作用半径小,流量分配均匀。系统规模较大，作用半径较大时，宜采用同程式布置，以避免远近不同的立管环路因压降不同，造成压降大的环路凝水回流不畅。

(3)合理地设置疏水器。为了及时排出蒸汽系统的凝水，除了应保证管道必要的坡度外，还应在适当位置设置疏水装置，一般低压蒸汽供暖系统每组散热设备的出口或每根立管的下部设置疏水器；高压蒸汽供暖系统一般在环路末端设置疏水器。水平敷设的蒸汽干管，为了减少敷设深度，每隔 30 ~ 40 m 需要局部抬高，局部抬高的低点处应设置疏水器和泄水装置。

(4)为避免蒸汽管路中的沿途凝水进入蒸汽立管造成水击现象，供汽立管应从蒸汽干管的上方或侧上方接出，如图 5.14 所示。干管沿途产生的凝结水，可通过干管末端设置的凝水立管和疏水装置排除。

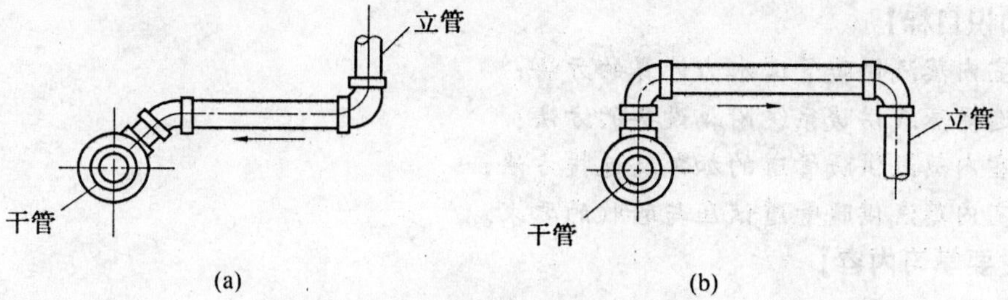

图 5.14　供汽干立管的连接方式

(5)水平干式凝水干管通过过门地沟时，需要将凝水管内的空气与凝水分离，应在门上设置空气绕行管，如图 5.15 所示。

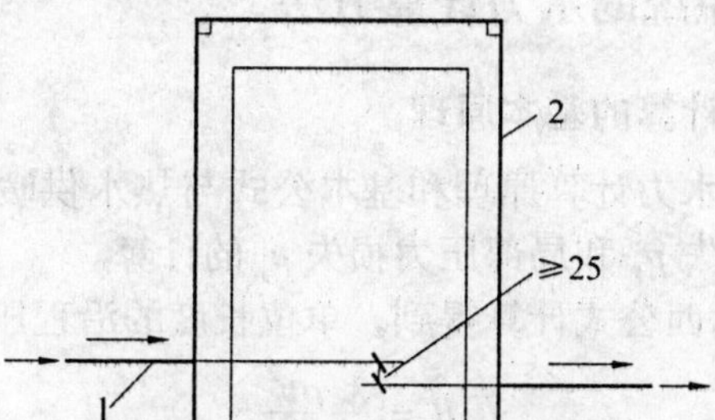

图 5.15　水平干式凝水干管过门装置

1—凝结水管；2—ϕ15 空气绕行管；3—泄水口

(6)蒸汽供暖系统必须解决好管道的热胀冷缩问题，一般在较长的水平管道和垂直管道上应装设补偿器。

任务六　室内蒸汽供暖管道安装

【教学目标】　通过演示、讲解与实际训练，使学生具有进行室内蒸汽供暖管道水力计算的能力；具有进行室内蒸汽供暖管道安装的能力；具有进行室内蒸汽供暖管道试压与验收的能力；具有选择蒸汽供暖系统附属设备的能力。培养学生良好的职业道德、自我学习能力、实践动手能力和耐心细致的分析和处理问题的能力，以及诚实、守信、善于沟通和合作的专业素养。学生通过计划、实施、检查工作过程，培养学生的专业能力、方法能力和团队合作能力。

【知识目标】

1. 室内蒸汽供暖管道水力计算的方法；
2. 选择蒸汽供暖系统附属设备的方法；
3. 室内蒸汽供暖管道的加工及连接方法；
4. 室内蒸汽供暖管道试压与验收的要求。

【主要学习内容】

6.1　室内蒸汽供暖系统的水力计算

6.1.1　蒸汽供暖系统的水力计算方法

1. 低压蒸汽管路水力计算的基本原理

低压蒸汽供暖系统的水力计算原理和基本公式与热水供暖系统相同，蒸汽在管路中流动时需进行沿程压力损失 p_y 和局部压力损失 p_j 的计算。

沿程压力损失 p_y 由达西公式计算得到。单位长度的沿程压力损失（比摩阻）

$$R = \frac{\lambda}{d}\frac{\rho v^2}{2}$$

在低压蒸汽供暖系统中，蒸汽的流动状态多处于紊流的过渡区，沿程阻力系数 λ 的计算公式可采用过渡区公式，公式中的绝对粗糙度 K，室内低压蒸汽供暖系统可取 $K = 0.2$ mm。

蒸汽在管路中流动时，蒸汽的流量随沿途凝结水的产生而不断减少，蒸汽的密度因压力的降低也不断减小。但由于压力变化不大，工程计算中可忽略压力和密度的变化，认为每个计算管段内的流量 Q 和整个系统的密度 ρ 是不变的。

如果确定了平均比摩阻 R_{pj} 和蒸汽管段的热负荷 Q，查阅附录 19 的水力计算表，就可确定管径 d、实际比摩阻 R_{sh} 和实际流速 v_{sh}。

计算管段的沿程压力损失 p_y 的计算公式为

$$p_y = R_{sh} L$$

局部压力损失 p_j 的计算公式为

$$p_j = \sum \xi \frac{\rho v^2}{2}$$

各局部构件的局部阻力系数 ξ 值可查阅附录 11 确定；$\sum \xi = 1$ 时的动压头 $\frac{\rho v^2}{2}$ 可查阅附录 15 确定。

2. 低压蒸汽管路的水力计算方法

低压蒸汽供暖系统要求系统始端压力除了克服管路阻力外，到达散热器入口前留有 1 500 ~ 2 000 Pa 的剩余压力，用以克服散热器入口阻力使蒸汽进入散热器，并能排除其中的空气。

低压蒸汽供暖系统蒸汽管路的水力计算，应先从最不利管路开始计算，最不利管路就是锅炉出口或系统始端至最远散热器之间的蒸汽管路。最不利管路的水力计算有控制比压降法和平均比摩阻法两种。

(1) 控制比压降法。该方法要求最不利管路每米长的总压力损失(沿程压力损失和局部压力损失之和)控制在 100 Pa/m 的范围内。

(2) 平均比摩阻法。该方法是在已知锅炉出口压力或室内系统始端蒸汽压力下进行计算的。

平均比摩阻

$$R_{pj} = \frac{\alpha(p_g - 2\ 000)}{\sum L} \tag{6.1}$$

式中 R_{pj}—— 低压蒸汽供暖系统最不利管路的平均比摩阻，Pa/m；

α—— 沿程压力损失占总损失的百分数，查附录 14 可知低压蒸汽管路 $\alpha = 60\%$；

p_g—— 锅炉出口或室内系统始端蒸汽表压力，Pa；

2 000—— 散热器入口要求的剩余压力，Pa；

$\sum L$—— 最不利蒸汽管路的总长度，m。

如果锅炉出口或室内系统始端压力较高，计算得出的平均比摩阻 R_{pj} 值较大，仍推荐控制每米长的总压力损失在 100 Pa/m 范围内。

水力计算确定管径时，为避免发生水击现象，产生噪声，便于顺利排除蒸汽管路中的凝水，《供暖通风与空气调节设计规范》规定管内流速，汽水同向流动时不得大于 30 m/s；汽水逆向流动时不得大于 20 m/s。

另外，考虑蒸汽管内沿途凝水和空气的影响，末端管径应适当放大。当干管始端管径在 50 mm 以上时，末端管径应不小于 32 mm；当干管始端管径在 50 mm 以下时，末端管径应不小于 25 mm。

3. 低压蒸汽供暖系统凝水管路的水力计算

低压蒸汽供暖系统的凝水管路中，排气管之前的管路内，上部分是空气，下部分是凝水，属于非满管流动的干式凝水管；排气管之后的管路内被凝水全部充满，属于满管流动的湿式凝水管。低压蒸汽供暖系统干式凝水管和湿式凝水管的管径可根据管段热负荷查阅有关设计手册确定。为了顺畅排除系统内的凝水和空气，水平干式凝水管的管径不应小于 20 mm。

蒸汽供暖系统远近立管并联环路节点压力不平衡时，产生水平失调现象与热水供暖系统相比有不同之处。热水供暖系统中，如果不进行调节，通过远近立管的流量比例就不会发生变化；蒸汽供暖系统，只要疏水器正常工作，近处散热器的蒸汽流量增加后，由于疏水器的阻汽作用，使近处散热器内压力升高，进入近处散热器的蒸汽量就自动减少，等到近处疏水器正常排水后，进入散热器的蒸汽量又再增多。因此蒸汽供暖系统的水平失调具有自调性和周期性的特点。

4. 实训练习

图 6.1 是某车间重力回水低压蒸汽供暖系统的右侧环路，每组散热器的热负荷为 3 000 W。各管段编号、立管号已标于图中，各管段号旁的数字上行表示热负荷 Q(W)，下行表示各管段长度 L(m)，试进行蒸汽和凝结水管路的水力计算。

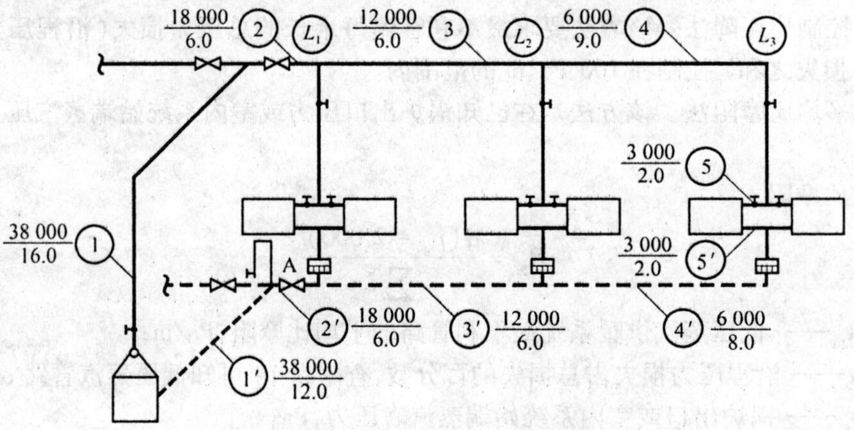

图 6.1　某车间重力回水低压蒸汽供暖系统

解　(1) 确定锅炉压力。

本例中锅炉出口到最远立管 L_3 之间的供汽管路是最不利管路，包括①～⑤管段，总长度 $\sum L = 39$ m。

可采用控制比压降法确定锅炉压力，因每米管段的总压力损失控制在 100 Pa/m 范围内，还需在散热器入口处留 2 000 Pa 的剩余压力，则锅炉的工作压力为

$$p/\text{Pa} = 100 \times 39 + 2\ 000 = 5\ 900$$

取锅炉压力为 6 000 Pa。

本例采用重力回水低压蒸汽供暖系统，为了通过水平干式凝水管末端的空气管排空气，锅炉设在水平干式凝水管下的高度应为 $\dfrac{6\ 000}{\rho g} + 0.25$ m，取为 0.85 m。

(2) 最不利管路的水力计算。

采用控制比压降法进行最不利管路的水力计算，查附录 14，低压蒸汽供暖系统沿程损失占总损失的百分数 $\alpha = 60\%$，所以推荐最不利环路的平均比摩阻为 $R_{pj} = 100 \times$

0.6 Pa/m =60 Pa/m。

根据 R_{pj} 和各管段热负荷 Q 查附录 19 确定各管段管径 d,实际比摩阻 R_{sh} 和实际流速 v_{sh}。

求各管段沿程压力损失 $p_y = R_{sh}L$,列于表 6.1 中。

根据各管段的局部构件,查附录11 确定各管件的局部阻力系数 $\sum \xi$,列于表6.2 中。

根据各管段流速查附录15,确定 $\sum \xi = 1$ 时的动压头 $\frac{\rho v^2}{2}$。

求各管段的局部压力损失 $p_j = \sum \xi \frac{\rho v^2}{2}$,计算结果列于表 6.1 中。

最不利管路的总压力损失为 $\sum (p_y + p_j)_{①\sim⑤} = 3\ 095.45$ Pa

剩余压力的比例为

$$[(p - 2\ 000) - \sum (p_y + p_j)_{①\sim⑤}]/(p - 2\ 000) = \frac{4\ 000 - 3\ 095.45}{4\ 000} \times 100\% \approx 22.6\%$$

上述剩余压力可作为蒸汽管路的储备压力,不再进行管径调整计算。

(3) 立管 L_2 的水力计算。

因各组散热器前预留的蒸汽压力相同,所以立管 L_2 与最不利管路的 ④⑤ 管段并联,立管 L_2 的资用压力为

$$\Delta p_{L_2} = \sum (p_y + p_j)_{④⑤} = 657.54\ \text{Pa}$$

立管 L_2 的平均比摩阻

$$R_{pj} = \frac{\alpha \Delta p}{\sum L} = \frac{657.54 \times 0.6}{5}\ \text{Pa/m} \approx 78.9\ \text{Pa/m}$$

计算结果见表 6.1。

表 6.1　室内低压蒸汽供暖系统管路水力计算表

管段编号	热负荷 Q/W	管段长度 L/m	管径 d/mm	流速 v/(m·s^{-1})	比摩阻 R/(Pa·m^{-1})	沿程压力损失 /Pa ($p_y = RL$)	局部阻力系数 $\sum \xi$	动压头 /Pa $\left(\frac{\rho v^2}{2}\right)$	局部压力损失 /Pa $\left(p_j = \sum \xi \frac{\rho v^2}{2}\right)$	管段损失 /Pa $(p_y + p_j)$	备注
最不利管路的计算											
①	38 000	16	50	13.04	29.3	468.8	8.5	53.5	454.75	923.55	
②	18 000	6	32	12.44	48.43	290.58	11	49.5	544.5	835.08	
③	12 000	6	25	14.7	101.8	610.8	1	68.48	68.48	679.28	
④	6 000	9	25	7.35	26.91	242.19	12.5	17.13	214.13	456.32	
⑤	3 000	2	20	5.88	21.15	42.3	14.5	10.96	158.92	201.22	

续表 6.1

管段编号	热负荷 Q/W	管段长度 L/m	管径 d/mm	流速 $v/(\mathrm{m\cdot s^{-1}})$	比摩阻 R /(Pa·m⁻¹)	沿程压力损失 /Pa $(p_y = RL)$	局部阻力系数 $\sum\xi$	动压头 /Pa $\left(\frac{\rho v^2}{2}\right)$	局部压力损失 /Pa $\left(p_j = \sum\xi\frac{\rho v^2}{2}\right)$	管段损失 /Pa $(p_y + p_j)$	备注
$\sum L = 39\ \mathrm{m}$, $\sum(p_y + p_j)_{①\sim⑤} = 3\,095.45$ Pa 剩余压力的比例$[(p - 2\,000) - \sum(p_y + p_j)_{①\sim⑤}]/(p - 2\,000) = \frac{6\,000 - 2\,000 - 3\,095.45}{6\,000 - 2\,000} \times 100\% \approx 22.6\%$											
立管 L_2 资用压力 $\Delta p_{资L_2} = \sum(p_y + p_j)_{④⑤} = 657.54$ Pa											
立管	6 000	3	25	7.35	26.91	80.73	11.5	17.13	197	277.73	
支管	3 000	2	20	5.88	21.15	42.3	14.5	10.96	158.92	201.22	
$\sum(p_y + p_j)_{L_2} = 478.95$ Pa 不平衡率为$\frac{657.54 - 478.95}{657.54} \approx 27.2\%$											

立管 L_2 的总压力损失为

$$\sum(p_y + p_j)_{L_2} = 478.95\ \mathrm{Pa}$$

立管 L_2 与立管 L_3 之间的不平衡率为

$$\frac{657.54 - 478.95}{657.54} \approx 27.2\%$$

立管 L_1 的计算方法同上。

低压蒸汽供暖系统并联环路压力损失的相对差额,即所谓的不平衡率是较大的,有时选用了较小管径,蒸汽流速虽采用的很高也不可能达到平衡的要求,只好靠投入运行时调节近处立管或支管上的阀门节流来解决。

蒸汽供暖系统远近立管并联环路节点压力不平衡时产生的水平失调状况与热水供暖系统相比有不同之处。热水供暖系统中,如果不进行调节,通过远近立管的流量比例就不会发生变化。蒸汽供暖系统,只要疏水器正常工作,进出散热器的流量增加后,疏水器阻汽的结果近处散热器内压力升高,进入近处散热器的蒸汽量就自动减少,等到近处疏水器正常排水后,进入散热器的蒸汽量又在增多。因此蒸汽供暖系统的水平失调具有自调性和周期性的特点。

(4) 凝水管管径的选择。在图中,空气管 A 之前的凝结水管路是干式凝水管,可直接查附录 20 确定管径。空气管 A 之后的管段虽然是湿式凝水管,因为管径不长,仍按干式凝水管选管径,管径选得稍粗一些。

凝水管计算结果见表 6.3。

表 6.2 室内低压蒸汽供暖系统局部阻力系数计算表

管段号	局部阻力	管径/mm	个数	$\sum\xi$
①	截止阀 锅炉出口 煨弯90°	50	1 1	7.0 1.0 0.5
		$\sum\xi=8.5$		
②	直流三通 煨弯90° 截止阀	32	1 1 1	1.0 1.0 9.0
		$\sum\xi=11.0$		
③	直流三通	25	1	1.0
		$\sum\xi=1.0$		
④	直流三通 截止阀 弯头 乙字弯	25	1 1 1 1	1.0 9.0 1.5 1.0
		$\sum\xi=12.5$		
⑤	截止阀 分流三通 乙字弯	20	1 1 1	10.0 3.0 1.5
		$\sum\xi=14.5$		
立管	旁流三通 乙字弯 截止阀	25	1 1 1	1.5 1.0 9.0
		$\sum\xi=11.5$		
支管	分流三通 乙字弯 截止阀	20	1 1 1	3.0 1.5 10.0
		$\sum\xi=14.5$		

表 6.3 凝结水管管径计算表

管段号	⑤′	④′	③′	②′	①′	其他立管的凝结水立管段
热负荷 Q/W	3 000	6 000	12 000	18 000	38 000	6 000
管径 d/mm	15	20	20	25	32	15

5. 高压蒸汽管路的水力计算方法

高压蒸汽管路水力计算的任务同样是选择管径和计算压力损失。其水力计算原理与低压蒸汽管路相同,沿途蒸汽量的变化和蒸汽密度的变化同样可以忽略不计。

高压蒸汽管路内蒸汽的流动状态属于紊流过渡区或阻力平方区，管壁的绝对粗糙度 K 值在设计中仍采用 0.2 mm。在有关的设计手册中，室内高压蒸汽供暖系统的水力计算表，是按不同蒸汽表压力（200 kPa、300 kPa、400 kPa 三种）制定的。

室内高压蒸汽管路的局部压力损失通常用当量长度法计算，蒸汽管路的管件、阀件等的局部阻力当量长度 l_d 可查阅有关设计手册确定。

高压蒸汽供暖系统蒸汽管路的水力计算方法有：平均比摩阻法和限制流速法。

（1）平均比摩阻法：为了便于各并联管路之间阻力的平衡，增加疏水器后的余压以利于凝水顺利回流，在工程设计中规定：室内高压蒸汽供暖系统最不利管路的总压力损失不宜超过系统始端压力的 1/4。平均比摩阻可按下式计算

$$R_{pj} = \frac{\frac{1}{4}p\alpha}{\sum L} \tag{6.2}$$

式中　α—— 沿程损失占总损失的百分数，查附录 14，高压蒸汽供暖系统 $\alpha = 80\%$；

p—— 蒸汽供暖系统的始端压力，Pa；

$\sum L$—— 最不利管路的总长度，m。

（2）限制流速法。如果高压蒸汽供暖系统始端压力较高，留有足够的余压后，作用在蒸汽管路上的压力仍然较高，管中的流速会比较大，为了避免水击和噪声，便于排除蒸汽管路中的凝水。《供暖通风与空气调节设计规范》规定，高压蒸汽供暖系统最大允许流速：汽水同向流动时不应超过 80 m/s；汽水逆向流动时不应超过 60 m/s。

在工程设计中可以采用常用的流速确定管径并计算其压力损失。为了使系统节点压力不会相差很大以保证系统正常运行，最不利管路的推荐流速一般比最大允许流速低很多，通常推荐采用 $v = 15 \sim 40$ m/s（小管径取低值）。确定其他支路的立管管径时，可采用较高的流速，但不得超过规定的最大允许流速。

6. 高压蒸汽供暖系统凝水管路的水力计算

室内高压蒸汽供暖系统的疏水器通常安装在凝水支干管的末端。用热设备到疏水器入口之间的管段属于重力回水非满管流动的干式凝水管，可查阅有关设计手册确定此类凝水管的管径。只要保证凝水支干管管路有向下坡度 $i = 0.005$ 和足够的凝水管管径，即使远近立管散热器的蒸汽压力不平衡，靠干式凝水管上部断面内空气与蒸汽的连通作用和蒸汽系统本身流量的自调性，也能保证该管段内凝水的重力流动。

7. 实训练习

图 6.2 为某室内高压蒸汽供暖系统的右侧环路，每组散热器的热负荷为 3 000 W。各管段编号、立管号已标于图中，各管段号旁的数字，上行表示热负荷 Q(W)，下行表示各管段长度 L(m)。用户入口处设分汽缸，在环路凝水管路末端设疏水器。系统入口处蒸汽压力为 200 kPa，试选择高压蒸汽供暖管路的管径和疏水器前各凝结水管段的管径。

解　（1）蒸汽管路的计算。

① 计算最不利管路。按限制流速法确定各管段管径。查附录 23 蒸汽表压力为 200 kPa 时的水力计算表，根据各管段热负荷确定管径。

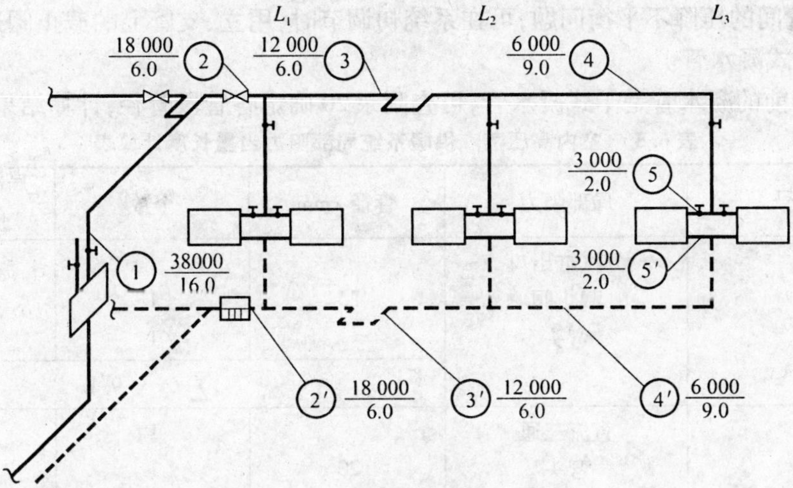

图 6.2　某室内高压蒸汽供暖系统

局部压力损失按当量长度法计算,各种局部阻力的当量长度值查附录 24 确定。

水力计算结果见表 6.4 及表 6.5。

最不利管路总压力损失 $\sum(p_y + p_j)_{①\sim⑤} = 23.53\ \text{kPa}$

考虑 10% 的富裕度,最不利管路所需的蒸汽压力

$$\sum \Delta p = 1.1 \times 23.53\ \text{kPa} = 25.85\ \text{kPa} < \frac{1}{4} p_{始端}$$

符合要求。

② 其他立管的计算。室内高压蒸汽供汽干管各管段的压力损失较大,各立管间压力难以平衡,可以在满足限定压力要求的前提下,各立管管径均采用 DN15,散热器支管管径均采用 DN15。具体计算结果见表 6.4。

表 6.4　室内高压蒸汽供暖系统管路水力计算表

管段编号	热负荷 Q/W	管段长度 L/m	管径 d/mm	流速 $v/(\text{m}\cdot\text{s}^{-1})$	比摩阻 $R/(\text{Pa}\cdot\text{m}^{-1})$	当量长度 L/m	折算长度 L_{zh}/m	压力损失 /Pa ($\Delta p = RL_{zh}$)
最不利管路								
①	38 000	16	25	26.65	496	9.1	25.1	12 449.6
②	18 000	6	20	20.1	384	7.8	13.8	5 299.2
③	12 000	6	20	13.9	186	1.8	7.8	1 450.8
④	6 000	9	15	12.6	225	7.7	16.7	3 757.5
⑤	3 000	2	15	6.3	59	7.7	9.7	572.3
$\sum L = 39\ \text{m};\ \sum(p_y + p_j)_{①\sim⑤} = 23\ 529.4\ \text{Pa} \approx 23.53\ \text{kPa}$								
其他立管	6 000	3	15	12.6	225	7.2	10.2	2 295.0
支管	3 000	2	15	6.3	59	7.7	9.7	572.3
$\sum(p_y + p_j) = 2\ 867.3\ \text{Pa}$								

各立管间的压降不平衡问题，可在系统初调节时，用立、支管上的截止阀进行调节。

（2）干式凝水管。

疏水器前的凝水管是干式凝水管，可查附录20确定各管段管径，计算结果见表6.6。

表6.5 室内高压蒸汽供暖系统局部阻力当量长度计算表

管段号	局部阻力	管径/mm	个数	局部阻力当量长度 L_d/m
①	分汽缸出口 截止阀 弯头	25	1 1 1	0.4 7.5 1.2
		$\sum L_d = 9.1$		
②	直流三通 弯头 截止阀	20	1 1 1	0.6 1.2 6.0
		$\sum L_d = 7.8$		
③	直流三通 方形补偿器	25	1 1	0.6 1.2
		$\sum L_d = 1.8$		
④	直流三通 弯头 乙字弯 截止阀	15	1 1 1 1	0.4 0.7 0.6 6.0
		$\sum L_d = 7.7$		
⑤	分流三通 乙字弯 截止阀	15	1 1 1	1.1 0.6 6.0
		$\sum L_d = 7.7$		
其他立管	旁流三通 乙字弯 截止阀	15	1 1 1	0.6 0.6 6.0
		$\sum L_d = 7.2$		
其他支管	分流三通 乙字弯 截止阀	15	1 1 1	1.1 0.6 6.0
		$\sum L_d = 7.7$		

表6.6 凝结水管管径计算表

管段号	②′	③′	④′	⑤′	其他立管的凝结水立管段
热负荷 Q/W	18 000	12 000	6 000	3 000	6 000
管径 d/mm	20	20	15	15	15

6.1.2　蒸汽供暖系统附属设备的工作原理和选择方法

1. 蒸汽供暖系统常用疏水器的类型

疏水器是蒸汽供暖系统特有的自动阻汽疏水设备,它的工作状况对系统运行的可靠性和经济性影响极大。

疏水器的类型主要有机械型疏水器、热动力型疏水器和热静力型疏水器等。

(1) 机械型疏水器。机械型疏水器是依据蒸汽和凝水的密度不同,利用凝水的液位变化,以控制凝水排水孔自动启闭工作,主要有浮筒式、钟形浮子式和倒吊桶式等。

图 6.3 是机械型浮筒式疏水器,凝结水进入疏水器外壳内,当壳内水位升高时浮筒浮起,将阀孔关闭,凝水继续流入浮筒。当水即将充满浮筒时,浮筒下沉,阀孔打开,凝水借蒸汽压力排到凝水管中去。当凝水排出一定数量后,浮筒的总重量减轻,浮筒再度浮起又将阀孔关闭,如此反复。

浮筒式疏水器在正常工作情况下,漏汽量只等于水封套筒上排气孔的漏汽量,数量很少。它能排出具有饱和温度的凝水,疏水器前凝水的压力 p_1 在 500 kPa 或更小时便能启动疏水。排水孔阻力较小,疏水器的背压可以较高。它的主要缺点是体积大、排水量小,活动部件多,筒内易沉积渣垢,阀孔易磨损,维修量较大。

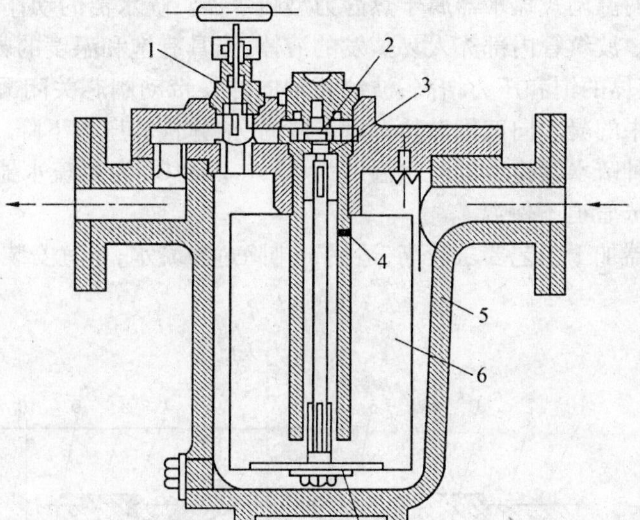

图 6.3　机械型浮筒式疏水器

1— 放气阀;2— 阀孔;3— 预针;4— 水封套筒上的排气孔;5— 外壳;6— 浮筒;7— 可换重块

(2) 热动力型疏水器。热动力型疏水器是利用相变原理靠蒸汽和凝水热动力学(流动) 特性的不同来工作的,主要有脉冲式、圆盘式和孔板式等。

图 6.4 是热动力型圆盘式疏水器,当过冷的凝水流入孔 A 时,靠圆盘形阀片上下的压差顶开阀片,水经环形槽 B,从向下开的小孔排出。由于凝水的比体积几乎不变,凝水流动通畅,阀片常开连续排水。当凝水带有蒸汽时,蒸汽在阀片下面从 A 孔经 B 槽流向出

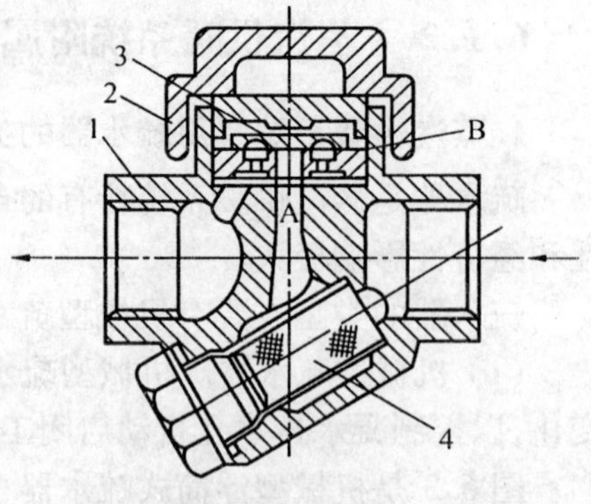

图 6.4　热动力型圆盘式疏水器

1— 阀体;2— 阀盖;3— 阀片;4— 过滤器

口,在通过阀片和阀座之间的狭窄通道时,压力下降,蒸汽比体积急剧增大,阀片下面蒸汽流速激增,造成阀片下面的静压下降。同时,蒸汽在 B 槽与出口孔处受阻,被迫从阀片和阀盖之间的缝隙冲入阀片上部的控制室,动压转化为静压,在控制室内形成比阀片下部更高的压力,迅速将阀片压下而阻汽。阀片关闭一段时间后,由于控制室内蒸汽凝结,压力下降会使阀片瞬时开启,造成周期性漏汽。因此,新型的圆盘式疏水器凝水先通过阀盖夹套再进入中心孔,以减缓控制室内蒸汽的凝结。

圆盘型疏水器体积小,重量轻、结构简单、安装维修方便,但容易出现周期性漏汽现象,在凝水量小或疏水器前后压差过小时会发生连续漏汽;当周围环境温度较高,控制室内的蒸汽凝结缓慢,阀片不易打开,会使排水量减少。

(3) 热静力型疏水器。热静力型疏水器是靠蒸汽和凝水的温度差引起恒温元件膨胀或变形工作的。主要有双金属片式、波纹管式和液体膨胀式等。

图 6.5 所示的温调式疏水器属于热静力型疏水器。疏水器的动作部件是一个波纹管的温度敏感元件。波纹管内部充入易蒸发的液体,当具有饱和温度的凝水通过时,由于凝水温度较高,使液体的饱和压力增高,波纹管轴向伸长带动阀芯关闭凝水通路,防止蒸汽逸漏。当疏水器中的凝水向四周散热温度下降时,液体饱和压力下降,波纹管收缩打开阀孔凝水流出。此种疏水器排放的凝水温度为 60 ~ 100 ℃,为使疏水器前凝水温度降低,疏水器前 1 ~ 2 m 管道不保温。

温调式疏水器加工工艺要求较高,适用于排除过冷凝水,不宜安装在周围环境温度高的场合。

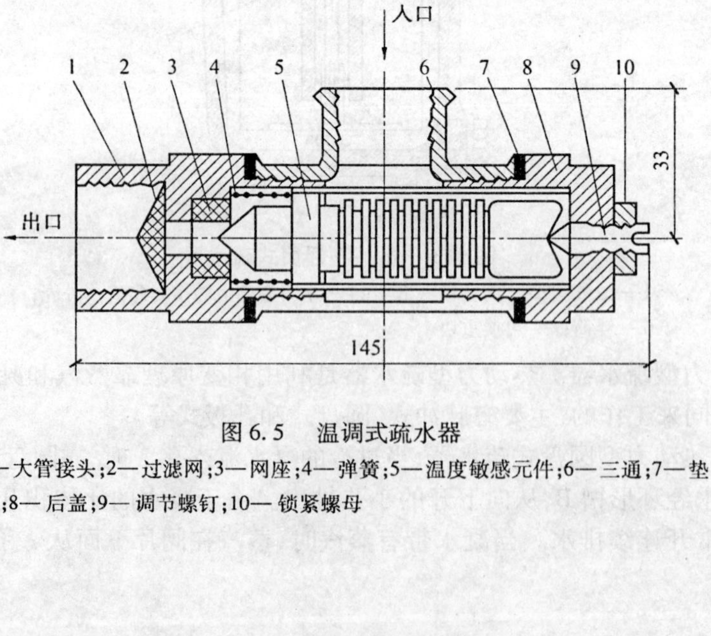

图 6.5　温调式疏水器

1— 大管接头;2— 过滤网;3— 网座;4— 弹簧;5— 温度敏感元件;6— 三通;7— 垫片;8— 后盖;9— 调节螺钉;10— 锁紧螺母

选择疏水器时，要求疏水器在单位压降下凝水排量大，漏汽量小能顺利排除空气，对凝水流量、压力和温度的适应性强。且结构简单、活动部件少，便于维修、体积小，金属耗量少，使用寿命长。

2. 描述疏水器性能的参数

不论何种形式的疏水器，除公称压力(PN)、公称直径(DN) 与其他管路附件的意义一样外，还有以下参数描述其性能：

(1) 最高允许压力及最高工作压力。疏水器的最高允许压力是指在给定温度下，疏水器壳体能够永久承受的最高压力。疏水器的内部装置在工作中也是受压部件，因而制造厂给疏水器规定了最高工作压力值。

(2) 工作压力及背压。疏水器在工作条件下，在其进口端所测得的压力称为疏水器工作压力，在其出口端所测得的压力称为疏水器工作背压。这两个压力之差称为工作压差。工作压差不同，疏水量不同，工作压差小到一定数值后，疏水器即停止疏水。因此工作背压是决定疏水器能否正常疏水的重要参数。有一些设备不热，将疏水器排水管切断后就热了，就是因为疏水器背压太高影响了它的排水量。背压与工作压力之比称为背压度。

(3) 凝结水排量。凝结水排量是选择疏水器规格的重要依据，要根据产品样本选定。

(4) 过冷度。过冷度是指疏水器的工作温度与该压力相应的饱和蒸汽温度的差值，过冷度的大小决定疏水器的动作原理。热静力型疏水器能控制过冷度。

(5) 漏汽率。漏汽率是疏水器漏汽量与实际排水量的比值，正常运行的疏水器要求漏汽率不大于3%。

(6) 排空气性能。在供热系统中，只有排除系统中空气和其他不可凝气体后，蒸汽才充满整个空间进行放热，因而要求疏水器不但能排除凝结水，还应迅速排除空气及不可凝气体。这一点对间歇性供热系统更为突出。另外，疏水器排空气性能不好也阻碍了凝结水排出，这种现象称为“气堵”，为此排空气性能差的疏水器要附加手动或自动放气阀门。

(7) 防止凝结水倒流的性能。疏水器如有逆止作用，可防止凝结水回流到加热设备中去，因此对于没有逆止作用的应根据使用情况加装止回阀。

(8) 任意方位安装的性能。疏水器一般应水平安装，不允许倒装、斜装。对于必须竖直安装或其他方位安装时要注意其结构是否允许，排水口是否允许向上等。

(9) 防污垢性能。污垢是指泥沙、铁锈、焊渣、水垢等杂物。蒸汽或凝结水携带污垢进入疏水器后，一方面会沉积在阀体内，影响或破坏其正常动作；另一方面是使阀孔磨损。为此，有的疏水器内部设过滤网，在使用过程中不断适时地清洗，没有设过滤网的，在疏水器前要装过滤器。

(10) 使用寿命。使用寿命是指疏水器在漏汽率不超过3% 的规定值内的使用期限，标准规定为8 000 h。

各种类型疏水器的性能比较见表6.7。

表 6.7　各种疏水器的性能比较

序号	类型 / 特性	圆盘式	脉冲式	迷宫式微孔式	膜盒式	波纹管压力平衡式	双金属片式	杠杆浮球式	自由浮球式	倒吊桶式
1	动作原理	流体的热动力性能			封闭盒中低沸点介质的压力		双金属片的热变形	凝结水液面的变化		
2	运行方式	间断	间断	连续	间断	间断	间断	连续	连续	间断
3	背压下工作	尚可	差	好	适用于背压较高系统			适用于背压较高系统		
4	排水温度	接近饱和温度			低于饱和温度			接近或等于饱和温度		
5	排空气性能	能排出			好			要加排气装置		好
6	动作反应速度	快			慢			快		
7	进口压力波动影响	有			小			有	无	有
8	工作负荷变化适应性	良好			好			差	好	差
9	安装方向要求	水平安装为最好		可任意	可任意安装			要求水平安装		
10	使用寿命	较短	短	长	长	尚可		尚可		

3. 疏水器的选择计算

疏水器的类型确定之后，需选定疏水器的规格型号，疏水器的内部有一排水小孔，确定疏水器的排水能力，就是选择排水小孔的直径。疏水器的规格多用阀孔直径 d 表示。

疏水器的选择步骤如下：

(1) 疏水器排水量的计算。如果生产厂家提供了各种规格疏水器在不同情况下的样本时，可直接查得疏水器的排水量 G。如果缺少必要的技术数据，疏水器的排水量可按下式计算

$$G = 0.1 A_p d^2 \sqrt{\Delta p} \tag{6.3}$$

式中　G—— 疏水器的设计排水量，kg/h；

d—— 疏水器的排水阀孔直径，mm；

Δp—— 疏水器前后的压力差，kPa；

A_p—— 疏水器的排水系数。当通过冷水时，$A_p = 32$，当通过饱和凝结水时，按附录 21 选用。

(2) 疏水器的选择倍率。应用公式(5.1) 可计算出供暖系统蒸汽的理论流量，即

$$G_L = \frac{3.6Q}{\gamma}$$

疏水器的理论排水量 G 应等于系统或用热设备中蒸汽的理论流量 G_L，但选择疏水器时，确定的疏水器设计疏水量 G_{sh} 应大于疏水器的理论排水量 G，即疏水器设计疏水量 G_{sh} 应大于系统或用热设备中蒸汽的理论流量 G_L。

$$G_{sh} = KG_L \tag{6.4}$$

式中　G_{sh}——疏水器的设计排水量,kg/h;

G_L——系统或用热设备处疏水器的理论排水量,kg/h;

K——疏水器的选择倍率,不同热用户系统在不同使用情况下疏水器的选择倍率 K 值可按表 6.8 选用。

表 6.8　疏水器的选择倍率 K 值

系统	使用情况	选择倍率 K	系统	使用情况	选择倍率 K
供暖	$p_b \geqslant 100$ kPa	2~3	淋浴	单独换热器多喷头	2
	$p_b < 100$ kPa	4			4
热风	$p_b \geqslant 200$ kPa	2	生产	一般换热器大容量	3
	$p_b < 200$ kPa	3		常间歇、速加热	4

注:p_b 为表压力。

疏水器留有选择倍率 K 是考虑:系统运行时,如果用汽压力下降或背压升高,会使疏水器的排水能力下降;如果用户负荷增大,系统的凝结水量也会增多,从安全因素考虑,理论计算有时与实际运行情况不一致,疏水器应留有选择倍率;用热设备启动时,如果压力较低,用户负荷较大,或者用热设备需要被迅速加热时,疏水器的排水量会比正常运行时增加,这也要求疏水器留有选择倍率。

(3) 疏水器前、后压力的确定。疏水器前后的设计压力及其设计压差值,关系到疏水器的选择及疏水器后余压回水管路资用压力的大小。疏水器前的压力 p_1 取决于疏水器在蒸汽供热系统中的位置:当疏水器用来排除蒸汽管路的凝水时,$p_1 = p_b$(p_b 表示连接疏水器处的蒸汽表压力);当疏水器安装在用热设备的出口凝水支管上时,$p_1 = 0.95p_b$(p_b 表示用热设备前的蒸汽表压力);当疏水器安装在系统凝水干管末端时,$p_1 = 0.7p_b$(p_b 表示供热系统入口蒸汽表压力)。

凝水通过疏水器及其排水阀孔时为保证疏水器正常工作,应保证疏水器前后有一个最小的允许压差 Δp_{min},也就是说疏水器前压力 p_1 给定后,疏水器后的背压 p_2 就不能超过某一允许的最大背压 p_{2max}。

$$p_{2max} \leqslant p_1 - \Delta p_{min} \tag{6.5}$$

疏水器的最大允许背压 p_{2max} 值,取决于疏水器的类型和规格,通常由生产厂家提供实验数据。多数疏水器的 p_{2max} 约为 $0.5p_1$(浮筒式的 Δp_{min} 值较小,约为 50 kPa,也就是浮筒式的最大允许背压 p_{2max} 高)。设计时,疏水器的背压 p_2 值如果选得过高,对疏水器后余压凝水管路的水力计算有利,但疏水器前后的压差 $\Delta p = p_1 - p_2$ 会减小,这对选择疏水器不利。

通常疏水器的设计背压可采用:

$$p_2 = 0.5p_1 \tag{6.6}$$

疏水器之后的管路如果按干式凝水管设计(如低压蒸汽供暖系统),p_2 等于大气压。

(4) 根据计算得到的疏水器设计流量和疏水器前后的压差,代入公式(6.3),就可以确定疏水器的阀孔直径,或直接查用有关样本手册确定。

4. 常用减压阀的类型特点

减压阀通过调节阀孔大小，对蒸汽进行节流而达到减压目的，并能自动将阀后压力维持在一定范围内。目前国产减压阀有活塞式、波纹管式和薄膜式等几种。

图6.6是活塞式减压阀的工作原理图，活塞1上的阀前蒸汽压力和下弹簧7的弹力相互平衡，控制主阀6上下移动，增大或减小阀孔的流通面积。薄膜片3带动针阀2升降，开大或关小室d和室e的通道，薄膜片的弯曲度靠上弹簧4和阀后蒸汽压力的相互作用操纵。启动前，主阀关闭，启动时，旋紧螺丝5压下薄膜片3和针阀2，阀前压力为p_1的蒸汽通过阀体内通道a、室e、室d和阀体内通道b到达活塞1的上部空间，推下活塞打开主阀。蒸汽通过主阀后，压力下降为p_2，经阀体内通道c进入薄膜片3的下部空间，作用在薄膜片上的力与旋紧的弹簧力相平衡。可调节旋紧螺丝5使阀后压力达到设定值。当某种原因使阀后压力p_2升高时，薄膜片3由于下面的作用力变大而上弯，针阀2关小，活塞1的推力下降，主阀上升，阀孔通路变小，p_2下降。反之，动作相反。这样可以保持p_2在一个较小的范围内(一般在 ±0.05 MPa)波动，处于基本稳定状态。活塞式减压阀适用于工作温度低于300 ℃，工作压力达1.6 MPa的蒸汽管道上，阀前与阀后最小调节压差为0.15 MPa。活塞式减压阀工作可靠，工作温度和压力较高，适用范围广。

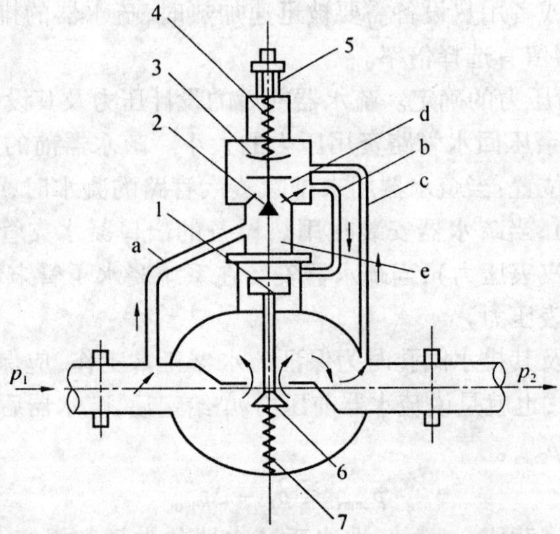

图6.6　活塞式减压阀工作原理图

1—活塞；2—针阀；3—薄膜片；4—上弹簧；5—旋紧螺钉；6—主阀；7—下弹簧

图6.7为波纹管减压阀。靠通至波纹箱4的阀后蒸汽压力和阀杆下的调节弹簧5的弹力平衡来调节主阀的开启度。压力波动范围在 ±0.025 MPa以内，阀前与阀后的最小调压差为0.025 MPa。波纹管减压阀适用于工作温度低于200 ℃，工作压力达1.0 MPa的蒸汽管道上。波纹管减压阀的调节范围大，压力波动范围小，适用于需减为低压的蒸汽供暖系统中。

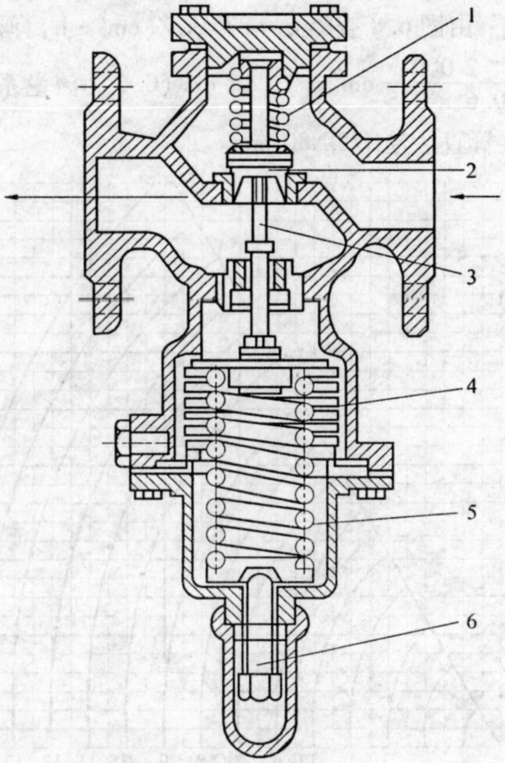

图6.7　波纹管减压阀

1—辅助弹簧;2—阀瓣;3—阀杆;4—波纹箱;5—调节弹簧;6—调整螺钉

5.能力训练

利用图6.8的减压阀阀孔面积选择用图及表6.9的减压阀接管直径选择用表选择减压阀阀孔面积和接管直径。已知条件:管中为饱和蒸汽,阀前压力为$p_1 = 540$ kPa,阀后压力为$p_2 = 343$ kPa,蒸汽流量$G = 2t/h$。

表6.9　减压阀接管直径选择用表

减压阀接管直径/mm	减压阀阀孔截面积/cm^2
25	2.00
32	2.80
40	3.48
50	5.30
65	9.45
80	13.20
100	23.50
125	36.80
150	52.20

解 计算步骤如下:由图6.8查得 $q=275\ kg/(cm^2 \cdot h)$,阀孔截面积

$$f=\frac{2\ 000}{0.6\times 275}\ cm^2=12.12\ cm^2$$(0.6为流量系数)

查表6.9,减压阀接管直径选用DN80 mm。

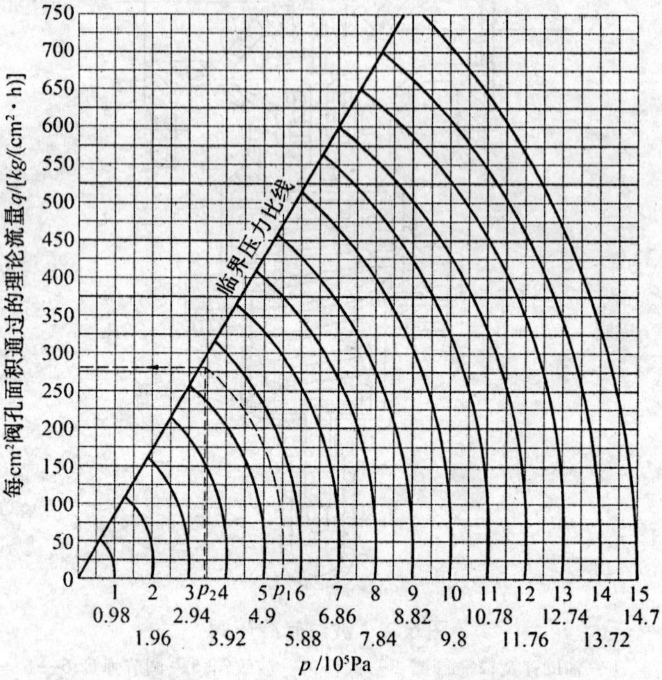

图6.8 减压阀阀孔面积选择用图

6.选择二次蒸发箱

二次蒸发箱是将各用汽设备排出的凝水,在较低压力下扩容,分离出一部分二次蒸汽,将低压的二次蒸汽输送到热用户的用汽设备处。图6.9为二次蒸发箱的构造图,高压含汽凝水沿切线方向进入箱内,在较低压力下扩容,凝水分离出部分二次蒸汽。凝水的旋转运动使汽水更容易分离,凝水向下流动沿凝水管送回凝水箱。

二次蒸发箱内,每小时凝水产生二次蒸汽的体积为

$$V_{汽}=Gxv \tag{6.7}$$

式中 $V_{汽}$——每小时凝水产生二次蒸汽的体积,m^3;

G——每小时流入二次蒸发箱的凝水质量,kg;

x——每1 kg凝水的二次汽化率,%;

v——蒸发箱内压力 p_3 对应的蒸汽比体积,m^3/kg。

二次蒸发箱的容积 v 可按每1 m^3 容积每小时分离出2 000 m^3 蒸汽来确定,蒸发箱中20%体积存水,80%体积为蒸汽分离空间。即

$$v=Gxv/2\ 000=0.005Gxv \tag{6.8}$$

蒸发箱的截面积按蒸汽流速不大于2.0 m/s,水流速度不大于0.25 m/s来设计。二

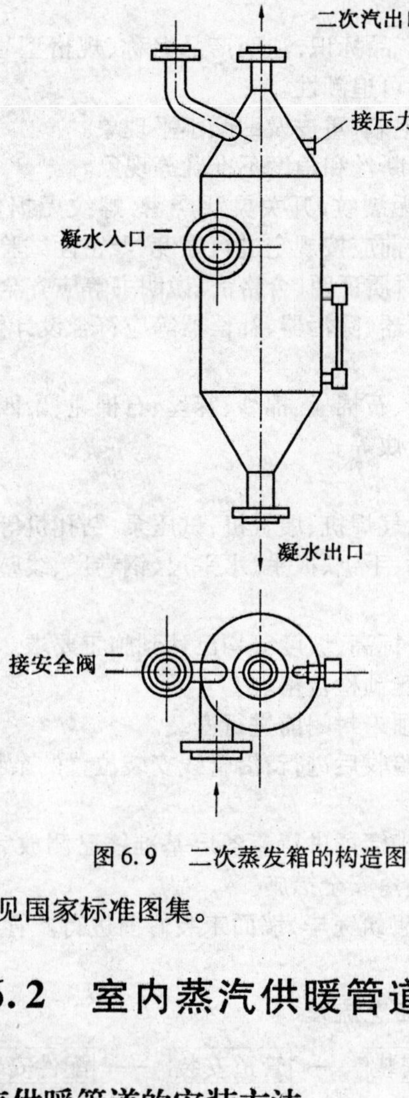

图 6.9　二次蒸发箱的构造图

次蒸发箱的型号及规格见国家标准图集。

6.2　室内蒸汽供暖管道安装

6.2.1　室内蒸汽供暖管道的安装方法

1. 室内蒸汽供暖管道安装的施工准备

对于建筑工程中饱和蒸汽压力不大于 0.7 MPa 的室内蒸汽供暖系统安装工程。应进行的施工准备工作有：

(1)技术准备。

①做好图纸会审，设计交底。

②依据图纸会审、设计交底编制施工方案，进行技术、环境、安全交底。

③按照图纸，校核预留孔洞及预埋管的规格、数量、位置的坐标、标高，应准确无误。

④对标高、走向、变径等变化的部位，应绘制施工草图和节点大样。

(2)材料准备。

①主材。焊接钢管、无缝钢管及配套管件，平衡阀、调节阀、截止阀、闸阀、旋塞、自动

排气阀、集气罐等阀门。

a. 所有材料使用前应做好产品标识，注明产品名称、规格型号、批号、数量、生产日期和检验代码等，并确保材料具有可追溯性。

b. 管材不得弯曲、锈蚀，无毛刺、重皮及凹凸不平现象。

c. 管件无偏扣、方扣、乱扣、断丝和角度不准确等现象。

d. 阀门铸造规矩、无毛刺、无裂纹，开关灵活严密，螺纹无损伤，直度和角度正确，强度符合要求，手轮无损伤。安装前应按规定进行强度、严密性试验。

e. 主要管材、管件、配件其材质证明、合格证、说明书等应齐全、有效。

②附属装置。减压器、疏水器、除污器、补偿器等应符合设计要求，并有出厂合格证和说明书。

③其他材料。型钢、电焊条、石棉板、棉纱、麻丝、石棉绳、聚四氟乙烯生料带、机油、汽油、铅油、锯条、砂轮片、氧气、乙炔等。

(3)机具准备。

①机具：套丝机、切割机、电气焊机、煨管机、试压泵、钻孔机等。

②工具：工作台、管钳、手锤、手锯、扳手、水平尺、钢卷尺、线坠、石笔、铅笔、小线等。

(4)作业条件。

①埋地铺设的管沟其坐标、标高、坡度等均已达到施工要求。

②预留的孔洞、套管、沟槽已预检合格。

③暗装管道应在地沟或吊顶未封闭前进行安装。

④明装干管安装应在结构验收后进行；沿管线安装位置的杂物清理干净，支托吊件已安装牢固，位置正确。

⑤立管安装宜和初装修施工穿插进行。各层基准线已测放完毕，暗装竖井管道应把竖井内杂物清除干净，并有防坠落安全措施。

⑥嵌入墙内管道应在墙体砌筑完毕、墙面未装修前进行。管道在楼(地)坪面层内直埋时，应与土建专业配合。

2. 室内蒸汽供暖管道施工工艺流程

预制加工 ⟶ 支、吊架安装 ⟶ 管道安装 ⟶ 配件安装 ⟶ 管道试压 ⟶ 管道冲洗 ⟶ 管道防腐和保温 ⟶ 通热调试

3. 室内蒸汽供暖管道的预制加工

(1)使用的材料和设备在安装前，应该按设计要求检查规格、型号和质量。安装前，必须清除内部污垢和杂物。

(2)钢管安装前要注意清理内部污物；在安装前和连成管路时要进行调直；施工过程中要防止砖、石、铁块等杂物掉进管口。

(3)在管道安装前必须完成的脱脂、内部防腐与衬里等有关工序已进行完毕。

(4)按设计图纸画出管道分路、管径、变径、预留管口及阀门位置等施工草图，按标记分段量出实际安装的准确尺寸，记录在施工草图上，然后按草图测得的尺寸预制组装。

4. 室内蒸汽供暖管道的支、吊架安装

(1)管道支、吊架的安装要求是：

①位置正确，埋设应平整牢固。

②固定支架与管道接触应紧密，固定应牢靠。

③滑动支架应灵活，滑托与滑槽两侧间应留有 3 ~ 5 mm 的间隙，纵向移动量应符合设计要求。

④无热伸长管道的吊架、吊杆应垂直安装；有热伸长管道的吊架、吊杆应向热膨胀的反方向偏移。

⑤固定在建筑结构上的管道支、吊架，不得影响结构的安全。

(2)钢管水平安装的支、吊架间距不应大于表 6.10 的规定。

表 6.10　钢管管道支架最大间距　m

公称直径	15	20	25	32	40	50	70	80	100	125	150	200	250	300
保温管	2	2.5	2.5	2.5	3	3	4	4	4.5	6	7	7	8	8.5
不保温管	2.5	3	3.5	4	4.5	5	6	6	6.5	7	8	9.5	11	12

(3)管道支、吊架安装位置的确定。

①活动支架安装位置一般设计不予明确，必须由施工现场参照表 6.11 的规定具体定位。

表 6.11　活动支架的最大间距　m

公称直径/mm	15	20	25	32	40	50	65	80	100	125	150	200	250	300
保温管	1.5	2.0	2.0	2.5	3.0	3.0	4.0	4.0	4.5	5.0	6.0	7.0	8.0	8.5
不保温管	2.5	3.0	3.5	4.0	4.5	5.0	6.0	6.0	6.5	7.0	8.0	9.5	11.0	12.0

②固定支架的安装位置是由设计确定的。一般在伸缩器工作的直管道的两端、节点分支处、热源出口和用户入口处应布置固定支架。支架固定在预留孔洞中时，埋在墙内深度不小于 120 mm，洞口不宜过大。埋入支架时应将洞内的碎砖、灰土清扫干净，并用水浸湿后填入水泥砂浆，插入支架并加入碎石卡紧支架，然后填实水泥砂浆。注意洞口应略低于墙面，以便修补墙面时找平。

支架焊接在预埋件上时，要把焊接处污物除去并焊接牢固。不得随意在承重梁及屋架的钢筋上焊接支架，如特殊需要时必须经建筑结构人员同意。

冬季施工时，埋设支架要采取冬季施工措施。所有预留孔洞及支架埋设处的墙面应在管道安装后，装修工程完成前填堵。

固定支架的最大间距应不超过表 6.12 的规定。

表 6.12　固定支架的最大间距　m

公称直径/mm		15	20	25	32	40	50	65	80	100	125	150	200	250	300
方形补偿器		—	—	30	35	45	50	55	60	65	70	80	90	100	115
套筒补偿器		—	—	—	—	—	—	—	—	45	50	55	60	70	80
L形	长臂最大长度	15	18	20	24	24	30	30	30	30					
	短臂最小长度	2	2.5	3	3.5	4	5	5.5	6	6					

(4) 供暖系统的金属管道立管管卡安装应符合下列规定：

①楼层高度小于或等于 5 m，每层必须安装 1 个；楼层高度大于 5 m，每层不得少于2 个。

②管卡安装高度，距地面应为 1.5～1.8 m，2 个以上管卡应均匀安装，同一房间管卡应安装在同一高度上。

5. 室内蒸汽供暖管道安装的技术要求

(1) 对于低压蒸汽供暖系统，当管径 $DN>32$ mm 时，一般采用焊接连接；当管径 $DN\leqslant 32$ mm 时，可采用螺纹连接。

(2) 管道的连接要求如下：

①法兰连接时，衬垫不得凸出伸入管内，其外边缘接近螺栓孔为宜，不得安放双垫或偏垫。

②连接法兰的螺栓，直径和长度应符合标准，拧紧后，突出螺母的长度不应大于螺杆直径的 1/2。

③螺纹连接管道安装后的管螺纹根部应有 2～3 扣的外露螺纹，多余的麻丝应清理干净并做防腐处理。

④卡箍（套）式连接两管口端应平整、无缝隙，沟槽应均匀，卡紧螺栓后管道应平直，卡箍（套）安装方向应一致。

(3) 暖气管道的安装顺序，一般是先安装室外干管，然后再装室内干管、立管和支管。

(4) 室内管道安装要注意坡向、坡度，管路布置要平直、合理，不能出现水封和气塞。对于蒸汽供暖，管路布置要有利于排除凝结水，防止水击，保证系统正常运行。

(5) 安装蒸汽供汽干管的坡度与凝结水流动方向相反，管道坡度应根据设计放线。如设计无规定时，应符合下列规定：

①汽水同向流动的蒸汽和凝结水管道，坡度一般为 0.003，但不得不小于 0.002。

②汽水逆向流动的蒸汽管道，坡度不得小于 0.005。

(6) 在蒸汽喷射式热水供暖系统中，水平热水管的坡向从集气罐的连接点开始，坡向两边；回水管的坡向从第一组散热器坡向喷射器。

(7) 安装顶棚或地下室内的管道时，要根据实际尺寸，事先下料进行组装，管道安装前要先完成管段的除锈刷漆。

(8) 散热器间的水平串联管要水平安装。但每根支管都应安装一个活接头，便于拆修。

(9) 管道穿过墙壁和楼板，应该设置铁皮套管或钢套管。安装在内墙壁的套管，其两端应与饰面相平。管道穿过外墙或基础时，套管直径比管道直径大两号为宜。

安装在楼板内的套管，其顶部要高出地面 20 mm，底部与楼板底面相平。管道穿过容易积水的房间楼板，加设钢套管，其顶部应高出地面不小于 30 mm。

(10) 干管安装好以后再安装立支管，散热器立支管应横平竖直；散热器组保持水平；在立管上每层要安设一个立管卡子。

(11) 安装管径小于或等于 32 mm 不保温的供暖双立管道，两管中心距应为 80 mm，允许偏差 5 mm。蒸汽立管应该置于面向的右侧；凝结水立管置于左侧。

(12)管道支架附近的焊口,距支架净距大于50 mm,最好位于两个支座间距的1/5位置上。

6. 室内蒸汽供暖管道的施工安装

(1)预留孔洞。

管道穿过基础、墙壁和楼板,应该配合土建预留孔洞。其尺寸如果没有具体要求时,按表6.13的规定执行。

表6.13　预留孔洞尺寸表　mm

管道名称		明管 (长×宽)	暗管 (长×宽)
采暖立管	$D\leqslant25$	100×100	130×130
	$D=25\sim50$	150×150	150×130
	$D=70\sim100$	200×200	200×200
两根采暖立管	$D\leqslant32$	150×100	200×130
散热器支管	$D\leqslant25$	100×100	60×60
	$D=32\sim40$	150×130	150×100
采暖主干管	$D\leqslant80$	300×250	—
	$D=100\sim125$	350×350	

(2)套管安装。

①管道穿过墙壁和楼板,应设置金属或塑料套管。

②安装在楼板内的套管,其顶部应高出装饰地面20 mm;安装在卫生间及厨房内的套管,其顶部应高出装饰地面50 mm,底部应与楼板底面相平;安装在墙壁内的套管其两端与饰面相平。

穿过楼板的套管与管道之间缝隙,应用阻燃密实材料和防水油膏填实,端面光滑。穿墙套管与管道之间缝隙宜用阻燃密实材料填实,且端面应光滑。管道的接口不得设在套管内。

(3)干管安装。

①安装卡架,按设计要求或规定间距安装。吊卡安装时,先把吊杆按坡向依次穿在型钢上,吊环按间距位置套在管上,再把管抬起穿上螺栓拧上螺母,将管固定。安装托架上的管道时,先把管就位在托架上,把第一节管装好U形卡,然后安装第二节管,以后各节管均照此进行,紧固好螺栓。

②干管安装应从进户或分支路点开始,装管前要检查管腔并清理干净。在丝头处涂好铅油缠好麻,一人在末端扶平管道,一人在接口处把管相对固定对准螺纹,慢慢转动入扣,用一把管钳咬住前节管件,用另一把管钳转动管至松紧适度,对准调直时的标记,要求螺纹外露2~3扣,并清掉麻头。

③制作羊角弯时,应煨两个75°左右的弯头,在连接处锯出坡口,主管锯成鸭嘴形,拼好后立即应点焊、找平、找正、找直,再进行施焊。羊角弯接合部位的口径必须与主管口径相等,其弯曲半径应为管径的2.5倍左右。干管过墙安装分路做法如图6.10所示。

④分路阀门离分路点不宜过远。如分路处是系统的最低点,必须在分路阀门前加泄

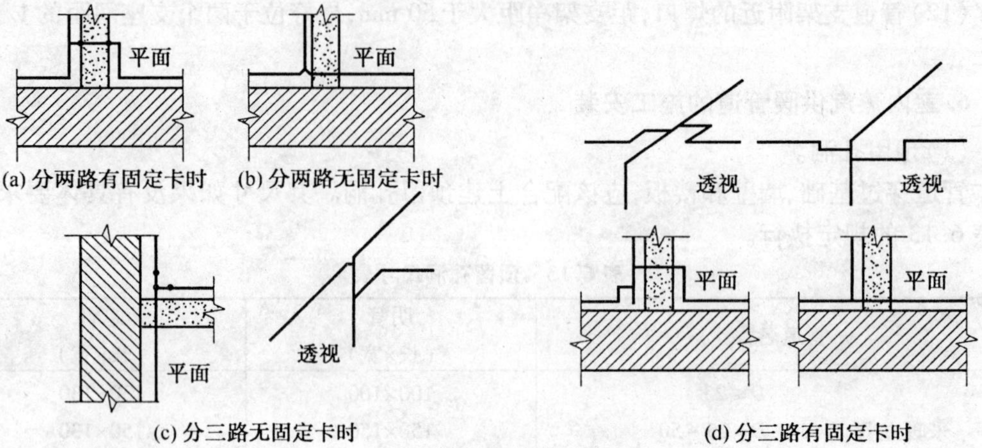

图 6.10 干管过墙安装分路做法

水丝堵。集气罐的进出水口，应开在偏下约为罐高的 1/3 处。丝接应与管道连接调直后安装，其放风管应稳固，如不稳可装两个卡子，集气罐位于系统末端时，应装托、吊卡。

⑤采用焊接钢管，先把管子选好调直，清理好管膛，将管运到安装地点，安装程序从第一节开始；把管就位找正，对准管口使预留口方向准确，找直后用气焊点焊固定（管径≤50 mm 以下点焊 3 点，管径≥70 mm 以上点焊 4 点），然后施焊，焊完后应与管道保证正直。

⑥蒸汽管道水平安装的管道要有适当的坡度，当坡向与蒸汽流动方向一致时，应采用 $i=0.003$ 的坡度，当坡向与蒸汽流动方向相反时，坡度应加大到 $i=0.005\sim0.01$。干管的翻身处及末端应设置疏水器。

⑦蒸汽干管的变径。供汽管的变径应为下平安装，凝结水管的变径为同心。管径大于或等于 70 mm，变径管长度为 30 mm；管径小于或等于 50 mm，变径管长度为 20 mm。如图 6.11 所示。

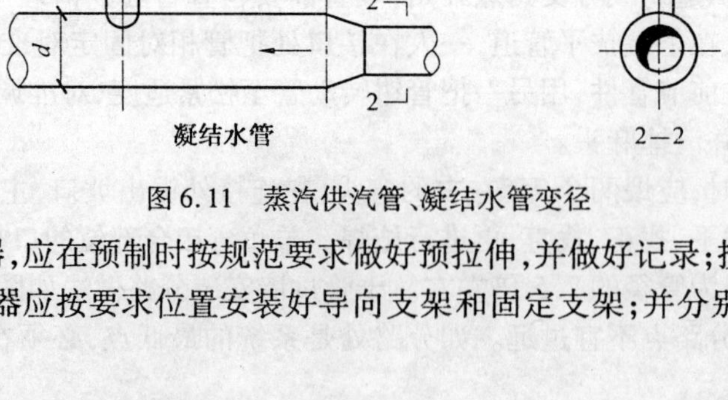

图 6.11 蒸汽供汽管、凝结水管变径

⑧遇有伸缩器，应在预制时按规范要求做好预拉伸，并做好记录；按位置固定，与管道连接好；波纹伸缩器应按要求位置安装好导向支架和固定支架；并分别安装阀门、集气罐

等附属设备。

⑨管道安装完，检查坐标、标高、预留口位置和管道变径等是否正确，然后找直，用水平尺校对复核管道坡度，调整合格后，再调整吊卡螺栓U形卡，使其松紧适度，平正一致，最后焊牢固定卡处的止动板。

⑩摆正或安装好管道穿结构处的套管，填堵管洞口，预留口处应加好临时管堵。

(4) 立管安装。

①核对各层预留孔洞位置是否垂直，然后吊线、剔眼、栽卡子。将预制好的管道按编号顺序运到安装地点。

②安装前先卸下阀门盖，有钢套管的先穿到管上，按编号从第一节开始安装。将立管丝口涂铅油缠麻丝，对准接口转动入扣，一把管钳咬住管件，一把管钳拧管，拧到松紧适度并对准调直时的标记要求，螺纹外露2～3扣，预留口平正为止，并清除管口外露麻丝头。

③检查立管的每个预留口标高、方向、半圆弯等是否准确、平正。将事先栽好的管卡子松开，把管放入卡内拧紧螺栓，用吊杆、线坠从第一节管开始找好垂直度，扶正钢套管，最后填堵孔洞，预留口必须加好临时丝堵。

(5) 支管安装。

①检查散热器安装位置及立管预留口是否准确，量支管尺寸和乙字弯的大小（散热器中心距墙与立管预留口中心距墙之差）。

②配支管，按量出支管的尺寸，减去乙字弯量，然后断管、套丝、煨乙字弯和调直。将乙字弯两头抹铅油缠麻，连接散热器，把麻头清理干净。

③暗装或半暗装的散热器乙字弯必须与槽墙角相适应，达到美观。

④用钢尺、水平尺、线坠校正支管的坡度和平行距墙尺寸，并复查立管及散热器有无移动。按设计或规定的压力进行系统试压及冲洗，合格后办理验收手续，并将水泄净。

⑤立支管变径，不宜使用铸铁补芯，应使用变径管箍或焊接法。

7. 室内蒸汽供暖管道的补偿器安装要求

(1) 方形补偿器。

①在安装前，应检查补偿器是否符合设计要求，补偿器的三个臂是否在一个水平上，安装时用水平尺检查，调整支架，使方形补偿器位置、标高正确，坡度符合规定。

②安装补偿器应做好预拉伸，按位置固定好，然后再与管道相连接。预拉伸方法可选用千斤顶将补偿器的两臂撑开或用拉管器进行冷拉。

③预拉伸的焊口应选在距补偿弯曲起点2～2.5 m处为宜，冷拉前应将固定支座牢固固定住，并对好预拉焊口处的间距。

④采用拉管器进行冷拉时，其操作方法是将拉管器的法兰管卡紧紧卡在被预拉焊口的两端，即一端为补偿器管端，另一端为管道端口。而穿在两个法兰管卡之间的几个双头长螺栓，作为调整及拉紧用，将预拉间隙对好，并用短角钢在管口处贴焊，但只能焊在管道的一端，另一端用角钢卡住即可，然后拧紧螺栓使间隙靠拢，将焊口焊好后才可松开螺栓，取下拉管器，再进行另一侧的预拉伸，也可两侧同时冷拉。

⑤采用千斤顶顶撑时，将千斤顶横放至补偿器的两臂间，加好支撑及垫块，然后启动千斤顶，这时两臂即被撑开，使预拉焊口靠拢至要求的间隙。焊口找正，对平管口用电焊

将此焊口焊好，只有当两端预拉焊口焊完后，才可将千斤顶拆除，终结预拉伸。

⑥水平安装时应与管道坡度、坡向一致；垂直安装时，高点应设放风阀，低点处应设疏水器。

⑦弯制补偿器宜用整根管弯成，如需要接口，其焊口位置应设在直臂的中间。方形补偿器预拉长度应按设计要求拉伸，无要求时为其伸长量的1/2。

⑧方形补偿器尺寸应准确、两边应对称，其偏差不得大于 3 mm/m，垂直臂长度偏差不应大于 10 mm，弯头必须是90°。

⑨补偿器安装就位时，起吊点应为3个，以保持补偿器的平衡受力，以防变形。

⑩方形补偿器应安装在两固定支架中间，其顶部应设活动支架或吊架。方形补偿器垂直安装时，应加装排气及疏水装置。

⑪管道热伸量的计算公式：

$$\Delta L = \alpha L(t_2 - t_1) \tag{6.8}$$

式中　ΔL—— 管道的热伸量，mm；

a—— 管材的线膨胀系数[钢管为 0.012 mm/(m · ℃)]；

L—— 管道计算长度，m；

t_2—— 热媒温度，℃；

t_1—— 管道安装时的温度，℃。

(2)套筒补偿器。

套筒式补偿器分单向和双向补偿器两种。单向补偿器应安装在固定支架旁边的平直管道线上，双向补偿器应安装在两固定支架中间。安装前应将补偿器拆开，检查内部零件及填料是否齐备，质量是否符合要求。

①套筒补偿器(图6.12)应安装在固定支架近旁，并将外套管一端朝向管道的固定支架，内套管一端与产生热膨胀的管道相连接。

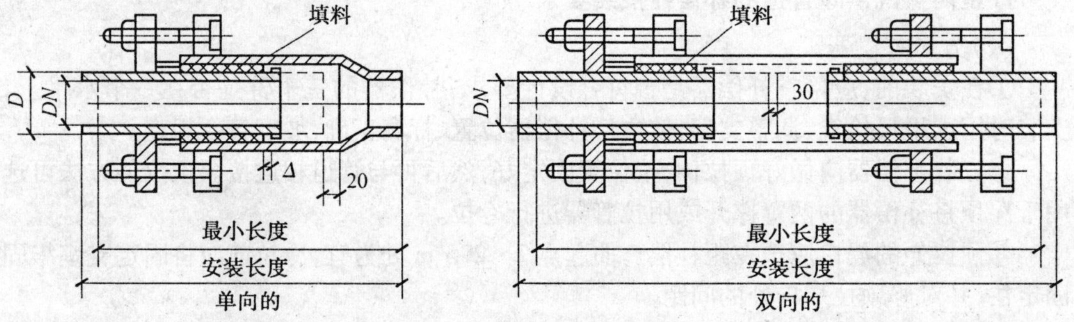

图6.12　套筒补偿器的安装

②套筒补偿器的预拉伸长度应根据设计要求，设计无要求时按表6.14要求预拉伸。预拉伸时，先将补偿器的填料压盖松开，将内套管拉出预拉伸的长度，然后再将填料压盖紧住。

③套筒补偿器安装前，安装管道时应将补偿器的位置让出，在管道两端各焊一片法兰盘，焊接时要求法兰垂直于管道中心线，法兰与补偿器表面相互平行。加垫后衬垫应受力

均匀。

表 6.14　套管补偿器预拉长度表　mm

补偿器规格	15	20	25	32	40	50	65	75	80	100	125	150
拉出长度	20	20	30	30	40	40	56	56	59	59	59	63

④套筒补偿器的填料,应采用涂有石墨粉的石棉盘根或浸过机油的石棉绳,压盖的松紧程度在试运行时,进行调整,以不漏水、不漏气,内套管又能伸缩自如为宜。

⑤为保证补偿器的正常工作,安装时必须保证管道和补偿器中心一致,并在补偿器前设计 1 ~2 个导向滑动支架。

⑥套筒补偿器要注意经常检修和更换填料,以保证封口严密。插管应安装在介质流入端。

⑦安装时要求补偿器中心线和直管段中心线一致,不得偏斜。并在靠近补偿器两侧各设置一个导向支架(导向支架可参照弧形板滑动支架形式进行制作),以免管道运行时偏离中心位置。

⑧填料石棉绳应涂石墨粉,并逐圈装入,逐圈压紧,各圈接口应相互错开。

⑨套筒式补偿器在安装时,也应进行预拉,其预拉后的安装长度,应根据管段受热后的最大补偿量来确定。同时还应考虑到管道低于安装温度下运行的可能性,其导管支撑环和外壳支撑环之间,应留有一定间隙。其预留间隙的最小尺寸可参考表 6.15。

表 6.15　套筒式补偿器的安装间隙(Δ 值)

两固定支架间直管段长度/m	在下列温度下安装时,其间隙量 Δ 的最小值/mm		
	<-5 ℃	5 ~20 ℃	>20 ℃
100	30	50	60
70	30	40	50

(3)波形补偿器。

装有波形补偿器的管路在水压试验时,绝不允许超过规定的试验压力,以免伸缩节被过分拉长而失去弹性。为避免拉过头,一般在试压前,将补偿器用固定架夹牢。

安装波形补偿器,应符合下列要求:

①波形补偿器的波节数量可根据需要确定,一般为 1 ~4 个,每个波节的补偿能力由设计确定,一般为 20 mm。如图 6.13 所示。

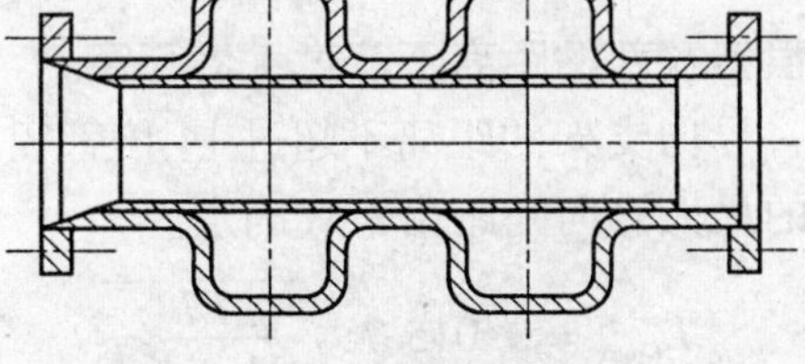

图 6.13　波形补偿器的安装

②安装前应了解补偿器出厂前是否已做预拉伸,如未进行应补做预拉伸。在固定的

卡架上,将补偿器的一端用螺栓紧固,另一端可用倒链卡住法兰,然后慢慢按预拉长度进行冷拉,冷拉时要使补偿器四周受力均匀,拉出规定长度后用支架把补偿器固定好,把倒链和固定架上的补偿器取下,然后再与管道相连接。波形补偿器的预拉量和预压量见表6.16。

表 6.16　波形补偿器的预拉量和预压量

实际安装温度/℃	-20	-10	0	10	20	30	40	50	60	70	80
预拉量/mm	0.5 ΔL	0.4 ΔL	0.3 ΔL	0.2 ΔL	0.1 ΔL	0					
预压量/mm							0.1 ΔL	0.2 ΔL	0.3 ΔL	0.4 ΔL	0.5 ΔL

注:ΔL 为一个波的补偿量(mm)。

预拉时,其偏差值不大于 5 mm。作用力分 2 ~ 3 次,逐次加大,尽量使每个波节的四周受力均匀。当拉伸(或压缩)达到要求的数值时立即安装固定。

③安装波形补偿器时,设临时固定,待管道安装固定后,再拆除临时固定。补偿器安装前管道两侧应先安好固定卡架,安装管道时应将补偿器的位置让出,在管道两端各焊一片法兰盘,焊接时要求法兰垂直于管道中心线,法兰与补偿器表面相互平行,加垫后应受力均匀。

④补偿器安装时,应与管道保持同心,不得偏斜,卡、吊架不得设置在波节上,必须距波节 100 mm 以上。试压时不得超压,不允许侧向受力,将其固定牢。

⑤波形补偿器如需加大壁厚,内套筒的一端与波形补偿器焊接。安装时应注意使介质的流向从焊端流向自由端,并与管道的坡度方向一致。

⑥在管段两个固定支架之间,不要安装一个以上的轴向型补偿器,固定支架和导向支架的分布按图 6.14 确定,应注意以下事项:

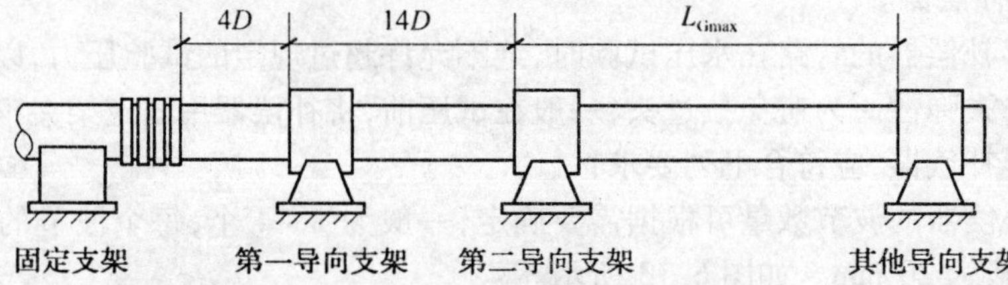

图 6.14　固定支架和导向支架的分布

a. 第一导向支架与补偿器端部的距离不超过 4 倍管径。

b. 第二导向支架与第一导向支架的距离不超过 14 倍管径。

c. 第二导向支架以外的最大导向间距由下式确定。

$$L_{Gmax} = 0.015\,7\sqrt{\frac{EI}{PA \pm Ke_x}} \tag{6.9}$$

式中　L_{Gmax}—— 最大导向间距,m;

P—— 最高工作压力,MPa;

E—— 管道材料弹性模量,N/cm;

A—— 有效面积,cm;

I—— 管道断面惯性矩,cm^4;

K—— 单波曲向刚度,N/mm;

e_x—— 单波轴向位移量,mm;

$$K = n\sum K$$

式中　$\sum K$—— 轴向刚度(查样本);

n—— 波数(查样本);

$$e_x = \frac{X_0}{n} \tag{6.10}$$

式中　X_0—— 系统设计选用补偿器的额定位移量。

(4)球形补偿器安装。

①用于三向位移的管道。其折曲角一般不大于30°。

②球形补偿器不能单个使用,根据管路系统可由2~4个配套使用。

③球形补偿器两侧管支架,宜用滚动支架。

④用做供暖管道的球形补偿器安装时,需进行预压缩,其折曲角应向反方向偏转。

8. 室内蒸汽供暖管道的减压器安装要求

减压阀组装后的阀组称为减压器,减压器安装如图6.15所示,包括减压阀、前后控制阀、压力表、安全阀、冲洗管及冲洗阀、旁通管及旁通阀等部分。减压阀安装时不能装反,应使它垂直地安装在水平管道上。旁通管是安装减压阀的一个组成部分,当减压阀发生故障需要检修时,可关闭减压阀两侧的截止阀,暂时通过旁通管供汽。减压阀两侧应分别装有高压和低压压力表。为了防止减压后的压力超过允许的限度,阀后应装设安全阀。

减压器螺纹连接时,用三通、弯头、活接头等管件进行预组装,组装后减压器两侧带有活接头,便于和管道进行螺纹连接,亦可用焊接形式与管道连接。

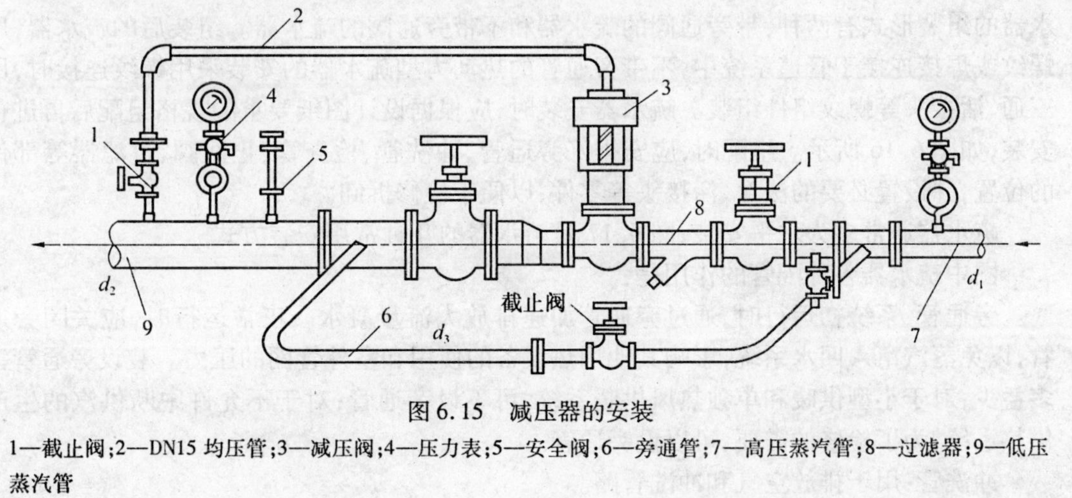

图6.15　减压器的安装

1—截止阀;2—DN15均压管;3—减压阀;4—压力表;5—安全阀;6—旁通管;7—高压蒸汽管;8—过滤器;9—低压蒸汽管

减压器安装时需注意以下问题：

①减压阀具有方向性，安装时不得装反，且应垂直安装在水平管道上。

②减压器各部件应与所连接的管道处于同一中心线上。带均压管的减压器，均压管应连于低压管一侧。

③旁通管的管径应比减压阀公称直径小1~2号。

④减压阀出口管径应比进口管径大2~3号。减压阀两侧应分别装高、低压压力表。

⑤公称直径为50 mm及以下的减压阀，配弹簧安全阀；公称直径为70 mm及以上的减压阀，配杠杆式安全阀。所有安全阀的公称直径应比减压阀公称直径小2号。

⑥减压器沿墙敷设时，离地面1.2 m；平台敷设时，离操作平台1.2 m。

⑦蒸汽系统的减压器前设疏水器；减压器阀组前设过滤器。

⑧波纹管式减压器用于蒸汽系统时，波纹管朝下安装。

⑨减压阀安装时，减压阀前的管径应与阀体的直径一致，减压阀后的管径可比阀前管径大1~2号。

⑩减压阀的阀体必须垂直安装在水平管路上，阀体上的箭头必须与介质流向一致。减压阀两侧应采用法兰阀门。

⑪减压阀前应装有过滤器，对于带有均压管的薄膜式减压阀，其均压管应接到低压管道的一侧。

⑫为便于减压阀的调整，阀前的高压管道和阀后的低压管道上都应安装压力表。阀后低压管道上应安装安全阀，安全阀排气管应接至室外安全地点，其截面不应小于安全阀出口的截面积。安全阀定压值按设计要求。

⑬送汽前为防止管路内的污垢和积存的凝水使主阀产生水击、振动和磨损阀门的密封面，可先将旁通管路的截止阀打开，使汽水混合的污垢从旁通管通过，然后再开动减压阀。

9. 室内蒸汽供暖管道的疏水器安装要求

疏水器是蒸汽管道系统中的自动调节阀门，其作用是排除凝结水，阻止蒸汽流过。疏水器的组装形式有两种：带旁通阀的疏水器和不带旁通阀的疏水器。组装后的疏水器，用螺纹或焊接连接于管道系统中，不带旁通管的热动力型疏水器的安装采用螺纹连接时，用三通、活接头等螺纹组件组装。疏水器安装时，应根据设计图纸要求的规格组配后再进行安装，如图6.16所示。组配时，应安排好旁通管、冲洗管、检查管、止回阀、过滤器等部件的位置，并设置必要的法兰、活接头等零件，以便于检修拆卸。

疏水器通常多为水平安装，图6.17是疏水器的几种常用安装方式。

图中疏水器各种配管的作用是：

旁通管：系统初运行时，通过旁通管加速排放大流量凝水。正常运行时，应关闭旁通管，以免蒸汽窜入回水系统，影响其他用热设备的使用和室外管网的压力。装设旁通管害多益少，对于小型供暖和单独热风供暖系统，可不设旁通管；对于不允许中断供汽的生产供热系统，为了检修的需要，可以设旁通管。

冲洗管：用于排放空气和冲洗管路。

检查管：用来检查疏水器工作是否正常。

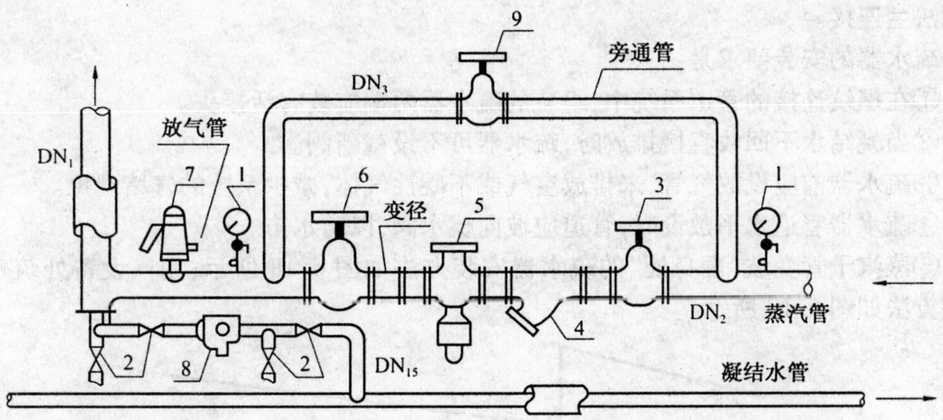

图 6.16　高压蒸汽一次减压入口装置(带疏水器)

1—压力表;2—截止阀;3—截止阀;4—过滤器;5—减压阀;6—截止阀;7—安全阀;8—疏水器;9—截止阀

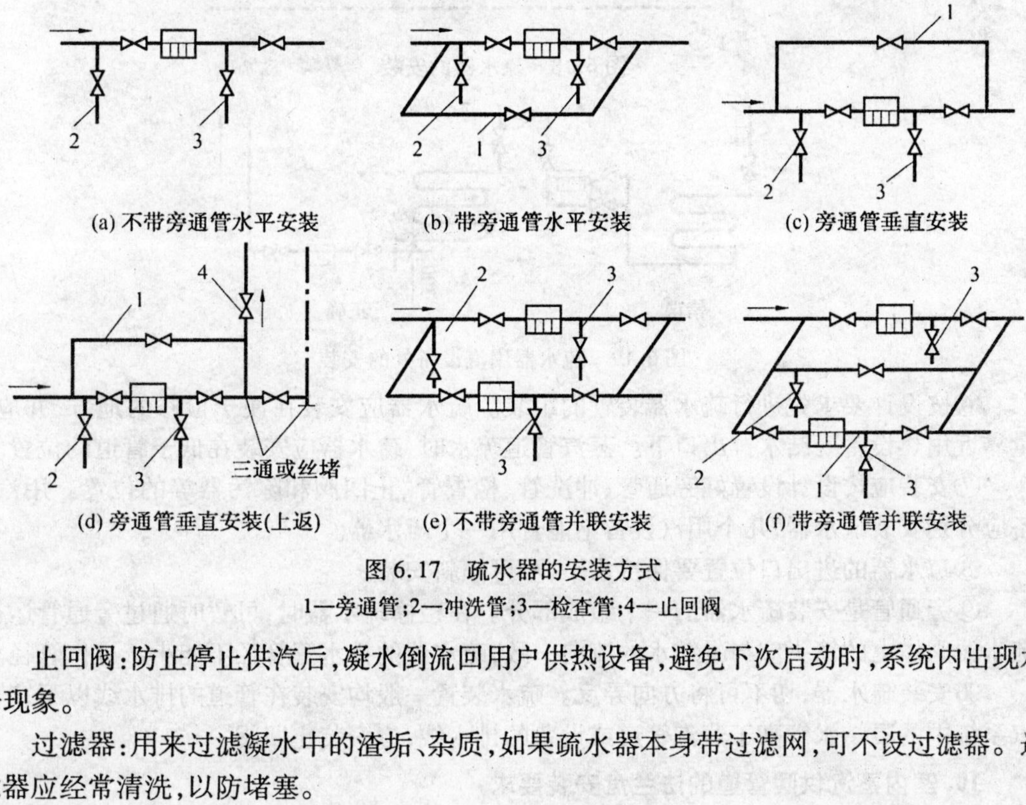

图 6.17　疏水器的安装方式

1—旁通管;2—冲洗管;3—检查管;4—止回阀

止回阀:防止停止供汽后,凝水倒流回用户供热设备,避免下次启动时,系统内出现水击现象。

过滤器:用来过滤凝水中的渣垢、杂质,如果疏水器本身带过滤网,可不设过滤器。过滤器应经常清洗,以防堵塞。

疏水装置一般靠墙布置,安装时先在疏水器两侧阀门以外适当处设置型钢托架,托架栽入墙内的深度不得小于 120 mm。经找平找正,待支架埋设牢固后,将疏水装置搁在托架上就位。有旁通管时,旁通管朝室内侧卡在支架上。疏水器中心离墙不应小于150 mm。

疏水装置的连接方式一般为:当疏水器的公称直径 $DN \leqslant 32$ mm 时,压力 $PN \leqslant 0.3$ MPa及公称直径 $DN = 40 \sim 50$ mm 时,压力 $PN \leqslant 0.2$ MPa,可以采用螺纹连接,其余均

采用法兰连接。

疏水器的安装要求是：

①在螺纹连接的管道系统中，组装的疏水器两端应装有活接头。

②当凝结水不回收直接排放时，疏水器可不设截断阀。

③疏水器前应设放气管，来排放空气或不凝性气体，减少系统的气堵现象。

④疏水器管道水平敷设时，管道应坡向疏水阀，以防水击。

⑤蒸汽干管变坡“翻身处”的疏水器安装方法如图 6.18 所示；用汽设备处疏水器的安装方法如图 6.19 所示。

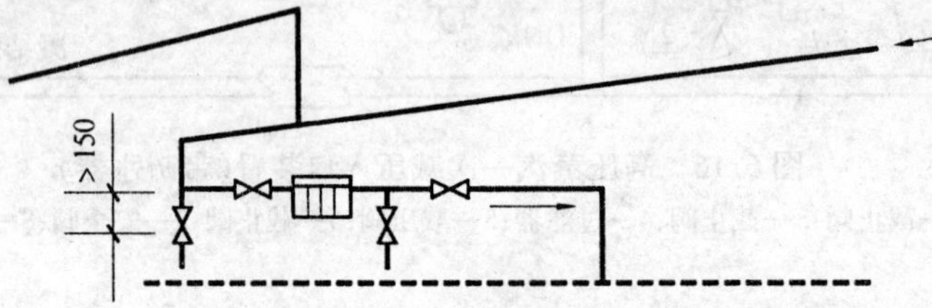

图 6.18　疏水器的安装

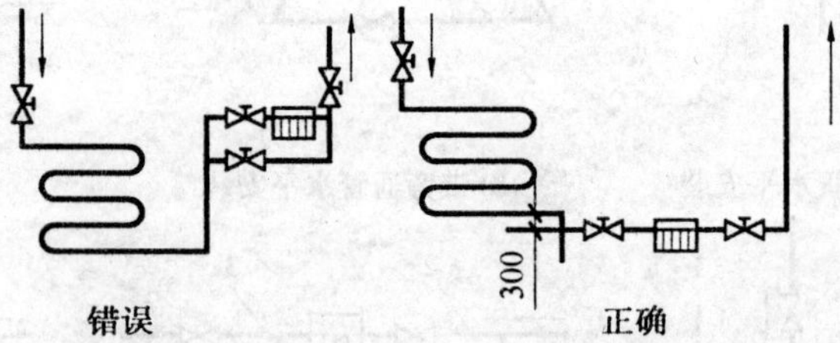

图 6.19　疏水器用汽设备处的安装

⑥按设计要求先进行疏水器装置的组装。疏水器应安装在便于检修的地方，并应尽量靠近用热设备凝结水排出口下。蒸汽管道疏水时，疏水器应安装在低于管道的位置。

⑦安装应按设计设置好旁通管、冲洗管、检查管、止回阀和除污器等的位置。用汽设备应分别安装疏水器，几个用汽设备不能合用一个疏水器。

⑧疏水器的进出口位置要保持水平，不可倾斜安装。

⑨旁通管是安装疏水器的一个组成部分。在检修疏水器时，可暂时通过旁通管运行，疏水器阀体上的箭头应与凝结水的流向一致，疏水器的排水管管径不能小于进口管径。

⑩安装疏水器，切不可将方向弄反。疏水装置一般均安装在管道的排水线以下，若蒸汽系统中的凝结水管高于蒸汽管道或设备的排水线，应安装止回阀。

10. 室内蒸汽供暖管道的法兰盘安装要求

供暖管道安装，管径小于或等于 32 mm 宜采用螺纹连接；管径大于 32 mm 宜采用焊接或法兰连接。所用法兰一般为平焊钢法兰。

平焊钢法兰一般适用于温度不超过 300 ℃，公称压力不超过 2.5 MPa，通过介质为水、蒸汽、空气、煤气等中低压管道。一般用 A3 或 20 号钢制作。

安装法兰时，应将两法兰盘对平找正，先在法兰盘螺孔中顶穿几根螺栓（如四孔法兰可先穿三根，如六孔法兰可先穿四根），将制备好的垫插入两法兰之间后，再穿好余下的螺栓。把衬垫找正后,即可用扳手拧紧螺钉。拧紧顺序应按对角顺序进行,不应将某一螺钉一次拧到底,而应是分成3~4次拧到底。这样可使法兰衬垫受力均匀,保证法兰的严密性。

供暖蒸汽和热水供应管道的法兰衬垫,宜采用厚度为3 mm橡胶石棉垫。

法兰中间不得放置斜面衬垫或几个衬垫。连接法兰的螺栓,螺杆伸出螺母的长度不宜大于螺杆直径的1/2。

蒸汽管道绝不允许使用橡胶垫。垫的内径不应小于管子直径,以免增加管道的局部阻力,垫的外径不应妨碍螺栓穿入法兰孔。

法兰衬垫的外缘应带"柄","柄"可用于调整衬垫在法兰中间的位置,另外,也是与不带"柄"的"死垫"相区别。

"死垫"是一块不开口的圈形垫料,它和形状相同的铁板(约3 mm厚)叠在一起,夹在法兰中间,用法兰压紧后能起堵板作用。但需注意:"死垫"的钢板要加在垫圈后方(从被隔离的方向算起),如果把两者的位置搞颠倒了,容易发生事故。

6.2.2　室内蒸汽供暖管道的试压、清洗、试运行和调试

1. 室内蒸汽供暖系统安装完成的后期工作

室内蒸汽供暖系统安装完成后,应根据设计和规范要求,对系统进行试压、清洗、试运行、调试,然后由施工、设计、建设、监理单位组成的验收小组对质量进行全面检查鉴定,交付建设单位并办理交工手续。

2. 室内蒸汽供暖系统的试压

室内蒸汽供暖系统安装完毕,管道保温之前应进行试压。试压的目的是检查管路系统的机械强度和严密性。管道系统的强度和严密性试验,一般采用水压试验。室外温度较低,进行水压试验有困难时,可采用气压试验,但必须采取有效的安全措施,并报请监理单位、建设单位批准后方可进行。室内供暖系统试压可以分段进行,也可整个系统同时进行。

(1)系统的试验压力及检验方法。室内供暖系统的水压试验压力应符合设计要求,当设计未注明时,应符合下列规定:

①工作压力不大于0.07 MPa(表压,下同)的蒸汽供暖系统,应以系统顶点工作压力的两倍做水压试验,同时在低点不得小于0.25 MPa。热水供暖或工作压力超过0.07 MPa的蒸汽供暖系统,试验水压应为系统顶点工作压力加0.1 MPa,同时系统顶点的压力不小于0.3 MPa。

②使用塑料管及复合管的供暖系统,试验水压应为系统顶点工作压力加0.2 MPa,同时系统顶点的试验压力不小于0.4 MPa。

③供暖系统做水压试验,其系统低点如大于散热器所能承受的最大试验压力,则应分层做水压试验。

检验方法:使用钢管及复合管的供暖系统应在试验压力下10 min内压力降不大于0.02 MPa,降至工作压力后检查,不渗、不漏。

使用塑料管的供暖系统应在试验压力 1 h 内压力降不大于 0.05 MPa，然后降至工作压力的 1.25 倍，稳压 2 h 压力降不大于 0.03 MPa，同时各连接处不渗、不漏。

(2) 水压试验的步骤及注意事项。水压试验应在管道刷油、保温之前进行，以便进行外观检查和修补。试压用手压泵和电泵进行，具体步骤如下：

①首先检查整个系统中的所有控制阀门是否打开，系统与室外管网应隔开，打开集气罐的放气阀或散热器上的手动放风门。

②将给水干管、试压泵等临时用的试压管道接在回水总干管上，并向系统内灌水，水压试验应用清洁的水做介质，待系统灌满水并将管道系统内的空气排净后（放风门或放气阀流水为止），关闭放气阀。

③操作试压泵进行升压，升压过程中应注意检查管道、管件及配件是否有渗漏处，无问题时再继续加压，一般应分 2 ~ 3 次使压力升至试验压力。如渗漏严重应停止打压，并且降压后进行修理、换垫、拧紧等工作。

④系统无渗漏后，必须打压并升压到试验压力，停泵检查，并观察压力表，要求 10 min 内压降不超过 0.05 MPa，即为合格。

⑤在试压过程中，应注意检查法兰、丝扣接头、焊缝和阀件等处有无渗漏和损坏现象，试压结束后，对不合格处应进行修补，然后重新试压，直到合格为止。

3. 室内蒸汽供暖系统的清洗

水压试验合格后，即可对系统进行清洗。清洗的目的是清除系统中的污泥、铁锈、砂石等杂物，以确保系统运行后介质流动通畅。

对热水供暖系统，可用水清洗，即将系统充满水，然后打开系统最低处的泄水阀门，让系统中的水连同杂物由此排出，这样往复数次，直到排出的水清澈透明为止。对蒸汽供暖系统，可以用蒸汽清洗。清洗时，应打开疏水装置的旁通阀，送汽时，送汽阀门应缓慢开启，避免造成水击，直至排汽口排出干净蒸汽为止。

(1) 准备工作。

①对照图纸，根据管道系统情况，确定管道分段清洗方案，对暂不清洗管段，通过分支管线阀门将之关闭。

②不允许清洗的附件，如孔板、调节阀、过滤器等，应暂时拆下以短管代替；对减压阀、疏水器等，应关闭进水阀，打开旁通阀，使其不参与清洗，以防污物堵塞。

③不允许清洗的设备和管道，应暂时用盲板隔开。

④气体吹扫时，吹出口一般设置在阀门前，以保证污物不进入关闭的阀体内。水清洗时，清洗口设于系统各低点泄水阀处。

(2) 管道清洗要点。

①管道清洗一般按总管—干管—立管—支管的顺序依次进行。当支管数量较多时，可视具体情况，关断某些支管逐根进行清洗，也可数根支管同时清洗。

②确定管道清洗方案时，应考虑所有需清洗的管道都能清洗到，不留死角。清洗介质应具有足够的流量和压力，以保证冲洗速度；管道固定应牢固；排放应安全可靠。为增加清洗效果，可用小锤敲击管子，特别是焊口和转角处。

③冲洗时，以系统可能达到的最大压力和流量进行，并保证冲洗水的流速不小于

1.5 m/s。冲洗应连续进行，直到排出口处水的色度和透明度与入口处相同且无粒状物为合格。

④蒸汽吹洗应先进行管道预热。预热时应开小阀门用小量蒸汽缓慢预热管道，同时检查管道的固定支架是否牢固，管道伸缩是否自如，待管道末端与首端温度相等或接近时，预热结束，即可开大阀门增大蒸汽流量进行吹洗。

⑤蒸汽吹洗应从总汽阀开始，沿蒸汽管道中蒸汽的流向逐段进行。一般每一吹洗管段只设一个排汽口。排汽口附近管道固定应牢固，排气管应接至室外安全的地方，管口朝上倾斜，并设置明显标记，严禁无关人员接近。排气管的截面积应不小于被吹洗管截面积的75%。

⑥蒸汽管道吹洗时，应关闭减压阀、疏水器的进口阀，打开阀前的排泄阀，以排泄管做排出口，打开旁通管阀门，使蒸汽进入管道系统进行吹洗。用总阀控制吹洗蒸汽流量，用各分支管上阀门控制各分支管道吹洗流量。蒸汽吹洗压力应尽量控制在管道设计工作压力的75%左右，最低不能低于工作压力的25%。吹洗流量为设计流量的40%～60%。每一排汽口的吹洗次数不应少于2次，每次吹洗15～20 min，并按升温—暖管—恒温—吹洗的顺序反复进行。蒸汽阀的开启和关闭都应缓慢，不应过急，以免引起水击而损伤阀件。

⑦清(吹)洗合格后，应及时填写清洗记录，封闭排放口，并将拆卸的仪表及阀件复位。

4. 室内蒸汽供暖系统的试运行和初调节

室内供暖系统的清洗工作结束后，即可进行系统的试运行。室内供暖系统试运行的目的是在系统供热状态下，检验系统的安装质量和工作情况，此项工作可分为系统充水、系统通热和初调节三个步骤进行。

(1)系统的暖管。

①新建或停运时间超过半年的直埋蒸汽管道，冷态启动时必须进行暖管。

②暖管应在确认运行前准备工作完毕，管道巡线人员、操作人员到位后，方可开始送汽。

③暖管开始时，应关闭疏水器前的阀门，打开疏水旁通阀或启动疏水阀门。

④暖管时的管内蒸汽温度宜控制在150 ℃以下。

⑤在暖管过程中，蒸汽压力应逐步提高，直至设计工作压力，宜按下列步骤进行：

a. 将管内蒸汽压力升至0.1 MPa，稳压暖管30 min，无异常现象；

b. 将管内蒸汽压力分别逐步升至0.2 MPa、0.4 MPa和0.6 MPa，并分别稳压暖管1 h，无异常现象；

c. 在0.6 MPa压力时仍未见异常，蒸汽压力可升至设计工作压力；

d. 疏水旁通阀或启动疏水阀门关闭时间及暖管时间应在运行方案中明确规定；

e. 根据管道长度、管径大小，暖管时间可适当增减。

⑥在暖管的过程中，当发现疏水系统堵塞，发生“汽水冲击”、固定支座和设备、设施被破坏等现象，应立即停止暖管，查找原因，处理后方可再行暖管。

(2)通热试运行。

①对供暖系统(包括锅炉房或换热站、室外管网、室内供暖系统)进行全面检查,如:工程项目是否全部完成,且工程质量是否达到合格;在试运行时各组成部分的设备、管道及其附件、热工测量仪表等是否完整无缺;各组成部分是否处于运行状态(有无敞口处,阀件该关的是否都关闭严密,该开的是否开启,开度是否合适,锅炉的试运行是否正常,热介质是否达到系统运行参数等)。

②系统试运行前,应制订可行性试运行方案,且要有统一指挥,明确分工,并对参与试运行人员进行技术交底。

③根据试运行方案,做好试运行前的材料、机具和人员的准备工作。水源、电源应能保证运行。通暖一般在冬季进行,对气温突变影响,要有充分的估计,加之系统在不断升压、升温条件下,可能发生的突然事故,均应有可行的应急措施。

④冬季气温低于-3℃时,系统通暖应采取必要的防冻措施,如封闭门窗及洞口;设置临时性取暖措施,使室温保持在+5℃左右;提高供、回水温度等。如室内供暖系统较大(如高层建筑),则通暖过程中,应严密监视阀门、散热器以至管道的通暖运行工况,必要时采取局部辅助升温(如喷灯烘烤)的措施,以严防冻裂事故发生;监视各手动排气装置,一旦满水,应有专人负责关闭。

⑤试运行的组织工作。在通暖试运行时,锅炉房内、各用户入口处应有专人负责操作与监控;室内供暖系统应分环路或分片包干负责。在试运行进入正常状态前,工作人员不得擅离岗位,且应不断巡视,发现问题应及时报告并迅速抢修。为加强联系,便于统一指挥,在高层建筑通暖时,应配置必要的通信设备。

⑥对于系统较大、分支路较多并且管道复杂的供暖系统,应分系统通热,通热时应将其他支路的控制阀门关闭,打开放气阀。

⑦检查通热支路或系统的阀门是否打开,如试热人员少可分立管试热;

⑧冬季通热时,刚开始应将阀门开小些,进气速度慢些,防止管子骤热而产生裂纹,管子预热后再开大阀门;

⑨如果散热器接头处漏气,可关闭立管阀门,待通热后再行修理。

(3)通热后初调节。

蒸汽供暖系统通热后初调节的主要目的是使每个房间达到设计温度,使系统远近的各个环路达到阻力平衡,即每个小环路冷热度均匀。初调节的方法是:首先通过调节热用户入口的减压阀,使进入室内的蒸汽压力符合要求,再改变各立管上阀门的开度来调整通过各立管散热器的蒸汽流量,达到均衡供暖的目的。

如果最近的环路过热,末端环路不热,可用立管阀门进行调整。对单管顺序式的供暖系统,如顶层过热,底层不热或达不到设计温度,可调整顶层跨越管的阀门;如果各支路冷热不均匀,可用控制分支路的阀门进行调整,最终达到设计要求温度。在调试过程中,应测试热力入口处热媒的温度及压力是否符合设计要求。

5. 室内蒸汽供暖系统的质量控制

质量主要控制项目包括:

(1)管道安装坡度,当设计未注明时,应符合下列规定:

①汽、水同向流动的蒸汽管道及凝结水管道，坡度应为3‰，不得小于2‰。

②汽、水逆向流动的蒸汽管道，坡度不应小于5‰。

③散热器支管的坡度应为1%，坡向应利于排气和泄水。

检验方法：观察，用水平尺、拉线、尺量检查。

(2)补偿器的型号、安装位置及其预拉伸和固定支架的构造及安装位置应符合设计要求。

检验方法：对照图纸，现场观察，并查验预拉伸记录。

(3)平衡阀及调节阀型号、规格、公称压力及安装位置应符合设计要求。安装完毕后应根据系统平衡要求进行调试并做出标志。

检验方法：对照图纸查验产品合格证，并现场查看。

(4)蒸汽减压阀和管道及设备上安全阀的型号、规格、公称压力及安装位置应符合设计要求。安装完毕后应根据系统工作压力进行调试，并做出标志。

检验方法：对照图纸查验产品合格证及调试结果说明书。

(5)方形补偿器制作时，应用整根无缝钢管煨制，如需要接口，其接口应设在垂直臂的中间位置，且接口必须焊接。

检验方法：观察检查。

(6)方形补偿器应水平安装，并与管道的坡度一致；如其臂长方向垂直安装必须设排气及泄水装置。

检验方法：观察检查。

其他质量控制项目包括：

(1)热量表、疏水器、除污器、过滤器及阀门的型号、规格、公称压力及安装位置应符合设计要求。

检验方法：对照图纸查验产品合格证。

(2)钢管管道焊口尺寸的允许偏差应符合表6.17的规定。

表6.17　钢管管道焊口允许偏差和检验方法

<table>
<tr><th>项次</th><th colspan="3">项　目</th><th>允许偏差</th><th>检验方法</th></tr>
<tr><td>1</td><td>焊口平直度</td><td colspan="2">管壁厚10 mm以内</td><td>管壁厚的1/4</td><td rowspan="3">焊接检验尺和游标卡尺检查</td></tr>
<tr><td rowspan="2">2</td><td rowspan="2">焊缝加强面</td><td colspan="2">高度</td><td>+1 mm</td></tr>
<tr><td colspan="2">宽度</td><td>+1 mm</td></tr>
<tr><td rowspan="3">3</td><td rowspan="3">咬边</td><td colspan="2">深度</td><td>小于0.5 mm</td><td rowspan="3">直尺检查</td></tr>
<tr><td rowspan="2">长度</td><td>连续长度</td><td>25 mm</td></tr>
<tr><td>总长度(两侧)</td><td>小于焊缝长度的10%</td></tr>
</table>

(3)供暖系统入口装置应符合设计要求。安装位置应便于检修、维护和观察。

检验方法：现场观察。

(4)散热器支管长度超过1.5 m时，应在支管上安装管卡。

检验方法：尺量和观察检查。

(5)上供下回式供暖系统的蒸汽干管变径应底平偏心连接。

检验方法:观察检查。

(6)在管道干管上焊接垂直或水平分支管道时,干管开孔所产生的钢渣及管壁等废弃物不得残留管内,且分支管道在焊接时不得插入干管内。

检验方法:观察检查。

(7)焊接钢管管径大于32 mm的管道转弯,在作为自然补偿时应使用煨弯。塑料管及复合管除必需使用直角弯头的场合外,应使用管道直接弯曲转弯。

检验方法:观察检查。

(8)管道、金属支架和设备的防腐和涂漆应附着良好,无脱皮、起泡、流淌和漏涂缺陷。

检验方法:现场观察检查。

(9)管道和设备保温的允许偏差应符合规定。

6. 室内蒸汽供暖系统的验收

室内供暖系统应按分项、分部或单位工程进行验收,单位工程验收时应有施工、设计、建设、监理单位参加并做好验收记录。单位工程的竣工验收应在分项、分部工程验收的基础上进行,各分项、分部工程的施工安装均应符合设计要求及供暖施工及验收规范中的规定。设计变更要有凭据,各项试验应有记录,质量是否合格要有检查。交工验收时,由施工单位提供下列技术文件:

(1)全套施工图、竣工图及设计变更文件。

(2)设备、制品和主要材料的合格证或试验记录。

(3)隐蔽工程验收记录和中间试验记录。

(4)设备试运转记录。

(5)水压试验记录。

(6)暖管通汽记录。

(7)质量检查评定记录。

(8)工程检查事故处理记录。

质量合格,文件齐备,试运转正常的系统,才能办理竣工验收手续。上述资料应一并存档,为今后的设计提供参考,为运行管理和维修提供依据。

7. 室内蒸汽供暖管道工程的验收资料

(1)施工技术资料。

①室内供暖管道及配件安装施工方案。

②室内供暖管道及配件安装施工技术交底记录。

③图纸会审记录、设计变更通知单、工程洽商记录。

(2)施工物资资料。

①材料、构配件进场检验记录。

②管材、管件、配件、阀门等产品质量合格证及相关检验报告。

(3)施工记录。

①隐蔽工程检查记录。

②预检记录。

(4)施工试验记录。

①箱(罐)满水试验记录。

②强度严密性试验记录。

③补偿器安装记录。

④减压阀安装调试记录。

⑤配件安装记录(疏水器、除污器等)。

(5)施工质量验收记录。

①室内供暖管道及配件安装工程质量验收记录表。

②室内供暖管道及配件安装分项工程质量验收记录表。

③室内供暖管道及配件安装质量分户验收记录表。

附　　录

附录 1　在自然循环上供下回双管热水供暖系统中，由于水在管路内冷却而产生的附加压力　Pa

系统的水平距离/m	锅炉到散热器的高度/m	自总立管至计算立管之间的水平距离/m					
		<10	10～20	20～30	30～50	50～75	75～100
未保温的明装立管(1)1 层或 2 层的房屋							
25 以下	7 以下	100	100	150	—	—	—
25～50	7 以下	100	100	150	200	—	—
50～75	7 以下	100	100	150	150	200	—
75～100	7 以下	100	100	150	150	200	250
(2)3 层或 4 层的房屋							
25 以下	15 以下	250	250	250	—	—	—
25～50	15 以下	250	250	300	350	—	—
50～75	15 以下	250	250	250	300	350	—
75～100	15 以下	250	250	250	300	350	400
(3)高于 4 层的房屋							
25 以下	7 以下	450	500	550	—	—	—
25 以下	大于 7	300	350	450	—	—	—
25～50	7 以下	550	600	650	750	—	—
25～50	大于 7	400	450	500	550	—	—
50～75	7 以下	550	550	600	650	750	—
50～75	大于 7	400	400	450	500	550	—
75～100	7 以下	550	550	550	600	650	700
75～100	大于 7	400	400	400	450	500	650
未保温的暗装立管(1)1 层或 2 层的房屋							
25 以下	7 以下	80	100	130	—	—	—
25～50	7 以下	80	80	130	150	—	—
50～75	7 以下	80	80	100	130	180	—
75～100	7 以下	80	80	80	130	180	230

续附录 1

系统的水平距离/m	锅炉到散热器的高度/m	自总立管至计算立管之间的水平距离/m					
		<10	10～20	20～30	30～50	50～75	75～100
(2)3 层或 4 层的房屋							
25 以下	15 以下	180	200	280	—	—	—
25～50	15 以下	180	200	250	300	—	—
50～75	15 以下	150	180	200	250	300	—
75～100	15 以下	150	150	180	230	280	330
(3)高于 4 层的房屋							
25 以下	7 以下	300	350	380	—	—	—
25 以下	大于 7	200	250	300	—	—	—
25～50	7 以下	350	400	430	530	—	—
25～50	大于 7	250	300	330	380	—	—
50～75	7 以下	350	350	400	430	530	—
50～75	大于 7	250	250	300	330	380	—
75～100	7 以下	350	350	380	400	480	530
75～100	大于 7	250	260	280	300	350	450

注：1. 在下供下回式系统中，不计算水在管路中冷却而产生的附加作用压力值。

2. 在单管式系统中，附加值采用本附录所示的相应值的 50%。

附录 2　辅助用室的冬季室内空气温度

辅助用室名称	室内空气温度/℃	辅助用室名称	室内空气温度/℃
厕所、盥洗室	12	淋浴室	25
食堂	14	淋浴室的换衣室	23
办公室、休息室	16～18	女工卫生室	23
技术资料室	16	哺乳室	20
存衣室	16		

注：设计温度不得低于表中值。

附录3　居住及公共建筑物供暖室内计算温度

序号	房间名称	室内温度/℃		序号	房间名称	室内温度/℃	
		一般	上下范围			一般	上下范围
	一、居住建筑			4	儿童浴室	25	
1	饭店、宾馆的卧室与起居室	20	18~22	5	婴儿室、病儿室	20	18~22
2	住宅、宿舍的卧室与起居室	18	16~20	6	医务室	20	18~22
3	厨房	10	5~15		四、学校		
4	门厅、走廊	16	14~16	1	教室、学生宿舍	16	16~18
5	浴室	25	21~25	2	化学实验室、生物室	16	16~18
6	盥洗室	18	16~20	3	其他实验室	16	16~18
7	公共厕所	15	14~16	4	礼堂	16	15~18
8	厨房的储藏室	5	可不采暖	5	体育馆	15	13~18
9	楼梯间	14	12~14	6	医务室	18	16~20
	二、医疗建筑			7	图书馆	16	16~18
1	病房(成人)	20	18~22		五、影剧院		
2	手术室及产房	25	22~26	1	观众厅	16	14~18
3	X 光室及理疗室	20	18~22	2	休息厅	16	14~18
4	治疗室	20	18~22	3	放映室	15	14~16
5	体育疗法	18	16~20	4	舞台(芭蕾舞除外)	18	16~18
6	消毒室、绷带保管室	18	16~18	5	化妆室(芭蕾舞除外)	18	16~20
7	手术、分娩准备室	22	20~22	6	吸烟室	14	12~16
8	儿童病房	22	20~22	7	售票处(大厅)	12	12~16
9	病人厕所	20	18~22		售票处(小房间)	18	16~18
10	病人浴室	25	21~25		六、商业建筑		
11	诊室	20	18~20	1	商店营业室(百货、书籍)	15	14~16
12	病人食堂、休息室	20	18~22	2	副食商店营业室(油盐杂货)	12	12~14
13	日光浴室	25		3	鱼肉、蔬菜营业室	10	
14	医疗人员办公室	18	18~20	4	鱼肉、蔬菜储藏室	5	
15	工作人员厕所	16	14~16	5	米面储藏室	10	
	三、幼儿园、托儿所			6	百货仓库	12	
1	儿童活动室	18	16~20	7	其他仓库	8	5~10
2	儿童厕所	18	16~20		七、体育建筑		
3	儿童盥洗室	18	16~20	1	比赛厅(体操除外)	16	14~20

续附录3

序号	房间名称	室内温度/℃ 一般	室内温度/℃ 上下范围
2	休息厅	16	
3	练习厅(体操除外)	16	16~18
4	运动员休息室	20	18~22
5	运动员更衣室	22	
6	游泳馆、室内游泳池	26	25~28
	八、图书资料馆建筑		
1	书报资料库	16	15~18
2	阅览室	18	16~20
3	目录厅、出纳厅	16	16~18
4	特藏库	20	18~22
5	胶卷库	15	12~18
6	展览厅、报告厅	16	14~18
	九、公共饮食建筑		
1	餐厅、小吃部	16	14~18
2	休息厅	18	16~20
3	厨房(加工部分)	16	
4	厨房(烘烤部分)	5	
5	干货储存	12	
6	菜储存	5	
7	酒储存	12	
8	小冷库		
	水果、蔬菜、饮料	4	
	食品剩余	2	
9	洗碗间	20	
	十、洗衣房		
1	洗衣车间	15	14~16
2	烫衣车间	10	8~12
3	包装间	15	
4	接收衣服间	15	
5	取衣处	15	
6	集中衣服处	10	
7	水箱间	5	
	十一、澡堂、理发馆		
1	更衣	22	20~25
2	浴池	25	24~28
3	淋浴室	25	
4	浴池与更衣之间的门斗	25	
5	蒸汽浴室	40	
6	盆塘	25	
7	理发室	18	
8	消毒室		
	干净区	15	
	脏区	15	
9	烧火间	15	
	十二、交通、通信建筑		
1	火车站		
	候车大厅	16	14~16
	售票、问讯(小房间)	16	16~18
	机场候机厅	20	18~20
2	长途汽车站	16	14~16
3	广播、电视台		
	演播室	20	20~22
	技术用房	20	18~22
	布景、道具加工间	16	16~18
	十三、生活服务建筑		
1	衣服、鞋帽修理店	16	16~18
2	钟表、眼镜修理店	18	18~20
3	电视机、收音机修理店	18	18~20
4	照相馆		
	摄影室	18	

续附录3

序号	房间名称	室内温度/℃ 一般	室内温度/℃ 上下范围	序号	房间名称	室内温度/℃ 一般	室内温度/℃ 上下范围
	洗印室(黑白)	18	18～20	6	配电间	18	16～18
	洗印室(彩色)	18	18～20	7	通风机房	15	14～16
十四、公共建筑的共同部分				8	电梯机房	5	
1	门厅、走道	14	14～18	9	汽车库(停车场、无修理间)	5	5～10
2	办公室	18	16～18	10	小型汽车库(一般检修)	12	10～14
3	厨房	10	5～15	11	汽车修理间	14	12～16
4	厕所	16	14～16	12	地下停车库	12	10～12
5	电话机房	18	18～20	13	公共食堂	16	14～16

附录4　室外气象参数

地名	供暖室外计算温度/℃	供暖期天数 日平均温度≤+5℃(+8℃)的天数		极端最低温度/℃	极端最高温度/℃	起止日期 日平均温度≤+5℃(+8℃)的起止日期(月、日)		冬季大气压力/kPa	室外风速/(m·s^-1) 冬季最多风向平均	室外风速/(m·s^-1) 冬季平均	风向及频率 冬季 风向	风向及频率 冬季 频率/%	冬季日照率/%	最大冻土深度/cm
北京	-9	129	(149)	-27.4	40.6	11.9～3.17	(11.1～3.29)	102.04	4.8	2.8	C N NNW	19 13 13	67	85
天津	-9	122	(147)	-22.9	39.7	11.16～3.17	(11.4～3.30)	102.66	6.0	3.1	C NNW	13 13	62	69
张家口	-15	155	(177)	-25.7	40.9	10.28 3.31	(10.19～4.13)	93.89	4.3	3.6	NNW	26	67	136
石家庄	-8	117	(140)	-26.5	42.7	11.17～3.13	(11.6～3.25)	101.69	2.3	1.8	C N	32 10	68	54
大同	-17	165	(186)	-29.1	37.7	10.23～4.5	(10.11～4.14)	89.92	3.5	3.0	C N	19 18	67	186
太原	-12	144	(162)	-25.5	39.4	11.2～3.25	(10.23～4.2)	93.29	3.3	2.6	C NNW	26 13	64	77
呼和浩特	-19	171	(188)	-32.8	37.3	10.20～4.8	(10.9～4.14)	90.09	4.5	1.6	C NW	42 7	69	143
抚顺	-21	160	(179)	-35.2	36.9	10.28～4.5	(10.18～4.14)	101.05	2.8	2.8	NE	14 14	60	143
沈阳	-19	152	(177)	-30.6	39.3	11.3～4.3	(10.19～4.13)	102.08	3.2	3.1	N	17	58	148
大连	-11	-132	(158)	-21.1	35.3	11.18～3.29	(11.6～4.12)	101.38	7.4	5.8	N	25	66	93
吉林	-25	175	(195)	-40.2	36.6	10.20～4.12	(10.8～4.20)	100.13	4.5	3.0	C SW	24 19	59	190
长春	-23	174	(192)	-36.5	38	10.22～4.13	(10.1～4.20)	99.4	5.1	4.2	SW	20	66	169

续附录4

地名	供暖室外计算温度/℃	供暖期天数 日平均温度≤+5℃(+8℃)的天数		极端最低温度/℃	极端最高温度/℃	起止日期 日平均温度≤+5℃(+8℃)的起止日期(月、日)		冬季大气压力/kPa	室外风速/(m·s⁻¹) 冬季最多风向平均	室外风速/(m·s⁻¹) 冬季平均	风向及频率 冬季 风向	风向及频率 冬季 频率/%	冬季日照率/%	最大冻土深度/cm
齐齐哈尔	-25	186	(204)	-39.5	40.1	10.14~4.17	(10.4~4.25)	100.46	3.0	2.8	NW	16	70	225
佳木斯	-26	183	(205)	-41.1	35.4	10.16~4.16	(10.4~4.26)	101.10	5.0	3.4	SW WSW	20 20	62	220
哈尔滨	-26	179	(198)	-38.1	36.4	10.18~4.14	(10.6~4.21)	100.15	4.7	3.8	S SSW	13 13	63	205
牡丹江	-24	180	(200)	-38.3	36.5	10.16~3.13	(10.5~4.22)	99.21	2.5	2.3	C SW	29 15	63	191
上海	-2	62	(109)	-10.1	38.9	12.24~2.23	(11.29~3.17)	102.51	3.8	3.1	NW WNW	14 12	43	8
南京	-3	83	(115)	-14.0	40.7	12.8~2.28	(11.22~3.16)	102.52	3.8	2.6	C NE	25 10	46	9
杭州	-1	61	(102)	-9.6	39.9	12.25~2.23	(11.29~3.10)	102.09	3.6	2.3	C NNW	18	39	—
蚌埠	-4	97	(115)	-19.4	40.7	12.10~2.24	(11.21~3.17)	102.41	3.3	2.6	C ENE	21 10	47	15
南昌	0	35	(83)	-9.3	40.6	12.30~2.2	(12.10~3.2)	101.88	5.4	3.8	N	29	34	—
济南	-7	106	(124)	-19.7	42.5	11.22~3.7	(11.13~3.16)	102.02	4.3	3.2	C ENE	16 15	61	44
郑州	-7	102	(125)	-17.9	43.0	11.24~3.5	(11.12~3.16)	101.28	4.3	3.4	C NE	15 14	53	27
武汉	-2	67	(105)	-18.1	39.4	12.16~2.20	(11.26~3.10)	102.33	4.2	2.7	NNE	19	39	10
长沙	0	45	(84)	-11.3	40.6	12.26~2.8	(12.9~3.2)	101.99	3.7	2.8	NW	31	27	5
拉萨	-6	149	(182)	-16.5	29.4	10.29~3.26	(10.16~4.15)	65.00	2.4	2.2	C E	25 15	77	26
兰州	-11	135	(160)	-21.7	39.1	11.1~3.15	(10.21~3.29)	85.14	2.2	0.5	C NE	69 4	61	103
西宁	-13	165	(191)	-26.6	33.5	10.20~4.2	(10.8~4.16)	77.51	4.3	1.7	C SE	44 22	70	134
乌鲁木齐	-22	157	(177)	-41.5	40.5	10.24~3.29	(10.16~4.10)	91.99	2.5	1.7	C S	30 11	50	133
哈密	-19	138	(161)	-32.0	43.9	10.29~3.15	(10.19~3.28)	93.97	2.4	2.3	NE	18	74	127
银川	-15	149	(170)	-30.6	39.3	10.30~3.27	(10.19~4.6)	89.57	2.2	1.7	C N	31 11	75	103

附录5　温差修正系数 a 值

围护结构特征	a
外墙、屋顶、地面以及与室外相通的楼板等	1.00
闷顶和室外空气相通的非供暖地下室上面的楼板等	0.90
非供暖地下室上面的楼板、外墙有窗时	0.75
非供暖地下室上面的楼板、外墙上无窗且位于室外地坪以上时	0.60
非供暖地下室上面的楼板、外墙上无窗且位于室外地坪以下时	0.40
与有外门窗的非供暖房间相邻的隔墙	0.70
与无外门窗的非供暖房间相邻的隔墙	0.40
伸缩缝墙、沉降缝墙	0.30
防震缝墙	0.70
与有外窗的不供暖楼梯间相邻的隔墙	
1~6层建筑	0.60
7~30层建筑	0.50

附录6　常用围护结构的传热系数 K 值　　单位：W/(m²·℃)

类　型	K	类　型	K
A·门		金属框　单层	6.40
实体木制外门　单层	4.65	双层	3.26
双层	2.33	单框二层玻璃窗	3.49
带玻璃的阳台外门　单层(木框)	5.82	商店橱窗	4.65
双层(木框)	2.68	C·外墙	
单层(金属框)	6.40	内表面抹灰砖墙　24砖墙	2.03
双层(金属框)	3.26	37砖墙	1.57
单层内门	2.91	49砖墙	1.27
B·外窗及天窗		D·内墙(双面抹灰)　12砖墙	2.31
木框　单层	5.82	24砖墙	1.72
双层	2.68		

附录7　一些建筑材料的热物理特性表

材料名称	密度 /(kg/m³)	导热系数 /[W·(m·℃)⁻¹]	蓄热系数 (24 h)/[W·(m²·℃)⁻¹]	比热 /[J·(kg·℃)⁻¹]
混凝土				
钢筋混凝土	2 500	1.74	17.20	920
碎石、卵石混凝土	2 300	1.51	15.36	920
加气泡沫混凝土	700	0.22	3.56	1 050
砂浆和砌体				
水泥砂浆	1 800	0.93	11.26	1 050
石灰、水泥、砂、砂浆	1 700	0.87	10.79	1 050
石灰、砂、砂浆	1 600	0.81	10.12	1 050
重砂浆黏土砖砌体	1 800	0.81	10.53	1 050
轻砂浆黏土砖砌体	1 700	0.76	9.86	1 050
热绝缘材料				
矿棉、岩棉、玻璃棉板	<150	0.064	0.93	1 218
	150～300	0.07～0.093	0.98～1.60	1 218
水泥膨胀珍珠岩	800	0.26	4.16	1 176
	600	0.21	3.26	1 176
木材、建筑板材				
橡木、枫木(横木纹)	700	0.23	5.43	2 500
橡木、枫木(顺木纹)	700	0.41	7.18	2 500
松纵木、云杉(横木纹)	500	0.17	3.98	2 500
松纵木、云杉(顺木纹)	500	0.35	5.63	2 500
胶合板	600	0.17	4.36	2 500
软木板	300	0.093	1.95	1 890
纤维板	1 000	0.34	7.83	2 500
石棉水泥隔热板	500	0.16	2.48	1 050
石棉水泥板	1 800	0.52	8.57	1 050
木屑板	200	0.065	1.41	2 100
松散材料				
锅炉渣	1 000	0.29	4.40	920
膨胀珍珠岩	120	0.07	0.84	1 176
木屑	250	0.093	1.84	2 000
卷材、沥青材料				
沥青油毡、油毡纸	600	0.17	3.33	1 471

附录 8　渗透空气量的朝向修正系数 n 值

地区名称	朝向							
	北	东北	东	东南	南	西南	西	西北
北京	1.00	0.50	0.15	0.10	0.15	0.15	0.40	1.00
天津	1.00	0.40	0.20	0.10	0.15	0.20	0.40	1.00
塘沽	0.90	0.55	0.55	0.20	0.30	0.30	0.70	1.00
承德	0.70	0.15	0.10	0.10	0.10	0.40	1.00	1.00
张家口	1.00	0.40	0.10	0.10	0.10	0.10	0.35	1.00
唐山	0.60	0.45	0.65	0.45	0.20	0.65	1.00	1.00
保定	1.00	0.70	0.35	0.35	0.90	0.90	0.40	0.70
石家庄	1.00	0.70	0.50	0.65	0.50	0.55	0.85	0.90
邢台	1.00	0.70	0.35	0.50	0.70	0.50	0.30	0.70
大同	1.00	0.55	0.10	0.10	0.10	0.30	0.40	1.00
阳泉	0.70	0.10	0.10	0.10	0.10	0.35	0.85	1.00
太原	0.90	0.40	0.15	0.20	0.30	0.40	0.70	1.00
呼和浩特	0.70	0.25	0.10	0.15	0.20	0.15	0.70	1.00
抚顺	0.70	1.00	0.70	0.10	0.10	0.25	0.30	0.30
沈阳	1.00	0.70	0.30	0.30	0.40	0.35	0.30	0.70
锦州	1.00	1.00	0.40	0.10	0.20	0.25	0.20	0.70
鞍山	1.00	1.00	0.40	0.25	0.50	0.50	0.25	0.55

附录 9　一些铸铁散热器规格及其传热系数 K 值

型号	散热面积 /(m^2·片$^{-1}$)	水容量/(L/片)	质量/(kg/片)	工作压力/MPa	传热系数计算公式/[W/(m^2·℃)$^{-1}$]	热水热媒当 Δt=64.5℃时的 K 值/[W/(m^2·℃)$^{-1}$]	不同蒸汽表压力(MPa)下的 K 值/[W/(m^2·℃)$^{-1}$]		
							0.03	0.07	≥0.1
$TC_{0.28/5-4}$,长翼型(大 60)	1.16	8	28	0.4	$K=1.743\Delta t^{0.28}$	5.59	6.12	6.27	6.36
TZ_{2-5-5}(M-132 型)	0.24	1.32	7	0.5	$K=2.426\Delta t^{0.286}$	7.99	8.75	8.97	9.10
TZ_{4-6-5}(四柱 760 型)	0.235	1.16	6.6	0.5	$K=2.503\Delta t^{0.293}$	8.49	9.31	9.55	9.69
TZ_{4-5-5}(四柱 640 型)	0.20	1.03	5.7	0.5	$K=3.663\Delta t^{0.16}$	7.13	7.51	7.61	7.67
TZ_{2-5-5}(二柱 700 型,带腿)	0.24	1.35	6	0.5	$K=2.02\Delta t^{0.271}$	6.25	6.81	6.97	7.07
四柱 813 型(带腿)	0.28	1.4	8	0.5	$K=2.237\Delta t^{0.302}$	7.87	8.66	8.89	9.03
圆翼型	1.8	4.42	38.2	0.5					
单排						5.81	6.97	6.97	7.79
双排						5.08	5.81	5.81	6.51
三排						4.65	5.23	5.23	5.81

注:1. 本表前四项由原哈尔滨建筑工程学院 ISO 散热器试验台测试,其余柱型由清华大学 ISO 散热器试验台测试。

2. 热散器表面喷银粉漆、明装、同侧连接上进下出。

3. 圆翼型散热器因无实验公式,暂按以前一些手册数据采用。

4. 此为密闭实验台测试数据,在实际情况下,散热器的 K 和 Q 值,约比表中数值增大 10% 左右。

附录 10 室内热水供暖系统管道水力计算表

$t_g=95℃$，$t_h=70℃$，$k=0.2$ mm

流量 G(kg/h)，热负荷 Q(W)；比摩阻 R(Pa/m)；流速 v(m/s)

公称直径/mm		10.00		15.00		20.00		25.00	
内径/mm		9.50		15.75		21.25		27.00	
G	Q	R	v	R	v	R	v	R	v
24.0	697.7	15.96	0.10	2.11	0.03				
26.0	755.8	35.45	0.10	2.29	0.04				
28.0	814.0	40.57	0.11	2.47	0.04				
30.0	872.1	46.01	0.12	2.64	0.04				
32.0	930.2	51.79	0.13	2.82	0.05				
34.0	988.4	57.90	0.14	2.99	0.05				
36.0	1 046.5	64.34	0.14	3.17	0.05				
38.0	1 104.7	71.11	0.15	3.35	0.06				
40.0	1 162.8	78.20	0.16	3.52	0.06				
42.0	1 220.9	85.62	0.17	6.78	0.06				
44.0	1 279.1	93.37	0.18	7.36	0.06				
46.0	1 337.2	101.45	0.18	7.97	0.07				
48.0	1 395.4	109.86	0.19	8.60	0.07	1.28	0.04		
50.0	1 453.5	118.59	0.20	9.25	0.07	1.33	0.04		
52.0	1 511.6	127.65	0.21	9.92	0.08	1.38	0.04		
54.0	1 569.8	137.03	0.22	10.62	0.08	1.43	0.04		
56.0	1 627.9	146.75	0.22	11.34	0.08	1.49	0.04		
58.0	1 686.1	156.79	0.23	12.08	0.08	2.76	0.05		
60.0	1 744.2	167.15	0.24	12.84	0.09	2.93	0.05		
62.0	1 802.3	177.85	0.25	13.63	0.09	3.11	0.05		
64.0	1 860.5	188.87	0.26	14.43	0.09	3.29	0.05		
66.0	1 918.6	200.21	0.26	15.26	0.10	3.47	0.05		
68.0	1 976.8	211.88	0.27	16.11	0.10	3.66	0.05		
70.0	2 034.9	223.88	0.28	16.99	0.10	3.85	0.06		
72.0	2 093.0	236.21	0.29	17.88	0.10	4.05	0.06		
74.0	2 151.2	248.86	0.29	18.80	0.11	4.25	0.06		
76.0	2 209.3	261.84	0.30	19.74	0.11	4.46	0.06		
78.0	2 267.5	275.14	0.31	20.70	0.11	4.67	0.06		

续附录10

公称直径/mm		10.00		15.00		20.00		25.00	
内径/mm		9.50		15.75		21.25		27.00	
G	*Q*	*R*	*v*	*R*	*v*	*R*	*v*	*R*	*v*
80.0	2 325.6	288.77	0.32	21.68	0.12	4.88	0.06		
82.0	2 383.7	302.72	0.33	22.69	0.12	5.10	0.07		
84.0	2 441.9	317.00	0.33	23.71	0.12	5.33	0.07		
86.0	2 500.0	331.61	0.34	24.76	0.12	5.56	0.07		
88.0	2 558.2	346.54	0.35	25.83	0.13	5.79	0.07		
90.0	2 616.3	361.80	0.36	26.93	0.13	6.03	0.07		
95.0	2 761.6	401.37	0.38	29.75	0.14	6.65	0.08		
100.0	2 907.0	442.98	0.40	32.72	0.15	7.29	0.08	2.24	0.05
105.0	3 052.3	486.62	0.42	35.82	0.15	7.96	0.08	2.45	0.05
110.0	3 197.7	532.30	0.44	39.05	0.16	8.66	0.09	2.66	0.05
115.0	3 342.1	580.01	0.46	42.42	0.17	9.39	0.09	2.88	0.06
120.0	3 488.4	629.76	0.48	45.93	0.17	10.15	0.10	3.10	0.06
125.0	3 683.7	681.54	0.50	49.57	0.18	10.93	0.10	3.34	0.06
130.0	3 779.1	735.36	0.52	53.35	0.19	11.74	0.10	3.58	0.06
135.0	3 924.4	791.21	0.54	57.27	0.20	12.68	0.11	3.83	0.07
140.0	4 069.8	849.10	0.56	61.32	0.20	13.45	0.11	4.09	0.07
145.0	4 215.1	909.02	0.58	65.50	0.21	14.34	0.12	4.35	0.07
150.0	4 360.5	970.98	0.60	69.82	0.22	15.27	0.12	4.63	0.07
155.0	4 505.8	1 034.97	0.62	74.28	0.22	16.22	0.12	4.91	0.08
160.0	4 651.2	1 100.99	0.64	78.87	0.23	17.19	0.13	5.20	0.08
165.0	4 796.5	1 169.05	0.66	83.60	0.24	18.20	0.13	5.50	0.08
170.0	4 941.9	1 239.14	0.68	88.46	0.25	19.23	0.14	5.80	0.08
175.0	5 087.2	1 311.27	0.70	93.46	0.25	20.29	0.14	6.12	0.09
180.0	5 232.6	1 385.43	0.72	98.59	0.26	21.38	0.14	6.44	0.09
185.0	5 377.9	1 461.62	0.74	103.86	0.27	22.50	0.15	6.77	0.09
190.0	5 523.3	1 539.85	0.76	109.26	0.28	23.64	0.15	7.11	0.09
195.0	5 668.6	1 620.11	0.78	114.80	0.28	24.81	0.16	7.45	0.10
200.0	5 814.0	1 702.41	0.80	120.48	0.29	26.01	0.16	7.80	0.10
210.0	6 104.7	1 873.10	0.84	132.23	0.30	28.49	0.17	8.53	0.10
220.0	6 395.4	2 051.93	0.88	144.52	0.32	31.08	0.18	9.29	0.11

续附录 10

公称直径/mm		10.00		15.00		20.00		25.00	
内径/mm		9.50		15.75		21.25		27.00	
G	Q	R	v	R	v	R	v	R	v
230.0	6 686.1	2 238.90	0.92	157.35	0.33	33.77	0.18	10.08	0.11
240.0	6 976.8	2 434.00	0.96	170.73	0.35	36.58	0.19	10.90	0.12
250.0	7 267.5	2 637.23	1.00	184.64	0.36	39.50	0.20	11.75	0.12
260.0	7 558.2	2 848.60	1.04	199.36	0.38	42.52	0.21	12.64	0.13
270.0	7 848.9	3 068.10	1.08	214.08	0.39	45.66	0.22	13.55	0.13
280.0	8 139.6	3 295.74	1.12	229.61	0.41	48.91	0.22	14.50	0.14
290.0	8 430.3	3 531.51	1.16	245.68	0.42	52.26	0.23	15.47	0.14
300.0	8 721.0	3 775.42	1.20	262.29	0.44	55.72	0.24	16.48	0.15
310.0	9 011.7	4 027.46	1.24	279.44	0.45	59.30	0.25	17.51	0.15
320.0	9 302.4	4 287.64	1.28	297.13	0.46	62.98	0.25	18.58	0.16
330.0	9 593.1	4 555.95	1.32	315.36	0.48	66.77	0.26	19.68	0.16
340.0	9 883.8	4 832.40	1.36	334.13	0.49	70.67	0.27	20.81	0.17
350.0	10 174.5	5 116.97	1.40	353.44	0.51	74.68	0.28	21.97	0.17
360.0	10 465.2	5 409.69	1.43	373.29	0.52	78.80	0.29	23.16	0.18
370.0	10 755.9	5 710.54	1.47	393.67	0.54	83.03	0.29	24.38	0.18
380.0	11 046.6	6 019.51	1.51	414.60	0.55	84.37	0.30	25.63	0.19
390.0	11 337.3	6 336.63	1.55	436.06	0.57	91.81	0.31	26.91	0.19
400.0	11 628.0	6 661.88	1.59	458.07	0.58	96.37	0.32	28.23	0.20
410.0	11 918.7	6 995.27	1.63	480.61	0.59	101.03	0.33	29.57	0.20
420.0	12 209.4	7 336.79	1.67	503.69	0.61	105.80	0.33	30.94	0.21
430.0	12 500.1	7 686.44	1.71	527.31	0.62	110.69	0.34	32.35	0.21
440.0	12 790.8	8 044.23	1.75	551.48	0.64	115.68	0.35	33.78	0.22
450.0	13 081.5	8 410.15	1.79	576.18	0.65	120.78	0.36	35.25	0.22
460.0	13 372.2	8 784.20	1.83	601.41	0.67	125.99	0.37	36.74	0.23
470.0	13 662.9	9 166.38	1.87	627.19	0.68	131.30	0.37	38.27	0.23
480.0	13 953.6	9 556.71	1.91	653.51	0.70	136.73	0.38	39.83	0.24
490.0	14 244.3	9 955.17	1.95	680.37	0.71	142.27	0.39	41.42	0.24

续附录 10

公称直径/mm		10.00		15.00		20.00		25.00	
内径/mm		9.50		15.75		21.25		27.00	
G	*Q*	*R*	*v*	*R*	*v*	*R*	*v*	*R*	*v*
500.0	14 535.0	10 361.76	1.99	707.76	0.73	147.91	0.40	43.03	0.25
520.0	15 116.4	11 199.35	2.07	764.17	0.75	159.53	0.41	46.36	0.26
540.0	15 697.8	12 069.47	2.15	822.74	0.78	171.58	0.43	49.81	0.27
560.0	16 279.2	12 972.13	2.23	883.46	0.81	184.07	0.45	53.38	0.28
580.0	16 860.8	13 907.31	2.31	946.34	0.84	196.99	0.46	57.08	0.29
600.0	17 442.0	14 875.05	2.39	1011.37	0.87	210.35	0.48	60.89	0.30
620.0	18 023.4			1 078.56	0.90	224.14	0.49	64.83	0.31
640.0	18 604.8			1 147.90	0.93	238.37	0.51	68.89	0.32
660.0	19 186.2			1 219.41	0.96	253.04	0.53	73.07	0.33
680.0	19 767.6			1 293.07	0.99	268.14	0.54	77.37	0.34
700.0	20 349.0			1 368.88	1.02	283.67	0.56	81.79	0.35
720.0	20 930.4			1 446.85	1.04	299.64	0.57	86.34	0.36
740.0	21 551.8			1 526.97	1.07	316.05	0.59	91.01	0.37
760.0	22 093.2			1 609.26	1.10	332.89	0.61	95.79	0.38
780.0	22 674.6			1 693.70	1.13	350.17	0.62	100.71	0.38
800.0	23 256.0			1 780.29	1.16	367.88	0.64	105.74	0.39
820.0	23 837.4			1 869.04	1.19	386.03	0.65	110.89	0.40
840.0	24 418.8			1 959.95	1.22	404.61	0.67	116.17	0.41
860.0	25 000.2			2 053.01	1.25	423.63	0.69	121.56	0.42
880.0	25 581.6			2 148.23	1.28	443.08	0.70	127.08	0.43
900.0	26 163.0			2 245.60	1.31	462.97	0.72	132.72	0.44
950.0	27 616.5			2 498.47	1.38	514.60	0.76	147.36	0.47
1 000.0	29 070.0			2 764.81	1.45	568.94	0.80	162.75	0.49
1 050.0	30 523.5			3 044.62	1.52	626.01	0.84	178.90	0.52
1 100.0	31 977.0			3 337.92	1.60	685.79	0.88	195.81	0.54
1 150.0	33 430.5			3 644.68	1.67	748.30	0.92	213.49	0.57
1 200.0	34 884.0			3 964.92	1.74	814.89	0.96	231.92	0.59
1 250.0	36 337.5			4 298.63	1.81	881.47	1.00	251.11	0.62
1 300.0	37 791.0			4 645.82	1.89	952.13	1.04	271.06	0.64
1 350.0	39 244.5					1 024.52	1.08	291.77	0.67

续附录 10

公称直径/mm		10.00		15.00		20.00		25.00	
内径/mm		9.50		15.75		21.25		27.00	
G	*Q*	*R*	*v*	*R*	*v*	*R*	*v*	*R*	*v*
1 400.0	40 698.0					1 101.62	1.12	313.24	0.69
1 450.0	42 151.5					1 180.44	1.16	335.47	0.72
1 500.0	43 605.0					1 261.98	1.19	358.46	0.74
1 550.0	45 058.5					1 346.25	1.23	382.21	0.76
1600.0	46 512.0					1 433.23	1.27	406.71	0.79
1 650.0	47 965.5					1 522.93	1.31	431.98	0.81
1 700.0	49 419.0					1 615.35	1.35	458.01	0.84
1 750.0	50 872.5					1 710.49	1.39	484.79	0.86
1 800.0	52 326.0					1 808.35	1.43	512.34	0.89
1 850.0	53 779.5					1 908.93	1.47	540.64	0.91
1900.0	55 233.0					2 012.23	1.51	569.70	0.94
1 950.0	56 686.5					2 118.25	1.55	599.53	0.96
2 000.0	58 140.0					2 226.98	1.59	630.11	0.99

公称直径/mm		32.00		40.00		50.00		70.00	
内径/mm		37.75		41.00		53.00		68.00	
G	*Q*	*R*	*v*	*R*	*v*	*R*	*v*	*R*	*v*
330.0	9 593.1	4.81	0.09	2.24	0.07				
340.0	9 883.8	5.08	0.10	2.58	0.07				
350.0	10 174.5	5.36	0.10	2.72	0.07				
360.0	10 465.2	5.64	0.10	2.86	0.08				
370.0	10 755.9	5.93	0.10	3.00	0.08				
380.0	11 046.5	6.23	0.11	3.15	0.08				
390.0	11 337.3	6.54	0.11	3.31	0.08				
400.0	11 628.0	6.85	0.11	3.46	0.09				
410.0	11 918.7	7.17	0.12	3.62	0.09				
420.0	12 209.4	7.49	0.12	3.78	0.09				
430.0	12 500.1	7.83	0.12	3.95	0.09				
440.0	12 790.8	8.17	0.12	4.12	0.09				
450.0	13 081.5	8.51	0.13	4.29	0.10				
460.0	13 372.2	8.87	0.13	4.47	0.10				

续附录 10

公称直径/mm		32.00		40.00		50.00		70.00	
内径/mm		37.75		41.00		53.00		68.00	
G	*Q*	*R*	*v*	*R*	*v*	*R*	*v*	*R*	*v*
470.0	13 662.9	9.23	0.13	4.65	0.10				
480.0	13 953.6	9.59	0.14	4.83	0.10				
490.0	14 244.3	9.97	0.14	5.02	0.10				
500.0	14 535.0	10.35	0.14	5.21	0.11				
520.0	15 116.4	11.13	0.15	5.60	0.11	1.57	0.07		
540.0	15 697.8	11.94	0.15	6.00	0.12	1.68	0.07		
560.0	16 279.2	12.78	0.16	6.42	0.12	1.79	0.07		
580.0	16 860.6	13.65	0.16	6.85	0.12	1.91	0.07		
600.0	17 442.0	14.54	0.17	7.29	0.13	2.03	0.08		
620.0	18 023.4	15.46	0.17	7.75	0.13	2.16	0.08		
640.0	18 904.8	16.41	0.18	8.22	0.14	2.29	0.08		
660.0	19 186.2	17.39	0.19	8.71	0.14	2.42	0.08		
680.0	19 767.6	18.39	0.19	9.20	0.15	2.55	0.09		
700.0	20 349.0	19.43	0.20	9.71	0.15	2.69	0.09		
720.0	20 930.4	20.48	0.20	10.24	0.15	2.83	0.09		
740.0	21 511.8	21.57	0.21	10.78	0.16	2.98	0.09		
760.0	22 093.2	22.69	0.21	11.33	0.16	3.13	0.10		
780.0	22 674.6	23.83	0.22	11.89	0.17	3.28	0.10		
800.0	23 256.0	25.00	0.23	12.47	0.17	3.44	0.10		
820.0	23 837.4	26.19	0.23	13.06	0.18	3.60	0.11		
840.0	24 418.8	27.42	0.24	13.66	0.18	3.76	0.11		
860.0	25 000.2	28.67	0.24	14.28	0.18	3.93	0.11		
880.0	25 581.6	29.95	0.25	14.91	0.19	4.10	0.11		
900.0	26 163.0	31.25	0.25	15.56	0.19	4.27	0.12	1.24	0.07
950.0	27 616.5	34.64	0.27	17.22	0.20	4.72	0.12	1.37	0.07
1 000.0	29 070.0	38.20	0.28	18.98	0.21	5.19	0.13	1.50	0.08
1 050.0	30 523.5	41.93	0.30	20.81	0.22	5.69	0.13	1.64	0.08
1 100.0	31 977.0	45.83	0.31	22.73	0.24	6.20	0.14	1.79	0.09
1150.0	33 430.5	49.90	0.32	24.73	0.25	6.74	0.15	1.94	0.09
1 200.0	34 884.0	54.14	0.34	26.81	0.26	7.29	0.15	2.10	0.09

续附录 10

公称直径/mm		32.00		40.00		50.00		70.00	
内径/mm		37.75		41.00		53.00		68.00	
G	*Q*	*R*	*v*	*R*	*v*	*R*	*v*	*R*	*v*
1 250.0	36 337.5	58.55	0.35	28.98	0.27	7.87	0.16	2.26	0.10
1 300.0	37 791.0	63.14	0.37	31.23	0.28	8.47	0.17	2.43	0.10
1 350.0	39 244.5	67.89	0.38	33.56	0.29	9.09	0.17	2.61	0.11
1 400.0	40 698.0	72.82	0.39	35.98	0.30	9.74	0.18	2.79	0.11
1 450.0	42 151.5	77.92	0.41	38.48	0.31	10.40	0.19	2.97	0.11
1 500.0	43 605.0	83.19	0.42	41.06	0.32	11.09	0.19	3.17	0.12
1 550.0	45 058.5	88.63	0.44	43.72	0.33	11.79	0.20	3.37	0.12
1 600.0	46 512.0	94.24	0.45	46.47	0.34	12.52	0.20	3.57	0.12
1 650.0	47 965.5	100.02	0.46	49.30	0.35	13.27	0.21	3.78	0.13
1 700.0	49 419.0	105.98	0.48	52.21	0.36	14.04	0.22	4.00	0.13
1 750.0	50 872.5	112.10	0.49	55.20	0.37	14.83	0.22	4.22	0.14
1 800.0	52 326.0	118.39	0.51	58.28	0.39	15.65	0.23	4.44	0.14
1 850.0	53 779.5	124.86	0.52	61.44	0.40	16.48	0.24	4.68	0.14
1 900.0	55 233.0	131.50	0.53	64.68	0.41	17.34	0.24	4.92	0.15
1 950.0	56 686.5	138.30	0.55	68.01	0.42	18.22	0.25	5.16	0.15
2 000.0	58 140.0	145.28	0.56	71.42	0.43	19.12	0.26	5.41	0.16
2 100.0	61 047.0	159.75	0.59	78.48	0.45	20.98	0.27	5.93	0.16
2 200.0	63 954.0	174.91	0.62	85.88	0.47	22.92	0.28	6.47	0.17
2 300.0	66 861.0	190.74	0.65	93.60	0.49	24.96	0.29	7.03	0.18
2400.0	69 768.0	207.26	0.68	101.66	0.51	27.07	0.31	7.62	0.19
2 500.0	72 675.0	224.47	0.70	110.04	0.53	29.28	0.32	8.23	0.19
2 600.0	75 582.0	242.35	0.73	118.76	0.56	31.56	0.33	8.86	0.20
2 700.0	78 489.0	260.92	0.76	127.81	0.58	33.94	0.35	9.52	0.21
2 800.0	81 396.0	280.18	0.79	137.19	0.60	36.39	0.36	10.20	0.22
2 900.0	84 303.0	300.11	0.82	146.89	0.62	38.93	0.37	10.90	0.23
3 000.0	87 210.0	320.73	0.84	156.93	0.64	41.56	0.38	11.62	0.23
3 100.0	90 117.0	342.04	0.87	167.30	0.66	44.27	0.40	12.37	0.24
3 200.0	93 024.0	364.02	0.90	178.00	0.68	47.07	0.41	13.14	0.25
3 300.0	95 931.0	386.69	0.93	189.03	0.71	49.95	0.42	13.93	0.26
3 400.0	98 838.0	410.04	0.96	200.39	0.73	52.92	0.44	14.74	0.26

续附录 10

公称直径/mm		32.00		40.00		50.00		70.00	
内径/mm		37.75		41.00		53.00		68.00	
G	*Q*	*R*	*v*	*R*	*v*	*R*	*v*	*R*	*v*
3 500.0	101 745.0	434.08	0.99	212.08	0.75	55.97	0.45	15.58	0.27
3 600.0	104 652.0	458.80	1.01	224.10	0.77	59.11	0.46	16.44	0.28
3 700.0	107 559.0	484.20	1.04	236.45	0.79	62.33	0.47	17.33	0.29
3 800.0	110 466.0	510.29	1.07	249.13	0.81	65.64	0.49	18.23	0.30
3 900.0	113 373.0	537.06	1.10	262.15	0.83	69.03	0.50	19.16	0.30
4 000.0	116 280.0	564.51	1.13	275.49	0.86	72.50	0.51	20.12	0.31
4 100.0	119 187.0	592.64	1.15	289.16	0.88	76.07	0.53	21.09	0.32
4 200.0	122 094.0	621.46	1.18	303.16	0.90	79.71	0.54	22.09	0.33
4 300.0	125 001.0	650.96	1.21	317.50	0.92	83.44	0.55	23.11	0.33
4 400.0	127 908.0	681.15	1.24	332.16	0.94	87.26	0.56	24.15	0.34
4 500.0	130 815.0	712.02	1.27	347.15	0.96	91.16	0.58	25.22	0.35
4 600.0	133 722.0	743.57	1.29	362.48	0.98	95.14	0.59	26.31	0.36

公称直径/mm		80.00		100.00		125.00		150.00	
内径/mm		80.75		106.00		131.00		156.00	
G	*Q*	*R*	*v*	*R*	*v*	*R*	*v*	*R*	*v*
1 500.0	43 605.0								
1 550.0	45 058.5								
1 600.0	46 512.0								
1 650.0	47 965.0								
1 700.0	49 419.0								
1 750.0	50 872.5								
1 800.0	52 326.0								
1 850.0	53 779.5	2.01	0.10						
1 900.0	55 233.0	2.12	0.11						
1 950.0	56 686.5	2.22	0.11						
2 000.0	58 140.0	2.33	0.11						
2 100.0	61 046.5	2.55	0.12						
2 200.0	63 954.0	2.77	0.12						
2 300.0	66 861.0	3.01	0.13						
2 400.0	69 768.0	3.26	0.13						

续附录 10

公称直径/mm		80.00		100.00		125.00		150.00	
内径/mm		80.75		106.00		131.00		156.00	
G	*Q*	*R*	*v*	*R*	*v*	*R*	*v*	*R*	*v*
2 500.0	72 675.0	3.52	0.14						
2 600.0	75 582.0	3.79	0.14						
2 700.0	78 489.0	4.06	0.15						
2 800.0	81 396.0	4.35	0.16						
2 900.0	84 303.0	4.64	0.16						
3 000.0	87 210.0	4.95	0.17						
3 100.0	90 117.0	5.26	0.17						
3 200.0	93 026.0	5.59	0.18	1.41	0.10				
3 300.0	95 931.0	5.92	0.18	1.49	0.11				
3 400.0	98 837.0	6.26	0.19	1.58	0.11				
3 500.0	101 745.0	6.62	0.19	1.68	0.11				
3 600.0	104 652.0	6.98	0.20	1.75	0.12				
3 700.0	107 559.0	7.35	0.21	1.85	0.12				
3 800.0	110 466.0	7.73	0.21	1.94	0.12				
3 900.0	113 373.0	8.12	0.22	2.03	0.12				
4 000.0	116 280.0	8.12	0.22	2.13	0.13				
4 000.0	119 187.0	8.93	0.23	2.23	0.13				
4 200.0	122 094.0	9.34	0.23	2.23	0.13				
4 300.0	125 001.0	9.77	0.24	2.44	0.14				
4 400.0	127 908.0	10.21	0.24	2.55	0.14				
4 500.0	130 815.0	10.65	0.25	2.66	0.14				
4 600.0	133 722.0	11.11	0.26	2.77	0.15				
4 700.0	136 629.0	11.57	0.26	2.88	0.15				
4 800.0	139 536.0	12.05	0.27	3.00	0.15				
4 900.0	142 443.0	12.63	0.27	3.12	0.16				
5 000.0	145 350.0	13.03	0.28	3.24	0.16				
5 200.0	151 164.0	14.04	0.29	3.48	0.17				
5 400.0	156 978.0	15.09	0.30	3.74	0.17	1.30	0.11	0.55	0.08

附录11　热水及蒸汽供暖系统局部阻力系数ξ值

局部阻力名称	ξ	说　明
双柱散热器	2.0	以热媒在导管中的流速计算局部阻力
铸铁锅炉	2.5	
钢制锅炉	2.0	
突然扩大	1.0	以其中较大的流速计算局部阻力
突然缩小	0.5	
直流三通（图①）	1.0	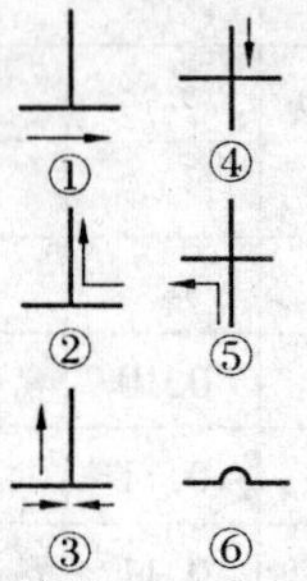
旁流三通（图②）	1.5	
合流三通、分流三通（图③）	3.0	
直流四通（图④）	2.0	
分流四通（图⑤）	3.0	
方形补偿器	2.0	
套管补偿器	0.5	

局部阻力系数	在下列管径（DN）时的ζ值 15	20	25	32	40	≥50
截止阀	16.0	10.0	9.0	9.0	8.0	7.0
旋塞	4.0	2.0	2.0	2.0		
斜杆截止阀	3.0	3.0	3.0	2.5	2.5	2.0
闸阀	1.5	0.5	0.5	0.5	0.5	0.5
弯头	2.0	2.0	1.5	1.5	1.0	1.0
90°煨弯及乙字管	1.5	1.5	1.0	1.0	0.5	0.5
括弯（图⑥）	3.0	2.0	2.0	2.0	2.0	2.0
急弯双弯头	2.0	2.0	2.0	2.0	2.0	2.0
缓弯双弯头	1.0	1.0	1.0	1.0	1.0	1.0

附录12　热水供暖系统局部阻力系数ξ=1的局部损失（动压头）值

$\Delta p_d = \rho v^2/2$（Pa）

v	Δp_d	v	Δp_d	v	Δp_d	v	Δp_d	v	Δp_d	v	Δp_d
0.01	0.05	0.13	8.31	0.25	30.73	0.37	67.30	0.49	118.04	0.61	182.93
0.02	0.2	0.14	9.64	0.26	33.23	0.38	70.99	0.5	122.91	0.62	188.98
0.03	0.44	0.15	11.06	0.27	35.84	0.39	74.78	0.51	127.87	0.65	207.71
0.04	0.79	0.16	12.59	0.28	38.54	0.4	78.66	0.52	132.94	0.68	227.33
0.05	1.23	0.17	14.21	0.29	41.35	0.41	82.64	0.53	138.10	0.71	247.83
0.06	1.77	0.18	15.93	0.3	44.25	0.42	86.72	0.54	143.36	0.74	269.21
0.07	2.41	0.19	17.75	0.31	47.25	0.43	90.90	0.55	148.72	0.77	291.48
0.08	3.15	0.20	19.66	0.32	50.34	0.44	95.18	0.56	154.17	0.8	314.64
0.09	3.98	0.21	21.68	0.33	53.54	0.45	99.55	0.57	159.73	0.85	355.20
0.10	4.92	0.22	23.79	0.34	56.83	0.46	104.03	0.58	165.38	0.9	398.22
0.11	5.95	0.23	26.01	0.35	60.22	0.47	108.6	0.59	171.13	0.95	443.70
0.12	7.08	0.24	28.32	0.36	63.71	0.48	113.27	0.60	176.98	1.0	491.62

注：本表按 $t'_g=95$ ℃，$t'_h=70$ ℃，整个供暖季的平均水温 $t\approx60$ ℃，相应水的密度 $\rho=983.284$ kg/m^3 编制的。

附录 13　不同管径的 λ/d 值和 A 值

公称直径/mm	15	20	25	32	40	50	70	89×3.5	108×4
外径/mm	21.25	26.75	33.5	42.25	48	60	75.5	89	108
内径/mm	15.75	21.25	27	35.75	41	53	68	82	100
$\frac{\lambda}{d}$ 值/m^{-1}	2.6	1.8	1.3	0.9	0.76	0.54	0.4	0.31	0.24
A 值 /[Pa·$(kg/h)^{-2}$]	1.03×10^{-3}	3.12×10^{-4}	1.2×10^{-4}	3.89×10^{-5}	2.25×10^{-5}	8.06×10^{-6}	2.97×10^{-7}	1.41×10^{-7}	6.36×10^{-7}

注：本表按 $t'_g=95$ ℃，$t'_h=70$ ℃，整个供暖季的平均水温 $t\approx60$ ℃，相应水的密度 $\rho=983.284\ kg/m^3$ 编制的。

附录 14　供暖系统中沿程损失与局部损失的概略分配比例 α

供暖系统型式	沿程损失/%	局部损失/%
自然循环热水供暖系统	50	50
机械循环热水供暖系统	50	50
低压蒸汽供暖系统	60	40
高压蒸汽供暖系统	80	20
室内高压凝结水管路系统	80	20

附录 15　蒸汽供暖系统 $\sum\xi=1$ 时的动压头 $\frac{\rho v^2}{2}$

$v/(m\cdot s^{-1})$	$\frac{v^2}{2}\rho$/Pa	$v/(m\cdot s^{-1})$	$\frac{v^2}{2}\rho$/Pa	$v/(m\cdot s^{-1})$	$\frac{v^2}{2}\rho$/Pa	$v/(m\cdot s^{-1})$	$\frac{v^2}{2}\rho$/Pa
5.5	9.58	10.5	34.93	15.5	76.12	20.5	133.16
6.0	11.4	11.0	38.34	16.0	81.11	21.0	139.73
6.5	13.39	11.5	41.9	16.5	86.26	21.5	146.46
7.0	15.53	12.0	45.63	17.0	91.57	22.0	153.36
7.5	17.82	12.5	49.5	17.5	97.04	22.5	160.41
8.0	20.28	13.0	53.5	18.0	102.66	23.0	167.61
8.5	22.89	13.5	57.75	18.5	108.44	23.5	174.98
9.0	25.66	14.0	62.1	19.0	114.38	24.0	182.51
9.5	28.6	14.5	66.6	19.5	120.48	24.5	190.19
10.0	31.69	15.0	71.29	20.0	126.74	25.0	198.03

附录 16　按 $\xi_{zh}=1$ 确定热水供暖系统管段压力损失的管径计算表

项目	公称直径/mm									流速	压力损
	15	20	25	32	40	50	70	80	100	/(m·s^{-1})	失/Pa
水流量 G/(kg·h^{-1})	76	138	223	391	514	859	1 415	2 054	3 059	0.11	5.95
	83	151	243	427	561	937	1 544	2 241	3 336	0.12	7.08
	90	163	263	462	608	1 015	1 628	2 428	3 615	0.13	8.31
	97	176	283	498	655	1 094	1 802	2 615	3 893	0.14	9.64
	104	188	304	533	701	1 171	1 930	2 801	4 170	0.15	11.06
	111	201	324	569	748	1 250	2 059	2 988	4 449	0.16	12.59
	117	213	344	604	795	1 328	2 187	3 175	4 727	0.17	14.21
	124	226	364	640	841	1 406	2 316	3 361	5 005	0.18	15.93
	131	239	385	675	888	1 484	2 445	3 548	5 283	0.19	17.75
	138	251	405	711	935	1 562	2 573	3 734	5 560	0.20	19.66
	145	264	425	747	982	1 640	2 702	3 921	5 838	0.21	21.68
	152	276	445	782	1 028	1 718	2 830	4 108	6 116	0.22	23.79
	159	289	466	818	1 075	1 796	2 959	4 295	6 395	0.23	26.01
	166	301	486	853	1 122	1 874	3 088	4 482	6 673	0.24	28.32
	173	314	506	889	1 169	1 953	3 217	4 668	6 951	0.25	30.73
	180	326	526	924	1 215	2 030	3 345	4 855	7 228	0.26	33.23
	187	339	547	960	1 262	2 109	3 474	5 042	7 507	0.27	35.84
	193	351	567	995	1 309	2 187	3 602	5 228	7 784	0.28	38.54
	200	364	587	1 031	1 356	2 265	3 731	5 415	8 063	0.29	41.34
	207	377	607	1 067	1 402	2 343	3 860	5 602	8 341	0.30	44.25
	214	389	627	1 102	1 449	2 421	3 989	5 789	8 619	0.31	47.25
	221	402	648	1 138	1 496	2 499	4 117	5 975	8 897	0.32	50.34
	228	414	668	1 173	1 543	2 577	4 246	6 162	9 175	0.33	53.54
	235	427	688	1 209	1 589	2 655	4 374	6 349	9 453	0.34	56.83
	242	439	708	1 244	1 636	2 733	4 503	6 535	9 731	0.35	60.22
	249	452	729	1 280	1 683	2 811	4 632	6 722	10 009	0.36	63.71
	256	464	749	1 315	1 729	2 890	4 760	6 909	10 287	0.37	67.30
	263	477	769	1 351	1 766	2 968	4 889	7 096	10 565	0.38	70.99
	276	502	810	1 422	1 870	3 124	5 146	7 469	11 121	0.40	78.66
	290	527	850	1 493	1 963	3 280	5 404	7 842	11 677	0.42	86.72
	304	552	891	1 564	2 057	3 436	5 661	8 216	12 233	0.44	95.18
	318	577	931	1 635	2 150	3 593	5 918	8 590	12 789	0.46	104.03
	332	603	972	1 706	2 244	3 749	6 176	8 963	13 345	0.48	113.27
	345	628	1 012	1 778	2 337	3 905	6 433	9 336	13 902	0.50	122.91
	380	690	1 113	1 955	2 571	4 296	7 076	10 270	15 292	0.55	148.72
	415	753	1 214	2 133	2 805	4 686	7 719	11 203	16 681	0.60	176.98
	449	816	1 316	2 311	3 038	5 076	8 363	12 137	18 072	0.65	207.71
	484	879	1 417	2 489	3 272	5 467	9 006	13 071	19 462	0.70	240.90
		1 004	1 619	2 844	3 740	6 248	10 293	14 938	22 242	0.80	314.64
				3 200	4 207	7 029	11 579	16 806	25 023	0.90	398.22
						7 810	12 866	18 673	27 803	1.00	491.62
								22 407	33 363	1.20	707.94

注：按 $G=(\Delta p_d/A)^{0.5}$ 公式计算，其中 Δp_d 按附录 12，A 值按附录 13 计算。

附录 17　单管顺流式热水供暖系统立管组合部件的 ξ_{zh} 值

组合部件名称		图　式	ξ_{zh}	管径/mm 15	20	25	32
立管	回水干管在地沟内	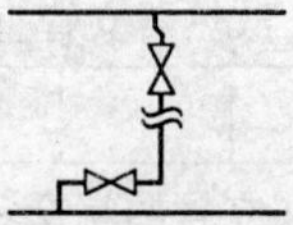	$\xi_{zh,z}$	15.6	12.9	10.5	10.2
			$\xi_{zh,j}$	44.6	31.9	27.5	27.2
	无地沟，散热器单侧连接	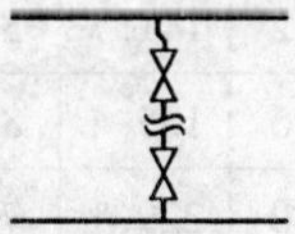	$\xi_{zh,z}$	7.5	5.5	5.0	5.0
			$\xi_{zh,j}$	36.5	24.5	22.0	22.0
立管	无地沟，散热器双侧连接	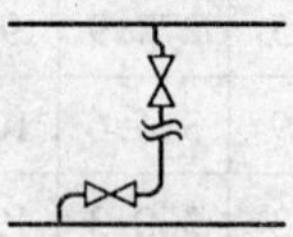	$\xi_{zh,z}$	12.4	10.1	8.5	8.3
			$\xi_{zh,j}$	41.4	29.1	25.5	25.3
散热器单侧连接			ξ_{zh}	14.2	12.6	9.6	8.8

组合部件名称	图　式		管径 $d_1 \times d_2$							
散热器单侧连接	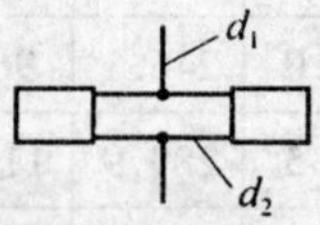	ξ_{zh}	15×15	20×15	20×20	25×15	25×20	25×25	32×20	32×25
			4.7	15.6	4.1	40.6	10.7	3.5	32.8	10.7

注：1. $\xi_{zh,z}$—— 代表立管两端安装闸阀；

$\xi_{zh,j}$—— 代表立管两端安装截止阀。

2. 编制本表的条件为：

(1) 散热器及其支管连接：散热器支管长度，单侧连接 $l_s = 1.0$ m；双侧连接 $l_s = 1.5$ m。每组散热器支管均装有乙字管。

(2) 立管与水平干管的几种连接方式见图式所示。立管上装设两个闸阀或截止阀。

3. 计算举例，以散热器双侧连接 $d_1 \times d_2 = 20 \times 15$ 为例，首先计算通过散热器及其支管这一组合部件的折算阻力系数 ξ_z

$$\xi_z = \frac{\lambda}{d} l_z + \sum \xi = 2.6 \times 1.5 \times 2 + 11.0 = 18.8$$

其中，$\frac{\lambda}{d}$ 值查附录 13。支管上局部阻力有：分流三通 2 个，乙字管 2 个及散热器，查附录 11，可得

$$\sum \xi = 2 \times 3.0 + 2 \times 1.5 + 2.0 = 11.0$$

设进入散热器的进流系数 $a = G_z/G_i = 0.5$，则按下式可求出该组合部件的当量阻力系数 ξ_0 值（以立管流速的动压头为基准的 ξ 值）。

$$\xi_0 = \frac{d_1^4}{d_2^4} a^2 \xi_z = \left(\frac{21.25}{15.75}\right)^4 \times (0.5)^2 \times 18.8 = 15.6$$

附录 18　单管顺流式热水供暖系统立管的 ξ_{zh} 值

层数	单向连接立管直径/mm				双向连接立管管径/mm							
					15	20		25			32	
					散热器支管直径/mm							
	15	20	25	32	15	15	20	15	20	25	20	32
(一)整根立管的折算阻力系数 ξ_{zh} 值(立管两端安装闸阀)												
3	77	63.7	48.7	43.1	48.4	72.7	38.2	141.7	52.0	30.4	115.1	48.8
4	97.4	80.6	61.4	54.1	59.3	92.6	46.6	185.4	85.8	37.0	150.1	61.7
5	117.9	97.5	74.1	65.0	70.3	112.5	55.0	229.1	79.6	43.6	185.0	74.5
6	138.3	114.5	86.9	76.0	81.2	132.5	63.5	272.9	93.5	50.3	220.0	87.4
7	158.8	131.4	99.6	86.9	92.2	152.4	71.9	316.6	107.3	56.9	254.9	100.2
8	179.2	148.3	112.3	97.9	103.1	172.3	80.3	360.3	121.1	63.5	290.0	113.1
(二)整根立管的折算阻力系数 ξ_{zh} 值(立管两端安装截止阀)												
3	106	82.7	65.7	60.1	77.4	91.7	57.2	158.7	69.0	47.4	132.1	65.8
4	126.4	99.6	78.4	71.1	88.3	111.6	65.6	202.4	82.8	54	167.1	78.7
5	146.9	116.5	91.1	82.0	99.3	131.5	74.0	246.1	96.6	60.6	202	91.5
6	167.3	133.5	103.9	93.0	110.2	151.5	82.5	289.9	110.5	67.3	237	104.4
7	187.8	150.4	116.6	103.9	121.2	171.4	90.9	333.6	124.3	73.9	271.9	117.2
8	208.2	167.3	129.3	114.9	132.1	191.3	99.3	377.3	138.1	80.5	307	130.1

注:编制本表条件:建筑物层高为 3.0 m,回水干管敷设在地沟内(见附录 17 图式)。

2. 计算举例:如以三层楼 $d_1 \times d_2 = 20 \times 15$ 为例。

各层立管之间长度为 3.0 − 0.6 = 2.4 m,则各层立管的当量阻力系数为

$$\xi_{0.1} = \frac{\lambda_1}{d_1} l_1 + \sum \xi_1 = 1.8 \times 2.4 + 0 = 4.32$$

设 n 为建筑物层数,ξ_0 代表散热器及其支管的当量阻力系数,ξ_0' 代表立管与供、回水干管连接部分的当量阻力系数,则整根立管的折算阻力系数 ξ_{zh} 为

$$\xi_{zh} = n\xi_0 + n\xi_{0.1} + \xi_0' = 3 \times 15.6 + 3 \times 4.32 + 12.9 = 72.7$$

附录 19　室内低压蒸汽供暖系统水力计算表

（表压力 p_b=5～20 kPa,K=0.2 mm）

比摩阻/(Pa·m^{-1})	水煤气管公称直径						
	15	20	25	32	40	50	70
5	790 2.92	1 510 2.92	2 380 2.92	5 260 3.67	8 010 4.23	15 760 5.1	30 050 5.75
10	918 3.43	2 066 3.89	3 541 4.34	7 727 5.4	11 457 6.05	23 015 7.43	43 200 8.35
15	1 090 4.07	2 400 4.88	4 395 5.45	10 000 6.65	14 260 7.64	28 500 9.31	53 400 10.35
20	1 239 4.55	2 920 5.65	5 240 6.41	11 120 7.8	16 720 8.83	33 050 10.85	61 900 12.1
30	1 500 5.55	3 615 7.01	6 350 7.77	13 700 9.6	20 750 10.95	40 800 13.2	76 600 14.95
40	1759 6.51	4 220 8.2	7 330 8.98	16 180 11.30	24 190 12.7	47 800 15.3	89 400 17.35
60	2 219 8.17	5 130 9.94	9 310 11.4	20 500 14	29 550 15.6	58 900 19.03	110 700 21.4
80	2 570 9.55	5 970 11.6	10 630 13.15	23 100 16.3	34 400 18.4	67 900 22.1	127 600 24.8
100	2 900 10.7	6 820 13.2	11 900 14.6	25 655 17.9	38 400 20.35	76 000 24.6	142 900 27.6
150	3 520 13	8 323 16.1	14 678 18	31 707 22.15	47 358 25	93 495 30.2	168 200 33.4
200	4 052 15	9 703 18.8	16 975 20.9	36 545 25.5	55 568 29.4	108 210 35	202 800 38.9
300	5 049 18.7	11 939 23.2	20 778 25.6	45 140 31.6	68 360 35.6	132 870 42.8	250 000 48.2

注：表中数值，上行为通过水煤气管的热量（W），下行为蒸汽流速（m/s）。

附录 20　蒸汽供暖系统干式和湿式自流凝结水管管径选择表

凝结水管径 /mm	形成凝结水时，由蒸汽放出的热量/kW					
	干式凝结水管			湿式凝结水管(垂直或水平的)		
	低压蒸汽		高压蒸汽	计算管段的长度/m		
	水平管段	垂直管段		50 以下	50～100	100 以上
1	2	3	4	5	6	7
15	4.7	7	8	33	21	9.3
20	17.5	26	29	82	53	29
25	33	49	45	145	93	47
32	79	116	93	310	200	100
40	120	180	128	440	290	135
50	250	370	230	760	550	250
76×3	580	875	550	1 750	1 220	580
89×3.5	870	1 300	815	2 620	1 750	875
102×4	1 280	2 000	1 220	3 605	2 320	1 280
114×4	1 630	2 420	1 570	4 540	3 000	1 600

注：1. 第 5、6、7 栏计算管段的长度系指由最远散热器到锅炉的长度。

2. 干式水平凝结水管坡度为 0.005。

附录 21　疏水器的排水系数 A_p 值

排水阀孔直径/mm	$\Delta p=p_1-p_2$/kPa									
	100	200	300	400	500	600	700	800	900	1 000
2.6	25	24	23	22	21	20.5	20.5	20	20	19.8
3	25	23.7	22.5	21	21	20.4	20	20	20	19.5
4	24.2	23.5	21.6	20.6	19.6	18.7	17.8	17.2	16.7	16
4.5	23.8	21.3	19.9	18.9	18.3	17.7	17.3	16.9	16.6	16
5	23	21	19.4	18.5	18	17.3	16.8	16.3	16	15.5
6	20.8	20.4	18.8	17.9	17.4	16.7	16	15.5	14.9	14.3
7	19.4	18	16.7	15.9	15.2	14.8	14.2	13.8	13.5	13.5
8	18	16.4	15.5	14.5	13.8	13.2	12.6	11.7	11.9	11.5
9	16	15.3	14.2	13.6	12.9	12.5	11.9	11.5	11.1	10.6
10	14.9	13.9	13.2	12.5	12	11.4	10.9	10.4	10	10
11	13.6	12.6	11.8	11.3	10.9	10.6	10.4	10.2	10	9.7

附录 22　水在各种温度下的密度

(压力为 100 kPa 时)

温度/℃	密度 /(kg · m^{-3})	温度/℃	密度 /(kg · m^{-3})	温度/℃	密度 /(kg · m^{-3})	温度/℃	密度 /(kg · m^{-3})
0	999.8	58	984.25	76	974.29	94	962.61
10	999.73	60	983.24	78	973.07	95	961.92
20	998.23	62	982.20	80	971.83	97	960.51
30	995.67	64	981.13	82	970.57	100	958.38
40	992.24	66	980.05	84	969.30		

附录23　室内高压蒸汽供暖系统管径计算表

（蒸汽表压力 p_b=200 kPa，K=0.2 mm）

公称直径		15		20		25		32		40	
内径/mm		15.75		21.25		27		35.75		41	
外径/mm		21.25		26.75		32.50		42.25		48	
Q	G	R	v	R	v	R	v	R	v	R	v
4 000	7	71	5.7								
6 000	10	154	8.6	34	4.7	10	2.9				
8 000	13	270	11.5	58	6.3	17	3.9				
10 000	17	418	14.4	89	7.9	26	4.9				
12 000	20	597	17.2	127	9.5	37	5.9	9	3.3		
14 000	23	809	20.1	172	11.1	50	6.8	12	3.9		
16 000	27	1 052	23.0	223	12.6	65	7.8	16	4.5	8	3.4
18 000	30			281	14.2	82	8.8	20	5.0	10	3.8
20 000	33			345	15.8	100	9.3	24	5.6	12	4.2
24 000	40			494	18.9	143	11.7	34	6.7	17	5.1
28 000	47			670	22.1	194	13.7	46	7.8	23	5.9
32 000	53			871	25.3	252	15.6	59	8.9	29	6.8
36 000	60			1 100	28.4	317	17.6	74	10.0	37	7.6
40 000	67			1 355	31.6	390	19.6	91	11.2	45	8.5
44 000	73			1 636	34.7	471	21.5	110	12.3	54	9.3
50 000	83			2 108	39.5	606	24.4	141	13.9	70	10.6
60 000	100					868	29.3	202	16.7	100	12.7
70 000	116					1 178	34.2	274	19.5	135	14.8
80 000	133					1 535	39.1	356	22.3	175	17.0
90 000	150							449	25.1	220	19.1
100 000	166							553	27.9	271	21.2
140 000	233							1 077	39.0	527	29.7
180 000	299							1 774	50.2	868	38.2
220 000	366									1 292	46.6

续附录21

公称直径		50		70		公称直径		50		70	
内径/mm		53		68		内径/mm		53		68	
外径/mm		60		73.5		外径/mm		60		73.5	
Q	G	R	v	R	v	R	v	R	v	R	v
28 000	47	6	3.6			50 000	83	19	6.3	5	3.9
32 000	53	8	4.1			60 000	100	27	7.6	7	4.6
36 000	60	10	4.6			70 000	116	36	8.9	10	5.4
40 000	67	12	5.1	3	3.1	80 000	133	46	10.1	13	6.2
44 000	73	15	5.6	4	3.4	90 000	150	58	11.4	16	6.9
48 000	80	17	6.1	5	3.7	100 000	166	72	12.7	20	7.7
140 000	233	139	17.8	38	10.8	340 000	566	803	43.1	219	26.2
180 000	299	228	22.8	63	13.9	380 000	632	1001	48.2	273	29.3
220 000	366	339	27.9	93	17.0	420 000	699			333	32.4
260 000	433	472	33.0	129	20.0	460 000	765			398	35.5
300 000	499	626	38.1	171	23.1	500 000	832			470	38.5

注:制表时假定蒸汽运动黏度$v=8.21\times10^{-6}\ m^2/s$,汽化潜热$\gamma=2\ 164\ kJ/kg$,密度$\rho=1.651\ kg/m^3$。

2. 按阿里特苏里公式$\lambda=0.11\left(\frac{k}{d}+\frac{68}{Re}\right)^{0.25}$确定沿程阻力系数$\lambda$值。

3. 表中Q——管段热负荷,W;

G——管段蒸汽流量,kg/h;

R——比摩阻,Pa/m;

v——流速,m/s。

附录24 室内高压蒸汽供暖管路局部阻力当量长度(K=0.2 mm)

局部阻力名称	公称直径/mm												
	15	20	25	32	40	50	70	80	100	125	150	175	200
	1/2″	3/4″	1″	$1\frac{1}{4}$″	$1\frac{1}{2}$″	2″	$2\frac{1}{2}$″	3″	4″	5″	6″		
双柱散热器	0.7	1.1	1.5	2.2	—	—	—	—	—	—	—	—	—
钢制锅炉	—	—	—	—	2.6	3.8	5.2	7.4	10.0	13.0	14.7	17.6	20.0
突然扩大	0.4	0.6	0.8	1.1	1.3	1.9	2.6	—	—	—	—	—	—
突然缩小	0.2	0.3	0.4	0.6	0.7	1.0	1.3	—	—	—	—	—	—
截止阀	6.0	6.4	6.8	9.9	10.4	13.3	18.2	25.9	35.0	45.5	51.3	61.6	70.7
斜杆截止阀	1.1	1.7	2.3	2.8	3.3	3.8	5.2	7.4	10.0	13.0	14.7	17.6	20.2
闸阀	—	0.3	0.4	0.6	0.7	1.0	1.3	1.9	2.5	3.3	3.7	4.4	5.1
旋塞阀	1.5	1.5	1.5	2.2	—	—	—	—	—	—	—	—	—
方形补偿器	—	—	1.7	2.2	2.6	3.8	5.2	7.4	10.0	13.0	14.7	17.6	20.2
套管补偿器	0.2	0.3	0.4	0.6	0.7	1.0	1.3	1.9	2.5	3.3	3.7	4.4	5.1
直流三通	0.4	0.6	0.8	1.1	1.3	1.9	2.6	3.7	5.0	6.5	7.3	8.3	10.0
旁流三通	0.6	0.8	1.1	1.7	2.0	2.8	3.9	5.6	7.5	9.8	11.0	13.2	15.1
分流、合流三通	1.1	1.7	2.2	3.3	3.9	5.7	7.8	11.1	15.0	19.5	22.0	26.4	30.3
直流四通	0.7	1.1	1.5	2.2	2.6	3.8	5.2	7.4	10.0	13.0	14.7	17.6	20.2
分流四通	1.1	1.7	2.2	3.3	3.9	5.7	7.8	11.1	15.0	19.5	22.0	26.4	30.3
弯头	0.7	1.1	1.1	1.7	1.3	1.9	2.6	—	—	—	—	—	—
90°煨弯及乙字弯	0.6	0.7	0.8	0.9	1.0	1.1	1.3	1.9	2.5	3.3	3.7	4.4	5.1
括弯	1.1	1.1	1.5	2.2	2.6	3.8	5.2	7.4	10.0	13.0	14.7	17.6	20.2
急弯双弯	0.7	1.1	1.5	2.2	2.6	3.8	5.2	7.4	10.0	13.0	14.7	17.6	20.2
缓弯双弯	0.4	0.6	0.8	1.1	1.3	1.9	2.6	3.7	5.0	6.5	7.3	8.8	10.1

参考文献

[1] 陆耀庆. 实用供暖空调设计手册[M]. 北京:中国建筑工业出版社,1993.

[2] 贺平,孙刚. 供热工程[M]. 3 版. 北京:中国建筑工业出版社,2000.

[3] 涂光备. 供热计量技术[M]. 北京:中国建筑工业出版社,2003.

[4] 刘梦真,王宇清. 高层建筑采暖设计技术[M]. 北京:机械工业出版社,2004.

[5] 李善化. 集中供热设计手册[M]. 北京:中国电力出版社,1996.

[6] 赵文田. 实用建筑采暖设计与施工安装手册[M]. 北京:水力电力出版社,1991.

[7] 徐伟. 供暖系统温控与热计量技术[M]. 北京:中国计划出版社,2000.

[8] 赵家传. 一种高低层建筑联合供热方法[J]. 暖通空调,1992(3):46-49.

[9] 刘梦真. 高层建筑直连供暖技术[J]. 供热制冷,2001(6):22-24.

[10] 中华人民共和国建设部,国家质量监督检验检疫质量总局. GB 50242—2002 建筑给水排水及采暖工程施工质量验收规范[S]. 北京:中国建筑工业出版社,2002.

[11] 中华人民共和国建设部,国家质量监督检验检疫质量总局. GB 50411—2007 建筑节能工程施工质量验收规范[S]. 北京:中国建筑工业出版社,2007.

[12] 中华人民共和国住房和城市建设部,中华人民共和国国家质量监督检验检疫质量总局. GB 50185—2010 工业设备及管道绝热工程施工质量验收规范[S]. 北京:中国建筑工业出版社,2007.

[13] 中华人民共和国住房和城市建设部,中华人民共和国国家质量监督检验检疫质量总局. GB 50019—2003 采暖通风与空气调节设计规范[S]. 北京:中国建筑工业出版社,2003.